▶ 中国空军“八一”飞行表演队

▶ 中国人民解放军海军第一艘可以搭载固定翼飞机的航空母舰——“辽宁”舰

▶ 飞行表演中的苏 -35 战斗机

▶ 美国 C-5“银河”战略运输机

▶ 背负航天飞机的美国波音 747 飞机

▶ 美国 AH-64“阿帕奇”武装直升机

▶ 装配中的瑞典 JAS-39 战斗机

▶ 美国 F-117 隐身战斗轰炸机

▶ F-22“猛禽”第四代战斗机

▶ SR-71 “黑鸟”侦察机

▶F-18“大黄蜂”超声速多用途战斗机

▶ 越南战争期间执行地毯式轰炸的美国 B-52 重型战略轰炸机

▶ “协和”号超声速客机

▶ 表演中的歼 10 战斗机

▶ 安 -225 世界最大运输机

▶ 苏 -47 前掠翼三翼面飞机

▶ 歼 -15 战斗机滑跃起飞

▶ AG600“鲲龙”水陆两栖飞机

▶ 运 20 大型运输机

▶ MQ-9 无人机

▶ S-64 空中起重机

▶ 阅兵式上的 DF-17 导弹

▶ 美国“太阳神”太阳能无人机

▶ “全球鹰”无人机

▶ X-51A 超燃冲压发动机高超声速验证机

▶ 新概念航空器——美国超声速绿色飞机

▶ 中国首位飞向太空的航天员
——“航天英雄”杨利伟

▶ 中国“神舟”5号飞船结构图

▶ “玉兔”号月球车

▶ “神舟”飞船与“天宫”1号交会对接

▶ “长征”火箭发射的壮观场景

▶ 美国航天员登上月球

▶ 美国航天员的第一次无系留太空行走

▶ “卡西尼”号空间探测器飞向土星

▶ 国际空间站

▶ “天问”1 号火星探测器

"十二五"普通高等教育本科国家级规划教材

航空航天概论

(第5版)

贾玉红　主编
黄　俊　吴永康　编

北京航空航天大学出版社

内容简介

本书以飞行器(航空器和航天器)为中心,阐述航空航天领域涉及的基本概念、基本原理和基础知识,梳理航空航天发展过程中的技术特点、发展规律及最新动态,系统、完整地再现航空航天技术的发展历程及技术成果。全书共6章,分别介绍航空航天发展概况、飞行原理、动力装置、机载设备与飞行控制、飞行器构造以及地面试验与地面保障设施等方面的内容。

本教材具有鲜明的航空航天专业特色,内容通俗易懂,注重基本概念、基本原理、基本构造的介绍;内容编排循序渐进,符合学生认知规律。教材知识体系合理,内容系统全面;既有基础理论,又有翔实生动的工程案例。教材中有与文字阐述相配的大量插图,图文并茂,不但便于初学者学习,而且有助于形象化教学,是广大读者和航空爱好者了解和认识航空航天技术的重要窗口。

本书为航空航天专业高校的基础教材,本科各类专业学生均可使用,同时也作为视频公开课、资源共享课和在线开放课程(MOOC)等网络教学平台学习的参考教材,并可供从事相关专业的人员参考。

图书在版编目(CIP)数据

航空航天概论 / 贾玉红主编. -- 5版. -- 北京 : 北京航空航天大学出版社, 2022.8

ISBN 978-7-5124-3860-6

Ⅰ. ①航… Ⅱ. ①贾… Ⅲ. ①航空-概论②航天-概论 Ⅳ. ①V2②V4

中国版本图书馆CIP数据核字(2022)第136434号

航空航天概论(第5版)

贾玉红　主编

黄　俊　吴永康　编

策划编辑　蔡　喆　　责任编辑　蔡　喆

*

北京航空航天大学出版社出版发行

北京市海淀区学院路37号(邮编100191)　http://www.buaapress.com.cn

发行部电话:(010)82317024　传真:(010)82328026

读者信箱:goodtextbook@126.com　邮购电话:(010)82316936

河北宏伟双华印刷有限公司印装　各地书店经销

*

开本:787×1 092　1/16　印张:21.75　字数:557千字

2022年8月第5版　2025年1月第7次印刷　印数:26 001～31 000册

ISBN 978-7-5124-3860-6　定价:65.00元

前　言

航空航天技术是20世纪以来发展最为迅速、应用最为广泛、对人类社会生活影响最大的科学技术领域之一，是力学、材料科学、电子技术、控制理论、推进技术及制造技术等的综合应用，是一个国家科技先进水平的重要标志。

本书首先介绍航空航天技术的发展概况，以期使读者对航空航天的发展历程和最新技术成果有一个全面、系统的了解，从而开拓视野、扩大知识面。在此基础上，分别对飞行器飞行原理、动力装置、机载设备与飞行控制、飞行器构造和地面试验及地面设备等方面的基本知识、基本原理和基本构造进行介绍，进而普及航空航天知识，培养航空航天工程意识，增加知识储备。书中内容浅显易懂、图文并茂，侧重于基本概念、基本原理的阐述，具有基础性、可读性、系统性和时效性强的特点，适合于各个专业的学生阅读。

本书在《航空航天技术概论》(第2版)和《航空航天概论》(第3版)及(第4版)的基础上，根据近年来的使用经验和读者反馈以及航空航天技术的最新发展，在保持原教材整体结构框架基本不变的基础上，进一步优化章节结构，删减已过时和陈旧的内容，并将中国和世界最先进的航空航天技术补充进来。同时通过梳理航空航天发展脉络体现航空航天技术的发展规律，通过详细的案例和数据展现航空航天工作者的奋斗历程。新版教材内容更系统、更全面，具有更好的知识性、系统性、可读性、时效性和价值引领作用。

本教材第1章“航空航天发展概况”在原有技术发展的基础上大量补充和更新了近几年航空航天的最新成就和技术成果(如中国的空警600 、直20 、“长征”8号、“北斗”3号、“天问”1号、“嫦娥”5号、中国空间站等标志性成果，以及世界先进航空航天技术如“猎鹰”9号可回收火箭、载人“龙”飞船、“毅力号”、“机智号”等突破性进展)；第2章“飞行器飞行原理”结合近几年探月工程和火星探测的最新进展，增加了航天器月球背面着陆、月球取样返回、无控航天器再入和再入火星大气层等航天器飞行原理方面的内容；第3章“飞行器动力装置”针对原书中部分结构内容的文字和图片进行了修改，使内容更加通俗易通，并增加了推力矢量技术和体现中国先进推进技术的歼20、“长征”5号等先进案例；第4章“机载设备与飞行控制”中更新了部分仪表设备的工作原理图，对原书中已过时的数据和内容进行了更新，并增加了有源相控阵雷达、激光陀螺、光纤陀螺等先进技术内容；第5章“飞行器构造”中增加了近几年发展较快和影响较大的直升机的构造、火星探测与着陆方面的内容，并更新和补充了一些更具代表性的、先进的飞行器结构(如国际空间站等)。新增第6章“地面试验与地面保障设施”，增加了对飞行器设计及安全极其重要的地面试验环节，介绍了风洞试验、结构静力试验、疲劳试验、发动机地面试车和发动机高空模拟试验、系统地面模拟试验(“铁鸟台”)、环境模拟试验(如飞机结冰试验、飞机风暴环境试验、航天员失重模拟训练)等飞行器典型地面试验的基本试验原理和试验设备。除此之外，为了便于读者查阅，本书重新梳理和更新了航空航天大事记等多个附录。

本书由贾玉红主编并统稿,第1章由黄俊编写,第2章、第3章和第6章由贾玉红编写,第4章和第5章由贾玉红、吴永康编写。本书几乎囊括了所有广泛应用的现代飞行器,涉及面极广,内容推陈出新,时效性很强。本书编写过程中,参考了大量国内外文献资料和兄弟院校的有关教材,在此谨对原作者深表感谢。

为方便教学,特配套编写了《航空航天概论(第5版)习题集》一书,与本教材同步出版。请授课教师联系 goodtextbook@126.com 免费索取习题集参考答案。

本书的内容也可以结合中国大学 MOOC 的国家级线上一流课程"航空航天概论"和学堂在线的"航空航天技术"MOOC 同步学习。课程具体网址链接和课程二维码:https://www.icourse163.org/course/BUAA-89007.

本书涉及科学技术的很多领域,鉴于编者的水平有限,如有不当之处,恳请读者予以批评指正。

编　者

2022年4月于北京航空航天大学

目　　录

第 1 章　航空航天发展概况 …… 1

1.1　航空航天的基本概念 …… 1

1.1.1　航　空 …… 1

1.1.2　航　天 …… 2

1.1.3　航空航天的地位和作用 …… 2

1.2　飞行器的分类 …… 4

1.2.1　航空器 …… 5

1.2.2　航天器 …… 8

1.2.3　火箭和导弹 …… 11

1.3　飞行器发展概况 …… 12

1.3.1　航空器发展概况 …… 12

1.3.2　航天器发展概况 …… 22

1.3.3　火箭和导弹发展概况 …… 27

1.4　中国航空航天技术 …… 29

1.4.1　中国航空技术 …… 29

1.4.2　中国航天技术 …… 45

1.5　航空航天先进技术 …… 59

1.5.1　隐身技术 …… 59

1.5.2　临近空间技术 …… 61

1.5.3　高超声速技术 …… 62

1.5.4　新概念航空器技术 …… 63

1.5.5　航天先进技术 …… 65

思考题 …… 68

第 2 章　飞行器飞行原理 …… 70

2.1　飞行环境 …… 70

2.1.1　大气环境 …… 70

2.1.2　空间环境 …… 72

2.2　大气的物理性质 …… 73

2.3　气体流动的基本规律 …… 76

2.3.1　空气动力的产生 …… 77

2.3.2　连续性定理和伯努利定理 …… 77

2.3.3　低速气流和高速气流的流动特点 …… 79

2.4 作用在飞机上的空气动力 …… 81
2.4.1 平板上的空气动力 …… 81
2.4.2 机翼升力的产生和增升装置 …… 83
2.4.3 飞机阻力的产生及减阻措施 …… 86
2.4.4 飞机的升阻比 …… 90
2.4.5 高速飞行的空气动力 …… 91
2.4.6 超声速飞机的气动外形特点 …… 100
2.5 飞机的飞行性能及稳定性和操纵性 …… 108
2.5.1 飞机的气动布局 …… 108
2.5.2 飞机的飞行性能 …… 108
2.5.3 飞机的稳定性 …… 116
2.5.4 飞机的操纵性 …… 120
2.6 直升机的飞行原理 …… 122
2.6.1 直升机旋翼的空气动力 …… 122
2.6.2 直升机的飞行性能 …… 123
2.6.3 单旋翼直升机的操纵性和稳定性 …… 123
2.6.4 多旋翼直升机的飞行与操纵 …… 126
2.6.5 直升机的布局特点 …… 128
2.7 航天器飞行原理 …… 129
2.7.1 天体运动规律 …… 129
2.7.2 航天器轨道 …… 132
2.7.3 航天器发射与入轨 …… 140
2.7.4 航天器返回与回收 …… 142
2.7.5 航天器姿态稳定与控制 …… 146
思考题 …… 149

第3章 飞行器动力装置 …… 151

3.1 发动机的分类及特点 …… 151
3.2 活塞式航空发动机 …… 153
3.2.1 活塞式发动机的组成和工作原理 …… 153
3.2.2 活塞式发动机的辅助系统 …… 155
3.2.3 活塞式发动机的主要性能指标 …… 155
3.3 空气喷气发动机 …… 156
3.3.1 涡轮喷气发动机 …… 157
3.3.2 涡轮螺桨发动机 …… 164
3.3.3 涡轮风扇发动机 …… 165
3.3.4 涡轮桨扇发动机 …… 168
3.3.5 涡轮轴发动机 …… 169
3.3.6 推力矢量发动机 …… 170

3.3.7　冲压发动机 …… 173
3.3.8　空气喷气发动机的性能指标 …… 174
3.4　火箭发动机 …… 176
3.4.1　液体火箭发动机 …… 176
3.4.2　固体火箭发动机 …… 181
3.4.3　固液混合火箭发动机 …… 185
3.4.4　火箭发动机的主要性能指标 …… 185
3.5　组合动力装置 …… 186
3.5.1　涡轮喷气发动机与冲压发动机组合 …… 187
3.5.2　火箭发动机与涡轮喷气发动机组合 …… 187
3.5.3　火箭发动机与冲压发动机组合 …… 187
3.6　深空探测动力装置 …… 189
3.6.1　电推进系统 …… 189
3.6.2　核推进系统 …… 191
3.6.3　太阳能推进系统 …… 192
思考题 …… 192

第4章　飞行器机载设备及飞行控制 …… 194

4.1　飞行器典型仪表及机载设备 …… 194
4.1.1　飞行器典型仪表 …… 194
4.1.2　飞行器显示系统 …… 207
4.1.3　其他机载设备 …… 213
4.2　飞行器导航系统 …… 219
4.2.1　无线电导航系统 …… 219
4.2.2　惯性导航系统 …… 223
4.2.3　卫星导航系统 …… 225
4.2.4　图像匹配导航系统 …… 227
4.2.5　天文导航系统 …… 230
4.2.6　组合导航系统 …… 231
4.3　导弹制导系统 …… 232
4.3.1　遥控制导系统 …… 232
4.3.2　寻的制导系统 …… 234
4.3.3　自主制导系统 …… 236
4.3.4　复合制导系统 …… 237
4.4　航天测控系统 …… 237
4.4.1　航天测控网的分类 …… 237
4.4.2　航天测控网 …… 238
4.5　飞行器飞行控制系统 …… 239
4.5.1　飞行器飞行操纵系统 …… 239

4.5.2 飞行器自动控制系统 …… 240
4.5.3 无人机的操纵与控制 …… 245
思考题 …… 248

第5章 飞行器构造 …… 249

5.1 飞行器结构的一般要求和常用材料 …… 249
5.1.1 飞行器结构的一般要求 …… 249
5.1.2 飞行器结构的常用材料 …… 250
5.2 航空器的构造 …… 251
5.2.1 气球和飞艇的基本构造 …… 251
5.2.2 飞机的基本构造 …… 254
5.2.3 直升机的基本构造 …… 263
5.3 航天器的构造 …… 269
5.3.1 卫星的基本结构 …… 269
5.3.2 空间探测器的基本构造 …… 271
5.3.3 载人飞船的基本构造 …… 274
5.3.4 空间站的基本构造 …… 275
5.3.5 航天飞机的基本构造 …… 278
5.4 火箭和导弹的构造 …… 281
5.4.1 火箭的基本构造 …… 282
5.4.2 导弹的基本构造 …… 284
思考题 …… 291

第6章 地面试验与地面保障设施 …… 292

6.1 飞行器地面试验及试验设备 …… 292
6.1.1 风洞实验及实验设备 …… 292
6.1.2 结构试验及试验设备 …… 295
6.1.3 发动机地面试车及试验设备 …… 298
6.1.4 系统地面模拟试验 …… 300
6.1.5 环境模拟试验 …… 301
6.2 飞机地面设施和保障系统 …… 304
6.2.1 机 场 …… 304
6.2.2 空中交通管理 …… 307
6.3 航天器地面设施和保障系统 …… 309
6.3.1 航天发射场 …… 309
6.3.2 航天器回收区和着陆场 …… 313
6.4 导弹发射装置和地面设备 …… 313
6.4.1 战略弹道导弹的发射方式 …… 313
6.4.2 陆基战略导弹发射装置和地面设备 …… 314

6.4.3　海基战略弹道导弹的发射装置 …… 315
思考题 …… 316
附　录 …… 317
附录 1　世界航空大事记 …… 317
附录 2　世界航天大事记 …… 319
附录 3　中国航空大事记 …… 321
附录 4　中国航天大事记 …… 324
附录 5　世界十大航天发射基地 …… 329
参考文献 …… 330

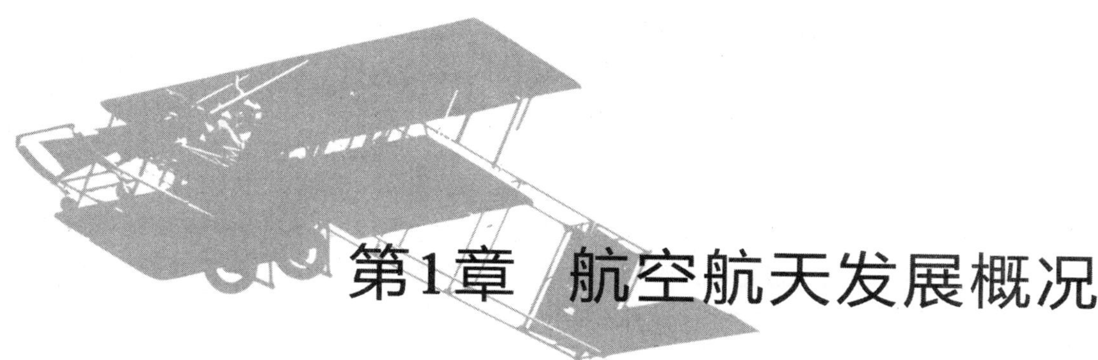

第1章 航空航天发展概况

人类为了扩大社会生产，必然要开拓新的活动空间。从陆地到海洋，从海洋到大气层，再到宇宙空间，航空航天是人类拓展大气层和宇宙空间的产物。航空航天技术综合运用了基础科学和应用科学的最新成就和工程技术的最新成果，是一个国家先进技术水平的标志，也是一个国家综合实力的体现。经过百余年的快速发展，航空航天已经成为21世纪最活跃和最有影响的科学技术领域之一，它的发展不但对国民经济和人类社会生活产生了重大影响，也使战争进程和战争模式发生了重大的变化，甚至对政治、军事乃至世界格局都产生了深远的影响。

1.1 航空航天的基本概念

1.1.1 航 空

航空是指载人或不载人的飞行器在地球大气层中的航行活动。航空必须具备空气介质和克服航空器自身重力的升力，大部分航空器还要有产生相对于空气运动所需的推力。

翱翔天空是人类很久以来的梦想，但直到18世纪后期热气球在欧洲成功升空，这一愿望才得以实现。20世纪初期飞机的出现，开创了现代航空的新篇章。空气动力学是航空技术的核心科学基础，航空技术的每一项成就都离不开空气动力学的进展。

航空有军用航空和民用航空之分。

军用航空泛指用于军事目的的飞行活动，主要包括作战、侦察、运输、警戒、训练和联络救生等。在现代高技术战争中，夺取制空权是取得战争胜利的重要手段，也是军用航空的主要活动。军用航空活动主要由军用飞机来完成，军用飞机可分为作战飞机和作战支援飞机两大类。典型的作战飞机有战斗机（又称歼击机）、攻击机（又称强击机）、战斗轰炸机、反潜机、战术轰炸机和战略轰炸机等。作战支援飞机包括军用运输机、预警指挥机、电子战飞机、空中加油机、侦察机、通信联络机和军用教练机等。除固定翼飞机外，直升机在对地攻击、侦察、运输、通信联络、搜索救援及反潜等方面也发挥着巨大的作用，已成为现代军队，特别是陆军的重要武器装备。

民用航空泛指利用各类航空器为国民经济服务的非军事性飞行活动。根据不同的飞行目的，民用航空分为商业航空和通用航空两大类。商业航空指在国内和国际航线上的商业性客、货（邮）运输。这类运输服务主要由国内和国际干线客机、货机或客货两用机以及国内支线运输机完成。通用航空指用于公务、工业、农林牧副渔业、地质勘探、遥感遥测、公安、气象、环保、救护、通勤、体育和观光游览等方面的飞行活动。通用飞机主要有公务机、农业机、林业机、轻型多用途飞机、巡逻救护机、体育运动机和私人飞机等。直升机在近海石油勘探、海陆紧急救援、短途交通运输和空中起吊作业中也发挥着独特的作用。

1.1.2 航　天

航天是指载人或不载人的飞行器在地球大气层之外的航行活动,又称空间飞行或宇宙航行。航天的实现必须使航天器克服或摆脱地球的引力,如想飞出太阳系,还要摆脱太阳引力。从地球表面发射的飞行器,环绕地球、脱离地球和飞出太阳系所需要的最小速度,分别称为第一、第二和第三宇宙速度,是航天所需的三个特征速度。中国著名科学家钱学森认为人类飞行活动可以分为三个阶段,即航空、航天和航宇。他认为航空是在大气层中活动,航天是飞出地球大气层在太阳系内活动,而航宇则是飞出太阳系到广袤无垠的宇宙中去航行。

遨游宇宙是人类在征服自然的过程中产生的愿望。20世纪40年代初期,大型液体火箭的成功发射奠定了现代航天技术的基础。约20年后,苏联航天员加加林乘"东方"1号飞船进入太空,人类终于实现了遨游太空的伟大理想。

航天实际上也有军用和民用之分,但世界各国在宣传自己的航天工业时都主要强调其商业或民用潜力。

占领和控制近地宇宙空间已经成为西方军事大国争夺军事优势的新焦点。在美国、俄罗斯等国已发射的航天器中,具有军事用途的超过70%。用于军事目的的航天器可分为三类:军用卫星系统、反卫星系统和军事载人航天系统。军用卫星主要分通信卫星、气象卫星和侦察卫星(又称间谍卫星)三种。反卫星系统包括反卫星卫星、定向能武器和动能武器。激光武器、粒子束武器和射频武器等属于定向能武器;动能导弹、电磁炮和电热弹等属于动能武器。军事载人航天系统分为空间站、载人飞船、航天飞机和空天飞机等。空间站可用作空间侦察与监视平台、空间武器试验基地、天基国家指挥所、未来天军作战基地等。

航天的民用潜力也是巨大的。空间物理探测、空间天文探测、卫星气象观测、卫星海洋观测、卫星广播通信、卫星导航、遥感考古、太空旅游和地外生命探索等都是航天的重大应用;微重力环境下完成的各种化学、物理和生物实验都是航天为人类文明与进步所做的直接贡献。

1.1.3 航空航天的地位和作用

航空航天技术是高度综合的现代科学技术。力学、热力学和材料学是航空航天的科学基础;电子技术、自动控制技术、计算机技术、喷气推进技术和制造工艺技术对航空航天的进步发挥了重要作用;医学、真空技术和低温技术的发展促进了航天的发展。上述科学技术在航空航天的应用中相互交叉和渗透,产生了一些新的学科,如气动弹性力学、结构动力学等,使航空航天科学技术形成了完整的体系。

航空航天的发展与其军事应用密切相关,人类在该领域取得的巨大进展也对国民经济和社会生活产生了重大影响,甚至改变了世界的面貌。航空航天科学技术已成为牵动其他高新技术发展的动力之一。航空航天工业仍然是国民经济建设中的阳光产业。航空航天产品是附加值很高的高新技术产品。

航空武器装备是空军武器装备的重要组成部分。航空武器装备的作用是对敌人空中力量进行空战,夺取并捍卫制空权;对敌人地面、海面军事目标进行攻击;执行侦察、通信和预警指挥任务，空中电子战任务以及各种战斗支援和保障任务。航空武器装备是空军战斗力的物质基础。

两次世界大战以及其间发生的局部战争，初步显示了空中力量对战争的重大影响。在随后的朝鲜半岛战争中，喷气式战斗机第一次大规模作战使用，空战和空中打击在较大程度上影响了战争的进程和结局。越南战争后期，美军使用包括 B-52 在内的各种作战飞机对越南北方的政治、经济和军事目标进行了“地毯式”轰炸，造成了巨大损失，实现了美国的所谓“体面撤退”。在 1967 年 6 月的第三次中东战争中，以色列空军在 3 小时内使埃及空军几乎全军覆没，同时还沉重打击了叙利亚、约旦和伊拉克的空军目标，在短短的 6 天内就实现了其预定的战略目标。英国和阿根廷的马岛战争和 1986 年美国对利比亚实施的“外科手术式”空中打击，进一步确立了空中力量在现代战争中的重要地位。

1991 年的海湾战争是现代高技术局部战争的标志，空中战争的雏形在这次战争中第一次展现出来。在 42 天的战争中，以美国为首的联军对伊拉克的空中打击占了 38 天，基本上靠空中作战就达到了取胜的目的。

8 年后的科索沃战争中，以美国为首的北约仍然选用了空中打击的方案，历时 79 天的战争完全由空中力量进行，使得科索沃战争成为历史上第一次真正意义上的空中战争。这次战争具有一些新特点：无人驾驶飞机被大规模使用，为提高空中打击效果发挥了积极的作用；准精确和精确制导武器占据了总投弹量的绝大部分。

“9.11 事件”后，美国发动的针对阿富汗塔利班政府的反恐战争，依然是借助空中打击力量展开。这次战争中，无人驾驶飞机第一次向目标发射了武器，标志着无人航空作战平台的概念已经进入了实战阶段。

2003 年对伊拉克的战争，美国还是以隐身战斗机和远程巡航导弹轰炸巴格达郊区的军事和政治目标拉开战争的序幕。

2020 年 9 月 27 日，亚美尼亚和阿塞拜疆在纳卡地区爆发军事冲突，无人机在冲突中扮演了重要角色，被认为无人机正在重新定义现代局部战争。

现代高技术局部战争中，随着战争目标朝着政治化方向发展，空中力量对战争进程和结局的影响越来越大。未来的战争势必围绕空中打击来进行，谁拥有更强大的空军，谁就将在未来战争中取得主动权。

卫星侦察具有面积大、速度快、可定期或连续监视一个地区、不受国界和地理条件限制等优点，已成为当今作战指挥系统和战略武器系统的重要组成部分。军用通信卫星、军用导航卫星、军用测地卫星和军用气象卫星都可直接应用于军事。由侦察卫星、军用通信卫星、军用导航卫星以及空中预警和指挥飞机构成的系统，是国家现代防务系统的神经中枢。只需在普通炸弹上安装一个卫星制导装置，利用全球卫星定位系统(GPS)就能极大地改善常规炸弹的轰炸精度。其他航天器可作为太空武器平台，在未来的“制天权”争夺中发挥作用。

航空航天领域取得的巨大成就已对国民经济的众多部门产生了重大影响。

航空的发展大大改变了交通运输的结构。空中运输为人们提供了一种快速、方便、安全且舒适的旅行手段。国际航班已经取代了远洋客轮，成为人们洲际往来的主要工具，密切了世界各国的联系和交往。国内航线的航空运输在发达国家和发达地区已经可以和铁路运输相抗衡，而且加快了发展中国家边远地区的开发与发展。通信卫星和大型客机被认为是现代社会的两个重要支柱。航空在工农业方面的应用也是有目共睹的，如轻型飞机等广泛用于空中摄影、大地测绘、地质勘探和资源调查,还可用于播种施肥、除草灭虫、森林防火和环境监测与保护等。

航天技术与其他科学技术相结合开创了许多新的商业途径,产生了巨大的经济和社会效益。最典型的例子是卫星通信,具有距离远、容量大、质量好、可靠性高和灵活机动的特点,已经成为现代通信的重要手段。20世纪80年代初,通信卫星就承担了一多半的国际电信业务和几乎全部的洲际电视传输业务。在中国,通信卫星使广播电视村村通工程得以实现,居住在偏远地区的人民听到了广播,看到了电视。卫星导航技术除军事用途外,利用其全天候、全球和高精度的优势,广泛地用于船舶导航、海洋调查、海上石油钻探、大地测绘和搜索营救等民用领域。气象卫星提供的高精度气象预报,对预防台风、暴雨等自然灾害有着非常积极的作用,有助于国民经济的健康发展。其他测地和海洋卫星已成为普查地球和海洋资源的最迅速、最有效和最经济的手段,还能协助监视自然灾害和环境污染等。

航空航天技术通过新技术、新产品、新材料、新工艺以及新的管理方式向国民经济的其他部门转移,带动相关产业的发展,产生了十分可观的间接经济效益。

航空航天为科学研究的发展做出了重要贡献。航空技术为人类提供了从空中观察自然界的条件。航天技术开启了从太空观测、研究地球和整个宇宙的新时代。通过航天活动获得的有关地球空间、行星际空间、太阳系和宇宙天体的丰富信息,更新了人类对地球、行星和宇宙的认识,推动了天文学、空间物理学、高能物理学和生物学的发展,形成了一些新的学科分支。空间实验室的特殊环境,可以被用于开展许多在地球上无法完成的物理、化学、生物、医学、新材料和新工艺等方面的综合研究工作。

航空航天产品是附加值很高的高新技术产品。就航空产品而言,美国F-16战斗机1 kg质量的价格是1 kg白银价格的20倍,相当于1 kg黄金的25%,远高于船舶、汽车和计算机的单位价格。如果按美国B-2A战略轰炸机的价格来算,飞机质量50 000 kg,单价20亿美元,折算单位质量价格为黄金的3倍。

航空航天产业已经成为部分发达国家经济的重要组成部分。在制造业中,航空航天业对美国的贸易平衡贡献最大,每年达到数百亿美元的贸易顺差。美国航空工业是美国国防工业的核心,是世界上最强大的航空工业部门。另一些国家也开始重视航空航天工业的发展,如韩国就已经把航空航天工业确定为优先发展的高技术产业。

1.2 飞行器的分类

在地球大气层内、外飞行的器械称为飞行器。按照飞行器的飞行环境和工作方式的不同,可以把飞行器分为三类:航空器、航天器、火箭和导弹。在大气层内飞行的飞行器称为航空器,航空器靠空气的静浮力或靠与空气相对运动产生的空气动力升空飞行。主要在大气层外空间飞行的飞行器称为航天器,航天器在运载火箭的推动下获得必要的速度进入大气层外空间,然后在引力作用下完成类似于天体的轨道运动。火箭是以火箭发动机为动力而升空,可以在大气层内或大气层外飞行的飞行器;导弹是一种飞行武器,弹体带有战斗部,依靠制导系统控制其飞行轨迹。从动力装置和飞行范围看,火箭和大部分导弹更接近于航天器,所以本章后面的部分内容把火箭和导弹归属于航天的范畴。

1.2.1　航空器

任何航空器要升到空中，都必须产生一个能克服自身重力的向上的力，这个力叫作升力。航空器要在空中长时间飞行还必须具备动力装置产生推力或拉力来克服前进的阻力。根据产生升力的基本原理不同，航空器分为轻于同体积空气的航空器和重于同体积空气的航空器两大类。前者靠空气的静浮力升空，又称浮空器；后者靠与空气相对运动产生升力升空。按照不同的构造特点，航空器还可进一步细分，如图 1－1 所示。

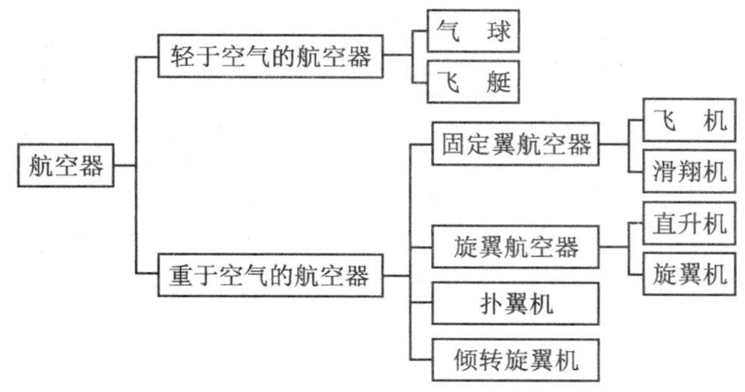

图 1－1　航空器分类

1. 轻于空气的航空器

轻于空气的航空器包括气球和飞艇，是早期出现的航空器。

气球一般无推进装置，主体为气囊，气囊下面通常有吊篮或吊舱。按照气囊内所充气体的种类，气球可分为热气球、氢气球和氦气球等，图 1－2 所示为用于进行科学考察的热气球。按气球升空后有无系留装置可分为自由气球和系留气球两类。气囊一般用浸胶织物或塑料薄膜等柔性材料制造而成，必须具有足够的强度和气密性。气囊的功用是充装密度比空气小的气体，使气球在空气中产生浮力而升空。气囊下面的吊篮或吊舱一般由轻质材料制成，用于放置仪器设备或乘坐人员。气球可用于气象、空间和地面探测、通信中继、体育或休闲运动等领域，也可用于军事侦察和监视。

图 1－2　热气球

飞艇安装有推进装置，可控制飞行。根据结构形式的不同，飞艇可分为软式、硬式和半硬式三种。飞艇一般由艇体、尾面、吊舱和推进装置等部分组成。艇体的外形呈流线型以减小航行时的阻力，内部充以密度比空气小的氢气或氦气，以产生浮力使飞艇升空。软式和半硬式飞艇的艇体形状靠气囊内的气体压力维持。飞艇的尾面包括安定面和操纵面，用来控制和保持飞艇的航向、俯仰和稳定。吊舱位于艇体的下方，通常采用骨架蒙皮式结构，用于人员乘坐、装载货物或压舱物、安装仪表设备和发动机等。飞艇的推进装置一般由发动机或电动机、减速器和螺旋桨构成。通过改变艇体内的气体量、抛掉压舱物、利用艇体和尾面的升力，或者改变推力或拉力的方向均可控制飞艇上升和下降。静/动升力组合设计是未来飞艇发展的理念之一,由氦气提供总升力的60%~70%,由动力系统及艇体翼产生的空气动力提供总升力的30%~40%,形成新型的"部分浮力型"或"升浮一体型"飞艇。飞艇曾经广泛用于海上巡逻、反潜、远程轰炸和兵力空运。随着飞机的出现,飞艇的功用转变为商业运输,在现代广告业发挥着重要作用。图1-3所示为中国"浮空"4号充氦飞艇。

图1-3 中国"浮空"4号充氦飞艇

2. 重于空气的航空器

重于空气的航空器靠自身与空气相对运动产生的空气动力升空飞行。常见的这类航空器主要包括固定翼和旋转翼两类,另外还有像鸟飞行一样的扑翼航空器和综合固定翼航空器和旋转翼航空器特点的倾转旋翼航空器。

(1) 固定翼航空器

固定翼航空器包括飞机和滑翔机。

飞机是指由动力装置产生前进推力或拉力,由固定机翼产生升力,在大气层内飞行的重于空气的航空器。飞机由机体结构和功能系统组成。按飞机的发动机不同,又有喷气飞机和螺旋桨飞机之分。

滑翔机是指没有动力装置的重于空气的固定翼航空器。滑翔机可由飞机拖曳起飞,也可用汽车等其他装置牵引起飞。动力滑翔机装有小型辅助发动机,无需外力牵引就可以自行起飞,但滑翔时必须关闭动力装置。无风情况下,滑翔机在下滑飞行中依靠自身重力的分量获得前进动力,这种损失高度的无动力下滑飞行称为滑翔;如存在上升气流,滑翔机就可以实现平飞或升高,称为翱翔。滑翔和翱翔是滑翔机的基本飞行方式。现代滑翔机主要用于体育运动。滑翔机一般由狭长的机翼、光滑细长的机身及尾翼组成,图1-4所示为一架用于竞赛或表演的高级滑翔机。

(2) 旋翼航空器

旋翼航空器包括直升机与旋翼机。

直升机是指以航空发动机驱动旋翼旋转作为升力和推进力来源,能在大气中垂直起落及悬停并能进行前飞、后飞、侧飞和定点回旋等可控飞行的重于空气的航空器。直升机由机身、起落架、动力装置、旋翼系统、操纵系统和其他机载设备组成。机身与飞机机身类似,用于装载人员、货物、武器和设备等。轻型直升机一般采用滑橇式起落架,多数直升机采用轮式起落架。直升机动力装置一般采用涡轮轴发动机或活塞发动机,用于驱动旋翼旋转,以产生升力与控制

图 1-4　滑翔机

直升机飞行姿态的分力。按照旋翼反作用扭矩的平衡方式，直升机可分为四种形式：单旋翼带尾桨式直升机、双旋翼共轴式直升机、双旋翼纵列式直升机和双旋翼横列式直升机。图 1-5 所示为中国制造的单旋翼带尾桨式直升机——直 9。直升机的应用几乎已经遍及军用和民用各个领域，武装直升机已经成为现代战场上的"坦克杀手"。但与飞机比较，直升机速度慢、航程短、使用成本高。

旋翼机是一种利用前飞时的相对气流吹动旋翼自转以产生升力的旋翼航空器，全称自转旋翼机。旋翼机和直升机在外形上有些相似，但它的旋翼不是由动力装置驱动的，而是前进时在空气动力作用下像风车那样自行旋转，产生升力。旋翼机无须安装尾桨，如图 1-6 所示。旋翼机的前进动力由动力装置直接提供，它不能垂直上升，也不能悬停，必须像飞机一样滑跑加速才能起飞。旋翼机结构较简单，一般用于风景区游览或体育活动。

图 1-5　直 9 直升机

图 1-6　旋翼机

（3）扑翼机

扑翼机是指机翼能像鸟和昆虫翅膀那样上下扑动的重于空气的航空器，又称振翼机。扑动的机翼既产生升力，又产生向前的推进力。但是扑翼产生升力和推进力的机理十分复杂，其空气动力规律至今尚未被人们完全掌握。到现在为止，有实用价值的扑翼机还处于研制阶段。在已有的扑翼机设计方案中，有的形如蝙蝠，具有薄膜似的扑动翼面；有的装有带缝隙和活门的扑动翼，类似于鸟的翅膀。扑翼机方案是微型航空器可选的一种布局形式。

（4）倾转旋翼机

倾转旋翼机是一种同时具有旋翼和固定翼，并在机翼两侧翼梢处各装有一套可在水平与垂直位置之间转动的旋翼倾转系统组件的飞机。旋翼倾转系统处于垂直位置时，倾转旋翼机相当于横列式直升机，可垂直起降，并能完成直升机的其他飞行动作；旋翼倾转系统处于水平位置时,则相当于固定翼螺旋桨飞机。所以有人把这种航空器称为"直升飞机"。现在世界上唯一有实用价值的倾转旋翼机为美国贝尔直升机公司和波音公司联合研制的 V-22"鱼鹰",如图 1-7 所示,美国海军已批量装备这种飞机。倾转旋翼机不需要跑道就可以起飞,受到广泛关注,是未来航空器发展的方向之一。

图 1-7　V-22"鱼鹰"倾转旋翼机

1.2.2　航天器

航天器是指在地球大气层以外的宇宙空间基本按照天体力学的规律运动的各类飞行器,又称空间飞行器。与自然天体不同的是,航天器可以在人的控制下改变其运行轨道或回收。航天器为了完成航天任务,还必须具备发射场、运载器、航天测控和数据采集系统、用户台站以及回收设施等。航天器分为无人航天器和载人航天器。根据是否环绕地球运行,无人航天器分为人造地球卫星和空间探测器。按照各自的用途和结构形式,航天器还可进一步细分,如图 1-8 所示。

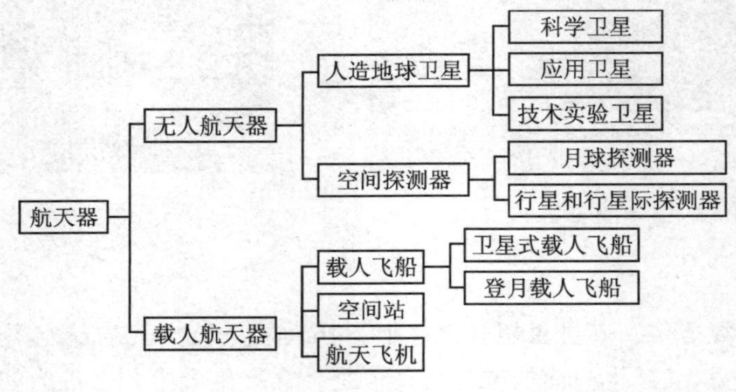

图 1-8　航天器分类

1. 无人航天器

无人航天器包括人造地球卫星和空间探测器。

(1) 人造地球卫星

人造地球卫星是数量最多的航天器。人造地球卫星一般由有效载荷和平台组成,有效载荷是指卫星上用于直接实现卫星的应用目的或科研任务的仪器设备,平台则是为保证有效载荷正常工作而为其服务的所有保障系统。卫星的有效载荷可以根据卫星的任务变化加以更换,平台一般保持不变。

按照卫星的用途,可分为科学卫星、应用卫星和技术试验卫星。科学卫星用于科学探测和研究,主要包括空间物理探测卫星和天文卫星等。直接为国民经济、军事和文化教育服务的人造地球卫星称为应用卫星,主要有通信及广播卫星、气象卫星、测地卫星、地球资源卫星、导航卫星和侦察卫星等,还有专门军事用途的截击卫星,部分卫星还具有多种功能。技术试验卫星是对航天领域中的各种新原理、新技术、新系统、新设备以及新材料等进行在轨试验的卫星。多数情况下,科学卫星也兼有技术试验功能,如中国于 1981 年 9 月 20 日用一箭三星技术发射成功的“实践”2 号甲卫星,就是一颗空间物理探测兼新技术试验卫星,如图 1－9 所示。

(2) 空间探测器

空间探测器是指对月球和月球以远的天体和空间进行探测的无人探测器,也称深空探测器。探测器的基本构造与一般人造地球卫星差不多,不同的是探测器携带有用于观测天体的各种先进观测仪器。

一般空间探测器的主要目的包括:了解太阳的起源、演变和现状;通过对太阳系内各主要行星的比较,进一步认识地球环境的形成和演变;了解太阳系的变化历史以及探索生命的起源和演变。专门用于对月球进行探测的叫作月球探测器,其他统称为行星和行星际探测器。

月球是人类进行空间探测的首选目标,世界上已有多个国家向月球发射了探测器,并进行了月球实地考察。图 1－10 所示为苏联的“月球”16 探测器,1970 年 9 月 12—24 日,该探测器降落月球表面,完成月球土壤自动取样后成功返回地球。在行星和行星际探测方面,一些欧洲国家以及美国、苏联、日本和印度等国发射了多个探测器,分别对火星、金星、哈雷彗星、土星、木星、太阳及星际之间进行了探测。

图 1－9　“实践”2 号甲卫星

图 1－10　“月球”16 探测器

2. 载人航天器

载人航天器是人类在太空进行各种探测、试验、研究、军事和生产活动所乘坐的航天器,与无人航天器的主要不同是载人航天器具有生命保障系统。载人航天器主要包括载人飞船、空间站和航天飞机三大类。

(1) 载人飞船

载人飞船是载乘航天员的航天器,又称宇宙飞船。按照运行方式的不同,目前已发射成功的载人飞船分为卫星式载人飞船和登月载人飞船两类,前者载人绕低地球轨道飞行,后者载运登月航天员。苏联(俄罗斯)、美国和中国成功实现了多次载人飞行计划。美国的“阿波罗”计划是人类第一次登上月球的伟大工程,图 1-11 所示为该计划中使用的载人飞船。在 21 世纪,人类还可望实现登上火星的载人飞行。中国于 2003 年 10 月 15 日成功发射了第一艘载人飞船——“神舟”5 号。飞船绕地球运行 14 圈后,于 10 月 16 日安全着陆。杨利伟成为第一名飞入太空的中国航天员。“神舟”5 号飞船由轨道舱、返回舱和推进舱组成。轨道舱是航天员生活和工作的地方;返回舱是飞船的指挥控制中心,航天员乘坐它升空和返回地面;推进舱为飞船的飞行和返回提供能源和动力。载人飞船的附加用途是为空间站接送航天员或运送货物。

图 1-11　载人飞船

(2) 空间站

空间站是航天员在太空轨道上生活和工作的基地,又称轨道站或航天站。空间站一般采用模块化设计,分段送入轨道组装。空间站发射时不载人,也不载人返回地面,航天员和货物的运送由飞船或航天飞机完成。空间站的功能可以根据任务要求而变更或扩大,弥补了其他航天器功能单一的不足。图 1-12 所示为苏联的“礼炮”6 号空间站的结构示意图。

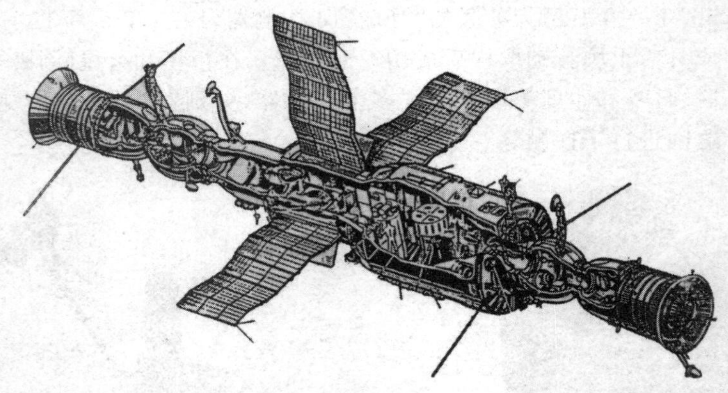

图 1-12　“礼炮”6 号空间站结构示意图

“和平号”空间站是人类第一座可以在太空长期有人值守的大型空间站,长期值守时间记录为 3 644 天,共多个组成模块采用的是在轨道上对接的“模块化组装”方式。

国际空间站是人类历史上最庞大的航天工程,共有 16 个国家参与研制和运行。国际空间站结构复杂、规模大,由航天员居住舱、实验舱、服务舱、对接过渡舱和太阳能电池板等部件组成。

(3) 航天飞机

航天飞机是一种可重复使用的航天运载器,也是一种多用途的载人航天器。自 20 世纪 70 年代起,美国、苏联、法国和日本等国先后开展了航天飞机研制计划,但只有美国的航天飞机投入了使用。航天飞机由一个轨道器、两个固体火箭助推器和一个大型外挂贮箱组成,可以把质量达 23 000 kg 的有效载荷送入低地球轨道。航天飞机提供了在空间进行短期科学实验的手段，有许多国家的航天员参加了航天飞机的飞行。

1.2.3　火箭和导弹

火箭和导弹是一类特殊的飞行器，它们在大气层内和大气层外均可飞行，但一般都只能使用一次。

1. 火　箭

火箭是靠火箭发动机提供推进力的飞行器。火箭发动机自身携带全部推进剂，不依赖空气或其他工作介质产生推力。根据使用的能源不同，火箭可分为化学火箭、核火箭和电火箭。化学火箭又分为固体火箭、液体火箭和混合推进剂火箭。火箭按照用途可分为无控火箭弹、探空火箭和运载火箭。

火箭的基本组成部分有推进系统、箭体结构和有效载荷。推进系统是火箭飞行的动力源；箭体结构的作用是装载火箭的所有部件，使之成为一个整体；有效载荷是火箭所要运送的物体，军用火箭的有效载荷是战斗部，科学研究火箭的有效载荷是各种仪器，运载火箭的有效载荷则是各种航天器。图 1－13 所示为中国的“长征”2 号 E 运载火箭成功发射澳大利亚的澳普图斯 B－1 卫星时的景象。

2. 导　弹

导弹是一种飞行武器，依靠制导系统来控制其飞行轨迹，目的是把高爆弹头或核弹头送到打击目标附近引爆，并摧毁目标。导弹的种类繁多，分类方法各异。根据作战使命，导弹可分为战略导弹和战术导弹。按照发射点和目标的相对位置，导弹可分为地地导弹、地空导弹、空空导弹和空地导弹四类，其中地地导弹的内涵比较丰富，包括了从地面、地下、水面和水下发射的导弹，攻击目标也有地面、水面和水下之分。根据弹道特征还可分为弹道导弹和巡航导弹，图 1－14 所示为中国的“鹰击”2 号(C802)反舰巡航导弹。一般把射程超过 8 000 km 的导弹称为洲际导弹。

图 1－13　“长征”2 号 E 运载火箭

图 1－14　“鹰击”2 号反舰巡航导弹

导弹通常由战斗部、弹体结构、动力装置和制导系统组成。战斗部又叫弹头，是用于毁伤目标的专用装置；弹体是把导弹各部件连接起来的支承结构；动力装置是导弹飞行的动力源；

制导系统用于控制导弹的飞行方向、姿态、高度和速度,引导导弹或弹头准确地飞向目标。

1.3 飞行器发展概况

自古以来,人类看到天空中飞翔的鸟儿,就会幻想自己也能飞上广袤的天空自由翱翔。受当时科学技术发展的制约,人类飞向天空的愿望无法实现,于是就把这种理想寄托于神话和传说。古代的中国、希腊、罗马、埃及和印度等国家创造了许多关于飞行的美妙神话故事,至今仍在流传。在中国流传极广的"牛郎织女""嫦娥奔月"等就是这些故事中的代表。

18世纪的产业革命推动了科学技术的发展,为人类实现飞行奠定了基础。20世纪初期开始,航空航天进入了飞速的发展时期,取得了非常辉煌的成就。

1.3.1 航空器发展概况

1. 风筝、气球和飞艇

中国的风筝是飞机的雏形。风筝又称纸鸢,在中国有2 000多年的历史,相传最早的风筝出自楚汉相争时的韩信之手,并有两种传说。唐代的传说是:当韩信把项羽围困在垓下后,就做了一个很大的纸鸢,让身材轻巧的张良坐在其上,高唱楚歌,以瓦解楚军军心;宋代的传说是:韩信利用风筝测量距离,想用地道战法攻进未央宫去。风筝传到西方后,它的飞行原理成了飞机空气动力学方面最有价值的机理之一。

几千年来,中国劳动人民在对实现飞行这一美好愿望的努力中有过许多重要的创造。在风筝出现之前,春秋战国时期的墨子和公输班曾制造过能飞的木鸟,又称木鸢。五代时期出现的孔明灯,又叫松脂灯,被看成是现代热气球的雏形。东晋时代创造了名为"竹蜻蜓"的玩具,其飞行原理和今天的直升机非常类似。

在国外,人们对飞行也在不断进行尝试。在中世纪的欧洲,曾经有人企图用羽毛制成翅膀飞行,这种模仿鸟的飞行活动一直持续到17世纪。文艺复兴时期,意大利艺术家和科学家达·芬奇科学地研究了飞行问题,把对鸟飞行的长期研究结果写成了《论鸟的飞行》一书。后人根据此书和他的一些别的手稿,公认他为航空科学的先知。17世纪后期,意大利另一位科学家研究了人类肌肉与飞行的关系,指出人类肌肉的力量还不足以像鸟那样振动翅膀做长时间的有效飞行,这个结论宣告像鸟一样的扑翼飞行的失败。不过人类付出的这些努力为最终实现飞行积累了宝贵的知识和经验。

经过长期的探索,人们终于依靠比空气轻的航空器迈出了成功升空飞行的坚实的第一步。18世纪中期,工业革命使轻而结实的纺织品成为制造气球的优质材料。1783年6月5日,法国的蒙哥尔费兄弟用麻布制成的热气球成功完成了升空表演。他们在气球开口处烧草和羊毛发烟,烟充满气球并使气球内的空气受热,热空气的密度小于气球外的冷空气,从而达到气球升空的目的,如图1-15所示。后来人们制造出氢气气球,取得了更好的升空效果。

蒙氏兄弟的热气球升空引起了当时许多科学家的重视。1783年11月21日,两个法国人乘坐蒙哥尔费气球,在1 000 m高的空中,飞行了12 km,完成了人类首次乘坐航空器飞行的伟大壮举。1783年12月1日,两名法国人乘坐氢气球,在巴黎升空进行了自由飞行。在中国,1887年8月22日,武备学堂教师华蘅芳制造的中国第一个氢气球在天津升空。

但最初的气球是一种没有操纵装置的航空器,只能随风漂流,使用很不方便。1852年,法

图 1－15　最早的热气球

国人 H. 吉法尔在气球上安装了一台功率为约 2 237 W 的蒸汽机，用来带动螺旋桨，使其成为第一个可以操纵的气球，这就是最早的飞艇，如图 1－16 所示。同年 9 月 24 日，他驾驶这艘飞艇从巴黎飞到特拉普斯，航程 28 km，完成飞艇历史上的首次载人飞行。

图 1－16　第一艘飞艇

1899 年，德国人 F. von 齐伯林设计并制造了第一艘硬式飞艇。这艘飞艇采用以汽油为燃料的内燃机为动力，带动螺旋桨推动飞艇前进，大大提高了飞艇的飞行速度。它具有圆柱形的艇身，长 128 m，直径 11.58 m，内充氢气；艇下有两个吊舱，可乘 5 人。同年，华侨谢缵泰在香港设计完成的“中国号”电动飞艇的详细图纸资料，为中国最早的飞艇设计。1900 年 7 月 2 日，硬式飞艇在德国首飞成功，在 300 m 高度飞行了 15 km。齐伯林飞艇很快成为具有实用价值的航空器，在民用运输以及轰炸、巡逻和侦察等军事用途方面发挥作用。

2. 飞　机

气球和飞艇的成功为人类发明飞机积累了丰富经验。人们逐渐意识到，要使飞机能够成功飞行，必须解决它的升力、动力和稳定操纵问题。

19 世纪初，英国人 G. 凯利首先提出利用固定机翼产生升力和利用不同的翼面控制并推进飞机的设计概念。为验证该理论的有效性,他于1849年制造了第一架滑翔机,并进行了试飞。

关于飞机的动力和稳定操纵问题,当时存在两种观点。有人主张先解决飞机的动力问题,因为那时蒸汽机的效率不高,难以实现飞机的动力飞行;另外一些人主张先解决飞机的稳定操纵问题,试图先通过滑翔机获得这方面的知识,然后在滑翔机上安装发动机。

1883年,效率较高的汽油内燃机问世,为飞机的动力飞行提供了条件。支持上述前一种观点的美国科学家S.P.兰利设计了内燃机为动力的飞机,但试飞均告失败,原因是没有解决飞机的稳定操纵问题。支持另一种观点的德国人O.李林达尔与他的弟弟合作,于1891年制成一架滑翔机,成功地飞过了30 m的距离,后来他们又制造成多架单翼和双翼滑翔机,不幸的是,在5年后的一次飞行试验中,李林达尔因滑翔机失事牺牲。

19世纪末,美国人莱特兄弟(见图1-17)潜心钻研李林达尔的著作和他的实践经验,采取先利用滑翔机获得飞机稳定操纵的知识,再安装发动机实现飞机的动力飞行。他们通过风洞试验,纠正了前人的一些错误。仅在1903年,哥俩就制作了200多个不同形状的机翼模型,进行了上千次的风洞试验。通过大量的试验,他们发现了增加升力的原理,认识到飞机的平衡、上升和转弯可通过偏转舵面来实现,还发现了保持飞机横侧稳定的方法,从而基本解决了飞机的操纵稳定问题,奠定了飞机飞行原理的理论基础。

1900—1903年,莱特兄弟制造了3架滑翔机,进行了近千次滑行飞行。他们在第三架滑翔机上安装了一台内燃机,带动两副二叶推进式螺旋桨。这架飞机被命名为"飞行者"1号,如图1-18所示。1903年12月17日,弟弟奥维尔·莱特,驾驶"飞行者"1号进行了试飞,当天共飞行了4次,其中最长一次在接近1 min的时间里飞行了260 m的距离。这是人类历史上第一次持续而有控制的动力飞行,莱特兄弟的名字从此永远同飞机联系在一起。

图1-17 1909年6月,威尔伯·莱特(左)和奥维尔·莱特在美国俄亥俄州代顿的家门口合影

图1-18 "飞行者"1号飞机

到 1909 年，美国、法国和英国都先后建立了飞机制造公司，随后俄国也有了飞机制造厂。

1909 年 9 月 21 日，26 岁的美国华侨冯如经历几次失败后，终于驾驶自己设计的飞机在美国旧金山奥克兰试飞成功，成为中国首位飞机设计师。两年后他返华报效祖国，不幸于 1912 年 8 月 25 日在广州燕塘进行的一次飞行表演中牺牲。

莱特兄弟发明飞机之后，飞机不断发展。1909 年 7 月 25 日，法国人 L. 布莱里奥驾驶自己设计的一架单翼飞机飞越了英吉利海峡，从法国飞到了英国。1910 年 3 月 28 日，法国人 H. 法布尔又成功地把飞机的使用范围从陆地扩大到水面，试飞成功世界上第一架水上飞机。1913 年，俄国人 I. 西科斯基成功地研制了装 4 台发动机的大型飞机，并于同年 8 月 2 日首飞成功。短短几年间，飞机的性能有了很大提高。到 1913 年，飞行速度已达 200 km/h，续航时间超过 13 h，飞行高度达到 6 500 m。

1911 年 10 月 23 日，也就是在意大利和土耳其之间为争夺奥斯曼帝国的北部非洲省份爆发战争还不到一个月的时候，意大利人 C. 皮亚扎上尉驾驶布莱里奥 Ⅺ 型飞机，从利比亚沙漠边缘飞往迪黎波里与阿齐齐亚之间的土耳其军队上空侦察了一小时，拉开了飞机参战的序幕。当年 11 月 1 日，意军 G. 加沃蒂少尉驾驶“鸽”式飞机飞往土军阵地，投下了 4 枚 2 kg 重的手榴弹，开创了用飞机轰炸杀伤敌军的历史。

第一次世界大战开始后，1914 年 10 月 5 日，法国和德国飞行员发生了有史以来第一次真正的空战，法军飞行员用机枪将一架德军侦察机击落。不过这时还没有专用的作战飞机，空战首先是双方飞行员用手枪射击，随后是步枪和机关枪。空战中，攻击敌机的最有利位置是绕到其后方咬住其尾部射击。但由于在飞机头部装有高速旋转的螺旋桨，在机身上安装机枪射击敌机是非常困难的。一位法国飞机设计师在木制螺旋桨叶片表面包敷上金属片，安装在机身上的机枪射击时，虽然有 10% 的子弹打到桨叶上的金属片而被弹偏，但仍有大量子弹穿过桨叶射向敌机，这个设计使法国飞机在对德国飞机的空战中占据了优势。

1915 年，一架法国飞机被德军俘获。当时为德军服务的荷兰飞机设计师 A. 福克在法国飞机基础上，很快设计了一种机枪射击协调器。这种装置可以使子弹从旋转的螺旋桨叶片间射击而不打在叶片上。最先安装这种装置的德国“福克”单翼飞机在战争中获得很大成功。

随着射击协调器的发明，产生了专门用于空战的驱逐机，也就是现代歼击机的前身。随后又出现了专用的轰炸机和强击机。

第一次世界大战中，飞机作为一种新式武器系统得到了充分肯定和广泛应用，并奠定了现代立体作战的基础。飞机在大战中也得到了很大的发展，除驱逐机、轰炸机、强击机和侦察机外，还出现了舰载飞机。战争期间生产飞机超过 18 万架，全世界飞机工厂达到 200 个，配套发动机制造厂 80 家，初步形成了具有一定规模的航空产业。这期间的飞机结构一般为钢管焊接骨架加布或木制蒙皮，布局形式大多为双翼机。同战前相比，飞机性能和发动机功率都有较大提高。

第一次世界大战后，军用飞机的发展骤然停止，大量军机被闲置，发展民用航空的时机到来了。民用航空是从空邮开始的。随后在 1919 年 2 月 5 日，德国开通世界上第一条定期客运航线，每天在柏林和魏玛之间运送旅客。同年，英国和法国相继建立了国际定期航线，早期的航空运输网基本形成。1919 年 6 月 25 日，德国推出的一种全金属下单翼民航飞机容克斯 F. 13 首飞成功，可载 4 名乘客和 2 名空勤人员。1919 年 12 月 4 日，英国研制的由双发轰炸机改型的旅客机 HP. W. 8 首飞成功，该机的生产型 HP. W. 8b 能载 12 名旅客。

在第一次世界大战期间,美国军用飞机的生产落后于欧洲,但战后在民用航空方面后来居上,先后推出了一批具有一定舒适性的旅客机,如波音公司的波音-247,道格拉斯公司的DC-1、DC-2、DC-3和DC-4等。其中DC-3可载客36人,航程2 420 km,速度290 km/h,于1939年出厂,是当时产量最大,最具代表性的民用飞机,如图1-19所示。这时,自动驾驶仪和无线电技术也开始在远程民用运输机上使用。

图1-19 DC-3旅客机

第一次世界大战后到第二次世界大战爆发这段时期,军用飞机产量减少,民用飞机得到发展,航空科学技术也取得了很大进步。航空活塞发动机的性能迅速改善,发动机功率和功率重量①比都成倍提高,耗油率明显下降,寿命大大增长,螺旋桨效率和螺旋桨技术都有较大进步。在飞机构型方面,逐渐从双翼向单翼过渡。双翼主要出于增大机翼面积和结构强度方面的考虑,但在增大升力的同时,阻力也在增大,随着发动机技术和材料技术的进步,单翼布局飞机逐步取代双翼飞机。早期飞机的起落架都是固定的,在飞行中产生很大的气动阻力,随着飞机液压和冷气系统的进步,实现了飞机起落架可以在飞行时收起,起飞着陆时放下,使飞机飞行速度大大提高。第二次世界大战前,飞机最大速度达到500 km/h,升限达7 000 m,航程达3 000 km以上,轰炸机载弹量超过2 000 kg。

第二次世界大战使航空科学技术和航空工业迈上了一个大台阶。战争中,飞机在夺取制空权、实施战略轰炸、战场攻击、侦察和空运等方面发挥了巨大作用,飞机生产量远超过第一次世界大战的水平。到战争后期,美国、苏联、德国和英国的飞机年产量总和超过20万架,整个战争期间各国生产的飞机总数约100万架。

飞机的种类也越来越多,参战的战斗机有防空歼击机、制空战斗机、护航战斗机和舰载战斗机等;轰炸机除轻、中和重型轰炸机外,还有专门的鱼雷轰炸机;攻击机也有陆基和舰载之分。此外,还出现了反潜机、侦察机、通信联络机和各种类型的运输机。

第二次世界大战中,有许多著名的飞机问世。战斗机有英国的"飓风"和"喷火"、德国的Me-109、美国的P-47和图1-20所示的P-51、苏联的拉-5和雅克-9、日本的"零"式飞机等。轰炸机有苏联的伊尔-4、图-2,英国的兰开斯特,德国的容克Ju-88、Ju-87,美国的

① 本书保留了重量一词,以方便航空业内人士使用。其含义与国标中的质量相同。

B－17、B－25 和 B－29 等。其中 B－29 是当时载弹量最大、航程最远的重型轰炸机，可载弹 4 000 kg，航程为 5 300 km，最大速度为 600 km/h，如图 1－21 所示，B－29 于 1945 年 8 月 6 日和 9 日，分别向日本的广岛和长崎投放了原子弹。

图 1－20　P－51“野马”战斗机

图 1－21　B－29“超级空中堡垒”轰炸机

第二次世界大战后期，以活塞式发动机为动力的螺旋桨飞机的最大速度达到了 780 km/h，几乎达到了这种飞机的速度极限，通过提高螺旋桨转速来增大飞行速度已经非常困难，喷气发动机在这种情况下便应运而生。

早在 20 世纪 30 年代初期，喷气发动机的发明专利就已经被注册。1939 年 8 月 27 日，德国试飞成功世界上第一架装有涡轮喷气发动机的 He－178 飞机，1941 年 5 月 15 日，英国研制的涡轮喷气式飞机 E.28/39 首飞成功。但喷气技术均处于早期阶段，还不成熟，所以喷气飞机在第二次世界大战中的作用并不明显。

1945 年第二次世界大战即将结束时，美国的 F－80 喷气式战斗机开始交付使用，最大速度达 935 km/h。随后不久苏联也研制成功雅克－15 和米格－9 喷气战斗机。这些飞机都是直机翼布局。到 1950 年，美国和苏联利用从德国缴获的后掠翼飞机资料，分别研制出第一种后掠翼战斗机 F－86 和米格－15，使飞机的速度突破了 1 000 km/h。

20 世纪 40—50 年代是喷气式飞机迅速发展的年代。随着高速空气动力学理论和飞机设计技术的进步，1947 年 10 月 14 日，美国 X－1 研究机（见图 1－22）首次突破了声障。随后出现了第一代超声速战斗机，其中的典型型号有美国的 F－100 和苏联的米格－19（见图 1－23）。这期间，出现了一批高亚声速的喷气式客机、运输机和轰炸机。代表机型有美国波音公司的波音－707 客机、B－47 和 B－52 轰炸机，苏联的图－16 轰炸机等。几年后，一批两倍声速的战斗机相继出现,它们后来被称为第二代战斗机,其中最著名的飞机有苏联的米格-21和美国的F-104(见图1-24)。

图1-22　飞行中的X-1研究机

图1-23　米格-19战斗机

图1-24　F-104战斗机

随着飞机飞行速度的提高,飞机与空气的摩擦热成了考验飞机结构的重大问题。材料技术的发展克服了这一问题,在20世纪60年代,出现了克服热障的、飞行速度超过3倍声速的战斗机和侦察机,它们是苏联的米格-25战斗机和美国的SR-71高空侦察机,如图1-25所示。这两种飞机成了迄今为止飞得最高(37 650 m)和最快(3 529.56 km/h)的有人驾驶的实用固定翼航空器。在这期间,美国出现了第一种实用的变后掠战斗轰炸机F-111;英国还出现了第一种实用的垂直起降飞机,即“鹞”式战斗机,如图1-26所示。苏联的雅克-38垂直起落舰载战斗机也在这一时期研制成功。与此同时,各种高亚声速干线客机成为国内和国际航线上的主力飞机。

图 1-25　保持飞机飞行速度记录的 SR-71 高空高速侦察机

图 1-26　能垂直起降的“鹞”式战斗机

20 世纪 70 年代开始，随着主动控制技术和推重比 8 一级的涡轮风扇发动机的应用，出现了具备高机动性的第三代战斗机，如美国的 F-15、F-16、F-18 战斗机，苏联的米格-29、苏-27 战斗机等。图 1-27 所示为美国的重型双发喷气式战斗机 F-15。与此同时，波音-747 这样的大型宽体民用客机开始成为国际航线上的主力。目前世界上仅有的两种超声速客机，图 1-28 所示的苏联的图-144 和英法合作研制的“协和”号飞机也在这期间投入运营。

图 1-27　美国的 F-15 喷气式战斗机

图 1-28　图-144 超声速客机

隐身飞机公开于 20 世纪 80 年代,第一个实用型号是美国的 F-117 战斗轰炸机。随着隐身技术的成熟,美国的 B-2 隐身轰炸机和 F-22 隐身战斗机在 20 世纪 90 年代研制成功。伴随着推重比 10 一级的涡扇发动机和先进综合航空电子系统的应用,使具有隐身能力、超声速巡航、过失速机动和超视距攻击能力的 F-22 战斗机成为第四代战斗机的典型代表,如图 1-29 所示。

图 1-29　F-22 战斗机

喷气式战斗机(又称歼击机)的更新换代代表了航空技术的发展历程。以米格-15、F-100 和米格-19 为代表的第一代战斗机,主要特征为高亚声速或低超声速、后掠翼、装涡喷发动机、带航炮和空空火箭,后期装备第一代空空导弹和机载雷达。第二代战斗机于 20 世纪 60 年代装备部队,代表机型有 F-4、米格-21 和幻影Ⅲ等,采用小展弦比薄机翼和带加力的涡喷发动机,飞行速度达到 2 倍声速,用第二代空空导弹取代了空空火箭和第一代空空导弹,配装有晶体管雷达的火控系统。20 世纪 70 年代中期出现了以 F-15、F-16、米格-29、苏-27 和幻影-2000 等为代表机型的第三代战斗机,它们一般采用边条翼、前缘襟翼、翼身融合等先进气动布局以及电传操纵和主动控制技术,安装涡轮风扇发动机,具有亚声速高机动性能,配备多管速射航炮和先进的中距和近距格斗导弹,一般装有脉冲多普勒雷达和全天候火控系统,具有多目标跟踪和攻击能力,平视显示器和多功能显示器为主要的座舱仪表。第三代战斗机在突出中、低空机动性的同时,可靠性、维修性和战斗生存性得到很大改善。作为第四代战斗机的代表，F－22 是洛克希德·马丁公司研制的空中优势战斗机，它以 F－15、F－16 和 F－117 为基础，综合使用了隐身、航电、材料、高性能涡轮风扇发动机和气动设计方面的最新技术成果，是一种全面先进的现役第四代战术战斗机。美国 F－35、俄罗斯苏－57、中国的歼 20 和歼 31 也属于第四代战斗机。

在飞机的发展进程中，还出现了一些特种用途飞机，如空中预警机、反潜机、电子干扰机、侦察机和空中加油机等。

空中预警机装有远距离搜索雷达和相应的数据处理和通信设备，用于搜索、监视空中和海上目标，是战斗机的支援飞机，主要有美国的 E－3、俄罗斯的 A－50、中国的空警 2000 等型号。1975 年首飞的 E－3 由波音－707 飞机改装而成，机身上装有一个直径 9 m 的盘状雷达天线罩。在伊尔－76 飞机上改装而成的 A－50 空中预警机在 20 世纪 80 年代初研制成功。2003 年首飞的空警 2000 以俄罗斯伊尔－76 运输机为载机平台，改装、加装中国自主研发的相控阵雷达、电子系统、碟形天线、超级计算机、控制台及软件。

反潜任务可由舰载反潜机和直升机完成，陆基的反潜机也能发挥重要作用。美国的 P－3、英国的"猎迷"、俄罗斯的伊尔－38 和日本的 P－2J 都是广泛使用的陆基巡逻反潜机。

通过专门的电子干扰设备对敌方雷达和通信设备进行干扰的军用飞机称为电子干扰机或电子战飞机。电子战飞机有"有源""无源"干扰，"软""硬"杀伤之分。

专门用于搜集敌方军事情报的飞机称为侦察机，按任务不同，分为战略侦察机和战术侦察机；根据有无人驾驶，还可分为有人侦察机和无人侦察机。

空中加油机是可以在空中为其他飞机进行加油的飞机，通常由大型运输机改装而成。如图 1－30 所示，空中加油机有两种加油方式，一种为插头锥管式，这种加油机可同时给 2 架或 3 架飞机加油；另一种是伸缩管式，一次只能给一架飞机加油，但加油速度较快。

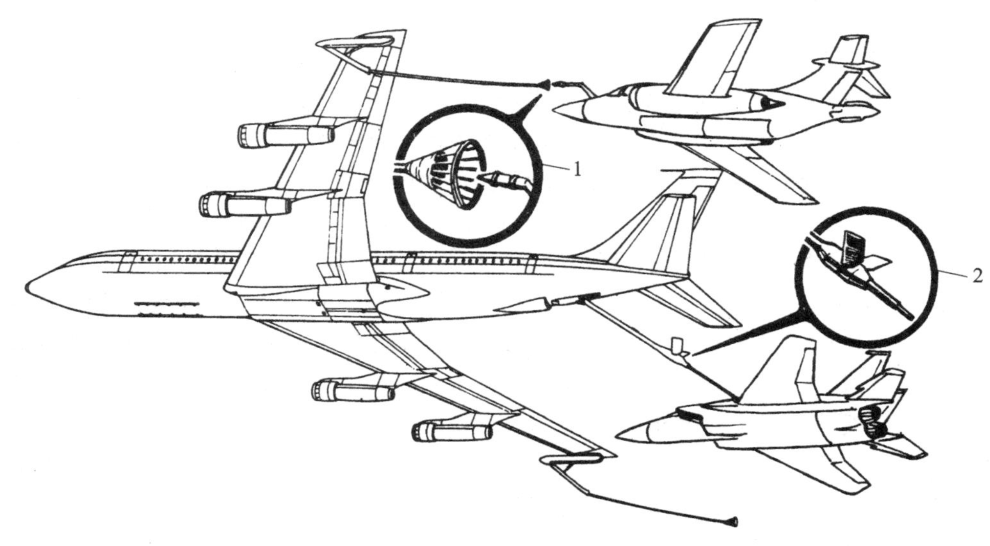

1—插头锥管式；2—伸缩管式

图 1－30　空中加油及加油方式

3. 直升机

中国古代的"竹蜻蜓"玩具体现了现代直升机的基本原理。从设计概念来说，15 世纪意大利艺术家达·芬奇绘出了世界上最早的直升机设计方案图。20世纪初,直升机的发展进入了探索时期。直升机升空后要实现可控的稳定飞行,首先必须解决旋翼旋转引起的反扭矩问题。因此早期的直升机多采用多旋翼方案,今天的共轴双桨直升机也出现在这一时期的设计方案中,这些早期方案中另一个延续至今的是纵列双旋翼式直升机。

俄国人Б.尤利耶夫另辟蹊径。他提出用尾桨来平衡反扭矩的方案,并于1911年制造出了验证机,同年还发明了可使旋翼桨距发生周期性变化的自动倾斜器。这种单旋翼加尾桨布局的直升机成为现在最流行的形式,占世界直升机总数的95%以上。由于当时发动机效率不高,旋翼和控制技术过于原始,所以虽然有某些直升机试验机实现了短距离的飞行,但离实用还有较大差距。不过这些探索对直升机的成功积累了宝贵的经验。

第一架可正常操纵的载人直升机是德国的Fa-61,1936年6月26日试飞成功。到20世纪30年代末,法国、美国和苏联都有直升机试飞成功,并迅速达到实用的程度。

涡轮轴发动机、复合材料桨叶和新型桨毂的应用,使直升机在20世纪后半叶在军事和国民经济领域发挥了重要作用。

半个多世纪以来,直升机的发展也经历了四代。20世纪60年代前出现的直升机为第一代,典型代表有苏联的米-4和美国的贝尔-47,最大速度为200 km/h,噪声水平高。第二代直升机出现于20世纪70年代中期前,有苏联的米-8、法国的"超黄蜂"等,最大速度为250 km/h,噪声有所下降。第三代直升机的典型机型有法国的"海豚"、美国的"黑鹰"和"阿帕奇"等,出现在20世纪90年代前,最大飞行速度达到300 km/h,噪声得到进一步控制。此后出现了第四代直升机,飞行速度超过300 km/h,噪声得到了较好控制,典型型号有北约组织的NH-90,美国已停止研制的"科曼奇"隐身武装直升机也属于第四代。

1.3.2 航天器发展概况

运载火箭是航天器发展的基础。

19世纪末到20世纪初,涌现出许多富于探索精神的航天先驱者。俄国的K.齐奥尔科夫斯基首次阐述了利用多级火箭克服地球引力实现宇宙航行的构想,并提出了许多相关的理论。如今他的许多预见已经变成了现实。美国的R.戈达德建立了火箭运动的基本数学原理,并推导出火箭脱离地球引力所需的7.9 km/s的第一宇宙速度。他潜心研究液体火箭,成为液体火箭的创始人。出生于罗马尼亚的H.奥伯特,提出空间火箭点火的理论和脱离地球引力的方法,主持设计了火箭发动机,开创了欧洲火箭的先河。德国的W. von布劳恩领导研制成功V-2火箭。虽然V-2火箭在战争中的角色并不光彩,但它在技术上却使人类的飞天梦向前迈进了一大步,成为现代大型火箭的鼻祖,构筑了航天史上的重要里程碑。这些先驱们的工作为航天技术的发展奠定了坚实基础。

第二次世界大战结束以后,苏联和美国都通过仿制V-2火箭建立了自己的火箭和导弹工业。一些有远见的政治家和科学家已经认识到,利用V-2的技术成果,一方面可以发展洲际导弹,建立军事威慑力量;另一方面可以发射人造地球卫星,有效地开展空间科学研究。

苏联的卫星研制和发射一直在政府支持下秘密进行。1946年,苏联成立了火箭科学研究所,到1948年,卫星运载工具的理论问题基本解决。1954年召开的地球物理学国际会议决定,1957年下半年到1958年底为国际地球物理年,建议有关国家在此期间发射人造地球卫星。自此美苏两国都开始着手实施各自的卫星发射计划。

1957 年 10 月 4 日，世界上第一颗人造地球卫星由苏联成功发射，这颗卫星正常工作了 3 个月，在此期间人们可以从广播中听到它从太空发出的无线电信号。一个月后，苏联又宣称，载着一只小狗的第二颗人造地球卫星发射成功。

苏联的创举引起美国朝野的哗然，为摆脱落后局面，美国决定采用陆军的“轨道器计划”迅速把卫星送上天。1958 年 1 月 31 日，美国用由布劳恩设计的“丘比特”C 火箭把其第一颗人造地球卫星“探险者”1 号送进了太空。

继苏美之后，法国、日本、中国、英国、欧洲空间局、印度和韩国等都用自己研制的火箭，成功发射了各自的人造地球卫星。

早期的人造地球卫星主要具有一种象征意义，没有实用价值。20 世纪 60 年代中期人们开始重视开发具有经济和社会效益的应用卫星，人造地球卫星的发展从探索试验阶段进入实用阶段。通信卫星是人类最先使用的应用卫星，对地观测卫星在气象预报、自然灾害预警等方面可以发挥重要作用，导航卫星通过汽车上 GPS 系统的使用，早已进入了普通民众的生活。

1958 年起，人类就开始了空间探测活动。空间探测从地球的邻居月球开始，然后到太阳系的各个行星和卫星。早期进行空间探测的国家主要是苏联和美国。

从 1958 年开始的 18 年间，苏联和美国共向月球发射了 81 个探测器，成功了 59 个。苏联的探月过程为拍摄拍照、软着陆、钻孔取样、带回月球的土壤和岩石，并完成月球车在月球上的行驶。美国在对月球的探测中，先后执行了“徘徊者”“勘探者”和“月球轨道环行器”计划，最后完成了“阿波罗”飞船载人登月的伟大创举。

对太阳系各行星的探测始于 20 世纪 60 年代初。苏联的探测器主要有“金星”号、“火星”号和“探测器”号，“金星”号一共发射了 16 个，其中 10 个在金星软着陆；“火星”号发射了 7 个，其中 3 个绕火星飞行，4 个飞越火星；“探测器”号共发射了 8 个，分别探测了金星、火星、月球和月地空间。美国的探测器比较多，主要有“先驱者”号、“水手”号、“海盗”号、“旅行者”号、“伽利略”号、“麦哲伦”号和“尤里西斯”号等，探测的范围也比苏联大，涉及金星、木星、水星、火星、土星、天王星、海王星和太阳等，其中“先驱者”10 号和 11 号于 1986 年 6 月飞过了冥王星的轨道，向太阳系外飞去。“先驱者”10 号曾是离地球最远的飞行器，这一纪录一直保持到 1998 年 2 月 17 日，那天，“旅行者”1 号与太阳的距离和“先驱者”10 号相同，因为后者在速度上有优势，离太阳的距离上超过了“先驱者”10 号。“旅行者”1 号 1977 年从地球出发，历经 45 年的旅行，已飞越 233 亿千米，成为距离地球最远的探测器，科学家预测 2025 年“旅行者”1 号将可能因能源耗尽与地球失去联系。1996 年开始，美国、俄罗斯和欧洲空间局又开始了对火星的新一轮探测。美国制订了“火星生命计划”，确定在 1996—2005 年之间，每隔 26 个月发射 2 个火星探测器，以揭晓火星上是否存在生命。1996 年 11 月 7 日和同年 12 月 4 日发射的“火星探路者”探测器，是该计划的第一组探测器，它于 1997 年 7 月 4 日在火星的阿瑞斯谷地登陆，并用其携带的“索杰纳”火星车在火星上实地考察，获得很大成功。2003 年是火星探测的热门年份，先后有 3 个火星探测器发射升空：6 月 2 日欧洲航天局发射了“火星快车”，同年 12 月 25 日“火星快车”携带的“小猎犬”2 号在火星表面着陆；6 月 10 日和 7 月 8 日，美国发射了“火星漫游者”A 和 B。它们是一对探测火星的“孪生兄弟”，分别携带“勇气”号和“机遇”号火星车，分别于 2004 年 1 月 4 日和 25 日成功降落到火星表面。

美国的“好奇号”火星车于 2011 年 11 月从美国佛罗里达州发射，2012 年 8 月成功登陆火星表面，主要任务是探索火星的盖尔撞击坑。“毅力号”火星探测器于美国东部时间 2020 年

7月30日发射升空,2021年2月18日登陆火星,“毅力号”还携带了一台名为“机智号”的共轴双旋翼无人直升机,并于北京时间4月19日在火星表面试飞成功,成为人类首架在其他行星上飞行的可控飞行器,如图1-31所示。4月20日,“毅力号”成功将火星大气的二氧化碳转化成氧,完成了人类地球以外的首次制氧,实现了人类航天史上的又一次突破。

图1-31 “机智号”共轴双旋翼无人直升机在火星表面试飞成功

中国的首个火星探测器“天问”1号,2020年7月23日在海南省文昌航天发射场由“长征”5号遥四运载火箭发射升空,2021年2月到达火星附近并被火星引力捕获,2021年5月15日,在火星乌托邦平原南部预选着陆区着陆,携载的“祝融”号火星车开始利用自带的多光谱相机拍摄火星地形、地貌和地质照片,并定期传送回地球。

图1-32 苏联“东方”1号载人飞船

载人飞船和航天飞机是实现载人航天的主要工具。1961年4月12日,苏联航天员加加林乘坐图1-32所示的“东方”1号载人飞船实现了轨道飞行,开辟了人类航天的新篇章。此前,苏联发射了5艘不载人试验飞船。到1970年,苏联完成了早期的载人环地球轨道飞行计划。共发射各种飞船16艘,把25名航天员送入地球轨道,还完成了太空行走、飞船对接和航天员移乘等复杂动作。

1971年4月19日,苏联发射了第一个空间站“礼炮”号。1986年2月20日,人类可长期逗留的空间研究中心暨苏联“和平”号空间站的核心舱发射成功。历经十年,“和平”号空间站最终建成。该空间站曾经接待多国的航天员100多人次,美国航天飞机拜访该空间站11次,带来补给并替换航天员。1999年8月28日起,俄罗斯接管的该空间站进入无人自动飞行状态。2001年3月23日,“和平”号完成历史使命,平安坠落在南太平洋预定海域。

加加林实现人类太空航行后,美国实施了“水星”和“双子星座”载人飞行计划。截至1966年,美国把24名航天员送上太空,也实现了太空行走和飞船对接。至今为止,载人航天最激动人心的篇章可能仍是“阿波罗”登月。1969年7月20日,“阿波罗”11号飞船首次把两名航天员N.阿姆斯特朗和A.奥尔德林送上了月球表面。在他们之后,美国又进行6次载人月球飞行,共有12名航天员涉足月球表面。美国在1973年5月14日发射了试验性空间站“天空实验室”,与此同时开始研制可重复使用的航天飞机,作为天地往返运输系统与空间站配套。1981 年 4 月 12 日，世界上第一架航天飞机“哥伦比亚”号试飞成功，随后成功研制了“挑战者”号、“发现”号、“亚特兰蒂斯”号和“奋进”号共 5 架航天飞机。图 1-33 所示为像飞机一样水平着陆的航天飞机。1986 年 1 月 28 日，“挑战者”号发射升空不久即爆炸，7 名航天员全部罹难，这次悲剧致使航天飞机暂停飞行 32 个月。2003 年美国当地时间 2 月 1 日，载有 7 名航天员的“哥伦比亚”号航天飞机结束任务返回地球，在着陆前 16 分钟发生意外，航天飞机解体坠毁，机上航天员全部罹难。2005 年 7 月 26 日，“发现”号发射升空，恢复航天飞机飞行任务。此后，“奋进”号和“亚特兰蒂斯”号相继恢复飞行。2011 年 7 月，“亚特兰蒂斯”号执行航天飞机项目的第 135 次任务，为所有航天飞机的最后一次飞行。此后美国宣布所有航天飞机退役。2020 年 5 月 30 日，两名航天员乘坐美国 SpaceX 公司的“龙”飞船，由“猎鹰”9 号运载火箭发射升空。5 月 31 日“龙”飞船与国际空间站对接成功，8 月 2 日，在国际空间站工作的另外两名航天员搭乘“龙”飞船返回地球。“龙”飞船是可重复使用的空地载运工具，2020 年 11 月 15 日和 2021 年 4 月 23 日，搭载 4 名航天员的“龙”飞船分别发射成功。载人“龙”飞船的可重复使用，可有效降低空地往返运输成本，如图 1-34 所示。

图 1-33　美国“发现”号航天飞机着陆

图 1-34　载人“龙”飞船

苏联也于 1988 年 11 月 15 日成功发射了“暴风雪”号航天飞机，由于政治和经济方面的原因，“暴风雪”号进行了 3.5 h 绕地球两周的不载人首航后，载人飞行计划被无限期搁置。

截至2017年,美国、俄罗斯(包括苏联)和中国共进行了320多次载人航天飞行,有1 000多人次进入太空。航天员在太空飞行时间最长的纪录,由俄罗斯的谢尔盖.克里卡廖夫保持,他6次进入空间站工作,累计803天9小时39分钟。单次太空飞行持续时间最长的纪录,则由俄罗斯航天员B.波利亚科夫保持,他于1994年1月8日至1995年3月22日,在“和平”号空间站上工作长达438天。

冷战结束后,美国和俄罗斯从各自的利益出发,同意在空间技术上合作,联合建立新型空间站,这就是“国际空间站”,已有美国、俄罗斯、加拿大、日本、巴西及11个欧洲空间局成员国(比利时、丹麦、法国、德国、意大利、挪威、荷兰、西班牙、瑞典、瑞士、英国)共16个国家参与建设,是迄今规模最大的航天工程,也是世界上第一个国际合作建设的空间站。1998年11月20日,俄罗斯用“质子”K号运载火箭发射了美国委托俄罗斯制造的“曙光”多功能货舱,揭开了国际空间站建设的序幕,到2011年12月,最后一个组件发射成功,国际空间站基本建成。“国际空间站”是一个在近地轨道上运行的科研设施,也是人类历史上第九个载人的空间站,其主要功能是作为在微重力环境下的研究实验室,研究领域包括生物学、物理学、天文学、地理学、气象学等。

2021年4月29日,“长征”5号B遥二运载火箭成功将我国空间站首个航天器“天和”核心舱送入预定轨道。核心舱长度为16.6 m,直径为4.2 m,重量高达22.5 t,这是我国截至目前发射的最大的航天器,如图1-35所示。“天和”核心舱的成功发射,标志着我国能够长时间在

图1-35　中国空间站“天和”核心舱

太空运行和工作的空间站正式进入工程实施阶段。

1.3.3　火箭和导弹发展概况

中国是原始火箭的故乡。与现代火箭结构原理相同的原始火箭，最早出现在中国南宋时期，并一直沿用到清代。这种火箭用火药为燃烧剂，在密闭火药筒内燃烧，通过一个小孔将高温气流喷出，从而将火药的化学能有效地转变为动能，形成推力使火箭升空。

近代火箭和导弹是在第二次世界大战后期才出现的。1934 年 12 月，在德国试验成功了 A－2 火箭，该火箭用酒精和液态氧为推进剂，质量 270 kg，射高 1 950 m。接下来的 A－3 火箭没有成功，修改设计后改名为 A－5 试验火箭，并于 1939 年试验成功，火箭推力达 14.7 kN，最大射程 18 km。A－5 的成功给当时的德国军事当局打了一针强心剂，立即下令研制作战型 A－4 火箭，即著名的 V－2 弹道导弹，如图 1－36 所示。在 W. von 布劳恩的精心组织下，V－2 导弹于 1942 年 10 月 3 日首次试射成功。V－2 导弹质量 13 000 kg，射程 320 km，弹道高度达100 km，携带 1 000 kg 的战斗部。

第二次世界大战结束后，许多整装待发的 V－2 导弹和大量火箭科技人员都成了美国和苏联的战利品。美苏两国在 V－2 导弹技术的基础上，迅速发展了各自的火箭武器，即地对地导弹。美国在 1945 年就研制成功了用于大气探测的探空火箭，随后苏联也发射了他们的探空火箭。

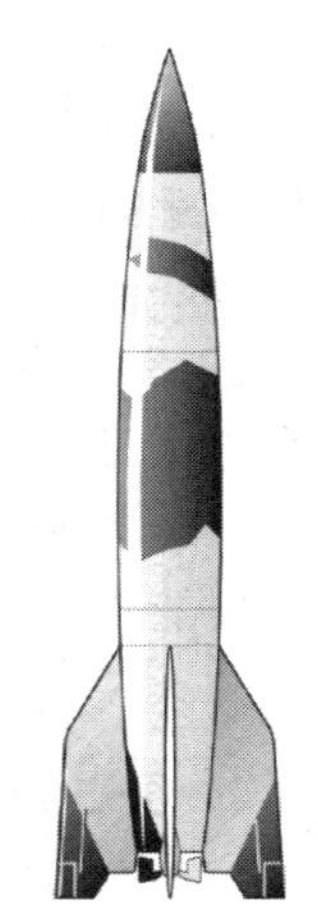

图 1－36　V－2 导弹

在地对地导弹的基础上，稍加改动就形成了可以发射各种军用卫星和科学探测、科学研究及科学实验航天器的运载火箭。运载火箭的发展可以分为三个阶段。初期阶段的运载火箭有苏联的“东方”号、美国的“大力神”2 型、中国的“长征”2 号等，这些火箭主要用于低轨道航天器发射。随着航天技术的发展，各航天大国都发展了发射高地球轨道航天器的运载火箭，特点是采用三级火箭，典型代表有美国的“宇宙神阿金纳”、欧洲的“阿丽亚娜”、苏联的“质子”号和中国的“长征”3 号等。空间事业的发展需要把更大质量的航天器送入太空，捆绑技术的应用使火箭不仅能发射更大的有效载荷，而且走上了自己的独立发展阶段。这个阶段的典型运载火箭有日本的 H－Ⅱ、欧洲的“阿丽亚娜”4 型和“阿丽亚娜”5 型、美国的航天飞机发射系统、苏联的“能源”号和中国的“长征”5 号等，这些火箭可以把质量更大的通信卫星、载人飞船或航天飞机、空间站等有效载荷送入太空。降低发射成本一直是运载火箭面临的最大挑战。美国 SpaceX 公司经过 10 多年的努力，2015 年 12 月，首次在陆地上成功回收“猎鹰”9 号火箭一子级；2016 年 4 月，首次成功利用海上平台回收一子级，基本掌握了垂直起降技术；2017 年 3 月，首次成功利用回收的一子级再次发射，实现运载火箭的重复使用，走出了一条可有效降低空地载运成本的道路。

火箭发动机的研究成果为弹道导弹的发展奠定了基础。弹道导弹发射后，除开始的一小段有动力飞行并对其弹道进行制导外，其余全部沿着只受地球重力作用的椭圆轨道飞行。弹道导弹的主要飞行段都在大气层外，最后再入大气层攻击目标。20 世纪 50 年代初期，世界上兴起了一股弹道导弹的发展热潮，当时有部分人认为远程弹道导弹最终会代替战略轰炸机。美国和苏联都发展了不同型号的中、远程和洲际弹道导弹，这些导弹以液体火箭为主，远程和洲际弹道导弹使用多级火箭的形式,发射准备时间长,突防能力差,这些导弹被归为第一代弹道导弹。20世纪60年代中期出现了第二代战略弹道导弹,导弹的生存力和突防能力有了较大的提高,主要特点为采用井下发射与储存、用固体燃料、命中精度有所提高。此后10年间发展了第三代战略弹道导弹,这些导弹具有较强的突防能力,并采用分导式多弹头,精度进一步提高。20世纪70年代末期发展起来的第四代战略弹道导弹的多弹头数量增加到10个,有效载荷增加,命中精度较高。最先进的第五代战略弹道导弹的特点有小型化、机动化、高突防能力和高精度,发射方式主要为车载机动。马赫数大于6的高超声速导弹将给防御方造成巨大的拦截困难,已经成为军事大国的重点发展方向之一,中国、俄罗斯、印度、美国都在研发高超声速武器。

1955年9月,苏联成功从潜艇上发射了世界上第一枚潜射导弹,从此一种隐蔽的战略弹道导弹发射方式正式诞生。陆基、空射和潜射战略导弹组成了传统的"三位一体"核战略。美国和俄罗斯拥有大量先进的潜射核导弹,英国和法国也具有这种能力。1982年10月12日,中国潜艇水下发射运载火箭获得成功,回收舱准确地溅落在预定海域。

能机动飞行的有翼战术导弹,如地空导弹、空空导弹等,是从20世纪50年代初期开始发展的。这类导弹的发展经历了三个阶段。第一代地空导弹主要是针对高空远程轰炸机的,一般比较笨重,精度较低,采用齐射方式打击目标。这个时期的空空导弹多为近距、中空、尾后攻击型,一般采用无线电制导。第二代地空导弹的制导方式增多,利用雷达、红外等多种制导方式,有效射程范围增大,具有一定的灵活性,精度有所提高。同期的空空导弹主要为中距离拦截的全天候型。第三代地空导弹的特点是多用途、多层次防空,并具备较高的命中精度,多为单发攻击。同期的空空导弹分为远距拦射型和高精度近距格斗型,并具备多目标攻击以及上射和下射能力。图1-37所示为美国的AIM-9"响尾蛇"系列近距空空导弹。

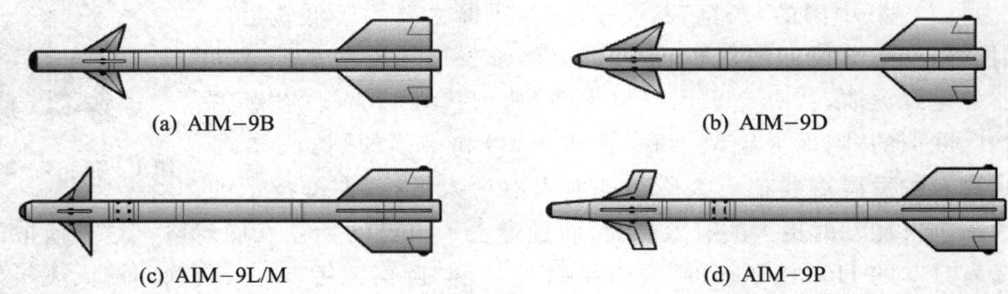
(a) AIM-9B　(b) AIM-9D　(c) AIM-9L/M　(d) AIM-9P

图1-37　空空导弹

巡航导弹是一种类似飞机的飞行武器,又称飞航式导弹。这种导弹的动力装置一般不采用火箭发动机,而是用与飞机类似的喷气发动机。最早的巡航导弹是第二次世界大战期间德国研制的V-1导弹,战后的巡航导弹基本上都在V-1的基础上发展而来。从20世纪50年代开始,苏联发展了"冥河""沙道克"等10多种舰载和机载巡航导弹,美国研制了"斗牛士""鲨蛇"等多种巡航导弹。这些早期的巡航导弹弹体笨重、精度低、易被拦截、作战效果不如弹道导弹。20世纪70年代以后,随着小型涡轮风扇发动机、小型核弹头、精确制导技术的进步,巡航导弹的发展进入了一个新阶段,一批高性能的空射、潜射和陆基巡航导弹相继问世,使其成为在现代战争中的一种有效的进攻武器。1967年埃及用"冥河"巡航导弹击沉以色列"埃拉特"号驱逐舰;1982年马岛战争中,阿根廷用法国制造的"飞鱼"机载巡航导弹击沉英国"谢菲尔德"号导弹驱逐舰，使巡航导弹受到世界各国的广泛重视。在高技术战争中，巡航导弹和隐身飞机已经成为进攻方首先使用的武器装备。图1-38所示为著名的美国"战斧"巡航导弹。巡航导弹正朝着高超声速和隐身化的方向发展。

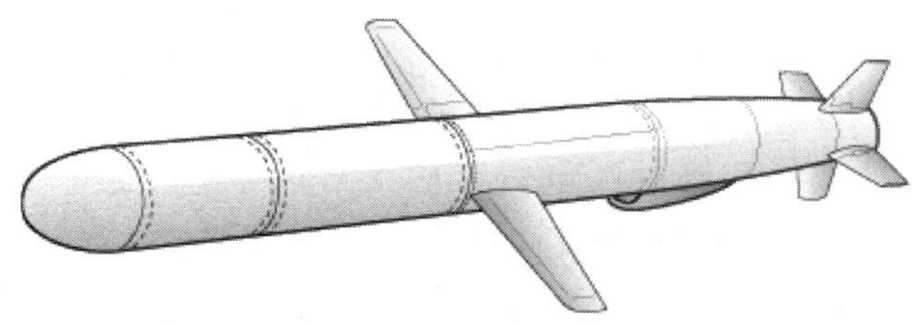

图1-38 BGM-109B"战斧"巡航导弹

1.4 中国航空航天技术

中国是世界文明古国，中国的风筝和火箭是世界公认的最古老的飞行器。灿烂的中国古代文化与其他国家的古代文明一起，共同孕育了现代航空航天技术的萌芽。在近代中国的屈辱史中，中国的工业化水平远落后于西方国家。新中国成立后，中国的航空航天工业开始快速发展。经过半个多世纪的努力，基本建成了中国的航空航天工业体系。航空航天工业在国防和经济建设中发挥着越来越重要的作用。歼20先进战斗机的成功和"天和"核心舱的发射，标志着中国的航空航天工业进入了一个新的发展时期。

1.4.1 中国航空技术

从1910年清政府开始筹办飞机修造厂到1949年，旧中国只有十多个设备相当简陋的航空工厂，修理、装配、设计和制造过少量飞机。当时所有原材料、机载成品和设备均依赖外国进口，根本没有自己独立的航空工业，更谈不上航空科研体系。

新中国成立以后，1951年4月17日，中央军委和政务院颁发了《关于航空工业建设的决定》，对新中国航空工业建设的任务、方针、组织领导等做出明确规定。4月18日，中共中央决定在原重工业部设立航空工业局。经过60余年的建设，中国的航空工业从修理到制造，从仿制到自行研制，已经形成了具有相当规模和基础、配套齐全的航空科研设计、制造和试验的工业体系。航空工业已成为中国国民经济中技术密集、基础雄厚的新兴产业之一。

尽管总体上中国的航空工业与发达国家之间还存在较大差距，但60多年来，已经建成了较为完善的航空科研体系，先后建立了飞机、发动机、航空电子、军械武器、仪表等专业设计研究机构，还建立了空气动力、强度、自动控制、材料、工艺、试飞和计算技术等专业研究试验机构。中国航空科研的技术手段不断更新、试验设备日臻完善，已建成了一批技术先进的风洞试验设施、飞机全机静力试验室、发动机高空模拟试车台和飞行试验实时数据采集和处理系统等。

代表中国航空技术发展的产品除军用飞机、民用飞机、直升机之外，还有战术导弹、航空发动机、机载设备和以各种机动车为代表的民用产品。

1. 军用飞机

新中国的航空工业在抗美援朝战争中诞生。初期阶段主要承担修理军用飞机以保障战争需要的紧迫任务。到 1952 年底,修理各型飞机 470 多架,发动机 2 600 多台,有力地保障了抗美援朝战争。

1953 年开始的第一个五年计划期间,中国的航空工业在苏联的援助下进行建设。新中国第一架试制成功的飞机,就是仿制苏联的雅克 18 飞机生产的初级教练机。该机命名为初教 5,如图 1-39 所示,于 1954 年 7 月 3 日首飞成功,一个月后就开始批量生产。初教 5 的构造特点为:构架式机身、矩形中翼加梯形外翼的机翼、木质螺旋桨的活塞发动机 1 台、后三点式起落架。初教 5 飞机全部交付空军、海军和民航使用,为训练和培养中国早期飞行员做出了贡献。

图 1-39　初教 5 型初级教练机

新中国自行设计并研制成功的第一架飞机是歼教 1,如图 1-40 所示,于 1958 年 7 月 26 日首飞成功。后来由于空军训练计划的变动,该机没有投入批量生产。它的研制成功对培养中国第一代飞机设计人员,积累自行研制飞机的经验,具有重要意义。

图 1-40　飞行中的歼教 1 型歼击教练机

中国自行设计制造并投入批量生产和大量装备部队的第一种飞机是初教 6,如图 1-41 所示。该飞机性能比初教 5 有所提高,采用前三点式起落架以适应现代飞机的训练要求。初教 6 于 1958 年 8 月 27 日首飞成功,随后不久解决了改装国产发动机等问题,于 1962 年 1 月定型。

中国第一架喷气式战斗机是歼 5 飞机,这是一种高亚声速歼击机,用于国土防空和争夺前线制空权,兼有一定的近距对地攻击能力,装 1 台带加力燃烧室的离心式涡轮喷气发动机,是

图 1-41　初教 6 型初级教练机

当时世界上比较先进的战斗机。1956 年 7 月 19 日歼 5 飞机首飞成功，同年交付部队正式服役。歼 5 飞机的研制成功和大量装备部队，使中国的航空工业和空军进入喷气时代，成为当时在世界范围内少数几个掌握喷气技术的国家。歼 5 有单座和双座两种型号，双座为同型教练机歼教 5。图 1-42 所示为中国空军装备的歼 5 机群。

图 1-42　歼 5 战斗机机群

歼 6 飞机是中国第一代超声速战斗机，最大平飞速度达到声速的 1.4 倍，机身头部进气，装两台发动机，采用大后掠角机翼和全动式水平尾翼，如图 1-43 所示。该机 1958 年 12 月 17 日首飞，后来大批装备中国空军及海军部队。通过歼 6 飞机的研制、交付和使用，中国的航空工业掌握了超声速战斗机的一整套制造技术和管理经验。歼 6 有单座系列型号和双座的歼教 6。

图 1-43　歼 6 型战斗机

在歼 6 飞机成批生产和装备部队后，中国的第二代超声速战斗机也研制成功，包括歼 7 和歼8系列。歼7和歼8都是高空高速歼击机，在飞行性能、飞行品质、救生系统、武器系统、机载电子设备和发动机方面都比歼6有明显的改进和提高。歼7飞机1966年1月17日首飞成功，1年半后被批准定型生产。飞机采用机头进气、三角机翼和全动平尾，装一台涡喷七发动机。歼7飞机后来有许多改型，如歼7Ⅱ、歼7Ⅲ、歼7M、歼教7和歼7E等，所有型号的最大飞行速度均超过2倍声速。其中歼7M为出口型，图1-44所示为歼7M改型飞机及其所载武器；歼教7为同型高级教练机；歼7E在气动设计方面有较大改动，除装备空军部队外，还是中国空军"八一"飞行表演队的表演用机。

图1-44 歼7M改型(F-7MG)战斗机

歼8飞机是中国自行设计制造的战斗机，1969年7月5日首飞，1980年设计定型并开始交付空军使用。歼8的空气动力布局与歼7类似，但更突出高空、高速性能，装2台涡喷七甲发动机。歼8飞机有多个改进型号，其中歼8Ⅱ将机头进气改成两侧进气，在歼8基础上作了重大改进，使之具有当代歼击机特点，于1984年6月12日首次试飞，如图1-45所示。歼8Ⅱ飞机也有多个改进型号，其中歼8D具有空中受油能力，可用轰6轰炸机改装的空中加油机对其进行空中加油。歼8系列飞机的研制成功，标志着中国的军用航空工业进入了一个自行研究、自行设计和自行制造的新阶段。在研制歼8的同时，中国还研制成功了歼12轻型战斗机，于1970年12月26日首次试飞。但该型号没投入批量生产和装备部队。

图1-45 歼8Ⅱ型战斗机

歼10战斗机是中国自行研制的具有完全自主知识产权的第三代战斗机，如图1-46所示，分单座、双座两种，性能先进，用途广泛，实现了中国战斗机从第二代向第三代的历史性跨越。歼10飞机1986年开始研制，1998年3月23日首飞成功，2004年设计定型，定型前已小批量装备部队。

图 1－46　歼 10 战斗机

歼 11 战斗机是中国在引进俄罗斯苏－27 型战斗机基础上，自行生产的第三代重型空中优势战斗机，如图 1－47 所示。歼 11 具有优良的空气动力外形，极佳的空中机动能力和强大的中远程打击能力，可执行对空、对地、对海作战任务。歼 11 飞机 1998 年 9 月 1 日首飞，1999 年 9 月开始交付部队。

图 1－47　歼 11 战斗机

歼 15 是中国研制的首款重型舰载型战斗机，融合了歼 11 战斗机的技术，装配前翼，具有折叠式机翼和水平尾翼、起落架增强、机尾装有着舰尾钩等舰载机特征，如图 1－48 所示。歼 15 舰载机 2009 年 8 月 31 日首飞，2012 年开始服役，配装“辽宁”号航空母舰和后续国产航空母舰。

歼 16 是参考俄罗斯苏－30MKK 外形研发的双座双发多用途战斗机，同时进行了雷达特征信号减缩设计，装备了国产有源电扫描相控阵雷达和国产的涡扇发动机，具备同时识别攻击多个目标、远距离超视距空战能力和强大的对地、对海打击能力，最大载弹量 12 t。歼 16 于 2011 年 10 月 17 日首飞成功，2013 年初正式公开亮相，如图 1－49 所示。

歼 20 是中国自主研发的新一代先进隐身战斗机，采用单座、双发、鸭式气动布局，研制过程首次采取多家竞争方式以降低项目风险。歼 20 于 2011 年 1 月 11 日首飞。2016 年 11 月

图1-48　歼15舰载战斗机

图1-49　歼16多用途战斗机

1日,歼20两机编队在第十一届珠海航展公开亮相,进行了低空通场、爬升、横滚、盘旋转弯等飞行动作表演,如图1-50所示。2017年,歼20飞机正式服役。

图1-50　歼20隐身战斗机

歼31是中国自主研发的另一款新一代先进隐身战斗机,采用单座、双发、常规气动布局形式,具有典型高作战生存力特征。歼31于2012年10月31日首飞,2014年参加珠海航展并进行了飞行表演，如图 1－51 示。2016 年 12 月 23 日，一架改进版歼 31 实现了首飞。该机以打破西方国家在隐身战机国际市场的垄断为目标。

图 1－51　歼 31 隐身战斗机

轰 5 是中国自行改进设计的轻型轰炸机，1966 年 9 月 25 日首飞成功，第二年正式批量生产，有轰 5 鱼雷型和特种武器试验机、轰侦 5 和轰教 5 等型号。轰 6 是中国研制的高亚声速中型轰炸机，如图 1－52 所示，1968 年 12 月 24 日首飞，1969 年交付部队，该机有多个改进型号，能执行常规轰炸、战略轰炸和防区外空中打击任务；其改进型轰 6K 可以发射空地远程巡航导弹，大大提高了中国空军的战略打击能力。

水轰 5 飞机是中国自行研制的第一代水上轰炸机，如图 1－53 所示，于 1976 年 4 月 3 日首次水面起降试飞成功。

图 1－52　轰 6 型轰炸机

图 1－53　水轰 5 型水上起降轰炸机

“飞豹”是中国研制的新型歼击轰炸机。型号为歼轰 7 的“飞豹”于 1988 年 12 月 14 日首飞成功，主要执行对地和海面目标的攻击任务，同时具有较强的空中作战能力，该机在 1998 年的珠海国际航空航天博览会上引起巨大轰动，如图 1－54 所示。

强 5 飞机是中国自行设计制造的强击机，在中国军用飞机中首次采用锥形机头和机身两侧进气方式，并在机身设计上使用了跨声速面积律。该机于 1965 年 6 月 4 日首飞成功。强 5 有多个改进型号，其中强 5 甲用于 1972 执行空中甩投原子弹任务获得成功。图 1－55 所示为首飞用的强 5 原型机。

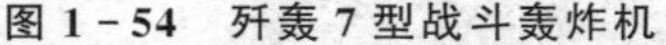

图 1-54　歼轰 7 型战斗轰炸机

图 1-55　强 5 型强击机

“枭龙”FC-1 型轻型多用途战斗机是中国自行研制、巴基斯坦空军参与开发的外贸型战斗机，如图 1-56 所示，曾称“超 7”战斗机，于 2003 年 8 月 25 日首飞成功。该机具有突出的中低空和高亚声速机动作战能力，有较大的航程、续航时间和作战半径及优良的短距起降特性和较强的武器装载能力，达到了第三代战斗机的综合作战效能，已交付巴基斯坦空军使用，巴空军将其命名为“雷电”JF-17。

K-8 是中国和巴基斯坦联合研制的串列双座中级教练/轻型对地攻击机，如图 1-57 所示，于 1990 年 11 月 21 日首飞成功。该机装 1 台涡轮风扇发动机，可用于全程中级飞行训练、部分初级和高级飞行训练，也能执行对地攻击任务。L-15 和 JL-9 是中国最新研制成功的高级教练机。

图 1-56　“枭龙”FC-1 战斗机

图 1-57　K-8 喷气教练/攻击机

中国曾经于 1969 年开始空警 1 号预警机的研制，由于载机和雷达性能的问题，该项目于 1979 年停止研制。目前除空警 2000 外(如图 1-58 所示)，我国还成功研制了空警 200、空警 500、空警 600 等空中预警机。空警 200 是中国自主研制、拥有独立的自主知识产权、在运 8 飞机基础上开发成功的预警机，号称“平衡木”，2004 年 10 月 28 日首飞成功，2006 年 1 月交付部队，如图 1-59 所示。空警 500 是我国研制并装备的第三代中型预警机，以运 9 运输机作为载机平台，装载新型数字相控阵雷达，2014 年服役，如图 1-60 所示。空警 600 是以运 7 飞机为载机平台，装载有源相控阵数字阵列雷达，2020 年 8 月首飞成功，将作为舰载预警机使用。此外，我国还依托运 8、运 9 平台，研制成功了电子侦察、反潜、电子情报收集、心理战、综合电子战、海上警戒等特种作战飞机。

轰油 6 是在轰 6 飞机的基础上发展而成的空中加油机，1991 年 12 月 31 日与歼 8D 型空中受油战斗机首次对接成功，1995 年开始服役。轰油 6 的加油方式为插头-锥管式空中对接加油，图 1-61 所示为轰油 6 为 2 架歼 10 战斗机加油。

图 1－58　空警 2000 预警机

图 1－59　空警 200“平衡木”预警机

图 1－60　空警 500 预警机

图1-61　轰油6空中加油机同时为2架歼10战斗机加油

BZK-005是由北京航空航天大学牵头研发的一款具有隐身能力的中高空远程无人侦察机,飞机采用大展弦比机翼、双尾撑布局,续航时间大于40小时,主要用于执行侦察任务和情报收集。该机多次到我国东海钓鱼岛海域执行任务,并在"九三"阅兵式上公开亮相,如图1-62所示。

图1-62　BZK-005高空远程无人侦察机

中国还研制成功"翼龙""彩虹"等系列无人侦察或察打一体无人机。70多年来,中国共设计军用飞机100多个型号,生产超过2万架,飞机性能和作战能力逐步提高,具备全天候和高机动性作战能力,全部实现了国产化。这些飞机除装备中国空军和海军部队外,还出口和援赠飞机约3 000架。

2. 民用飞机

运5飞机是中华人民共和国制造的第一架小型运输机,该机采用双翼布局,后三点式起落架,一台活塞发动机和一具四叶金属螺旋桨,最大载重1 500 kg,具有使用维护方便、安全可靠和经济性好的特点。运5飞机于1957年12月10日首飞成功,4个月后定型投入成批生产,主要用于农林作业、短途客运和航空体育运动。

“北京”1 号是中华人民共和国自行研制的第一架轻型旅客机，由北京航空航天大学的前身北京航空学院的师生设计、生产，于 1958 年 9 月 24 日由著名飞行员潘国定驾驶首飞成功。该机装有 2 台活塞式发动机，可载客 8 人，巡航速度为 270 km/h，曾进行过 46 架次、30 多飞行小时的试飞。图 1 - 63 所示的“北京”1 号轻型旅客机，该机现存放于北京航空航天博物馆。

图 1 - 63　“北京”1 号轻型旅客机

中国还自行设计制造了小型多用途飞机运 11 和运 12。运 11 于 1975 年 12 月 30 日首飞，1977 年设计定型。运 12 飞机于 1982 年 7 月 14 日实现首飞，飞机有 17 个座位。1985 年 12 月，运 12 取得了中国民用航空局颁发的型号合格证，后来的改进型号分别获得英国 CAA 和美国 FAA 型号合格证，最新的运 12F 于 2010 年 12 月首飞。图 1 - 64 所示为多用途的运 12 小型运输机。

运 7 是中国研制的支线客机，采用直上单翼、低平尾气动布局，装有 2 台涡轮螺旋桨发动机，能载客 52 名，如图 1 - 65 所示。运 7 飞机于 1970 年 12 月 25 日首飞成功，1982 年 7 月设计定型。经过三年的试运营，运 7 于 1986 年 4 月正式投入国内航线。运 7 有多个改型，性能逐步提高，其中新舟 60 飞机于 2000 年交付使用，出口多个国家；新舟 600 于 2008 年 10 月首飞成功；新舟 700 的研制工作于 2013 年 12 月 19 日全面启动，预计 2022 年完成首飞。运 8 是中国研制的中型运输机，于 1974 年 12 月 25 日首飞成功，飞机装有 4 台发动机，有效载重20 t。运 9 是中国首次自主研制的载重 20 t 级的军用涡轮螺桨喷气式运输机，与运 8 相比，货舱更宽敞，机场适应性更强，用途更广泛，于 2007 年设计定型并交付使用，如图 1 - 66 所示。

图 1 - 64　运 12 型小型运输机

图 1 - 65　运 7 - 200 型支线客机

1970 年 8 月，中国开始自行研制大型喷气客机运 10，如图 1 - 67 所示，该机于 1980 年9 月 26 日首飞成功。运 10 飞机装有 4 台涡扇发动机，设计最大载客量为 178 人，采用 5 人制机组。由于未能获得民航公司的订货，该机在试飞了多个架次、170 余个飞行小时后，于 1985 年

图 1-66 运 9 运输机

停止研制。运 10 在试飞中,曾 7 次进入西藏,降落在海拔 3 540 m 的拉萨贡嘎机场,成为有史以来首次成功飞越世界屋脊的中国自行研制的飞机。随后中国与美国合作生产麦·道 MD-82 等大型客机,飞机的使用情况良好,共生产了 35 架,其中 10 架返销美国,后因麦·道公司与波音公司合并而终止。

2003 年 10 月 26 日,中国第一架拥有自主知识产权、适用于私人商务活动的轻型飞机"小鹰"500 首次试飞成功,填补了中国通用航空领域 4～5 座轻小型飞机生产的空白。该机最大起飞重量为 1 400 kg,载重量为 560 kg,可在小型简易机场起降,其综合性能达到了国外同类产品的先进水平。图 1-68 所示为飞行中的"小鹰"500 轻型飞机。

图 1-67 运 10 型喷气客机

图 1-68 "小鹰"500 轻型飞机

2002 年 1 月,中国启动 21 世纪新一代支线客机 ARJ21 项目,研制适应中国西部高原机场起降和复杂航路营运要求的新型涡扇支线客机。ARJ21 有四种不同机型,座位数量在 70～100 之间。2007 年 12 月 20 日,ARJ21 被命名为"翔凤",第二天,首架飞机总装下线,图 1-69 所示为试飞中的 ARJ21"翔凤"支线客机。其基本型 ARJ21-700 于 2014 年 12 月 30 日取得中国民用航空局颁发的型号合格证,2015 年 11 月 29 日开始交付使用。

我国自主研发的电动飞机 RX1E,命名为"锐翔",于 2013 年 6 月首飞,2015 年取得中国民用航空局颁发的型号设计批准书和生产许可证。图 1-70 所示的"锐翔"电动飞机以锂聚合物电池为能源,可乘坐 2 人,有效飞行时间 1 小时左右,具有零排放、低噪声的特点,代表未来绿色飞机的发展方向。

图 1-69　试飞中的 ARJ21“翔凤”支线客机

图 1-70　电动飞机 RX1E

2007 年 2 月 26 日，国务院正式批准中国大飞机国家重大专项立项实施，标志着中国的大型运输机和大型民用客机进入工程研制阶段。其中大型运输机运 20 于 2013 年 1 月 26 日首飞，2014 年参加第十届珠海航展，2016 年 7 月 7 日，首架运 20 服役，图 1-71 所示的运 20 飞机最大起飞重量为 220 t，可运送包括主战坦克在内的装备或物资高达 66 t。十年磨一剑，国人翘首以盼的国产大型客机 C919 于 2017 年 5 月 5 日成功首飞，如图 1-72 所示，C919 属于 150 座级的中短程双发单通道窄体干线客机。希望不久的将来，中国的 C9X9 系列与欧洲空中客车公司 A3X0 系列和美国波音公司的 B-7X7 系列飞机一道在全球大型客机市场形成“ABC 并立”的格局。

中国还研制了多个型号的轻型和超轻型民用飞机，广泛用于通用航空和各种专业航空。

3. 直升机

中国的直升机研制是从 20 世纪 50 年代后期起步的，经历了引进国外技术、参照设计、自行研制和进行国际合作等发展阶段，主要产品有直 5、直 8、直 9、直 10、直 11、直 15、直 19、直 20、AC313 等型号，还有一些小型和轻型直升机，如“延安”2 号、701 型等。

图 1-71　运20大型运输机

图 1-72　C919大型客机

1958年12月14日,中国第一架直升机首飞成功,三年后设计定型,这就是直5型直升机,如图1-73所示。该机最大起飞重量为7 600 kg,是一种多用途直升机,可用于空降、运输、救护、水上救生、地质勘测、护林防火、边境巡逻等,曾参加过邢台和唐山地震的救援工作。

直8是中国研制的第二代大型直升机,如图1-74所示,于1985年12月11日首飞成功,1989年4月通过技术鉴定。直8直升机装有3台发动机,采用金属桨叶和全金属的半硬壳式机身结构,最大起飞重量为13 000 kg。该机可用于运输、救护、搜索、警戒、反潜、扫雷等,特别适用于海上救援工作。

1980年,中国引进法国专利生产直9直升机。这是一种代表20世纪70年代后期先进水平的新型多用途直升机,最大起飞重量为3 850 kg,具有结构重量轻、有效载荷大、性能先进等特点,全机80%的蒙皮使用复合材料。由法国生产零部件、中国总装的首架直9于1982年2月6日在首都机场表演试飞,1989年通过技术鉴定。1992年1月16日,国产化的首架直9首飞成功。直9有多个改型,中国驻港部队空军使用的就是直9型军用直升机,中国陆军航空兵也大量使用直9武装型直升机。以直9为基础的最新改进型号直19武装直升机,起飞重量增至4 500 kg,2012年正式公开展示,如图1-75所示,随后进入批量服役阶段。

图 1－73　直 5 型直升机

图 1－74　飞行中的直 8 型直升机

图 1－75　直 19 武装直升机

直 10 专用武装直升机于 1998 年立项研制，2009 年交付使用，直到 2012 年出现在第九届珠海航展上，这一神秘的型号才被公众知晓。图 1－76 所示的直 10 专用武装直升机最大起飞重量为 7 000 kg，可载弹 1 500 kg。

图 1－76　直 10 专用武装直升机

直11轻型直升机,是中国第一种自行设计制造并拥有自主知识产权的直升机。该机最大起飞重量2 200 kg,1996年12月26日首飞成功,1998年首批交付使用,性能表现出色,受到用户好评。图1-77所示为直11WB轻型武装直升机。

图1-77 直11WB轻型武装直升机

AC313是中国第一个完全按照适航条例规定和程序自行研制的大型运输直升机,如图1-78所示,于2010年3月18日首飞成功。AC313最大起飞重量为13 800 kg,可一次搭载27名乘客或运送15名伤员,可执行人员、物资的运输及搜索救援、抢险救灾等任务。

图1-78 AC313大型运输直升机

直15是中国和法国合作研制的一款7吨级中型运输直升机,于2016年12月20日首飞成功。该机最大速度可达315km/h,最大载客量为18人。

直20是我国研制的战术通用直升机,2013年12首飞成功,2019年国庆阅兵式上有6架直20通过天安门广场,标志着直20已经服役,将在高原地区运输、抢险救灾、空中突袭等行动中发挥重要作用,如图1-79所示。

图 1-79　直 20 战术通用直升机

在轻型直升机方面，北京航空航天大学研制成功了“海鸥”型无人驾驶直升机、“蜜蜂”16 型共轴式单座直升机、“蜜蜂”18 型无人驾驶直升机，在填补中国共轴式直升机空白的同时，使中国共轴式直升机研制技术取得突破性进展。图 1-80 所示为蜜蜂 16 型单座直升机。南京航空航天大学和西北工业大学也陆续成功研制出轻型直升机。

图 1-80　“蜜蜂”16 型单座直升机

1.4.2　中国航天技术

新中国的航天事业起步于 1956 年。当时中国的经济还很落后，工业基础和科学技术力量也相对薄弱，为了把有限的人力、物力和财力集中使用到最重要、最急需、最能影响全局的地方，党和政府决定重点发展以导弹、原子弹为代表的尖端技术，随后大力发展运载火箭和人造地球卫星等航天技术，这就是著名的“两弹一星”工程。60 多年来，中国在导弹武器、运载火箭、人造地球卫星和载人航天等方面取得了辉煌成就，为国防建设做出了巨大贡献。

1. 导弹武器

1956 年 10 月 8 日，中国第一个导弹研究院，即“国防部第五研究院”正式成立。开始是在苏联专家的援助下仿制 P-2 近程地地导弹，之后开始独立研制各类火箭和导弹武器。

1958 年 9 月 22 日，由北京航空学院师生研制的中国第一枚探空火箭——“北京”2 号 BJ-2S 型固体火箭发射成功。从 9 月 24 日到 10 月 3 日，又连续发射 5 枚“北京”2 号高空探空火箭，均获成功，其中 3 枚为两级固体火箭，编号为 BJ-2S，箭体长为 2.9 m，直径为 0.23 m，起飞重量145 kg,最大飞行高度为74 km;另外2枚为固体+液体组成的两级火箭,编号BJ-2L,箭体长为6.5 m,起飞重量为272 kg,最大飞行高度为45.5 km。1960年2月19日,由液体主火箭和固体助推器组成的两级探空火箭T-7M发射成功。

1960年9月10日,使用国产燃料,独立操作,成功发射了一枚苏制P-2导弹,为中国仿制的P-2导弹的发射取得了宝贵经验。1960年11月5日,仿制的P-2近程地地导弹在中国西北某导弹试验基地点火升空,7分钟后,弹头落在目标区内,试验获得圆满成功。这种导弹的研制成功是中国军事武器装备历史上一个重要的里程碑。

近程地地导弹发射成功后,导弹研究院开始独立研制中近程地地导弹,经过不断努力和修改设计,这种以液体燃料为推进剂的导弹于1964年6月29日发射成功,并在接下来的1年时间内,连续11次发射成功。1964年10月16日,中国制造的原子弹爆炸成功。1966年10月27日,中国中近程地地导弹装载着真正的核弹头从试验场升空,弹头按预定程序分离,然后在靶心上空实现核爆炸。

1967年5月26日,中国独立研制的中程液体地地导弹发射试验取得成功,该导弹采用了4台发动机并联的动力装置。1970年1月30日,中国的中远程液体地地导弹首次长射程飞行试验成功,该导弹由两级火箭组成。1980年5月18日,中国第一枚洲际液体地地导弹从西北某试验基地发射升空,经过30 min的飞行,准确到达南太平洋预定海域,使中国成为世界上第三个拥有洲际导弹的国家。这次洲际导弹的发射是全程试验,弹道最高点达1 000 km,射程在9 000 km以上。图1-81所示为中国的地地弹道导弹族。

(a) 近程导弹 (b) 中近程导弹 (c) 中程导弹 (d) 中远程导弹 (e) 洲际导弹

图1-81 中国的地地弹道导弹

1982年10月12日,中国常规动力潜艇成功地从水下发射了中国第一枚固体推进剂战略导弹。1988年9月15日,中国核动力潜艇从水下发射固体潜地导弹定型试验获得圆满成功,标志着中国完全掌握了导弹核潜艇水下发射技术,在驰骋大洋的战略核力量中,出现了中国导弹核潜艇的身影。潜地导弹在战略防御中具有机动性强、隐蔽性好的特点,中国是第五个拥有潜地战略导弹的国家。

在"东风"5B、"东风"31A洲际导弹提供战略威慑保障的同时,中国的"东风"21D、"东风"26

等弹道导弹已经成为新形势下反介入斗争的“撒手锏”。“东风”17 弹道导弹属于高超声速武器，于 2019 年 10 月 1 日国庆阅兵中出现在战略打击方队中，具备全天候、无依托、强突防的特点，可对中近程目标实施精确打击，如图 1－82 所示。

图 1－82　“东风”17 弹道导弹

在地(舰)空导弹方面，中国从 1957 年仿制苏式 C－75 导弹起步，经过 60 多年的努力，已经研制出能在不同高度、不同作战场合打击来犯之敌的多种防空导弹，其中包括中高空地空导弹“红旗”1 号至 3 号、9 号，中低空地(舰)空导弹“红旗”61 号和“红旗”61 号甲导弹，以及低空和超低空地空导弹“红缨”5 号、“红缨”5 号甲和“红旗”7 号导弹等。当中国的地空导弹事业还在襁褓中的时候，就与侵犯中国领空的美制高空侦察机进行了较量。1962 年 9 月 9 日，中国地空导弹部队采用机动打埋伏的战术，在南昌上空将一架 U－2 高空侦察机击落，此后还多次击落 U－2 飞机。1967 年后，U－2 再不敢进入中国领空进行间谍侦察。据报道，2007 年 1 月 11 日，中国发射一枚导弹，在 850 km 的高度摧毁了一颗废弃的气象卫星，之后又多次成功进行了类似试验。另据新华社消息，2010 年 1 月 11 日，中国在境内进行了一次陆基中段反导拦截技术试验，试验取得成功，达到预期目的，后续分别于 2013 年、2014 年、2018 年、2021 年完成的成功试验标志着中国的防空导弹技术达到了国际先进水平。

中国反舰导弹的发展也是从 20 世纪 50 年代后期开始的。从仿制国外的舰舰导弹开始，经过改型设计，增大射程，发展为多个型号的岸舰导弹。然后自行设计，独立发展了采用固体火箭发动机的亚声速和超声速舰舰、空舰等反舰导弹，其中包括“上游”1 号、“海鹰”1 号舰舰导弹，“海鹰”2 号及其甲、乙改型岸舰导弹，“鹰击”6 号、“鹰击”8 号、“鹰击”83 空舰导弹以及“鹰击”12 超声速反舰导弹等。部分反舰导弹的技术和性能水平已跻身于世界先进行列。“鹰击”63、“长剑”10 等先进巡航导弹可与美国“战斧”巡航导弹相媲美。2019 年国庆 70 周年阅兵式上出现的“长剑”100 属于超声速巡航导弹，具有精度高、射程远、反应速度快等特点。

2. 运载火箭

中国的运载火箭用“长征”命名。“长征”系列运载火箭的研制遵循基本型和系列化的原则，尽可能采用成熟技术，力求性能先进、技术可靠、成本低廉。中国已发射成功的长征火箭共有“长征”1 号至 8 号、“长征”11 号共 9 个系列近 20 个型号，主要有“长征”1 号(CZ1)、“长征”1 号丁(CZ1D)，“长征”2 号(CZ2)、“长征”2 号丙(CZ2C)、“长征”2 号丙/改进型(CZ2C/FP，对外称CZ2C/SD)、“长征”2号丁(CZ2D)、“长征”2号E(CZ2E)、“长征”2号F(CZ2F),“长征”3号(CZ3)、“长征”3号号甲(CZ3A)、“长征”3号乙(CZ3B)、“长征”3号丙(CZ3C),“长征”4号甲(CZ4A)、“长征”4号乙(CZ4B)、“长征”4号丙(CZ4C)、“长征”5号、“长征”6号、“长征”7号、“长征”8号和“长征”11号等。其中“长征”2号E、“长征”2号F、“长征”3号乙、“长征”5号、“长征”7号和“长征”8号为混合式多级火箭,其余都为串联式多级火箭。图1-83所示为中国研制的部分运载火箭。

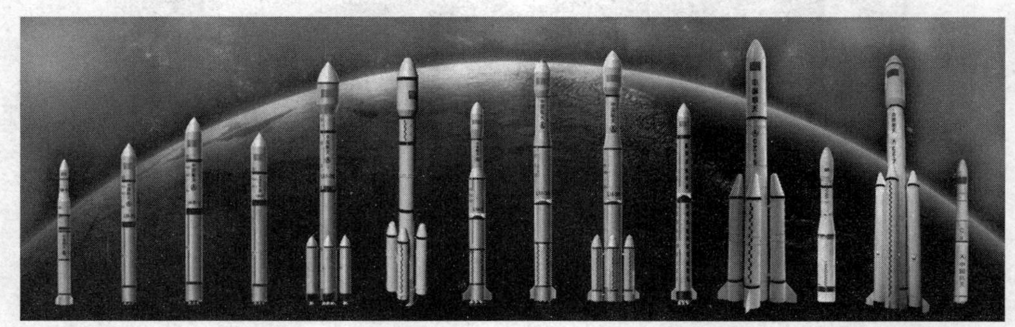

“长征”1号 “长征”2号 “长征”2号C “长征”2号C/SD “长征”2号D “长征”2号E “长征”2号FT1 “长征”3号 “长征”3号A “长征”3号B “长征”4号A “长征”4号B “长征”5号 “长征”6号 “长征”7号 “长征”11号

图1-83 中国的运载火箭

1970年4月24日21时35分,中国第一枚运载火箭“长征”1号携带着中国的第一颗人造地球卫星,从酒泉卫星发射场发射升空,10分钟后,卫星顺利进入轨道。“长征”1号运载火箭是一种串联式三级火箭,第一、二级使用液体火箭发动机,第三级使用固体火箭发动机,火箭高约30 m,起飞总重近82 000 kg,起飞推力约100 000 kg。正是该火箭将173 kg重的“东方红”1号卫星送入地球轨道。图1-84所示为“长征”1号运载火箭。“长征”1号丁运载火箭是在“长征”1号基础上改进设计的,主要用于发射低轨道小型、微型卫星,发射成本较低,具有一定的国际竞争力,可以把750 kg的有效载荷送入近地轨道。

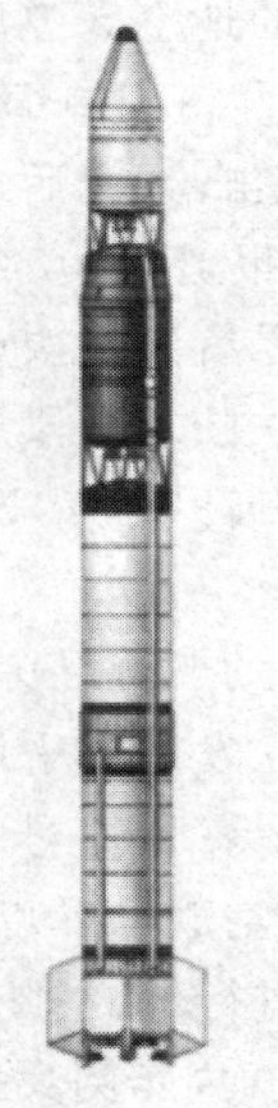

图1-84 “长征”1号运载火箭

“长征”2号运载火箭是二级液体火箭,于1975年11月成功地发射了中国第一颗返回式卫星。此后,根据发射卫星的需要,陆续派生出许多型号,使“长征”2号成为一个运载火箭的大家族。“长征”2号系列主要用于发射高度在500 km以下的各类近地轨道卫星和其他航天器。1982年9月,“长征”2号丙运载火箭发射返回式卫星成功,该火箭与“长征”2号相比,近地轨道运载能力从1 800 kg提高到2 500 kg。1993年4月,中美签订用中国火箭发射美国“铱”星的合同,由此产生了“长征”2号丙/改进型火箭,能将1 500 kg的有效载荷送入630 km的极地圆轨道,每次发射可将两颗“铱”星送上天;从1997年12月到1999年6月,该火箭先后6次圆满完成了合同规定的任务。“长征”2号丁运载火箭是在“长征”2号丙的基础上改进而成,有效载荷提高到3 100 kg。简称“长二捆”的“长征”2号E运载火箭是为适应国际卫星发射市场的需要研制发展而成,在“长征”2号丙的基础上,将箭体加长,并在第一级火箭周围捆绑4个液体火箭助推器,可把9 200 kg的有效载荷送入 200 km 以上的近地轨道。1992 年 8 月 14 日，“长二捆”火箭将第一颗澳大利亚卫星送入太空，卫星准确入轨。“长征”2 号 F 是“长征”2 号家族中的最新改进型号，主要用于发射中国的“神舟”号飞船，并于 1999 年 11 月 20 日，成功将中国第一艘实验飞船“神舟”1 号送入地球轨道。

掌握地球静止轨道发射技术，发射地球同步通信卫星和气象卫星，是一个国家运载火箭技术进入世界先进行列的重要标志。在“长征”2 号技术基础上，中国发展了“长征”3 号三级液体火箭。1984 年 4 月 8 日，“长征”3 号运载火箭成功将中国“东方红”2 号试验通信卫星送入预定地球同步轨道，实现了中国航天技术水平的一次新的飞跃。“长征”3 号甲运载火箭是在“长征”3 号基础上研制的大型三级火箭，技术性能有较大提高，地球同步轨道的运载能力比“长征”3 号增加 1 000 kg，达到 2 600 kg。1994 年 2 月 8 日，“长征”3 号甲首次发射就将两颗卫星送入预定轨道；1994 年 11 月 30 日，该火箭成功发射中国新一代实用通信卫星“东方红”3 号。“长征”3 号乙运载火箭在“长征”3 号甲第一级火箭周围捆绑了 4 个与“长二捆”相同的液体火箭助推器，火箭的地球同步转移轨道运载能力达到了 5 100 kg，使中国的运载火箭进入了世界大型火箭的行列；1997 年 8 月，该火箭将重 3 770 kg 的亚洲功率最大的通信卫星——菲律宾“马部海”卫星——送入预定轨道。

“长征”4 号运载火箭是用于发射太阳同步轨道卫星的运载工具。1988 年 9 月 7 日，“长征”4 号运载火箭首次发射，将中国制造的第一颗实验气象卫星准确送入高度为 901 km 的太阳同步轨道。“长征”4 号乙运载火箭是“长征”4 号的改进型，1999 年 5 月 10 日，“长征”4 号乙成功地发射了“风云”1 号气象卫星，并搭载了“实践”5 号科学实验卫星。“长征”4 号丙运载火箭是在“长征”4 号乙基础上，三级火箭采用二次点火技术的改进型，有效载荷能力大幅度提高。2006 年 4 月 27 日“长征”4 号丙运载火箭首次将中国“遥感”1 号卫星准确送入预定轨道。

“长征”5 号是中国研制的新一代两级低温液体捆绑式重型运载火箭，其地球同步转移轨道最大运载能力达 14 t，近地轨道运载能力为 25 t。是中国现役运载火箭中起飞质量最大、芯级直径最粗、运载能力最强的型号。2016 年 11 月 13 日，“长征”5 号在海南文昌航天发射场首次发射成功，如图 1 - 85 所示，并把“实践”17 号卫星送入预订轨道。

“长征”6 号是中国新一代小型运载火箭，采用与“长征”5 号相同的高压补燃循环火箭发动机，以低温无毒无污染的液氧/煤油为推进剂，可把 1 000 kg 有效载荷送入太阳同步轨道。2015 年 9 月 20 日，图 1 - 86 所示的“长征”6 号运载火箭在太原卫星发射中心首次成功发射，将 20 颗微小卫星送入太空。

“长征”7 号运载火箭是按照载人火箭标准设计的，通过控制系统和增压系统冗余设计提高系统的可靠性，火箭近地轨道(LEO)运载能力为 14 t，用于承担“天舟”系列货运飞船发射任务。于 2016 年 6 月 25 日在中国文昌航天发射场首次成功发射，如图 1 - 87 所示。

“长征”8 号是一种中型中低轨道两级液体运载火箭，芯级捆绑 2 枚助推器，如图 1 - 88 所示，太阳同步轨道运载能力为 3～4.5 t。2020 年 12 月 22 日，在中国文昌航天发射场的首次飞行试验取得圆满成功，同时也是“长征”系列运载火箭的第 356 次飞行，“长征”8 号火箭后续将进行可重复使用技术的研究工作。

“长征”11 号运载火箭是中国研发的小型全固体燃料运载火箭，发射准备时间短、具备应急发射能力。起飞推力为 120 t，可将 400 kg 有效载荷送入太阳同步轨道。2015 年 9 月 25 日在酒泉卫星发射中心首次成功发射。

图1-85 “长征”5号运载火箭

图1-86 “长征”6号运载火箭

图1-87 “长征”7号运载火箭

图1-88 “长征”8号运载火箭

3. 人造地球卫星

从1957年10月世界上第一颗人造地球卫星上天开始,中国就启动了卫星的预研工作。1968年2月20日,“中国空间技术研究院”正式成立,标志着中国的卫星事业进入新阶段。

图1-89 “东方红”1号卫星

1970年4月24日,中国成功发射第一颗人造地球卫星“东方红”1号,卫星用无线电波发送《东方红》乐曲,是一颗听得到和看得见的人造地球卫星,如图1-89所示。截至2022年,中国在轨工作的各类卫星已超过500颗,包括科学探测与技术试验卫星、通信广播卫星、气象卫星、导航定位卫星、对地观测卫星、中继卫星、微小卫星等系列。中国的卫星技术已全面走向应用阶段。

1975 年 11 月 26 日，中国第一颗返回式卫星发射升空，三天后，卫星成功返回地面，带回了许多遥感照片。此后，中国发射和成功回收了数十返回遥感卫星。这些卫星除军事应用外，还可带回的大量遥感数据和照片，为国土普查、地质调查、水利建设、地图测绘、环境监测、地震预报、铁路选线及考古研究等领域服务。利用返回式卫星还可以进行材料和生物方面的研究活动。中国的返回式卫星有 6 种型号，其中返回式卫星 0 号是第一代国土普查卫星，返回式卫星 1 号是第一代摄影测绘卫星，返回式卫星 2 号是第二代国土普查卫星，返回式卫星 3 号是第二代高精度的摄影测绘卫星，返回式卫星 4 号是中国第一代国土详查卫星，“实践”8 号是中国太空育种卫星。中国的“尖兵”系列对地观测卫星也有返回式类别。

中国的通信卫星通称“东方红”系列，该系列卫星从技术上实现了三步跃进。第一步是 1984 年和 1986 年发射的“东方红”2 号通信卫星，星上只有 2 个 C 波段转发器；第二步是在 20 世纪 80 年代后期和 90 年代初成功发射的 3 颗“东方红”2 号甲通信卫星，星上有 4 个转发器，设计寿命 4 年，实际情况是全部超期服役；第三步为 1997 年 5 月首次发射成功的“东方红”3 号通信卫星，星上有 24 个 C 波段转发器，设计寿命 8 年，整星技术相当于发达国家 20 世纪 80 年代的水平。2006 年后，以“东方红”3 卫星平台、“东方红”4 号大型通信卫星公用平台和其他卫星平台为基础，研制并发射了“鑫诺”1～6 号、“中星”系列、“亚太”系列等通信广播卫星。中国还成功为斯里兰卡、巴基斯坦、尼日利亚、老挝、玻利维亚、委内瑞拉等国制造和发射通信卫星。

中国的气象卫星称为“风云”系列。1988 年和 1990 年共发射了 2 颗第一批“风云”1 号气象卫星，它们均为太阳同步轨道气象卫星，可获取多种气象资料。第二批“风云”1 号卫星的第一颗于 1999 年 5 月 10 日发射成功，工作情况良好；第二颗于 2002 年 5 月 15 日发射升空，提高了天气预报的实效性、准确性。1997 年 6 月 10 日，中国成功发射了第一颗“风云”2 号气象卫星，如图 1－90 所示。“风云”2 号是地球同步轨道气象卫星，重约 600 kg，装有多种探测仪器，拥有可见光、红外和水汽三个通道，每半小时获得一幅覆盖地球三分之一面积的全球原始卫星云图。2008 年 5 月 27 日，首颗“风云”3 号气象卫星发射成功，卫星装载有 10 余种先进探测仪器，使中国气象观测能力得到质的飞跃。2010 年 11 月 5 日，第二颗“风云”3 号气象卫星发射成功，提高了对台风、雷暴等灾害天气的观测能力，标志着中国气象卫星研制和应用技术水平进入了新的发展阶段。2016 年 12 月 11 日，“风云”4 号 A 星在西昌卫星发射中心用“长征”3 号乙运载火箭成功发射，“风云”4 号卫星实现了中国静止轨道气象卫星的升级换代和技术跨越，将对中国及周边地区的大气、云层和空间环境进行高时间、高空间、高光谱分辨率的观测，大幅提高天气预报和气候预测能力。

图 1－90　“风云”2 号卫星

“北斗”卫星导航系统是中国自行研制开发的有源三维卫星定位与通信系统，可在全球范围内为用户提供全天候不间断的定位、导航、授时服务，并兼具短报文通信能力。从 2000 年 10 月 31 日“北斗”1 号第一颗卫星发射升空并准确入轨，到 2007 年 2 月 3 日，第四颗“北斗”1 号卫星发射成功并进入预定轨道，“北斗”1 号区域卫星导航系统顺利建成，并在 2008 年的汶川地震抗震救灾中发挥了重要作用。在“北斗”1号基础上,中国又独立开发了“北斗”2号卫星导航系统,2012年底完成14颗卫星发射组网。“北斗”2号系统在兼容“北斗”1号系统技术体制基础上,增加无源定位体制。2009年,我国启动了“北斗”3号系统建设。2020年6月23日,“北斗”3号最后一颗全球组网卫星在西昌卫星发射中心点火升空,2020年7月31日,“北斗”3号全球卫星导航系统正式开通运行。

图1-91 “资源”1号卫星的发射

中国和巴西联合研制的“资源”1号卫星,是中国在卫星研制领域与国外首次合作的成果。第一颗“资源”1号卫星于1999年10月14日发射升空,如图1-91所示。第二颗和第三颗分别于2003年10月21日和2012年1月9日发射成功,资源卫星主要用于监测国土资源的变化,测量耕地面积,估计森林蓄积量,勘探地下资源,监督资源的合理开发等方面。

中国自主研制的首颗质量在100 kg以下的微小型卫星“创新”1号,随第二颗“资源”1号卫星搭载在“长征”4号乙运载火箭上发射上天,实现了中国小卫星的在轨运行,此后,以高等院校为主体的微小卫星研制如雨后春笋般发展,有数十颗不同功能的微小卫星成功发射。2020年11月6日11时19分,中国在太原卫星发射中心用“长征”6号运载火箭,成功将北京航空航天大学负责系统设计并参与研发的“北航空事卫星”1号送入预定轨道。另外,中国还研制并发射了“海洋”1号、“海洋”2号、“环境”1号、“遥感卫星”1～30号等对地观测卫星。

2008年4月25日,中国首颗数据中继卫星“天链”1号发射成功,主要用于“神舟”飞船和后续载人航天器提供数据中继和测控任务,也可为中、低轨道资源卫星提供数据中继和服务。

4. 载人航天

1961年4月12日,苏联把第一位航天员、空军少校加加林送入太空,人类进入载人航天的新时代。载人航天是高技术密集的综合性尖端科学技术,不仅可以带动和促进多方面科学技术的发展,更是衡量一个国家综合国力的重要标志。

1971年,即中国成功发射第一颗人造地球卫星的第二年,在当时国防科委领导下,中国科学家开展了载人飞船的研究,定名为“714工程”,计划研制能搭载两名航天员的“曙光”号飞船。该项工程于1975年下马。

1986年3月,中国《高技术研究发展计划纲要》(即“863”计划)把载人航天技术的预先研究工作列为重点发展项目。此时,世界上已经研制出载人飞船、航天飞机和空间站三种航天器。中国航天科技工作者没有盲目跟从别人走过的路,而是根据国情,多次讨论,反复论证,最终达成了从载人飞船起步的共识,走有中国特色的“飞天之路”。

1992年9月21日,中共中央十三届政治局常委会第195次会议,批准了中央军委《关于开展我国载人飞船工程研制的请示》,做出了发展中国载人航天工程的战略决策,由此掀开中国载人航天历史的崭新一页。载人飞船的重点技术是保障航天员的安全，所以一般在载人飞行前要完成若干次无人飞行试验。

1999 年 11 月 20 日 6 时 30 分，一枚新研制的“长征”2 号 F 型运载火箭托举着中国的“神舟”1 号试验飞船发射升空。这是一艘初样产品，在进行了预定的科学实验后，飞船返回舱顺利返回，于次日 3 时 41 分成功着陆，划下了中国载人试验飞船的第一条航迹。作为中国研制的第一艘飞船，“神舟”1 号考核了飞船的 5 项重要技术：舱段连接和分离技术、调姿与制动技术、升力控制技术、防热技术和回收着陆技术。

2001 年 1 月 10 日，“神舟”2 号试验飞船发射成功，13 分钟后飞船进入预定轨道。飞船在太空飞行了 7 天，环绕地球 108 圈后返回地面。“神舟”2 号是中国第一艘正样无人飞船，技术状态和载人飞船基本一致；这次无人飞行试验还实现了轨道舱的留轨，在返回舱返回地面后，轨道舱继续在轨运行了半年时间，获得了大量有用信息。2002 年 3 月 25 日，“神舟”3 号发射成功，同样在环绕地球 108 圈后，成功回收了飞船的返回舱，如图 1－92 所示。“神舟”3 号飞船具备了航天员逃逸和应急救生功能，改进和完善了伞系统；飞船上还增加了一名新“乘客”——模拟人，它的身上搭载了人体代谢模拟装置和人的生理信号模拟装置，能够定量模拟航天员呼吸和血液循环系统的心律、血压、耗氧以及产生热量等多种重要生理参数，为真人载人飞行提供了可靠的参考数据。

图 1－92　“神舟”3 号飞船返回舱

2002 年 12 月 30 日，“神舟”4 号无人试验飞船发射成功，在完成预定的空间科学和技术实验后，于 2003 年 1 月 5 日准确着陆。“神舟”4 号是中国载人航天工程的第三艘正样无人飞船，除没有载人外，技术状态与载人飞船完全一致。在这次飞行中，载人航天应用系统、航天员系统、飞船环境控制与生命保障分系统全面参加了试验，先后在太空进行了对地观测、材料科学、生命科学试验及空间天文和空间环境探测等研究项目；预备航天员在发射前也进入飞船进行了实际体验。飞船在轨飞行期间，船上各种仪器设备性能稳定，工作正常，取得了大量宝贵的飞行试验数据和科学资料。这次飞行彻底解决了前 3 次无人飞行试验中出现的座舱有害气体超标等问题。“神舟”4 号完成了飞船最重要的飞行实验，不仅为实施载人航天飞行奠定了坚实的基础，也标志着中国载人航天技术已完成了跨越式的大发展。

2003 年 10 月 15 日，“长征”2 号 F 运载火箭托着中国第一艘载人飞船“神舟”5 号胜利升空，如图 1－93 所示。中国第一位航天员杨利伟乘坐这艘飞船进入太空，实现了中国人几千年来的飞天梦。“神舟”5 号由 3 舱 1 段组成，即返回舱、轨道舱、推进舱和附加段，总长 8.86 m，总质量 7 790 kg，返回舱直径 2.5 m。飞船在 343 km 高度的圆形轨道上绕行地球 14 圈，航天员杨利伟乘坐返回舱于 10 月 16 日安全降落在内蒙古主着陆场，全程飞行 21 h 23 min，取得了中国首次载人航天飞行的圆满成功。中国成为继俄罗斯、美国之后，世界上第三个有能力把航天员送入太空的国家。

中国第一位航天员杨利伟是辽宁省绥中县人，执行此次航天任务时 38 岁，大学文化，1983 年入伍，在空军飞行学校和飞行学院学习飞行，1987 年成为强击机飞行员，1992 年调任

图 1-93 “神舟”5 号载人飞船发射升空

歼击机飞行员,1996 年参加航天员选拔,1998 年正式成为中国首批航天员,图 1-94 所示为“航天英雄”杨利伟。

图 1-94 “航天英雄”杨利伟

2005 年 10 月 12 日上午 9 时,搭载费俊龙和聂海胜两名中国航天员的“神舟”6 号飞船在酒泉卫星发射中心发射升空,在轨期间,航天员进入轨道舱进行了在轨干扰力试验。2005 年 10 月 17 日凌晨 4 时 33 分,飞船返回舱成功降落在内蒙古四子王旗主着陆场,“神舟”6 号成功完成中国第一次“多人多天”的载人航天飞行任务。

“神舟”7 号飞船于 2008 年 9 月 25 日 21 点 10 分发射升空。飞船于 9 月 28 日 17 点 37 分成功着陆。“神舟”7 号飞船搭载翟志刚、刘伯明和景海鹏 3 名航天员,飞船飞行过程中,翟志刚在刘伯明的配合下,完成了空间出舱活动,五星红旗首次在太空挥舞,如图 1-95 所示。“神舟”7 号飞船还完成了卫星伴飞、卫星数据中继等空间科学技术试验。

“天宫”1 号是中国第一个目标飞行器,全长 10.4 m,最大直径 3.35 m,由实验舱和资源舱构成。2011 年 9 月 29 日 21 时 16 分“天宫”1 号发射升空,等待与“神舟”8 号无人飞船进行无人空间交会对接试验,然后再与“神舟”9 号和“神舟”10 号进行有人交会对接任务,并建立中国

图 1－95　航天员翟志刚出舱活动

首个空间实验室。

2011 年 11 月 1 日 5 时 58 分“神舟”8 号无人飞船发射升空，2 天后，“神舟”8 号与此前发射的“天宫”1 号目标飞行器进行了空间无人交会对接，如图 1－96 所示。组合体运行 12 天后，“神舟”8 号飞船脱离“天宫”1 号目标飞行器，然后再次与之成功地进行了交会对接，表明中国已突破了空间交会对接及组合体运行等一系列关键技术。2011 年 11 月 16 日 18 时 30 分，“神舟”8 号无人飞船与“天宫”1 号目标飞行器成功分离，返回舱于 11 月 17 日 19 时许返回地面。

图 1－96　模拟的“神舟”8 号与“天宫”1 号(左)交会对接

2012 年 6 月 16 日 18 时 37 分“神舟”9 号飞船搭载景海鹏、刘旺、刘洋 3 名航天员发射升空，3 名航天员首次入住“天宫”。刘洋也成为中国第一个飞向太空的女性，如图 1－97 所示。2012 年 6 月 18 日“神舟”9 号飞船首先与“天宫”1 号进行自动对接，联合飞行几天之后短暂分开，然后再由航天员手动控制交会对接，这项任务的完成使中国向建立长期轨道空间站的目标又迈进了一步。

“神舟”10 号飞船于 2013 年 6 月 11 日 17 时 38 分由“长征”2 号 F 改进型运载火箭发射成功。“神舟”10 号飞船升空后和“天宫”1 号目标飞行器分别进行了自动和手动对接，飞行乘组由聂海胜、张晓光和王亚平组成，在轨飞行了 15 天，其中驻留“天宫”1 号 12 天。飞行期间，“神舟”10 号飞船完成了空间科学实验、航天器在轨维修试验和太空授课等任务。

“天宫”2 号是继“天宫”1 号之后，中国自主研发的第一个真正意义的太空实验室，主要用

图1-97 中国首个飞向太空的女航天员

于进一步验证空间交会对接技术及进行一系列空间试验。2016年9月15日22时04分,在酒泉卫星发射中心用“长征”2FT2运载火箭将“天宫”2号发射升空,一天后顺利进入其运行轨道。

“神舟”11号于2016年10月17日07时30分在酒泉卫星发射中心由“长征”2FY11运载火箭发射成功,载景海鹏和陈冬2名航天员。10月19日上午6时32分航天员先后进入“天宫”2号。11月18日13时59分“神舟”11号返回舱在内蒙古四子王旗的主着陆场区成功返回地球。在轨飞行约33日,其中驻留“天宫”2号30天。

“天舟”1号货运飞船是用于提供中国空间站补给服务的无人货运飞船,2017年4月20日19时41分,从中国文昌航天发射场,以“长征”7号运载火箭发射成功。4月22日中午12时23分,“天舟”1号与“天宫”2号完成刚性连接,形成组合体,如图1-98所示。4月23日早上7时许,开始进行首次推进剂在轨补加试验,4月27日晚上7时7分,首次推进剂在轨补加试验成功完成,使中国成为继苏联、美国之后,全球第三个独立掌握“太空加油”核心技术的国家。

图1-98 “天舟”1号与“天宫”2号组合体

中国空间站“天和”核心舱发射成功后，于2021年5月完成在轨测试验证。5月29日，“天舟”2号货运飞船在海南文昌航天发射场用“长征”7号遥三运载火箭发射成功，携带3名航天员的消耗品、舱外航天服、平台物资等，在5月30日与“天和”核心舱完成自主快速交会对接。6月17日，搭载“神舟”12号载人飞船的“长征”2号F遥十二运载火箭在酒泉卫星发射中心发射成功，当天与“天和”核心舱完成自主快速交会对接，航天员聂海胜、刘伯明、汤洪波先后进入“天和”核心舱。7月4日，“神舟”12号航天员进行中国空间站首次出舱活动。9月16日，“神舟”12号载人飞船撤离空间站组合体，于9月17日13时30分安全降落在东风着陆场预定区域。9月20日，“长征”7号遥四运载火箭搭载“天舟”3号货运飞船在海南文昌航天发射场发射成功，向中国空间站运送航天员生活物资、舱外航天服及出舱消耗品、空间站平台物资、部分载荷和推进剂等，当天与“天和”核心舱及“天舟”2号组合体完成交会对接，转入三舱(船)组合体飞行状态。2021年10月16日，搭载“神舟”13号载人飞船的“长征”2号F遥十三运载火箭，在酒泉卫星发射中心发射成功，当日飞船与空间站组合体完成自主快速交会对接，航天员翟志刚、王亚平、叶光富进驻“天和”核心舱，中国空间站开启有人长期驻留时代。11月7日，航天员翟志刚、王亚平身着中国新一代“飞天”舱外航天服，先后从“天和”核心舱节点舱成功出舱，这是中国女航天员的首次出舱活动。2022年4月16日，在圆满完成了为期6个月的太空任务后，“神舟”13号载人飞船在东风着陆场安全着陆。这次返回也是中国载人飞船首次采用“快速返回”模式，从与空间站“天和”核心舱分离到返回地面，从以前的20多小时减少到9个多小时。

5. 探月工程

中国在2003年启动了名为“嫦娥工程”的月球探测计划，该计划分三个阶段实施，首先发射环绕月球的卫星，深入了解月球；接着发射月球探测器，在月球上进行实地探测；最后送机器人上月球，建立观测站，实地实验采样并返回地球，为未来的载人登月及月球基地选址做准备。整个计划将在20年左右的时间内完成。

2007年10月24日18时05分，“嫦娥”1号月球探测卫星从西昌卫星发射中心由“长征”3号甲运载火箭成功发射，卫星发射后，成功完成调相轨道段、地月转移轨道段和环月轨道段飞行，经8次变轨后，于11月7日正式进入距地球3.844×10^5 km的绕月工作轨道，11月20日开始传回探测数据，如图1-99所示。2009年3月1日16时13分，“嫦娥”1号在飞控中心的组织指挥下成功撞击月球。

“嫦娥”2号卫星是利用“嫦娥”1号备份星研制的，2010年10月1日18时59分在西昌卫星发射中心升空，10月6日，“嫦娥”2号卫星成功实施第一次近月制动，顺利进入周期约12 h的椭圆环月轨道。2011年06月09日下午4时50分“嫦娥”2号飞离月球轨道，飞向150万千米外的第二拉格朗日点进行深空探测，随后飞向更远的深空。

“嫦娥”3号探测器由着陆器和月面巡视器(“玉兔”号月球车)组成，2013年12月2日在西昌卫星发射中心用“长征”3乙运载火箭成功发射。12月14号着陆器软着陆成功，释放的月球车巡视月面成功。2016年8月4日，“嫦娥”3号正式退役。

2018年5月21日，“嫦娥”4号月球探测器的中继卫星“鹊桥”在西昌卫星发射中心由“长征”4号丙运载火箭发射升空，作为地月通信和数据中转站，“鹊桥”实时地把在月面背面着陆的“嫦娥”4号探测器发出的科学数据传回地球。“嫦娥”4号是人类第一个着陆月球背面的探测器，于2018年12月8日发射升空，2019年1月3日在月球背面预选区着陆，如图1-100所

图1-99 “嫦娥”1号探月卫星模拟图

示。2019年1月11日,“嫦娥”4号与“玉兔”2号完成两器互拍,这是人类历史上首次在月球背面的“两器互拍”,难度比在月球正面大得多。

图1-100 “嫦娥”4号月球探测器

“嫦娥”5号是中国首个实施无人月面取样返回的月球探测器,2020年11月24日,“长征”5号遥五运载火箭搭载“嫦娥”5号探测器发射升空。12月1日,“嫦娥”5号在月球正面预选着陆区着陆。12月2日,“嫦娥”5号完成月面自动采样封装,次日,“嫦娥”5号上升器将携带1 731 g样品的上升器送入到预定环月轨道,12月17日凌晨,“嫦娥”5号返回器携带月球样品着陆地球。“嫦娥”5号的成功取样返回,标志着中国探月工程项目的胜利完成。

目前已向月球发射探测器的国家和组织有美国、苏联、欧洲航天局、日本、中国和印度。

1.5 航空航天先进技术

1.5.1 隐身技术

隐身技术又称低可探测技术。隐身技术综合了流体动力学、材料学、电子学、光学、声学等领域的先进技术，通过改变航空武器装备目标的可探测信息特征，使敌方探测系统不易发现或发现概率十分有限，以提高自身的生存能力和作战效能。目前，航空飞行器隐身技术主要包括雷达隐身、红外隐身、声学隐身、光学隐身及射频隐身等。

目前雷达探测手段对飞机的威胁约占各种探测手段的60%左右，红外探测威胁占30%左右，所以隐身飞机主要是雷达隐身和红外隐身。在超视距作战中，雷达是探测飞机的最有效的方法，因此提高飞机的雷达隐身能力至关重要。

雷达散射截面(Radar Cross Section，RCS)是衡量飞机雷达隐身能力的指标。通俗地说，RCS是指目标在雷达波的照射下所产生的回波强度的大小，单位为 m^2。RCS越大，表示反射的信号越强，目标越易被发现。图1-101所示为一些军用飞机的RCS数据，图中飞机是按同一比例尺画的。可见，飞机的RCS并不与飞机的尺寸大小成正比。一般来说，隐形飞机的RCS至少应小于0.5 m^2，因此图中列出的飞机只有F-117A和B-2才称得上是隐身飞机。

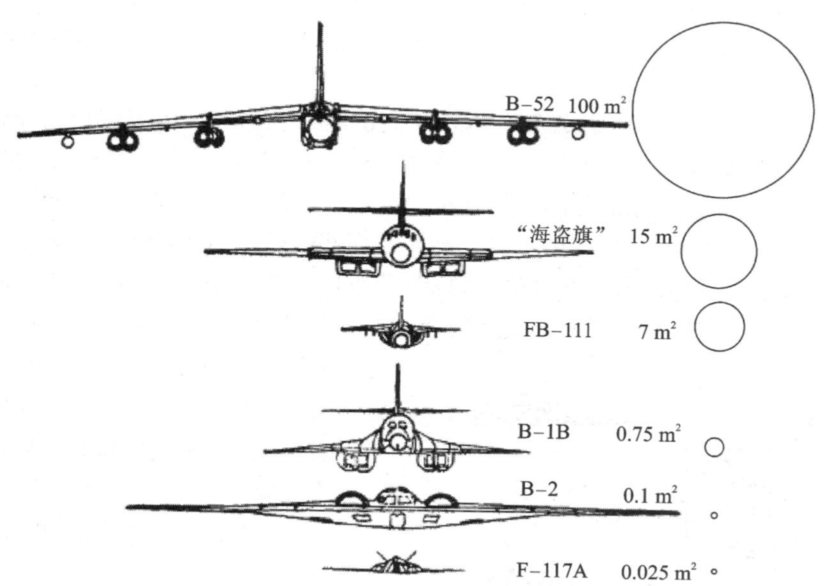

图1-101 几种军用飞机的RCS比较

飞机的RCS越小，则雷达的探测距离越短，飞机越难被发现。图1-102所示为不同RCS值的飞机与雷达探测距离关系的示意图。可以看出，具有高隐身能力的飞机能够在突防中成功地穿过敌方的防空系统，提高自身的生存能力，并在被敌方发现之前摧毁敌方目标。

雷达隐身的措施主要包括外形隐身和应用吸波材料。外形隐身的基本原则主要有：尽量避免雷达垂直照射飞机表面，因为垂直表面对雷达波的反射最强，因此飞机的垂尾、前机身和

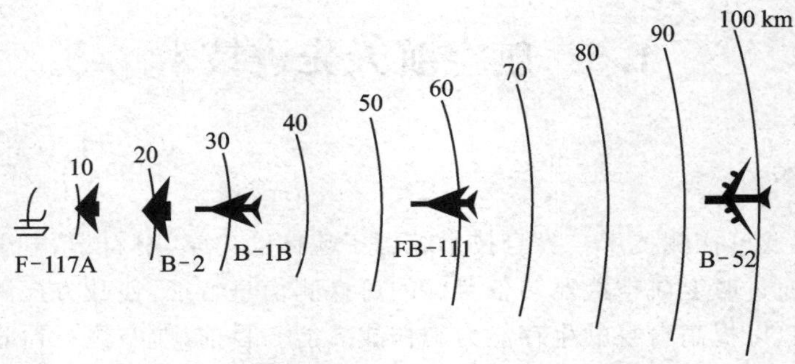

图1-102　不同RCS的飞机与雷达探测距离的关系

进气道等应设计成具有一定的倾斜角;消除能够形成角反射器的外形布局,如机翼和机身采用翼身融合体设计,结合处圆滑无棱角,单立尾与平尾的角反射器采用倾斜的双立尾来消除;消除强散射源,如采用背部进气道或进气道设计成长而曲折的S形,武器内挂,采用保形天线,不挂副油箱等;主要部件的轮廓线,如机翼和尾翼的前后缘,尾喷口的"之"字形边缘等力求互相平行,使全机对雷达的反射除形成少数几个波束外,在其他方向反射极弱。

当某些部件或部位不能使用外形隐身措施时,可采用吸波材料来弥补。如在进气道内喷涂含碳铁化合物的吸波材料,雷达波能量在长而弯曲的进气道内经过来回反射,最后被吸波涂层吸收。将座舱盖镀以能将雷达波信号向空间散射的透明导电膜,可大大减小雷达的反射波。采用频率选择表面雷达罩,自己的雷达波能通过该雷达罩,其他频率的雷达波不能透过,可以减低机载雷达天线舱的RCS。

红外隐身的主要措施有:采用矩形二元喷管,使尾喷流火舌变平,可降低红外辐射信号;采用涡扇发动机,可降低发动机的排气温度;飞机在飞行时尽量不开加力燃烧室,如米格-21的发动机,不开加力时的红外探测范围为10 km,开加力后,在40 km以外就能被探测到;另外把发动机布置在机身或机翼上面,利用机翼或尾翼等部件进行遮挡或隐蔽。

光学隐身可采用特种迷彩涂料,降低目标与背景的反差或对比度,使目视难以发现目标,同时可使用激光吸收材料等手段对抗激光探测。航空器声学隐身可改进发动机结构,采用超低噪声发动机等技术措施;对直升机而言,声学隐身尤其突出,除降低发动机噪声外,实现旋翼的低噪声运行更为关键。射频隐身主要是抑制目标自身的电磁辐射,以降低敌方电子探测系统对目标的探测概率。

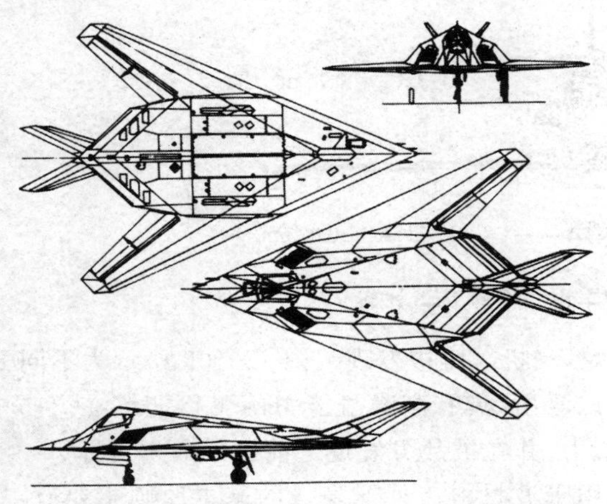

图1-103　F-117A隐身战斗轰炸机

美国的隐身战斗轰炸机F-117A,如图1-103所示的外形是完全按照隐身要求设计的,其机翼、机身以特殊的多面体连接并融合成一体,可以将雷达波以各种角度向飞机上半球的天空反射,但这种外形明显地降低了它作为亚声速战斗机的气动性能。F-117A的进气道和发动机布置在机翼上部，进气口扁而平，安装有特殊的格栅以阻止雷达波进入进气道，这些对隐身十分有利，但有损于大迎角机动特性。另外它还采用了全动的 V 形尾翼，并在飞机表面上涂了多种不同种类的雷达波吸收材料，有效地吸收了入射雷达波，并使雷达波散射强度衰减，对减小飞机的 RCS 起到了很好的作用。B－2 轰炸机和 F－22 战斗机在外形设计上很好地兼顾了隐身和气动性能两方面的要求。

国外把隐身飞机的发展分为五代：第一代是洛克希德·马丁"臭鼬"工厂的 SR－71 战略侦察机；第二代为"海弗兰"原型机，即 F－117 的原型机；第三代是洛克希德·马丁公司的 F－117 战斗轰炸机；第四代是诺斯罗普·格鲁曼公司的 B－2 战略轰炸机；而洛克希德·马丁公司与波音公司联合研制的 F－22 战斗机为第五代隐身飞机。中国将隐身飞机分为三代，F－117 为第一代隐身飞机，B－2 为第二代，F－22 和 F－35 为第三代隐身飞机。面对不同波段的探测威胁，多频谱平衡隐身及更佳的隐身性能已经成为下一代战斗机的主要设计要求，航天器的隐身需求也越来越明显。

1.5.2　临近空间技术

到目前为止，飞得最高的航空器离地球表面的高度小于 40 km，绝大多数航空器在离地球表面 20 km 以下的区域内飞行；飞得最低的航天器离地球表面高度大于120 km，绝大多数航天器在离地球表面 180 km 以上的外层空间内飞行。从法律角度上说，航空器活动的空域一般会被主权国家划为领空，航天器飞行的外层空间则属全球共有，事实上外层空间已被经济和军事发达国家所占有。

临近空间(Near Space)是指介于普通航空器的飞行空间和航天器轨道空间之间的区域，一般定义为距地面 20 km～100 km 的空间，包括大部分的平流层，全部中间层和部分电离层。又称"近空间""亚轨道"或"空天过渡区""亚太空""超高空"等。在飞行器蓬勃发展的 20 世纪，除了发射航天器的火箭会偶尔穿越之外，这片寂静的空域几乎是人类飞行的一个禁区。进入 21 世纪以来，人们认识到临近空间在通信保障、情报收集、电子压制、预警、民用等方面极具发展潜力，受到广泛关注。

临近空间的开发利用必须要有一个载体，即临近空间飞行器，所谓临近空间技术主要包括临近空间飞行器技术和临近空间利用技术。临近空间飞行器是指只在或能在临近空间作长期、持续飞行的飞行器，或亚轨道飞行器，或在临近空间飞行的高超声速巡航飞行器，这类飞行器具有航空器和航天器所不具有的优势。

按照飞行速度划分，临近空间飞行器可分为低动态飞行器(马赫数小于 1.0)和高动态飞行器(马赫数大于 1.0)两大类型。低动态临近空间飞行器主要包括：平流层飞艇、高空气球、太阳能无人机等。它们具有悬空时间长、载荷能力大、飞行高度高、生存能力强等特点，能够携带可见光、红外、多光谱和超光谱、雷达等信息获取载荷；可作为区域信息获取手段，用于提升战场信息感知能力，支援作战行动；又可携带各种电子对抗载荷，实现战场电磁压制和电磁打击，破坏敌方信息系统；还可携带通信及其他能源中继载荷，用于野战应急通信、通信中继及能源中继服务。图 1－104 所示为美国洛克希德·马丁公司开发的平流层飞艇。

高动态临近空间飞行器主要包括：高超声速巡航飞行器、亚轨道飞行器等。它们具有航速快、航距远、机动能力高、生存能力强、可适载荷种类多等特点，具有远程快速到达、高速精确打击、可重复使用、远程快速投送等优点；既可携载核弹头，替代弹道导弹实施战略威慑，又可选

图 1-104　平流层飞艇

择携载远程精确弹药,作为“杀手锏”手段,攻击高价值或敏感目标,还可携带信息传感器,作为战略快速侦察手段,对全球重要目标实施快速侦察。

临近空间飞行器具有持续工作时间长、覆盖范围广、生存能力强等特点,受到美国、俄罗斯、英国、日本、以色列、韩国等国的高度重视,我国也在临近空间飞行器研发和应用方面开展了大量的研究工作。根据临近空间飞行器的性能特点和飞行环境,临近空间飞行器技术主要包括稀薄空气动力学、临近空间环境对飞行器的影响与评估、临近空间飞行器能源支撑技术、动力支撑技术等方面。临近空间应用技术主要体现在不同用途的有效载荷在临近空间飞行器上的装(挂)载和应用。对于临近空间的开发利用,世界各国站在了同一起跑线上。

1.5.3　高超声速技术

高超声速技术是指飞行器最大平飞 $Ma \geqslant 5$ 的相关技术,是航空航天技术的结合点。高超声速飞行主要面临流场复杂、气动加热和推进系统等技术问题。

高超声速飞行时,激波强度高,激波和飞行器表面之间的夹角小,激波和边界层间的干扰使流场严重恶化,气流的压力、密度、温度等变化相对较大,气动力和热作用使机头和机翼前缘达到 2 000 ℃以上的高温,甚至使空气分子电离,这时完全气体的状态方程失效,比热比也不再是常数,出现极为复杂的流动现象。为适应严酷的气动加热环境,飞行器结构必须考虑热强度问题,一般要使用耐热材料、加装隔热设备、安装冷却系统等热防护措施。动力装置一般采用由涡轮喷气发动机、亚燃冲压喷气发动机(Ramjet)或超燃冲压喷气发动机(Scramjet)、火箭发动机等组合的发动机。

X-51 乘波者(WaveRider)是美国波音研发的一种无人高超声速试验机,如图 1-105 所示。其最高速度可达声速 5.1 倍,是美国为数不多的超声速燃烧冲压发动机试验机之一。第一架乘波者在 2010 年 5 月 26 日完成了声速 5 倍的试验,最后一次试验在 2013 年 5 月 1 日,历次试验总共四次。

高超声速技术有望在高超声速巡航导弹、高超声速侦察机、高超声速轰炸机、高超声速无

图1-105　美国X-51A无人高超声速试验机

人机等平台上获得应用。高超声速飞行器本身就具备高生存能力，主要体现在突防能力强和逃避能力强。俄罗斯、中国、美国已经将高超声速技术应用于导弹装备，具备了实战化打击能力。

1.5.4　新概念航空器技术

新概念航空器是指气动布局和飞行原理与传统飞行器有所不同的研制或探索中的一类飞行器，一般具备创新性、高效性、时代性和探索性等特点。

(1)“氢燃料”飞机

可取代石油的飞机发动机燃料近年来受到广泛关注，其中液态氢被认为最具应用前途。氢用作飞机发动机燃料，具有燃烧热值高、无污染、资源丰富等优点。目前航空用氢燃料还存在制氢成本高和储氢难度大等问题。

(2) 太阳能飞机

太阳能是绿色能源的最典型代表，取之不尽，用之不竭，无任何污染。太阳能飞机是航空科技发展的一个重要方向，特别是高空长航时太阳能无人机具有十分广阔的应用前景。其存在的问题是能量转化率较低，单位面积的能量小，飞机飞行速度比较慢。图1-106所示为能昼夜飞行的美国“太阳神”太阳能无人机，该机最大起飞重量为929 kg，长为3.7 m，翼展为75 m，机翼面积为183.6 m^2，在2001年的一次飞行中，飞行高度达到29.5 km。

(3) 旋翼-固定翼复合式飞机

这类将固定翼飞机和直升机相结合，使飞机既能像直升机一样垂直起降，又具有固定翼飞机的水平飞行速度。除已服役的V-22“鱼鹰”倾转旋翼机外，波音公司还设计了一种名为“蜻蜓”的鸭式旋翼/机翼验证机，如图1-107所示，该机采用鸭式布局，有一副兼有旋翼和机翼功能的“旋翼/机翼”，直升机模式起飞时，发动机通过装在旋翼/机翼翼梢的喷口喷气，使旋翼/机翼旋转产生升力；飞机模式前飞时，发动机通过飞机后部的尾喷口喷气提供推力，同时将旋翼/机翼锁定成机翼，与鸭翼共同产生升力。

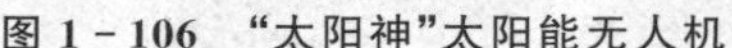

图1-106 “太阳神”太阳能无人机

图1-107 “蜻蜓”验证机

(4) 智能变形机翼飞机

智能变形机翼飞机是一种可以在不同飞行状态像鸟一样改变外形的智能变形机翼飞机，可以像鸟一样随意在空中进行盘旋、倒飞和侧向滑行。飞机将采用新型机翼、创新性机体、先进智能结构与控制系统等一系列新技术。机翼像鸟翅膀一样柔软，通过灵敏的传感器和动作装置，平稳又持续地改变形状，以响应不断变化的飞行条件。形状记忆和压电陶瓷智能材料将是这类飞机的基础。

(5) 非常规布局飞机

美国提出“静音”超声速飞机概念，可实现低声爆设计要求，如图1-108所示，尖锥形机头可使超声速气流在机头附近产生前压力尖峰，减弱声爆；大后掠箭形机翼可将机翼升力沿长度方向扩散，减弱气流在激波后的超压，减弱声爆；倒V字尾面一方面可以产生附加升力，另一方面可使飞机超声速飞行时对机翼产生有利干扰。

无尾飞机是既没有垂尾又没有常规飞机空气动力操纵面的固定翼飞机，是一种综合飞控、一体化推力和隐身的先进飞机。无尾飞机完全由“射流”矢量推力进行控制，发动机排气喷口嵌入飞机蒙皮内，飞机飞行方向将通过一系列“射流”进行控制。“射流”技术改变喷管的有效面积和矢量推力的方向，不改变发动机喷管的形状，可减轻重量，改善雷达和红外隐身特性。图1-109所示为美国X-44多轴无尾技术验证机。

图1-108 美国超声速绿色飞机

图1-109 美国X-44多轴无尾技术验证机

未来飞机最理想的形式是机翼机身融为一体的飞翼布局。这种飞机气动力效率高、升阻比大、隐身性能好、载荷分布相对均匀，缺点是机动性差和操纵效能低。图1-110所示为波音公司X-48B飞翼布局验证机。与常规布局飞机相比，飞翼布局飞机总质量可减少19%，油耗减少20%，还可减轻污染和降低噪声。美国X-57全电飞机验证机采用分布式推进技术，具有零排放、低噪声、高气动效率等特点。该机的分布式电推进系统由2台大功率巡航电动机和12台小功率增升电动机组成，二者均由机上的锂离子电池供电。其中2台巡航电动机位于左右机翼翼尖，作为飞机的主动力装置，为巡航阶段的飞机提供推进动力。12台增升电动机则位于左右机翼前缘，在每侧机翼上沿展向分别布设安装6台，主要用于在起降阶段增加飞机的升力，如图1-111所示。

图1-110　X-48B飞翼布局验证机

图1-111　X-57全电飞机验证机

1.5.5　航天先进技术

航天技术对现代战争已经产生了重大影响，世界各国更加重视军事航天系统与反系统的研制，特别是美国率先发展并决意部署国家导弹防御系统（NMD），将不可避免地把航天技术的发展推向一个新阶段。2001年1月22—26日，美国进行了代号为“施里佛2001”的首次以太空为主要战场的军事模拟演习；在此期间，俄罗斯总统也下令建立俄罗斯军事航天部队；日本也准备投巨资研究载人飞船。世界各国共发射了5 000余个各类航天器（美国和俄罗斯占绝大多数),其中军用航天器约占总数的70%。

西方军事大国的信条是"谁能控制空间,谁就能控制地球"。为军事目的服务,是空间大国航天活动的主旋律。军用卫星系统在为战略决策服务的同时,也为武器装备和作战部队提供各种通信广播、侦察监视、导航定位等支持,极大地提高了武器装备的整体作战效能。美国拥有十分健全的军用卫星系统,代表着世界最先进水平,同时还拥有由运载火箭、新型飞船和空射型运载火箭组成的运载系统,具备轻型、中型、重型不同种类航天器的发射能力和完善配套的发射测控系统及严密的防天监视系统。其次是俄罗斯、法国和英国。

侦察卫星占军用卫星总数的60%,它不仅是大规模战略侦察的重要手段,而且正在把触角逐步伸向战役、战术范围,图1-112所示为一侦察卫星。美国的KH-12"锁眼"12号数字图像传输侦察卫星,采用先进的CCD可见光相机,地面分辨率达到0.1 m,有"极限轨道平台"之称,而且有很强的机动变轨能力;美国"长曲棍球"雷达成像卫星能识别伪装或地下目标,地面分辨率达0.3 m。俄罗斯的第五代光学成像卫星的地面分辨率可达0.2 m。法国使用的"太阳神"1A光学成像侦察卫星,地面分辨率为1 m,地面分辨率为0.5 m的第二代"太阳神"2A卫星已于2004年12月18日发射成功。印度于2001年10月发射的实验性侦察卫星的地面分辨率也达到1 m。图1-113所示为地面分辨率为1 m的美国IKONOS商用卫星拍摄的照片,美国新一代侦察卫星的地面分辨率将达到0.15 m。

图1-112 侦察卫星

图1-113 晴朗天气下的卫星照片

军用通信卫星能够为陆、海、空军等各类用户提供迅速、准确、保密、稳定的通信保障,从而为建立三军通用的C^3I系统(即指挥、控制、通信和情报系统,又称为自动化指挥系统)创造条件。美国的军用通信卫星系统最庞大、也最先进,包括舰队卫星通信(Fltsatcom)、特高频后继星(UFO)、卫星数据系统(SDS)、国防卫星通信系统(DSCS)、军事星(Milstar)系统和跟踪与数据中继卫星系统(TDRSS)等。其中"国防通信卫星"从1962年开始研制至今,已经发展了三代,能保证除南北两极外全球所有地区24小时不间断通信,是美国最重要的全球军事通信系统。俄罗斯现役的军用通信广播卫星主要有"闪电"通信卫星系统,"宇宙"通信卫星系统,"急流"卫星系统以及"虹""地平线"与"荧光屏"地球静止轨道通信卫星系统等。其中"闪电"通信卫星是俄罗斯战略通信卫星,从1965年4月23日第一颗"闪电"1号升空,至今已发展了三代:第一代发射了 89 颗,第二代发射了 17 颗,第三代发射了近百颗,都采用倾角 62.8°至 65.5°的大椭圆轨道,以便覆盖到纬度较高的俄北部领土。目前北约拥有“纳托”系列军用通信卫星系统,英国有“天网”系列军用通信卫星系统,法国有“西拉库萨”军用通信卫星系统。

导航卫星可以为水面舰船、水下潜艇、空中飞机以及导弹等调整目标和为地面部队提供精确的定位数据,使所有作战部队能够在统一的作战意图下,按照规定的时间、地点协同动作,因此被称为“三军指南”。美国的全球定位系统(GPS)和俄罗斯的全球导航卫星系统(GLONASS)是世界上广泛应用的两种现役卫星导航系统。欧洲一些国家和日本都正采取先利用后取代的策略,近期建立基于 GPS 和 GLONASS 卫星的增强系统,远期目标为建设自己独立的导航定位卫星系统,如欧盟的“伽利略”(GALILEO)全球定位系统。中国北斗卫星导航系统于 2020 年 7 月 31 日正式开通,“北斗”和美国 GPS、俄罗斯 GLONASS、欧盟 GALILEO,是联合国卫星导航委员会已认定的全球卫星导航系统供应商。

气象卫星可以比较准确地预报全球或局部地区的气象情况,为制订作战计划提供更充分的依据。美国、俄罗斯、欧洲空间局、日本和印度都有自己的气象卫星系统。美国国防部还专门部署了军用气象卫星,如美国的国防气象卫星就是目前世界上唯一的军事气象卫星系统,从 1965 年 1 月 19 日发射第一颗气象卫星开始,已经发展了静止气象卫星和极轨气象卫星两个系列。2010 年起,美国将用“国防气象支持项目”逐步替代“国防气象卫星系统”。

测地卫星可以准确地测出各种打击目标的地理位置,从而提高战略武器的命中精度。美国、苏联和法国曾先后发射过测地卫星,目前已没有专用的测地卫星。美国国防部在 2000 年 2 月曾利用航天飞机携载合成孔径雷达对全球 70%的陆地表面进行了三维高精度数字地形测绘,这些数据具有极其重要的军事意义,特别是对精确制导武器而言。现代高技术战争已经从传统的“三维(陆、海、空)战争”发展为“四维(陆、海、空、天)战争”或“五维(陆、海、空、天、电子)战争”,“空间战”将是未来战争的重要组成部分。

载人航天系统包括三大部分:轨道基础设施、地面基础设施和天地往返运输系统。轨道基础设施由在低轨道上运行的载人空间站、无人轨道平台及在高轨道上运行的数据中继卫星、定位卫星等组成;地面基础设施由指挥控制中心、跟踪通信网、发射中心、着陆场、航天员选拔训练中心及有效载荷中心等组成;天地往返运输系统向空间站接送换班的航天员,把货物由地面送到空间站,并把重要的试样及资料送回地面。

国际空间站仍然在轨运行。2021 年起,中国的“天宫”空间站开始建造并实现航天员在空间站上的长期工作,预计“天宫”空间站将于 2022 年底全面建成。

在航天飞机退役后,天地往返系统主要是载人飞船。除中国的“神舟”飞船外,主要有俄罗斯的“联盟”TM 飞船,美国私营太空探索技术公司(SpaceX)研制和发射的“龙”货运飞船。2020 年 5 月,SpaceX 公司的“龙”飞船开始载人飞行。

世界上起飞重量最大、推力最大的火箭是俄罗斯的“能源”号重型通用运载火箭。该火箭是苏联为发射“暴风雪”号航天飞机而研制的超级火箭,于 1987 年 5 月 15 日首次发射成功,采用捆绑技术,长 60 m,总质量 2 400 t,能把 100 t 的有效载荷送入近地轨道,可用于发射大型无人航天器,也可发射载人航天飞机。“能源”号和美国 1967 年首次发射成功的“土星”5 号同为当今的巨型运载火箭。研制中的中国“长征”9 号运载火箭,近地轨道运载能力将达到 140 t,预计 2030 年前后发射。

欧洲航天局的“阿丽亚娜”5ECA大推力运载火箭能把10 t的有效载荷送入地球同步转移轨道,低轨道运载能力达21 t。该火箭2002年11月11日首次发射,由于动力装置的冷却系统故障没有成功,经改进后,2005年2月的第二次发射获得圆满成功。“阿丽亚娜”系列火箭目前主要用于商业发射。

美国的“大力神”4型火箭主要用于发射大型军用卫星和其他政府出资的太空载荷,由于价格昂贵,在商业发射市场并无竞争力,其太阳同步轨道的运载能力为14 t,低轨道运载能力为17 t,地球静止转移轨道的运载能力最大为5.8 t。

日本的H-2大型运载火箭于1994年2月3日首次发射成功,该火箭可将2.2 t的有效载荷送入地球同步转移轨道,可用于发射卫星和行星际探测器。H-2的改进型H-2A于2001年8月29日首次发射成功,地球同步转移轨道的运载能力最大可达5 t。2012年5月19日,日本用H-2A火箭一次发射了3颗卫星,其中一颗为韩国“阿里郎”3号卫星。

美国为了保持其太空优势,并降低空地往返间的运输成本,于2014年5月开始研制其全面可重复使用的无人运载器,实现航天器的低成本和快速发射,即XS-1空天飞机。XS-1是一种两级飞行器,第一级将是一种常规高空无人机,能够飞到尽可能高的高度并达到10马赫的飞行速度,然后有效载荷将与无人机分离,依靠自带的低成本推进装置飞向目标轨道。无人机随后将会自动返回发射基地并准备下一次发射。按照项目的设想,XS-1能够实现当天往返或者说每日发射。美国SpaceX公司的“猎鹰”9号运载火箭、载人“龙”飞船已经成功实现了可重复使用,可有效降低空地往返运输成本。

此前,美国的X-37B项目更为人们所熟悉。X-37B是由美国波音公司研制的无人且可重复使用的太空飞机,由火箭发射进入太空,同时结束任务后还能自动返回地面。2017年5月7日,执行第4次飞行任务的X-37B轨道试验飞行器(Orbital Test Vehicle,OTV)在轨飞行718天后,像飞机一样在肯尼迪航天中心的主跑道上成功降落。

为了重振苏联在太空领域的雄风,俄罗斯提出了可重复使用亚轨道太空飞机项目,即一种部分可重复使用的模块化垂直发射航天器MRKS-1。MRKS-1的第一级将是一架具有飞机外形的可重复使用航天器,发射完成后可自主飞回发射基地。MRKS-1还包括一次性使用的第二级,根据任务的不同还可以搭载更多的级别。

思考题

1. 什么是航空?什么是航天?航空与航天有何联系?
2. 飞行器是如何分类的?
3. 航空器是怎样分类的?各类航空器又如何细分?
4. 航天器是怎样分类的?各类航天器又如何细分?
5. 火箭和导弹有哪些相同和不同之处?
6. 在发明飞机的进程中,要使飞机能够成功飞行,必须解决什么问题?
7. 战斗机是如何分代的?各代战斗机的典型技术特征是什么?
8. 直升机主要以什么技术标准进行分代?
9. 载人航天的工具或方式有哪几种?它们之间有什么区别?
10. 巡航导弹和弹道导弹有什么不同?

11. 航空航天在国防和国民经济建设中占有什么样的地位？发挥什么样的作用？

12. 新中国成立以来，中国的航空工业取得了哪些重大成就？

13. 什么是“两弹一星”？

14. 中国的运载火箭共有几个系列？多少个型号？各自有什么用途？

15. 熟悉航空器、航天器、火箭和导弹发展史上的第一次和重大历史事件发生的时间和地点。

16. 谈谈你对中国航空航天技术未来发展的看法。

第2章 飞行器飞行原理

不同于轻于空气的航空器，重于空气的航空器必须要以一定的速度在空气中运动，才能产生足够的升力使其腾空而起。第一架飞机的诞生大大促进了空气动力学的发展，人们通过大量试验，发现了增加升力的原理，认识到使飞机平衡和稳定的方法，从而奠定了飞机飞行原理的基础。空气动力学理论的发展逐渐揭开了流体流动及其运动规律的面纱，空气动力学的发展也日臻完善。随着飞机的发展和飞行速度的提高，飞机的气动外形和气动布局也随之发生着变化，其气动性能的好坏直接影响到飞机的飞行性能及其稳定性和操纵性，因此，后掠翼、边条翼、鸭式布局等先进的气动布局也应运而生，如何进一步提高升阻比已成为了飞机设计永恒追求的目标。

万有引力定律和牛顿第二定律是研究航天器运行轨道的基础，不同的航天器在太空中的运行轨道不尽相同，对航天器的发射和回收也有不同的要求。选择合适的发射窗口和发射轨道不仅会影响到航天器的入轨过程和入轨点，还会影响到航天器的入轨时间和能源消耗。航天器的返回轨道对航天器的安全返回至关重要，不同的返回轨道不但会影响到返回着陆点的精准度，而且由于返回过程中制动过载和气动加热情况不同，还需要对航天器的结构和防热设计等进行特殊考虑。

2.1 飞行环境

飞行环境对飞行器的结构、材料、机载设备和飞行性能都有着非常重要的影响。只有了解和掌握了飞行环境的变化规律，设法克服或减少飞行环境对飞行器的影响，才能保证飞行器准确可靠地飞行。

飞行环境包括大气飞行环境和空间飞行环境。

2.1.1 大气环境

大气环境是航空器唯一的飞行环境，同时也是航天器、火箭和导弹必经的飞行环境。大气环境中的空气密度、温度、压强和天气等因素对飞行器的飞行影响很大，甚至关系到飞行的成败。

大气层中空气的密度、温度、压强等参数是随高度的变化而变化的。大气在地球引力作用下聚集在地球周围，大气层总质量的90%集中在离地球表面15 km高度以内，总质量的99.9%集中在地球表面50 km高度以内。在2 000 km高度以上，大气极其稀薄，并逐渐向行星际空间过渡。大气层没有明显的上限，它的各种特性沿铅垂方向变化很大，例如空气压强和密度都随高度增加而降低，而温度则随高度变化有很大差异。在离地球表面 10 km 高度，压强约为海平面压强的 1/4，空气密度只相当于海平面空气密度的 1/3。根据大气状态参数随高度的变化的特点，可将大气层划分为对流层、平流层、中间层、热层和散逸层 5 个层次，大气层分布如图 2－1 所示。

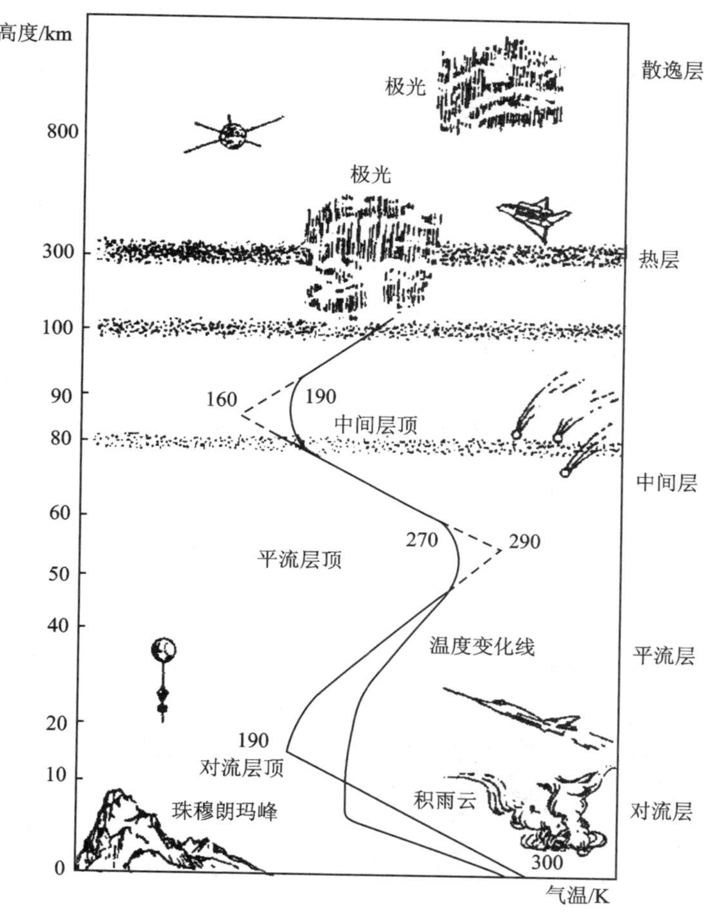

图 2－1　大气层分布

1. 对流层

大气中最低的一层为对流层，其气温随高度增加而逐渐降低。对流层的上界随地球纬度、季节的不同而变化。就纬度而言，对流层上界在赤道地区平均为 16～18 km；在中纬度地区平均为 9～12 km；在南北极地区平均为 7～8 km。

由于对流层大气热量主要来自于地面辐射，因此，对流层的主要气象特点为：气温随高度升高而降低；风向、风速经常变化；空气上下对流剧烈；有云、雨、雾、雪等天气现象。对流层是天气变化最复杂的一层，飞行中所遇到的各种天气变化几乎都出现在这一层中。

2. 平流层

平流层位于对流层的上面，其顶界约为 50 km。在平流层大气主要是水平方向的流动，空气沿铅垂方向的运动较弱，因而气流比较平稳，能见度较好。平流层的气温受地面的影响很小,但在30 km以上,平流层中的臭氧层会大量吸收太阳紫外线而使气温迅速升高。因此,随着高度的增加,起初气温基本保持不变(约为216 K);到30 km左右,气温升高较快,到了平流层顶界,气温升至270~290 K。

航空器的飞行环境主要是对流层和平流层。

3. 中间层

中间层为离地球表面50~85 km的一层。中间层的热量主要来自于平流层,而且几乎没有臭氧吸收太阳紫外线。在这一层内,气温随高度升高而下降,当高度升到80 km左右时气温降到160~190 K。由于上部温度较低,下部温度较高,空气有相当强烈的铅垂方向的运动,因此,这一层又叫高空对流层。

4. 热　层

从中间层顶界到离地平面800 km之间的一层称为热层。在此层内,空气密度极小,由于直接受到太阳短波辐射,空气处于高度电离状态,温度随高度增高而上升。

5. 散逸层

热层顶界以上为散逸层,它是地球大气的最外层。在此层内,空气极其稀薄,又远离地面,受地球引力很小,因而大气分子不断地向星际空间逃逸。这层内的大气质量只是整个大气质量的千亿分之一。大气外层的顶界约为2 000~3 000 km的高度。

2.1.2 空间环境

空间飞行环境主要是指真空、电磁辐射、高能粒子辐射、等离子体和微流星体等所形成的飞行环境,是航天器飞行的主要环境。

1. 地球空间环境

地球空间是邻近地球的外层空间区域,地球空间环境包括地球高层大气环境、电离层环境和磁环境,如图2-2所示。高层大气密度和压强随高度的增加按指数规律下降,最后接近真空。电离层离地球表面60~1 000 km,在这里大气中的原子在太阳辐射作用下,电离成自由电子和正离子,电子浓度不但随高度变化,还随昼夜、季节、纬度和太阳的活动而变化。

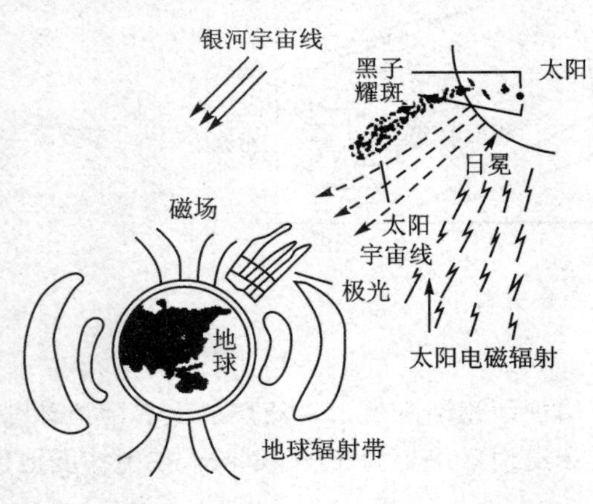

图2-2 地球空间环境

地球本身具有较强的磁场,从距地球表面600~1 000 km处开始向远处空间延伸,影响范围向上可达数万千米。磁层中还存在着密集的高能带电粒子辐射带,又称"范爱伦"辐射带,可能会引起航天器材料、器件和航天员人体的辐射损伤。

2. 行星际空间环境

行星际空间是指太阳系内围绕着太阳和行星的空间范围,具有极高的真空度、低温和失重等特点,并存在着太阳连续发射的电磁辐射、爆发性的高能粒子辐射和稳定的等离子体流(太阳风)。这里的环境除了主要受太阳活动的影响外,还受来自银河系的宇宙线和微流星体等的影响。太阳向空间辐射各种波长的电磁波，除可见光外，还有红外线、紫外线和 X 射线等。当太阳耀斑发生大爆炸时，可以使宇宙射线增强一万倍，其时间可延续好几个小时，可导致地球上的短波无线电通信中断，要想防护或避开都是很困难的。来自银河系的高能带电粒子强度很小，对航天器影响不大。

3. 恒星际空间环境

恒星际空间是指太阳系以外各恒星之间的空间范围，非常接近完全的真空，但也并非绝对的真空。恒星际空间十分广袤，人类至今也只是知道其中的一小部分，对恒星际空间的认识也是少之又少。目前由于科技水平的限制，飞行器还无法完成长距离的深空远行，人类的足迹除了踏上了离地球最近的月球外，还没有登上离地球很近的火星。因此，人类要飞出太阳系到达恒星际世界，还有非常遥远而漫长的路程。

2.2　大气的物理性质

1. 大气的状态参数和状态方程

大气的状态参数是指它的压强 p、温度 T 和密度 ρ 这三个参数。对一定数量的气体，压强 p，温度 T 和密度 ρ 这三个参数就可以决定它的状态。它们之间的关系，可以用气体状态方程表示，即 $p=\rho RT$。式中，T 为大气的绝对温度(单位 K)，它和摄氏温度 t(单位℃)之间的关系为：$T=t+273$；R 为大气气体常数，其值为 287.05 J/(kg·K)。

大气的状态参数随飞行高度的变化而变化，它们不仅对作用在飞机上的空气动力的大小有影响，还对飞机喷气发动机产生的推力大小有很大的影响。

2. 连续性

气体是由大量分子组成的。在标准大气状态下，每 1 m^3 的空间里含有 2.7×10^{16} 个分子，每个分子都有自己的位置、速度和能量。在气体中，分子之间的联系十分微弱，以致其形状仅仅取决于盛装容器的形状(充满该容器)，而没有自己固有的外形。当飞行器在这种空气介质中运动时，由于飞行器的外形尺寸远远大于气体分子的自由行程(一个空气分子经一次碰撞后到下一次碰撞前平均走过的距离)，故在研究飞行器和大气之间的相对运动时，气体分子之间的距离完全可以忽略不计，即把气体看成连续的介质。这就是在空气动力学研究中常说的连续性假设。连续性假设不仅给描述流体的物理属性和流动状态带来很大方便，更重要的是为理论研究提供了采用强有力的数学工具的可能。

航天器所处的飞行环境为高空大气层和外层空间，空气分子间的平均自由行程很大，气体分子的自由行程大约与飞行器的外形尺寸在同一数量级甚至更大，在此情况下，大气就不能看成是连续介质了。

3. 黏　性

大气的黏性是空气在流动过程中表现出的一种物理性质。大气的黏性力是相邻大气层之间相互运动时产生的牵扯作用力，也叫作大气的内摩擦力(即大气相邻流动层间出现滑动时产生的摩擦力)。

当大气在外力作用下流动或有流动趋势时，气体分子间的内聚力要阻止大气分子的相对运动，同时，相邻大气层之间分子的不规则运动导致的分子迁移也会使分子间产生动量交换，因此在大气运动时会产生一种内摩擦力，这种现象称为流体的黏性。由于大气分子之间的距

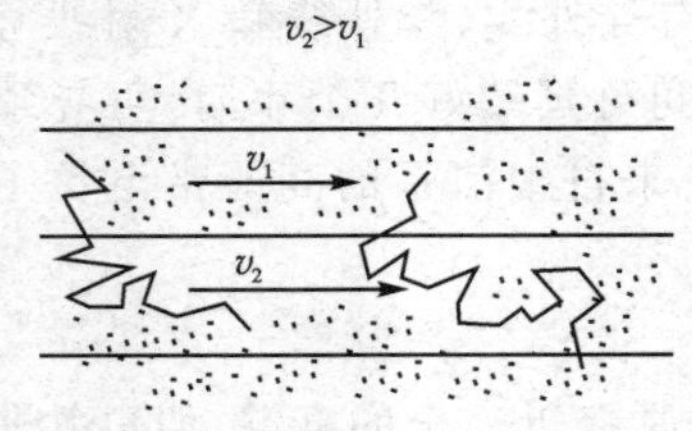

图 2-3　流速不同的相邻大气层

离相对较大,大气的黏性,主要是气体分子作不规则运动的结果。为了说明这个问题,设想把流动着的大气划分为若干层,如图 2-3 所示。从图中可以看出,当大气层与层之间的流动速度不同时,流得快的一层(如下层)的大气分子由于不规则运动而侵入上层会促使上层大气加速,同样上层流得慢的气体分子进入下层会使下层大气减速。这样,相邻的两层大气之间就产生了相互牵扯的内摩擦力,即黏性力。

大气流过物体时产生的摩擦阻力是与大气的黏性有关系的。因此,飞机飞行时所产生的摩擦阻力与大气的黏性也有很大关系。

不同流体的黏性是不相同的。流体黏性的大小可以用流体的黏性系数来衡量。在常温下,水的黏性系数为 1.002×10^{-3} Pa·s,而空气的黏性系数为 1.81×10^{-5} Pa·s,其值仅是水的 1.81%。由于空气的黏性很小,因此不易察觉,但如果把一个树枝放入水中,抽出时就会带出很多水珠,可见水的黏性较大。一般情况下,空气对物体的黏性作用力可以不予考虑,但对于像飞机这样在空气中快速运动的物体,由于空气黏性作用在飞机外表面上的摩擦阻力已不是一个小数值量,因此必须加以考虑。

流体的黏性和温度是有关系的。随着流体温度的升高,气体的黏性将增加,而液体的黏性反而减小。对气体来讲,相邻流动层间产生内摩擦力的物理原因是气体分子在层与层之间有横向动量交换的结果,温度升高,分子间的这种横向动量交换也加剧,因此,层与层之间的相互牵扯力也增加,使黏性增大。而液体产生黏性的物理原因主要来自相邻流动层分子间的内聚力,温度升高,液体分子热运动加剧,液体分子间距离将变大,分子间的内聚力也随之减小,故黏性也会减小。根据这个原理,在用管道运输石油时,对石油加温可以起到减小流动损失、节省能耗的效果。

对于像空气这种黏性系数很小的流体,当物体在空气中的运动速度不是很大时,黏性的作用也就不很明显,此时,可以采用理想流体模型来做理论分析。通常把不考虑黏性的流体(即流体的黏性系数趋于零的流体),称为理想流体或无黏流体。

4. 可压缩性

气体的可压缩性是指当气体的压强改变时其密度和体积也改变的性质。不同状态的物质可压缩性也不同。液体对这种变化的反应很小,因此一般认为液体是不可压缩的;而气体对这种变化的反应很大,所以一般来讲气体是可压缩的物质。

当大气流过飞行器表面时,由于飞行器对大气的压缩作用,大气压强会发生变化,密度也会随之发生变化。当气流的速度较小时,压强的变化量较小,其密度的变化也很小,因此在研究大气低速流动的有关问题时,可以不考虑大气可压缩性的影响。但当大气流动的速度较高时,由于可压缩性的影响,使得大气以超声速流过飞行器表面时与低速流过飞行器表面时有很大的差别,在某些方面甚至还会发生质的变化,就必须考虑大气的可压缩性。

5. 声　速

声速是指声波在物体中传播的速度。声波是一个振动的声源在介质中传播时产生的疏密波(压缩与膨胀相间的波)。比如摇动一个铃铛时,铃铛振动就压缩或扰动了附近的空气,空气的压强和密度发生了变化,并在空气中形成了一疏一密的疏密波,这是空气被压缩和膨胀交替发生的结果。这种疏密波传到人们的耳膜，人就感觉到了声音，这便是声波。

飞机或物体在空气中飞行时会把前进中碰到的空气微团推开，并把这些微团压紧，物体继续向前运动，被推开、压紧的微团将膨胀开来，回到其原来的位置。因此，飞机或物体在空气中运动时，在围绕它的空气中将一直产生着振动的疏密波，这种疏密波在物理本质上和声波是一样的。不同的是，它的频率不在人耳所能感觉的范围之内，所以人不一定听得到。人的耳膜所能感受到的疏密波，其振动频率约在每秒16到2 000次，高于或低于这个频率范围的疏密波，人都听不到声音。

声速的大小和传播介质有关。实验表明，在水中的声速大约为1 440 m/s(大约5 200 km/h)，而在海平面标准状态下，在空气中的声速仅为340.29 m/s(1 224 km/h)。这是因为水的压强和密度比空气大得多，因此更难于压缩，声波在水中传播得就更快。由此可知，介质的可压缩性越大，声速越小；介质的可压缩性越小，声速越大。显然，在不可压缩介质中，声速将趋于无限大。

声速不但和介质有关，而且在同一介质中，也随着温度的变化而变化。例如海平面的空气温度较高，压强和密度较大，空气较难压缩，所以声速较大；在对流层中，气温随高度而降低，声速也随着降低。例如在11 000 m，声速降低到295 m/s，这表明在高空中，空气更容易压缩。

6. 国际标准大气

飞行器的飞行性能与大气的物理状态(密度、温度和压强等)有密切关系，而大气物理状态是随其所在地理位置、季节和高度而变化的。为了准确描述飞行器的飞行性能，就必须建立一个统一的标准，即标准大气。目前中国采用的是国际标准大气，它是由国际性组织(如国际民用航空组织、国际标准化组织)颁布的一种“模式大气”。它依据实测资料，用简化方程近似地表示大气温度、密度和压强等参数的平均铅垂分布，并排列成表，形成国际标准大气表，如表2-1所列。

表2-1 国际标准大气表(部分数据)

高度/m	压力/Pa	气　温/K	空气相对密度	空气密度/$(kg\cdot m^{-3})$	声　速/$(m\cdot s^{-1})$
−1 000	113 929	294.65	1.099 2	1.346 5	344.11
0	101 325	288.15	1.000 0	1.225	340.29
1 000	89 875	281.65	0.907 3	11.111 7	336.43
2 000	79 495	275.15	0.821 5	1.006 6	332.53
3 000	70 109	268.65	0.742 0	0.909 1	328.58
4 000	61 640	262.15	0.668 5	0.810 1	324.58
5 000	54 020	255.65	0.600 7	0.736 1	320.53
6 000	47 181	249.15	0.538 3	0.659 7	316.43
7 000	41 061	242.65	0.481 0	0.589 5	312.27
8 000	35 600	236.15	0.428 4	0.525 2	308.06
9 000	30 742	229.65	0.380 4	0.466 4	303.79
10 000	26 436	223.15	0.336 6	0.412 7	229.46
11 000	22 632	216.65	0.296 8	0.363 9	295.07

续表 2-1

高度/m	压力/Pa	气　温/K	空气相对密度	空气密度/(kg·m^{-3})	声　速/(m·s^{-1})
12 000	19 330	216.65	0.253 5	0.310 8	295.07
13 000	16 510	216.65	0.216 5	0.265 5	295.07
14 000	14 102	216.65	0.184 9	0.226 7	295.07
15 000	12 045	216.65	0.157 9	0.193 7	295.07
16 000	10 287	216.65	0.134 9	0.165 4	295.07
17 000	8 786.7	216.65	0.115 3	0.141 3	295.07
18 000	7 504.8	216.65	0.098 4	0.120 7	295.07
19 000	6 410.0	216.65	0.084 1	0.103 1	295.07
20 000	5 474.9	216.65	0.072 0	0.088 0	295.07
21 000	4 677.9	217.65	0.061 4	0.074 9	295.75
22 000	3 999.8	218.65	0.052 3	0.063 7	296.43
23 000	3 422.4	219.65	0.044 7	0.054 3	297.11
24 000	2 930.5	220.65	0.038 2	0.046 3	297.78
25 000	2 511.0	221.65	0.032 6	0.039 5	298.46
26 000	2 153.1	222.65	0.027 5	0.033 7	299.13
27 000	1 847.5	223.65	0.023 3	0.028 8	299.80
28 000	1 586.3	224.65	0.019 8	0.024 7	300.47
29 000	1 363.0	225.65	0.016 8	0.021 0	301.14
30 000	1 171.9	226.65	0.014 4	0.018 0	301.80

应当注意,各地的实际大气参数与国际标准大气之间是存在差别的。国际标准大气所得的数据与地球北纬36°～60°(主要是欧洲)地区的平均数值相近,与中国的情况有一定的差距。例如中国广州(北纬23°0′)、上海(北纬31°21′)两地,夏天海平面的实际平均气温都比标准大气规定的数值高。实际情况虽然如此,但在做飞行试验或进行性能计算时,还是要以国际标准大气规定的数值为准,只有这样才便于对飞行器的飞行性能进行研究和对比。

国际标准大气有如下规定:大气被看成完全气体,服从气体的状态方程;以海平面的高度为零高度。在海平面上,大气的标准状态为:气温为15 ℃,压强为一个标准大气压,密度为1.225 kg/m^3,声速为340.29 m/s。

根据上述规定,并通过理论计算,即可以确定各高度处的大气物理状态参数(密度、温度和压强等)。

2.3　气体流动的基本规律

流体在流动过程中其物理参数(如速度、压力、温度和密度等)都会发生变化。流体在变化过程中必须遵循基本的物理定律:如质量守恒定律、能量守恒定律、牛顿第二和第三定律等。对于气体来说,气流流过物体时其物理量的变化规律与作用在物体上的空气动力有密切关系,因此本节将介绍流体流动的基本规律,以解释空气动力的产生机理,进而说明飞行器上产生空气动力的原因。

2.3.1　空气动力的产生

重于空气的飞行器，是靠飞行器与空气做相对运动时所产生的空气动力，克服自身的重力而升空的。没有飞行速度，在飞行器上就不会产生空气动力。空气动力的产生是空气和飞行器之间有了相对运动的结果。因此，要了解飞行器的飞行原理，首先应该了解飞行器与空气之间的相对运动规律。

当空气相对于物体流动时，就会对物体产生力。比如，大风吹过高耸的广告牌可以把广告牌掀翻，飓风可以将大树连根拔起，这些都是空气快速流过物体时，在物体上产生了力的结果。因此，通俗地讲这个力就叫作“空气动力”。

飞行器飞行时和空气之间有相对运动，在飞行器上也会产生空气动力。飞行器上产生的空气动力与飞行器和空气之间的相对运动速度有很大关系。在实际飞行中，飞行器上产生的空气动力是飞行器在空气中以一定速度运动的结果。但在实验研究和理论分析中，往往采用让飞行器静止不动，而空气以相同的速度沿相反的方向流过飞行器表面。此时在飞行器上产生的空气动力效果与飞行器以同样的速度在空气中飞行所产生的空气动力效果是一样的，这就是飞行“相对运动原理”。在本书以下章节的理论分析中，将运用相对运动原理来分析飞机上所产生的空气动力及气流的变化规律。例如，本书第 6 章将要介绍的风洞实验，就是建立在这个原理基础上的。目前，相对运动原理已被航空、航天以及航海和交通运输等部门广泛采用。

2.3.2　连续性定理和伯努利定理

1. 流体流动的连续性定理与连续性方程

当气体稳定地、连续不断地流过一个粗细不等的变截面管道时，由于管道中任一部分的气体不能中断，也不能堆积，因此，根据质量守恒定律，在同一时间内，流过管道任一截面的气体质量都是相等的。

连续性定理就是质量守恒定律在流体流动中的应用，它描述的是流体在流动过程中流体流动速度和流动面积之间的变化规律。

如图 2－4 中所示的变截面管道，气体在管道内流动时，在单位时间内，流过管道截面 $A-A$ 的气体质量 $\rho_1 v_1 A_1$ 应该和流过管道截面 $B-B$ 的气体质量 $\rho_2 v_2 A_2$ 相等，即

$$\rho_1 v_1 A_1 = \rho_2 v_2 A_2 \tag{2-1}$$

式中，ρ 为大气密度（kg/m^3），v 为气体的流动速度（m/s），A 为所取截面的面积（m^2）。

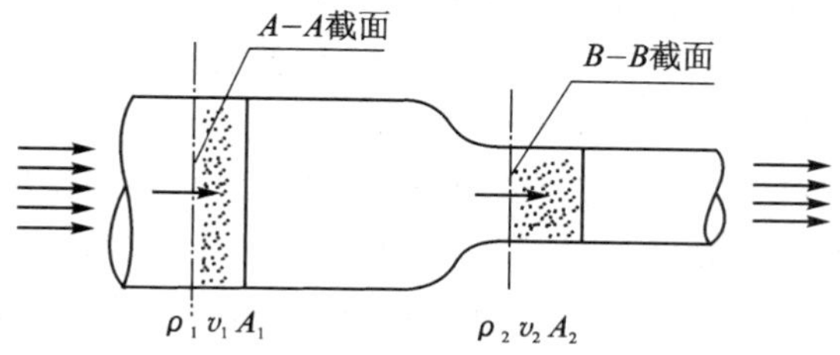

图 2－4　气流在变截面管道内的流动情况

将式(2－1)推而广之，则气体流过变截面管道中任意截面处的 $\rho v A$ 都应相等，即

$$\rho_1 v_1 A_1 = \rho_2 v_2 A_2 = \rho_3 v_3 A_3 = \cdots = 常数 \tag{2-2}$$

式(2-2)称为可压缩流体沿管道流动的连续性方程。

当气体以低速流动时,可以认为气体是不可压缩的,即密度ρ保持不变,此时式(2-2)可以写为

$$v_1 A_1 = v_2 A_2 = v_3 A_3 = \cdots = 常数 \tag{2-3}$$

式(2-3)称为不可压缩流体沿管道流动的连续性方程。

由式(2-3)可知,对于不可压缩流体,当流体流过管道时,流体的流速与截面面积成反比,也就是说,在截面面积大的地方流速低,在截面面积小的地方流速高。

在日常生活中经常可以看到如下现象:在河道浅而窄的地方,水流得比较快,在河道宽而深的地方,水流得比较慢。另外,人站在两栋高楼中间要比站在平坦开阔的地方感觉风要大。这些都是流体连续性定理的体现。

2. 伯努利定理与伯努利方程

根据能量守恒定律,在与周围隔绝的物质系统中,不论发生什么变化或过程,能量的形态虽然可以互相转换,但总的能量始终保持不变。如自由落体的物体可以把重力势能转化为动能;风的动能可以通过推动风车桨叶转动,驱动发电机发电而产生电能。但无论这些能量形态怎样转换,其总的能量之和始终保持不变。

伯努利定理就是能量守恒定律在流体流动中的应用。伯努利定理是描述流体在流动过程中流体压强和速度之间关系的流动规律。流体的压强和速度之间的关系可以用如图2-5所示的实验来说明。

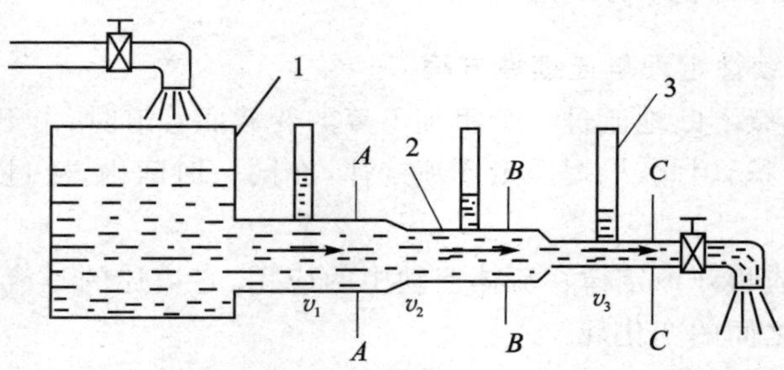

1—容器;2—管道;3—玻璃管

图2-5 流体在容器和管道中的流动情况

在图2-5所示的粗细不均的管道中,在不同截面积处安装三根一样粗细的玻璃管,它们实际上起到了“压力表”的作用。首先把容器和管道的进口和出口开关都关闭,此时管道中的流体没有流动,不同截面处($A-A$、$B-B$、$C-C$截面)的流体流速均为零,三根玻璃管中的液面高度同容器中的液面高度一样。这表明,不同截面处的流体的压强都是相等的。现在把进口和出口处的开关同时都打开,使管道中的流体稳定地流动,并保持容器中的流体液面高度不变。此时三根玻璃管中的液面高度都降低了,且不同截面处的液面高度各不相同,这说明流体在流动过程中,不同截面处的流体压强也不相同。从实验可以看出,在$A-A$截面,管道的截面积较大,流体流动速度较小,玻璃管中的液面较高,压强较大,在$C-C$截面,管道的截面积较小,流体流动速度较大,玻璃管中的液面较低,压强较小。也就是说,流体在变截面管道中稳定地流动时,流速大的地方压强小,流速小的地方压强大,这种压强和流速之间的变化关系就

是伯努利定理的基本内容。严格地讲，在管道中稳定流动的不可压缩理想流体，在与外界没有能量交换的情况下，在管道各处的流体的动压和静压之和应始终保持不变，即

静压＋动压＝总压＝常数

如果用 p 代表静压(静压是指流体在流动过程中，流体本身实际具有的压力，即运动流体的当地压力。对于飞机来说，飞机远前方的静压是指该飞行高度上未受飞机扰动时的大气压力)，用 $\frac{1}{2}\rho v^2$ 代表动压(流体以速度 v 流动时由流速产生的附加压力)，则上式可表示为

$$p + \frac{1}{2}\rho v^2 = \text{常数} \tag{2-4}$$

于是，在管道的不同截面 $A-A$、$B-B$、$C-C$ 处便有

$$p_1 + \frac{1}{2}\rho v_1^2 = p_2 + \frac{1}{2}\rho v_2^2 = p_3 + \frac{1}{2}\rho v_3^2 = \cdots = \text{常数} \tag{2-5}$$

式中，ρ 为流体的密度，v 为流体的速度。

式(2-4)或式(2-5)就是不可压理想流体的伯努利方程。

由连续性定理和伯努利方程可知，流体在变截面管道中流动时，凡是截面积小的地方，流速就大，压强就小；凡是截面积大的地方，流速就小，压强就大。

连续性定理和伯努利定理是分析和研究飞行器上空气动力产生的物理原因及其变化规律的基本定理，是本书后面章节理论分析的基础。

2.3.3　低速气流和高速气流的流动特点

1. 低速气流的流动特点

低速气流在流动的过程中，由于其密度变化不大，因此可以近似认为是不可压缩的，即密度 ρ 为常数。低速气流在变截面管道中的流动情况如图 2-6 所示。当管道收缩时，$A_2<A_1$，由不可压缩流体的连续性方程(2-3)可知，气流的流速将增加，$v_2>v_1$；又由伯努利方程(2-5)可知，气流的静压将减小，$p_2<p_1$，如图 2-6(a)所示。反之，当管道扩张时，$A_2>A_1$，气流的流速将减小，即 $v_2<v_1$，而气流的静压将增加，即 $p_2>p_1$，如图 2-6(b)所示。

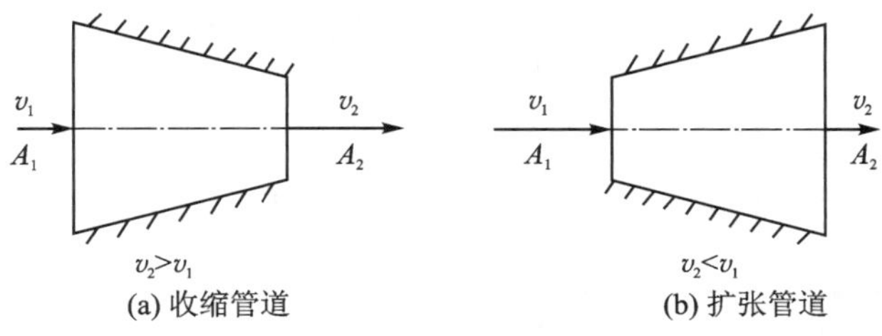

图 2-6　低速气流在变截面管道中的流动

2. 高速气流的流动特点

在低速飞行中，机翼周围的空气由于压力变化所引起的空气密度变化量很小，其影响可以略去不计，可以近似认为空气是不可压缩的。而在高速飞行中，气流速度变化所引起的空气密度变化，会引起空气动力发生很大的变化，甚至会引起空气流动规律的改变，因此它的影响就不能忽略了，必须要考虑空气的可压缩性。

空气的可压缩性与空气的密度和施加于空气的压力有关。空气的密度越大，则空气越难

压缩;施加于空气的压力越大,则空气被压缩的程度也越大。前面讲过,空气的密度与声速有某种对应关系,密度大声速也大,密度小声速也小。因此,空气密度可以用声速来衡量。而施加于空气的压力与在空气中运动的物体速度有关,运动速度越大,则施加给空气的压力就越大;速度越小,则施加给空气的压力就越小。

因此,在衡量空气的被压缩程度时,可以用物体的运动速度和声速的比值来表示,这个比值称为马赫数(Mach Number),通常以 Ma 来表示,即

$$Ma=\frac{v}{a} \tag{2-6}$$

式中,v 表示在一定高度上,飞行器的飞行速度,a 则表示该处的声速。

显然,飞行器飞行速度越大,Ma 就越大,飞行器前面的空气就压缩得越厉害。因此,马赫数 Ma 的大小可作为判断空气受到压缩程度的指标。

根据马赫数 Ma 的大小,可以把飞行器的飞行速度划分为如下区域,即

$Ma \leqslant 0.4$ 为低速飞行;

$0.4 < Ma \leqslant 0.85$ 为亚声速飞行;

$0.85 < Ma \leqslant 1.3$ 为跨声速飞行;

$1.3 < Ma \leqslant 5.0$ 为超声速飞行;

$Ma > 5.0$ 为高超声速飞行。

随着气流速度的增加,当其接近和大于声速时,气流受到强烈的压缩,压力、密度和温度都会发生显著的变化,气流流动特性会出现一些与低速气流不同的质的差别,这也是高速气流特性与低速气流特性之所以不同的根本所在。

图2-7为超声速气流在变截面管道中的流动情况。与低速气流相反,收缩管道将使超声速气流减速、增压;而扩张形管道将使超声速气流增速、减压。这是因为横截面积的变化引起的密度变化,比横截面积变化引起的速度的变化快得多,密度的变化占了主导地位的缘故。对于超声速气流,由于密度不再是常数,因此应遵循可压缩流体的连续性方程。管道横截面积的减小或增加,要求密度和速度的乘积也相应地增加或减小,而此值的增加或减小又是通过密度的迅速增大和流速的缓慢减小或者密度的迅速减小和流速的缓慢增加来实现的。对于超声速气流,在图2-7所示的变截面管道中,若 $A_2 < A_1$,则有 $\rho_2 > \rho_1$,$v_2 < v_1$,$p_2 > p_1$;反之,若 $A_2 > A_1$,则有 $\rho_2 < \rho_1$,$v_2 > v_1$,$p_2 < p_1$。

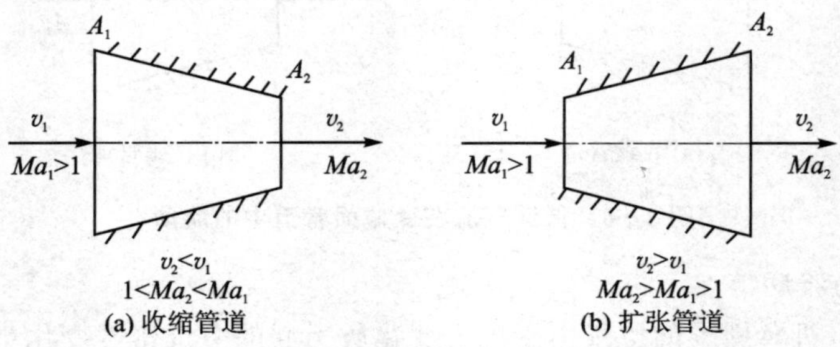

图2-7 超声速气流在变截面管道中的流动

总之,在亚声速气流中,随着流速增大,管道截面面积必然减小;而在超声速气流中,随着流速增大,管道截面面积必然增大。所以,要使气流由亚声速加速成超声速,除了沿气流流动

方向有一定的压力差外，还应具有一定的管道形状，这就是先收缩后扩张的拉瓦尔喷管形状，如图 2－8 所示。此喷管中直径最小的地方称为喉道，当 $Ma<1$ 的亚声速气流流进管道时，在喉道的左半部随管道面积的减小而使流速加快，Ma 也不断增大，在喉道处流速达到 $Ma=1$。气流经过喉道后，按超声速气流的流动特点继续流动，随着管道截面的增大气流速度也不断增加，变为 $Ma>1$ 的超声速气流。

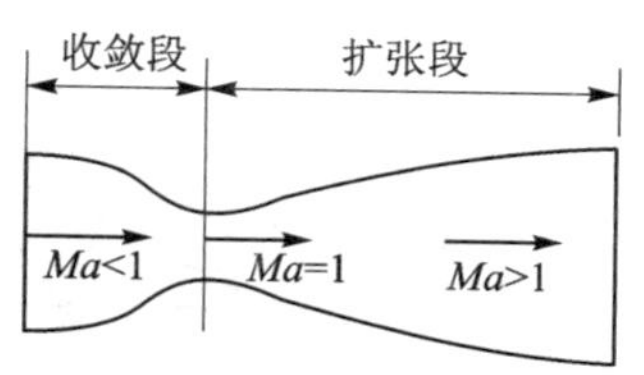

图 2－8　拉瓦尔喷管

超声速气流减速和亚声速气流减速，规律有所不同。对于亚声速气流来说，随着管道逐渐变粗，流速逐渐减慢。对于超声速气流来说，空气的压缩会产生一种被称为激波的独特的流动现象，气流流速往往是通过激波而突然减慢的，此时管道可能变细，也可能保持不变。因此，激波现象是超声速气流减速时出现的一种特有的现象。有关激波的概念将在本章 2.4.5 节中具体介绍。

2.4　作用在飞机上的空气动力

飞机之所以能在空气中飞行，最基本的条件是当它在空中飞行时必须产生一种能克服飞机自身重力并将它托举在空中的力。作用在飞机上的空气动力包括升力和阻力两部分。升力主要靠机翼来产生，并用来克服飞机自身的重力，而阻力要靠发动机产生的推力来平衡，这样才能保证飞机在空中水平等速直线飞行。为了更好地说明机翼上产生的空气动力，首先要研究一下风筝和平板上的空气动力问题。

2.4.1　平板上的空气动力

很多人都有过在空旷的地面上放风筝的经历。当你拉着风筝迎风奔跑时，风筝就会在风力的作用下缓缓上升，此时风就对风筝产生了一定的空气动力。这个空气动力即包含了一个克服风筝重力使风筝向上升起的“升力”Y（其方向垂直于气流相对速度 v 方向），又包含了一个阻止风筝前进的“阻力”D（其方向与物体运动方向相反），如图 2－9(a)所示。升力和阻力的合力就是作用在风筝上的总的空气动力。

为了对风筝上的空气动力作进一步的分析，可把风筝从顶上向下切一刀，取风筝的一个剖面来代替风筝加以研究，如图 2－9(b)所示，研究一下当它和风速成不同的夹角时，作用在它上面的空气动力情况。图中风筝的剖切面与平板剖面相似，如图 2－9(c)所示，下面将通过对平板剖面的研究来说明在风筝上产生空气动力的机理。

1. 平板剖面与相对速度夹角为零

当平板剖面与相对速度方向夹角为零时，气流绕剖面的流动情况如图 2－10 所示。当气流流到平板前端时，气流分成两股分别沿剖面上下对称、平滑地向后流去。气流在流动过程中所受的阻滞很小，平板剖面所受的空气动力 R 主要是空气沿平板流动时空气与平板之间的摩擦阻力。但总的来说，当平板剖面与气流方向平行时，剖面上产生的空气动力很小，产生的阻力也很小。由于气流对称地流过平板上下剖面，所以不会产生垂直于气流方向的升力。

2. 平板剖面与相对速度夹角为 90°

当平板剖面与相对速度方向夹角为 90°时，气流绕剖面的流动情况如图 2－11 所示。当气

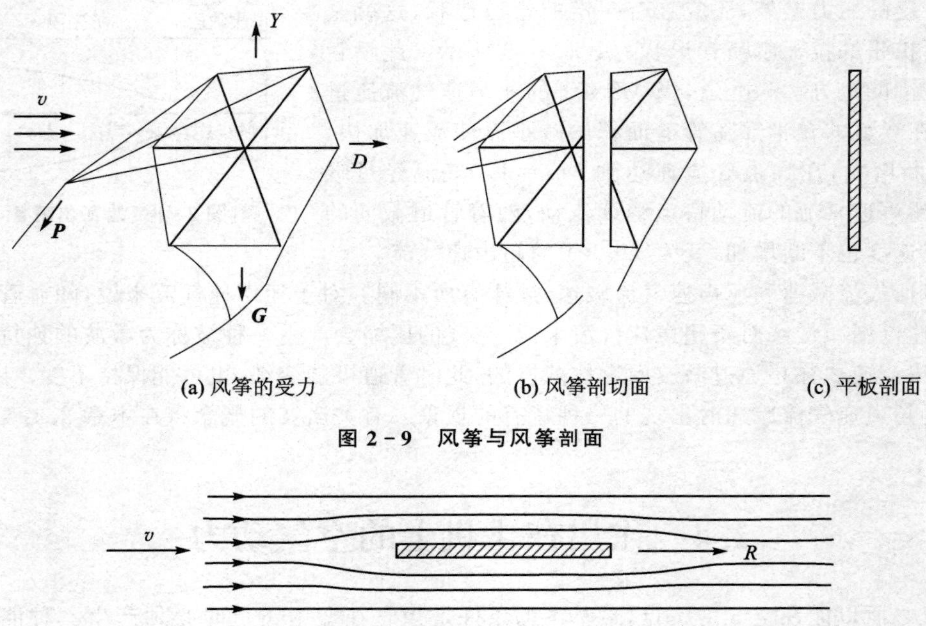

(a) 风筝的受力　　(b) 风筝剖切面　　(c) 平板剖面

图 2-9　风筝与风筝剖面

图 2-10　平板剖面与相对速度夹角为零

流流到平板剖面的前面时,由于受到剖面的阻拦,速度降低,压强增大,在平板的前面形成高压区(用"+"号表示);在压力作用下,迫使气流绕过平板剖面的上下两端对称地向后流去。在流动过程中,由于惯性作用上下两股气流还没有来得及汇合就继续向后冲去,因此,在平板的后面形成低压区(用"-"号表示)。由于平板前面压强大,而后面压强小,于是在平板前后就产生了一个压强差,形成了一个很强的"压差阻力",再加上空气与平板之间产生的摩擦力,就产生了一个作用在平板剖面的总的向后的空气动力 R。这个空气动力是阻止平板向前运动的,因此全部都是阻力。

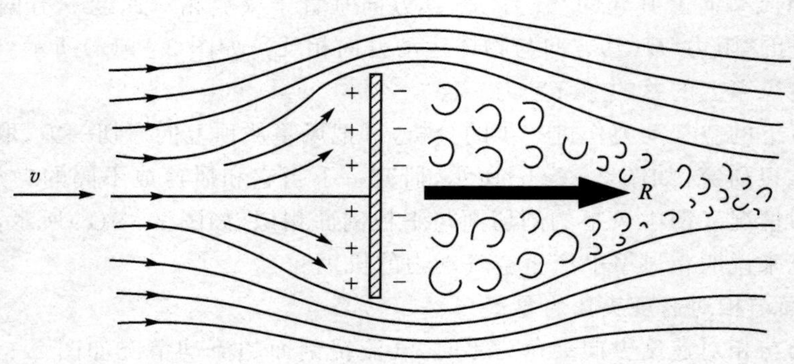

图 2-11　平板剖面与相对速度夹角为 90°

如图 2-11 所示,由于低压区的空气受向前冲的气流的带动,产生了许多旋涡,这种气流脱离物体(如平板剖面)的现象叫"气流分离"。

3. 平板剖面与相对速度成一定角度

当平板剖面与相对速度方向成一定夹角时,气流绕剖面的流动情况如图 2-12 所示。此时气流沿平板的流动变得上下不对称了。当气流流到平板剖面的前面时，受到剖面的阻拦，速度降低。压强增大，气流分成上下两股绕剖面向后流动，并在平板后面形成低压区，产生气流分离，平板前后形成了压强差，再考虑到空气与平板之间产生的摩擦力 F，就形成了总的空气动力 R。

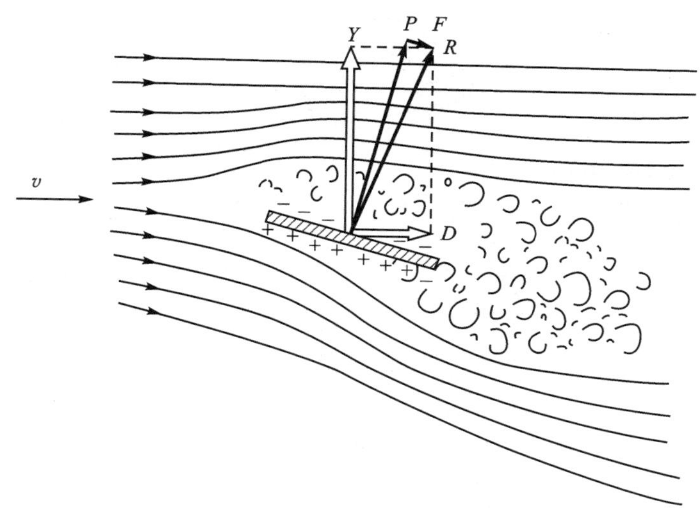

图 2-12　平板剖面与相对速度成一定角度

由于平板剖面与气流流速成一定夹角，使流经平板剖面的气流上下不再对称，因此产生的空气动力 R 的方向也就不再垂直于平板剖面，而是与平板剖面有一定的角度。由于压强差总是从高压指向低压，因此平板上压强差的作用方向应垂直于平板剖面，并从剖面前方指向剖面后方，再加上向后的摩擦阻力，所以作用在平板上的总的空气动力 R 应指向剖面的后上方。如果把 R 分解成垂直于气流方向的力 Y 和平行于气流方向的力 D，则 Y 就是用来克服平板重力的升力，平板或风筝就是靠这个力支持在空中的。而 D 的方向与平板的运动方向相反，因此是阻碍平板运动的阻力。

2.4.2　机翼升力的产生和增升装置

1. 机翼升力的产生

飞机机翼上产生空气动力的情况与平板相似，所不同的是机翼"翼剖面"的形状一般为流线型。"翼剖面"通常也叫"翼型"，是指沿平行于飞机对称平面的切平面切割机翼所得到的剖面，图 2-13 所示的阴影部分即为一机翼的翼剖面——翼型。翼型最前端的一点叫"前缘"，最后端的一点叫"后缘"，前缘和后缘之间的连线叫"翼弦"。翼弦与相对气流速度 v 之间的夹角 α 叫"迎角"。

如果要想在翼型上产生空气动力，和平板一样，必须让它与空气有相对运动，或者说必须有具有一定速度的气流流过翼剖面。现在将一个上边圆拱，下边微凸的翼型放在流速为 v 的气流中，如图 2-13 所示。假设翼型有一个不大的迎角 α，当气流流到翼型的前缘时，气流分成上下两股分别流经翼型的上下翼面。由于翼型的作用，当气流流过上翼面时流动通道变窄，气流速度增大，压强降低，并低于前方气流的大气压；而气流流过下翼面时，由于翼型前端上仰，气流受到阻拦，且流动通道扩大，气流速度减小，压强增大，并高于前方气流的大气压。因

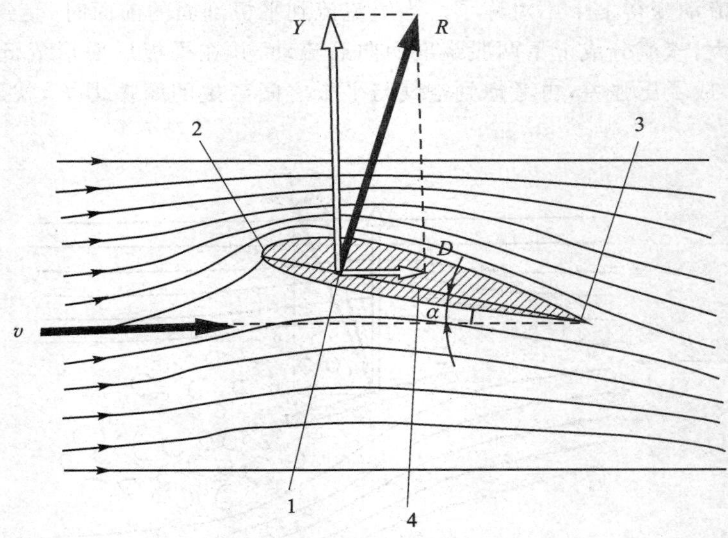

1—空气动力作用点;2—前缘;3—后缘;4—翼弦

图 2-13 翼型和作用在翼型上的空气动力

此,在上下翼面之间就形成了一个压强差,从而产生了一个向上的升力 Y。

机翼上产生升力的大小,与翼型的形状和迎角有很大关系。

翼型的几何形状可分为多种,如图 2-14 所示。不同的翼型产生的空气动力效果有很大的区别,因此产生的升力大小也不一样。

迎角不同产生的升力也不同。一般来讲,不对称的流线翼型在迎角为零时仍可产生升力,而对称翼型和平板翼型这时产生的升力却为零。

随着迎角的增大,升力也会随之增大,但当迎角增大到一定程度时,气流就会从机翼后缘开始分离,尾部会出现很大的涡流区,这时,升力会突然下降,而阻力却迅速增大,这种现象称为"失速",如图 2-15 所示。失速刚刚出现时的迎角叫"临界迎角"。飞机不应以接近或大于临界迎角的状态飞行,此时,会使飞机产生失速,甚至造成飞行事故。

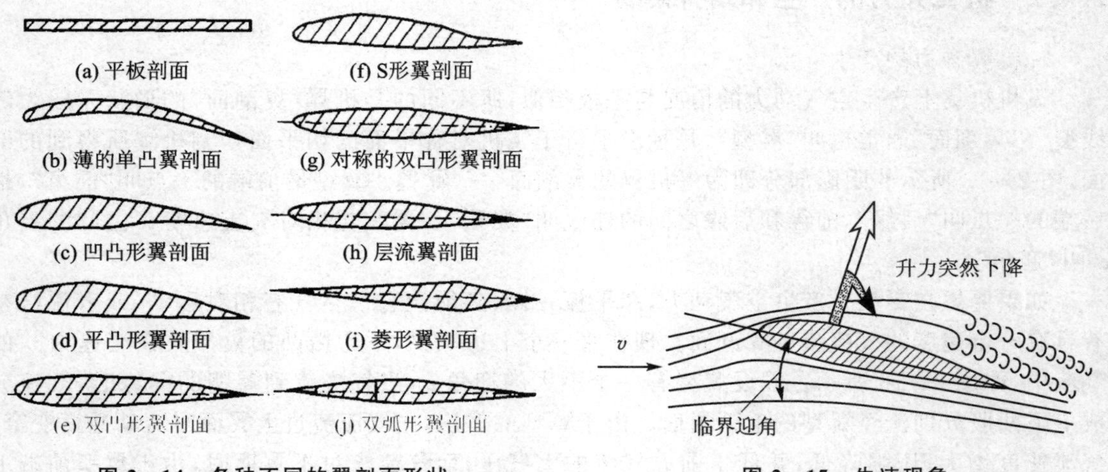

图 2-14 各种不同的翼剖面形状

图 2-15 失速现象

2. 影响飞机升力的因素

在设计飞机时，应尽量使飞机的升力大而阻力小，这样才能获得比较好的飞行性能。那么怎样才能提高飞机的升力呢？要解决这个问题，首先得了解影响升力的因素有哪些。

（1）机翼面积的影响

飞机的升力主要由机翼产生，而机翼的升力又是由于机翼上下翼面的压强差产生的，因此，如果压强差所作用的机翼面积越大，则产生的升力也就越大。机翼面积通常用 S 来表示。需要注意的是，机翼面积应包括同机翼相连的那部分机身的面积。机翼所产生的升力与机翼面积成正比。

（2）相对速度的影响

我们都有这样的体验，风速越大，那么我们所感受到的风力也就越大。飞机的空气动力也是一样，当相对速度 v 越大时，产生的空气动力也就越大，机翼上产生的升力也就越大。但升力与相对速度并不是成简单的正比关系，而是与相对速度的平方成正比。

（3）空气密度的影响

升力的大小和空气密度 ρ 成正比，密度越大，则升力也越大，当空气很稀薄时，机翼上产生的升力也就很小了。

（4）机翼剖面形状和迎角的影响

机翼的剖面形状和迎角不同，则产生的升力也不同。因为不同的剖面和不同的迎角，会使机翼周围的气流流动状态（包括流速和压强）等发生变化，因而导致升力的改变。早期的飞机，由于人们没有体会到翼型的作用，所以，曾采用平板和弯板翼型，后来，随着理论研究和实践研究的不断深入，人们已经认识到翼型的重要性和它对升力所起的作用，因此，创造了很多适合于各种不同需要的翼型，并通过实验确定出各种不同翼型的空气动力特性。

翼型和迎角对升力的影响，可以通过升力系数 C_l 表现出来。升力系数随迎角的变化如图 2－24 所示。在一定的翼型的情况下，升力系数起初随迎角增大而增大；但当迎角达到一定值后，升力系数会突然下降，出现失速现象。

结合前面的各项影响因素，通过理论和实验证明，升力的公式可以写为

$$Y=\frac{1}{2}C_l\rho v^2 S \tag{2-7}$$

式中，Y 为升力（N）；C_l 为升力系数；ρ 为密度（kg/m^3）；v 速度（m/s）；S 为机翼面积（m^2）。

3. 增升装置

在设计一架飞机时，主要从飞机作高速飞行或巡航飞行时的角度来确定飞机的布局参数，当飞机高速飞行或巡航飞行时，即使迎角很小，由于速度较大，因此仍能保证有足够的升力来维持飞机的水平飞行。但在低速飞行时，尤其是在起飞或着陆时，由于速度较低，即使有较大的迎角，升力仍然很小，使飞机不能正常飞行。况且，迎角的增大是有限度的，超过临界迎角以后就会产生失速现象，给飞行造成危险。因此，需要采用“增升装置”，使飞机在尽可能小的速度下产生足够的升力，提高飞机的起飞和着陆性能。

前面已经提到飞机的升力与机翼面积、翼剖面形状、迎角和气流相对流动速度等因素有关。因此，可以通过以下几项增升原则来进一步提高飞机的升力，即

① 改变机翼剖面形状，增大机翼弯度；

② 增大机翼面积；

③ 改变气流的流动状态,控制机翼上的附面层,延缓气流分离。

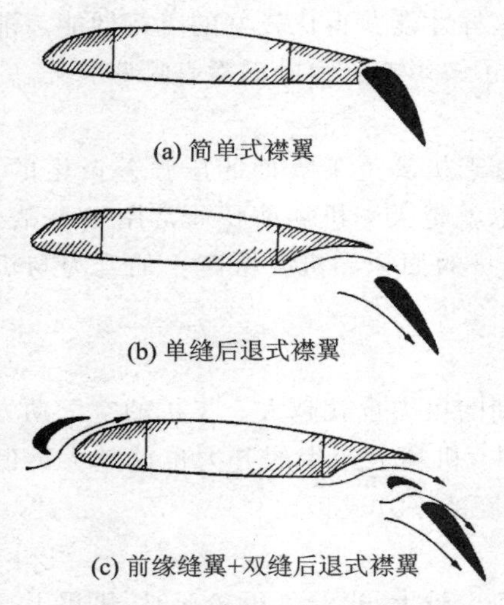

图 2-16 几种典型的后缘式襟翼

飞机的增升装置通常安装在机翼的前缘和后缘部位,安装在机翼后缘的增升装置叫"后缘襟翼",其应用最为广泛。图 2-16 所示是三种典型的后缘襟翼。图 2-16(a)所示是一种最简单的襟翼,它是靠增大翼型弯度来增大升力的。当襟翼放下时,翼剖面变得更弯,因此增大了上翼面的气流速度,提高了升力,但同时阻力也随之增大,而且比升力增大得还要多。故而增升效果不佳。

另一种是单缝后退式襟翼,当襟翼打开时,其襟翼向后退的同时,它的前缘又和机翼后缘之间形成一条缝隙,图 2-16(b)所示为单缝后退式襟翼,它有三重增升效果:一是增加了机翼弯度;二是增大了机翼面积;三是由于开缝的作用,使下翼面的高压气流以高速流向上翼面,使上翼面附面层中的气流速度增大,延缓了气流分离,起到了增升作用。单缝后退式襟翼的增升效果很好,在现代高速飞机和重型运输机上得到了广泛的应用。

图 2-16(c)所示的双缝后退式襟翼是现代民用客机上广泛采用的一种增升装置。襟翼打开时,两个子翼一边向后偏转,一边向后延伸,同时,两个子翼还形成两道缝隙,它同样具有单缝后退式襟翼的三重增升效果。另外,图 2-16(c)所示还采用了前缘缝翼(安装在机翼前缘)增升装置,打开前缘缝翼后,下翼面的高压气流吹动主翼面上的附面层,防止气流产生分离。因此,实际上此双缝式襟翼共有四重增升效果,增升效果甚佳。

图 2-17 所示是机翼附面层控制装置示意图。图 2-17(a)是附面层吹除装置,它可把高压空气从机翼上表面的缝隙中吹出,以高速流入附面层,增加气流的动能,提高气流的流动速度,从而推迟气流的分离,达到增升的目的。图 2-17(b)是附面层吸取装置,它是利用吸气泵,通过机翼上表面的缝隙,吸取附面层,使其气流的速度和能量增大,同样可以延缓翼面上的气流分离。吹除装置的高压气一般由喷气发动机的压气机提供,而吸气泵的工作一般也通过喷气发动机的涡轮来带动。这两种附面层控制增升装置的增升效果都很好。

图 2-17 附面层控制装置

2.4.3 飞机阻力的产生及减阻措施

如图 2-13 所示,翼型上产生的空气动力 R 是指向后上方的,它除了有一个垂直于气流速度的分量(升力 Y)以外,还有一个阻碍飞机前进的分量 D,这就是机翼上产生的气动阻力。

飞机在飞行时,不但机翼上会产生阻力,飞机的其他部件如机身、尾翼、起落架等都会产生阻力，机翼阻力只是飞机总阻力的一部分。

低速飞机上的阻力按其产生的原因不同可分为摩擦阻力、压差阻力、诱导阻力和干扰阻力等。

1. 摩擦阻力

摩擦阻力是由于大气的黏性而产生的。当气流以一定速度 v 流过飞机表面时，由于空气的黏性作用，空气微团与飞机表面发生摩擦，阻滞了气流的流动，因此产生了摩擦阻力。当气流流过飞机表面时，由于大气的黏性使它与机翼接触的那层空气微团黏附在机翼表面，因此，紧贴飞机表面的那一层气流相对速度为零，从飞机表面向外，气流速度才一层比一层加大，直到最外层的气流速度与外界气流速度 v 相当为止，如图 2－18 所示。紧贴飞机表面，流速由外界气流速度 v 逐渐降低到零的这层薄薄的空气层叫作附面层（又称边界层）。飞机的摩擦阻力就是在附面层中产生的。

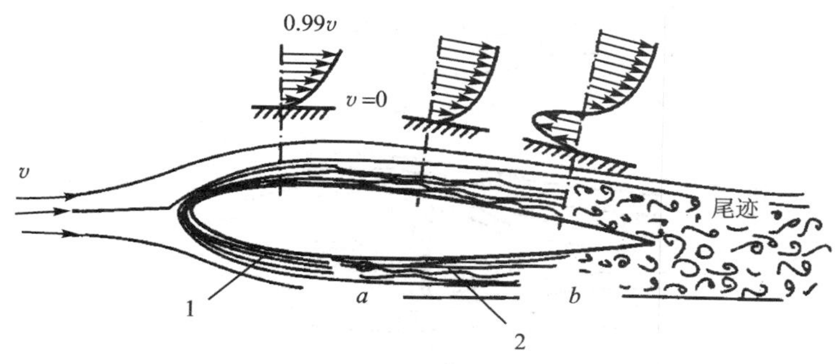

1—层流层；2—紊流层；a—转捩点；b—分离点

图 2－18　附面层示意图

一般来说，在机翼最大厚度之前，附面层的气流微团保持平行的层状运动，没有流体微团的横向运动，这一层叫作层流附面层。在这之后，气流运动轨迹变得越来越不规则，出现旋涡和横向运动，这一层叫作紊流附面层。层流转变为紊流的那一点 a 叫作转捩点，附面层与翼面分离的点 b 叫作分离点。在机翼的后缘部分气流产生了大量的旋涡，形成尾迹区。实践证明，层流层的摩擦阻力小，而紊流层的摩擦阻力大。

总之，摩擦阻力的大小，取决于空气的黏性、飞机表面的状况、附面层中气流的流动情况和同气流接触的飞机表面积的大小。空气的黏性越大，飞机表面越粗糙，飞机的表面积越大，则摩擦阻力越大。为了减小摩擦阻力，应在这些方面采取必要的措施。另外，用层流翼型代替古典翼型，使紊流层尽量向后移，对减小摩擦阻力也是有益的。

2. 压差阻力

如图 2－19(a)所示，当空气从 a 点以速度 v 流过翼型时，在机翼前缘部分（b 点）由于受到翼型的阻拦，流速减慢，压强升高；在气流流到翼型最高点（c 点）的过程中，速度不断增大，因而压力不断下降。但在 c 点之后，气流不断减速，压力不断增加，不断增大的压力起到阻碍气流向后流动的作用，因此速度下降很快，使附面层厚度 δ 急剧增加。靠近翼型尾部的附面层相对起到了修改翼面外形的作用，使翼面向外“移动”，因此在翼型尾部（d 点）形成一个低压区。这样在翼型前后就形成了一个压强差，阻碍飞机的向前飞行，因此，把这个由前后压强差形成的阻力叫作压差阻力。

压差阻力与物体的迎风面积有很大关系,物体的迎风面积越大,压差阻力也越大。

物体的形状对压差阻力也有很大影响。如果把一个圆形平板垂直地放在气流中,由于气流受到平板前面的阻拦,平板前面压强迅速升高,而在平板后面形成了低压区,因此,会产生很大的压差阻力(参见图 2-11)。

如果在圆形平板前加一个圆锥体,平板前面的高压区被圆锥体填满了,如图 2-19(b)所示,气流可以平滑地流过,压强不会急剧升高,虽然平板后面的低压区仍存在,但前后压强差却大大减小,其压差阻力降为原平板压差阻力的 1/5 左右。

如果在圆形平板后面再加一个细长的圆锥体,低压区也被填满,如图 2-19(c)所示,整个流线体后面只出现很少的旋涡,此时的压差阻力只是原平板压差阻力的 1/20 左右。

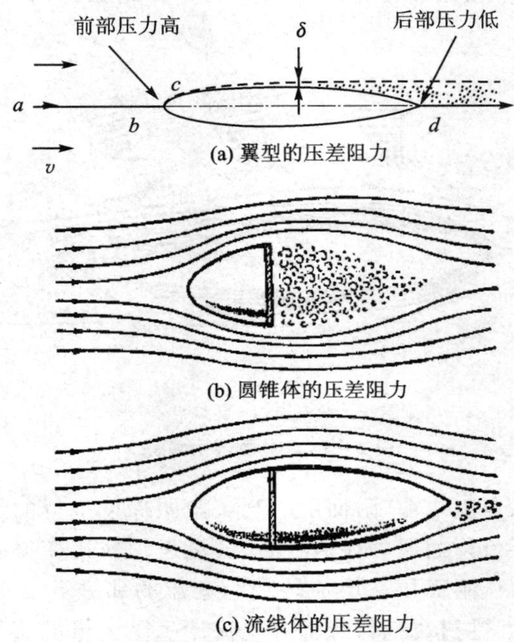

(a) 翼型的压差阻力

(b) 圆锥体的压差阻力

(c) 流线体的压差阻力

图 2-19　压差阻力的产生及物体形状对压差阻力的影响

因此,为了减小飞机的压差阻力,应尽量减小飞机的最大迎风面积,并对飞机的各部件进行整流,做成流线型,有些部件如活塞式发动机的机头应安装整流罩。

3. 诱导阻力

诱导阻力是伴随着升力而产生的,如果没有升力,诱导阻力也就等于零。因此,这个由升力诱导而产生的阻力叫作诱导阻力,又叫作升致阻力。

飞机的诱导阻力主要来自翼面,当飞机飞行时,下表面压强大,上表面压强小,由于机翼翼展的长度有限,因此,下表面的气流就力图绕过翼尖流向上表面,如图 2-20 所示。这样在翼尖处就不断形成旋涡。随着飞机向前飞行,旋涡就从翼尖向后流去,并产生向下的下洗流 ω,在下洗流的作用下,原来的气流速度由 v 变为 v',如图 2-21 所示,由 v'所产生的升力 Y'是垂直于 v'的。而 Y'又可分解为垂直于 v 的分量 Y 和平行于 v 的分量 D。其中 Y 起着升力的作用,而 D 则起着阻碍飞机飞行的作用,因此,由于下洗流的影响产生的这个附加的阻力就是诱导阻力。

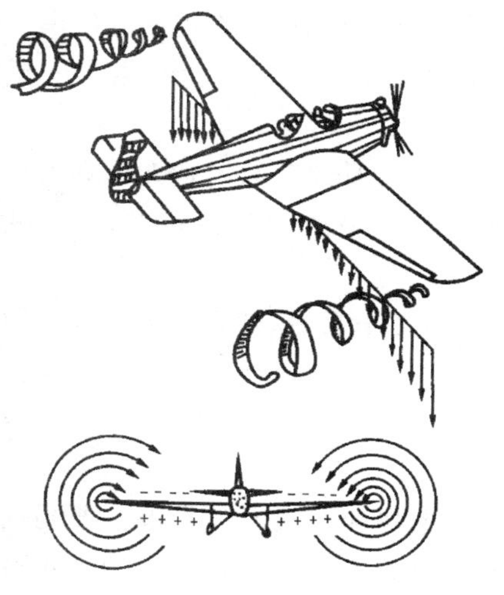

图 2-20　气流绕翼尖的流动情况

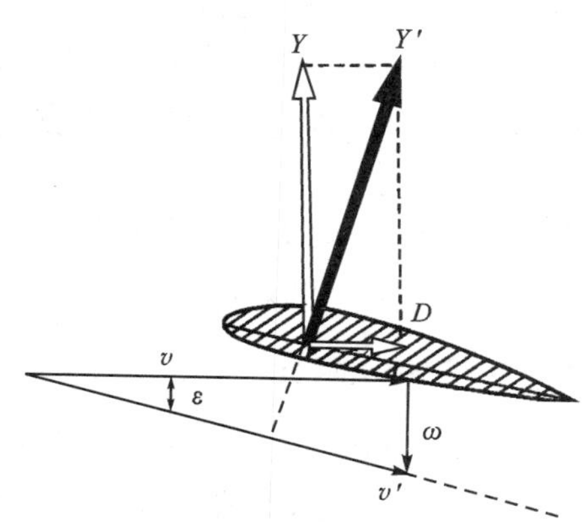

图 2-21　诱导阻力的产生

诱导阻力与机翼的平面形状、翼剖面形状、展弦比等有关。可以通过增大展弦比，选择适当的平面形状（如椭圆形的机翼平面形状），增加翼梢小翼等来减小诱导阻力，图 2-22 为翼梢小翼对翼尖涡的削减作用示意图。

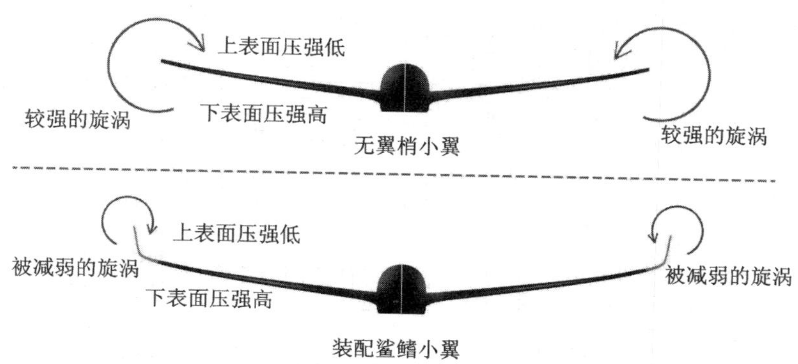

图 2-22　翼梢小翼对翼尖涡的削减作用示意图

4. 干扰阻力

飞机的各个部件，如机身、机翼和尾翼等，单独放在气流中所产生的阻力总和并不等于它们组合在一起所产生的阻力，而往往是后者大于前者。所谓干扰阻力就是飞机各部件组合到一起后由于气流的相互干扰而产生的一种额外阻力。

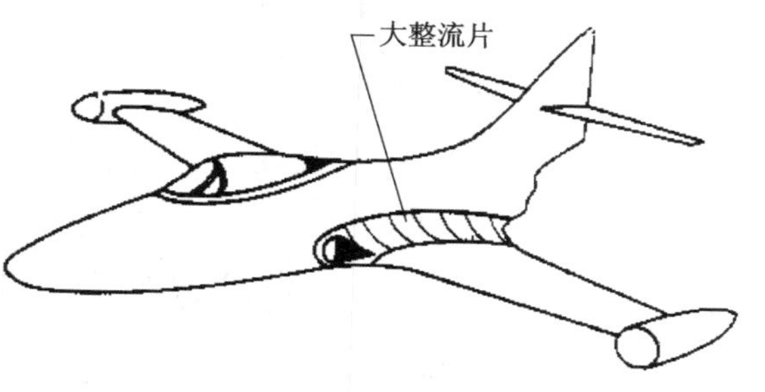

图 2-23　干扰阻力的产生

如图 2-23 所示，当把机翼和机身组合到一起时，机身和机翼之间就形成了一个先收缩后扩张的通道。根据连续性定理和伯努利方程，气流在流动的过程中压强就会由小变大，因此，导致后边的气流有往前回流的趋势,并形成一股逆流。这股逆流与不断由通道流过来的气流相遇,产生很多的旋涡。这些旋涡表明气流流动的动能有了消耗,因而产生了一种额外的阻力。这一阻力是由于气流的相互干扰产生的,因此叫干扰阻力。

干扰阻力和飞机不同部件之间的相对位置有关,因此,在设计时要妥善地考虑和安排各部件的相对位置,必要时在这些部件之间加装流线型的整流片,使连接处圆滑过渡,尽量减小旋涡的产生。

通过前面对诱导阻力和干扰阻力产生过程的分析,从本质上来看,诱导阻力和干扰阻力也都是由于压强差而引起的阻力。

2.4.4 飞机的升阻比

飞机的升力和阻力的大小及其相应关系,对于飞机气动特性有很大的影响。要提高飞机的空气动力性能,应使飞机在飞行过程中产生的升力大而阻力小。升力和阻力的大小可以用升力系数和阻力系数来反映,而升阻比则是飞机在同一迎角下升力与阻力(或升力系数与阻力系数)的比值,此值愈大说明飞机的空气动力性能愈好。

升力和阻力的大小可以用升力系数和阻力系数来反映。图2-24是某种机翼的翼剖面在低速风洞中实验所得的三种曲线,即升力系数 C_l 阻力系数 C_D 和升阻比 $K=C_l/C_D$ 相对于迎角 α 的曲线。

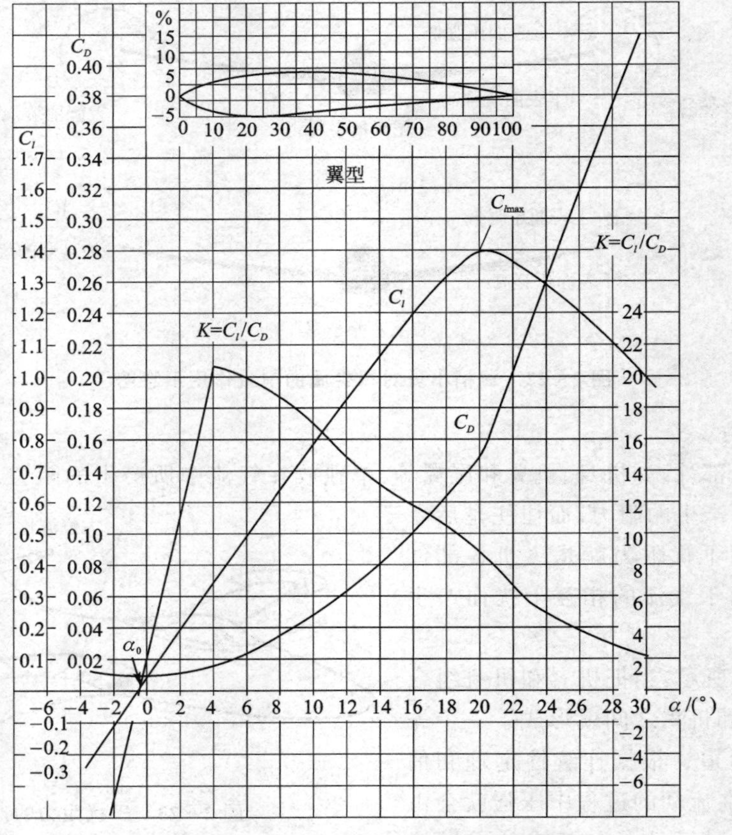

图2-24 某翼型风洞实验所得的三种曲线

$C_l-\alpha$ 的曲线是根据升力公式(2-7)求得的。由此式可得

$$C_l=\frac{2Y}{v^2S\rho} \tag{2-8}$$

做风洞实验时,把模型放在一定的迎角位置,通过测量式(2-8)中的各项的值,即可得到对应于此迎角的 C_l 值。式(2-8)中的 Y 可用空气动力天平测得,机翼面积 S 可从模型量取,风洞中的空气密度 ρ 可由量得的温度和气压算出,空气流速 v 可用空速表测得。通过不断变换迎角位置,就可绘出 $C_l-\alpha$ 的曲线。

$C_D-\alpha$ 曲线的求法与 $C_l-\alpha$ 的曲线的求法相同,但此时阻力系数的公式变为

$$C_D=\frac{2D}{v^2S\rho} \tag{2-9}$$

式中,D 为机翼上产生的阻力。

K 为升阻比。在设计飞机时,希望能有一个大的升阻比,即 K 值越大,对飞行越有利。把 K 值与对应的 α 值绘成曲线,就是 $K-\alpha$ 的曲线。

从 $C_l-\alpha$ 曲线可以看出,这种翼型的 C_l 值随迎角的增加而增加。在达到最大升力系数 $C_{l\max}$ 之前,几乎是按线性规律增加的。与 $C_{l\max}$ 相对应的迎角为临界迎角(或失速迎角)。超过此迎角,飞机机翼上会出现气流分离现象,升力会突然降低,造成失速,这对飞机的飞行是非常危险的。临界迎角一般在 15°～20°左右。

图中这种翼型是不对称的,因此在迎角为零($\alpha=0°$)时,仍有升力,所以 C_l 并不等于零。但在某一特定迎角(一般是负值)时,C_l 却等于零,这时的迎角叫零升迎角 α_0。迎角从 α_0 继续减小,则 C_l 变为负值,即这时的升力变成负升力了。

从 $C_D-\alpha$ 曲线可以看出,曲线形状有点像抛物线,C_D 随着 α 的增加而增加,并大致按抛物线规律增长。与 C_l 不同,在 C_D 曲线上,C_D 值永远不等于零,也就是说,机翼上阻力总是存在的。但 C_D 有一最小值,此值一般在 $\alpha=0°$左右。

从 $K-\alpha$ 的曲线可知,K 也有负值和等于零的情况。从负值起,到 K 等于零之后的一定范围内,其值迅速随迎角的增加而增加。当增加到最大值 $K_{\max}$ 之后,K 又随迎角的增加而逐渐减小。$K_{\max}$ 值约在 α 等于 0°～4°时。飞机在 $K_{\max}$ 状态下飞行是最有利的,此时其空气动力效率最高,因此飞机大都以较小的迎角 $\alpha=3°～5°$飞行。

2.4.5　高速飞行的空气动力

前面所讨论的飞机阻力,主要是飞机低速飞行时所产生的几种阻力,即摩擦阻力、压差阻力、诱导阻力和干扰阻力。在高速飞机上,除了这几种阻力外,还会产生另外一种阻力——激波阻力。

1. 飞机的几何外形参数

在介绍高速飞行的空气动力特点之前,首先需要了解影响飞机气动特性的主要外形参数。

飞机的几何外形主要由机身、机翼和尾翼等主要部件的外形共同来组成。而其中最能代表气动外形特征的是机翼。

机翼是产生升力和阻力的主要部件,其几何外形可以从机翼平面形状和翼剖面形状两个方面来描述。典型的机翼平面形状主要包括翼展 l(机翼左右翼梢之间的最大横向距离)、翼弦 b(翼型前缘点和后缘点之间的连线)、前缘后掠角 χ_0(机翼前缘线与垂直于翼根对称平面的

直线之间的夹角)等,如图 2-25 所示。

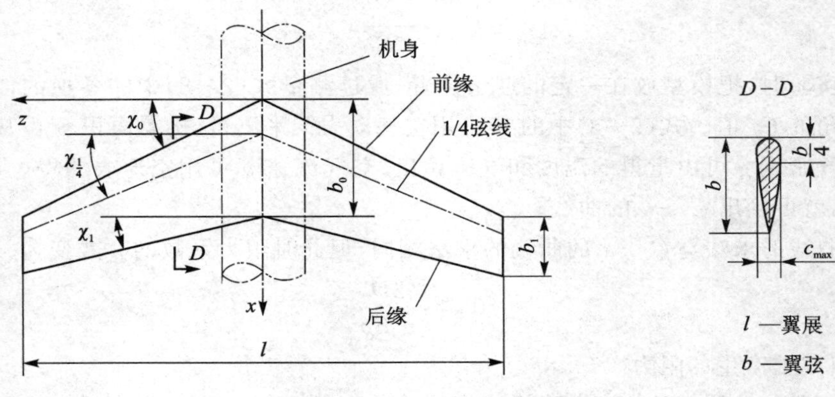

图 2-25　机翼的几何参数

影响飞机气动特性的主要参数有:前缘后掠角 χ_0、展弦比 λ、梢根比 η 和翼型的相对厚度 $\bar{c}$ 。其中,展弦比是指机翼展长与平均几何弦长之比,即

$$\lambda = \frac{l}{b_{av}} = \frac{l^2}{b_{av} l} = \frac{l^2}{S} \tag{2-10}$$

对于图 2-25 中所示的直边形机翼,平均几何弦长 $b_{av} = (b_0 + b_1)/2$;S 为整个机翼平面形状的面积。

梢根比是指翼梢弦长与翼根弦长之比,即

$$\eta = \frac{b_1}{b_0} \tag{2-11}$$

翼型的相对厚度是指翼型最大厚度与弦长之比,即

$$\bar{c} = \frac{c_{max}}{b} \tag{2-12}$$

由空气动力学理论和实验可知,在低速情况下,大展弦比平直机翼的升力系数较大,诱导阻力小;而在亚声速飞行时,后掠机翼可延缓激波的产生并减弱激波的强度,从而减小波阻;在超声速飞行时,激波已不可避免,需要采用小展弦比机翼、三角机翼、边条机翼等几何外形对减小波阻比较有利。

2. 激波和激波阻力

激波阻力在飞机发展的道路上曾经是巨大的障碍。在 20 世纪 40 年代,活塞发动机飞机的平飞速度达到每小时七百多千米,当飞机俯冲时其速度将接近声速。此时,飞机会发生剧烈的抖振,变得很不稳定,而且几乎失去操纵。有时抖振太剧烈会使飞机结构发生破坏,造成飞机失事,这种现象就是“声障”。后来经过研究发现,“声障”现象的产生是由于飞机在飞行过程中产生的激波和激波阻力造成的。

(1) 弱扰动波的传播

要了解激波的产生,可以从弱扰动波在气流中的传播谈起。

假设有一个扰动源 O(如铃铛)扰动了平静的空气,产生了声波,并以声速 c 向四面八方传播。根据扰动源的运动状态,它对空气的扰动可以有以下四种情况。

① 图 2-26(a)所示是扰动源静止,即 $v=0$ 的情况。假设弱扰动源 O 每隔 1 s 发出一次

弱扰动波，图示为 4 s 后的一瞬间弱扰动波的四个波面位置，它们是四个同心的球面。最外边的球面半径为 4c，是 4 s 前发出的一个弱扰动波经过 4 s 后到达的位置。最里面的球面半径是 c，是 1 s 前发出的弱扰动波面经过 1 s 后到达的位置。由于 $v=0$，因此每个弱扰动波面都以扰动源 O 为球心向四周传播。球面波内的空气都已受到扰动，而球面波外的空气尚未受到扰动。但只要有足够的时间，弱扰动波是会波及整个空间的。

② 图 2－26(b)所示的是扰动源以亚声速($v<c$)运动时对空气的扰动情况。这时，每次从弱扰动源 O 发出的弱扰动波仍以声速 c 进行传播，但由于扰动波本身还跟随扰动源以速度 v 向左流动，所以，弱扰动波的运动是以上两个运动的叠加。因此，在运动方向上弱扰动波的相对运动速度要慢一些，而在运动的反方向上的相对运动速度要快一些。此时弱扰动波的传播对扰动源 O 来讲已不再是球对称的了，而是向扰动源运动的方向那边偏。但只要时间足够，弱扰动波仍然会波及整个空间。

③ 图 2－26(c)所示是扰动源以声速运动时对空气的扰动情况。因为 $v=c$，因此在运动方向上弱扰动波的相对运动速度等于零，这样，每次从弱扰动源 O 发出的弱扰动波就不能波及全部空间。它的分界面是由弱扰动波面构成的公共切平面 AOA。切平面右侧的半个空间是弱扰动源的影响区，切平面左侧的半个空间是无扰区(或称禁讯区)。弱扰动源对切平面左侧的空间不能产生干扰。因此，扰动源以亚声速运动和以声速运动时对空气的干扰是有本质区别的。

④ 图 2－26(d)所示是扰动源以超声速运动时对空气的扰动情况。在第四秒钟末可以看到第一秒钟初发出的弱扰动波面的球面半径已扩展为 $4c$，而球心则随扰动源向左移动了 $4v$ 的距离，由于 $v>c$，因此，弱扰动源 O 必然在球面的左边界的左侧。同样，第四秒钟初发出的弱扰动波的球面半径是 $1c$，而该球心随扰动源向左移动的距离为 v，由于 $v>c$，弱扰动源 O 也

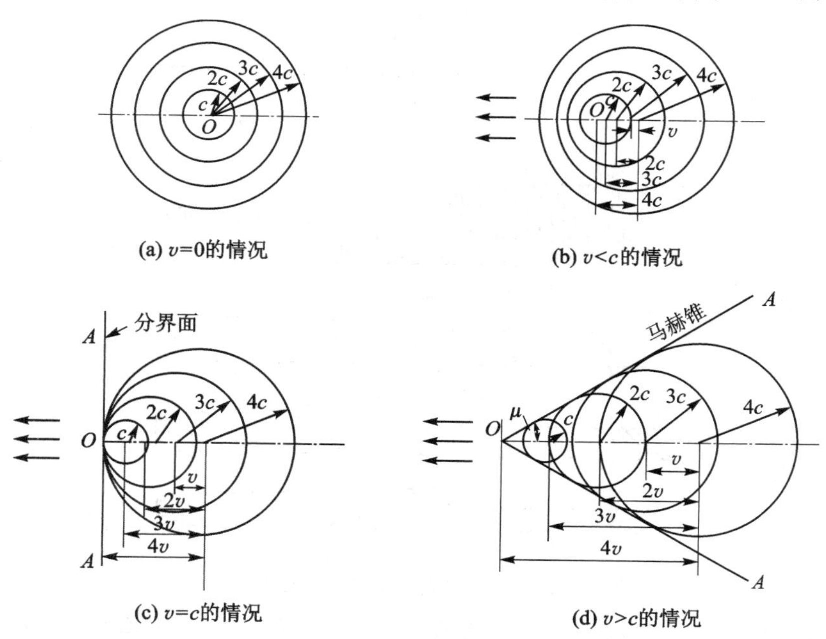

(a) v=0的情况

(b) v<c的情况

(c) v=c的情况

(d) v>c的情况

图 2－26　弱扰动波传播示意图

必然会处在弱扰动波球面的左侧。因此经过 4 s 后,这些被扰动源扰动的球波面的公切面将是一个母线为直线 OA 的圆锥波面,这个圆锥面称为马赫锥面,简称马赫锥。随着扰动源运动速度的增大,马赫锥将减小,扰动影响区也将缩小。

在超声速扰动源运动过程中,扰动源 O 的影响区只在马赫锥面内;而在马赫锥面外,都是非干扰区的空间,此处的空气完全没有受到干扰。因此可以说马赫锥是把被干扰的空气和未被干扰的空气分开来的分界面。这个分界面,是由一系列互相邻近的弱扰动波组成的,因此叫弱扰动"边界波"。空气通过弱扰动边界波之后,压力、密度只发生非常微小的变化。

因此,弱扰动在亚声速和超声速运动时的传播情形是不同的。扰动源以亚声速运动时,整个空间逐渐都会成为被扰动区;而在超声速运动时,被扰动的范围只限于马赫锥内,马赫锥以外的气流不受扰动的影响。当运动速度比声速大得越多时,扰动波向前传播越困难,扰动范围也就越小。

(2) 激波的产生

了解了弱扰动源(声波)造成的弱扰动波在空气中的传播情况,飞机或导弹飞行时所造成的强扰动(即引起的压强和密度变化比声波大)在空气中的传播情况也基本一样。在飞机和导弹跨声速或超声速飞行时,同样也会出现边界波。所不同的是,这时的边界波是由无数较强的波叠加而成的,在边界波面处空气受到强烈压缩。波面前后空气的物理特性发生了突变,波面之后空气的压强突然增大,密度和温度也随之升高,由于气流通过波面时,气流微团受到很强的阻滞,速度锐减,因此气流速度会大大降低。这种由较强压缩波组成的边界波就是激波,如图 2-27 所示。

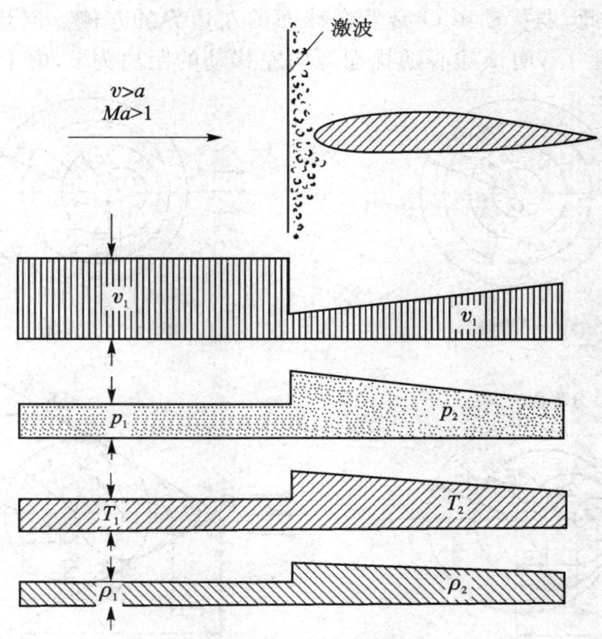

图 2-27 激波前后气流物理参数的变化

激波实际上是受到强烈压缩的一层薄薄的空气,其厚度很小,只有 $10^{-4}\sim10^{-5}$ mm。但应注意的是,激波并不是由固定的空气微团组成的,其中不断地进行着新陈代谢。它在随飞机向前运动的过程中,不断有旧的空气微团被排出,同时又有新的空气微团不断补充进去。因此，激波始终是随着飞机的飞行以同样的速度向前运动的。

图 2－28 所示为高速飞行中机翼前缘产生激波的情形。在机翼正前方，激波与气流方向垂直，此处空气压缩最为严重，激波前后的压力差最大，激波强度最强；随后激波逐渐向后倾斜，激波强度减弱。离机翼很远的地方，激波逐渐减弱为弱扰动波。

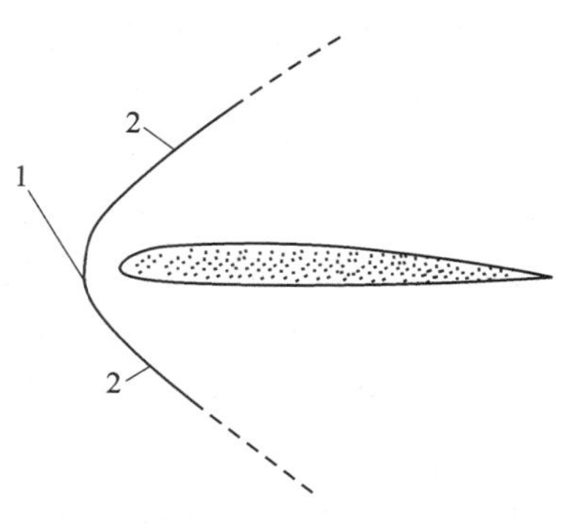

1—正激波；2—斜激波

图 2－28　机翼前缘产生的激波

激波强度不同，空气在激波前后的速度、压力、温度和密度的变化也就不同，对飞机飞行的影响也不一样。根据激波面与气流方向夹角的不同，可把激波分为正激波和斜激波。

正激波是指其波面与气流方向接近于垂直的激波。气流流过正激波时，其压力、密度和温度都突然升高，且流速由原来的超声速降为亚声速，如图 2－29(a)所示的亚声速区，经过激波后的流速方向不变。在同一 *Ma* 下，正激波是最强的激波。

斜激波是指波面沿气流方向倾斜的激波，如图 2－29(b)所示。气流流过斜激波，压力、密度、温度也都升高，但不像正激波那样强烈，流速可能降为亚声速，也可能仍为超声速，这取决于激波倾斜的程度。气流经过斜激波时方向会发生折转。

Ma 的大小对激波的产生也有影响。当 *Ma* 等于 1 或稍大于 1 时，在尖头物体的前面形成的是正激波；但如果 *Ma* 超过 1 很多，形成的则是斜激波，如图 2－29(c)所示。

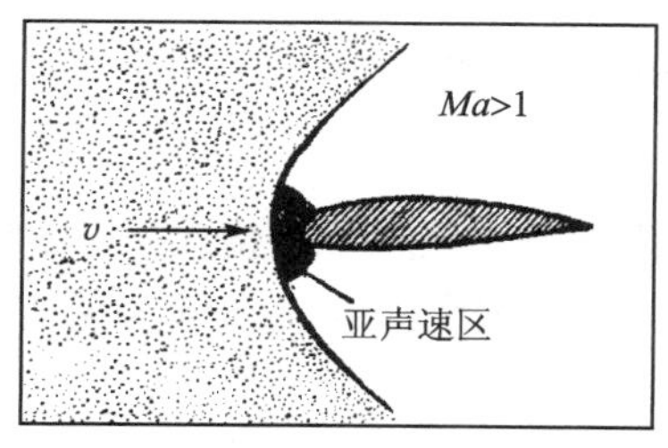

(a) 翼型圆钝头部形成的正激波

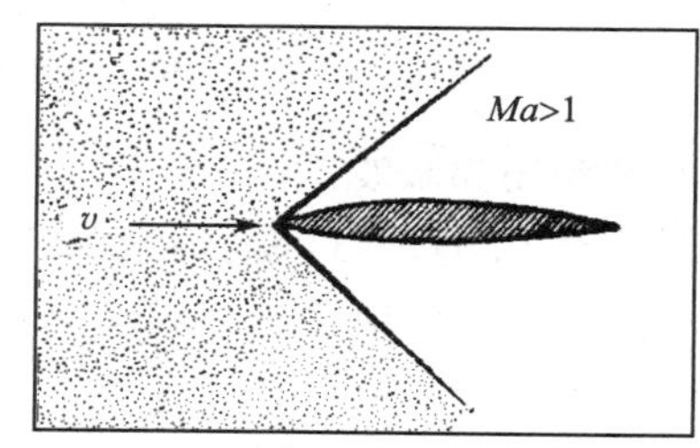

(b) 翼型尖锐头部形成的斜激波

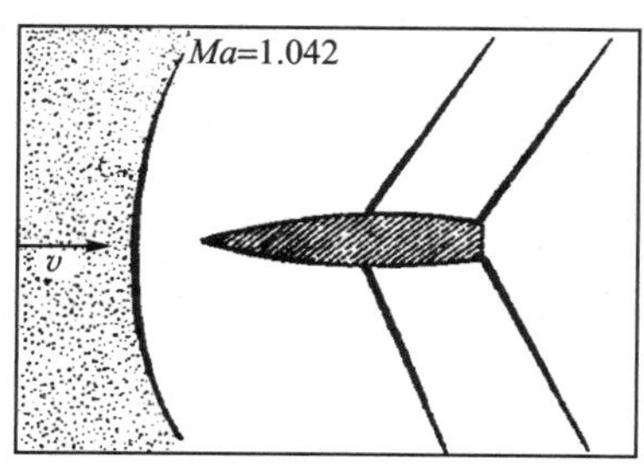

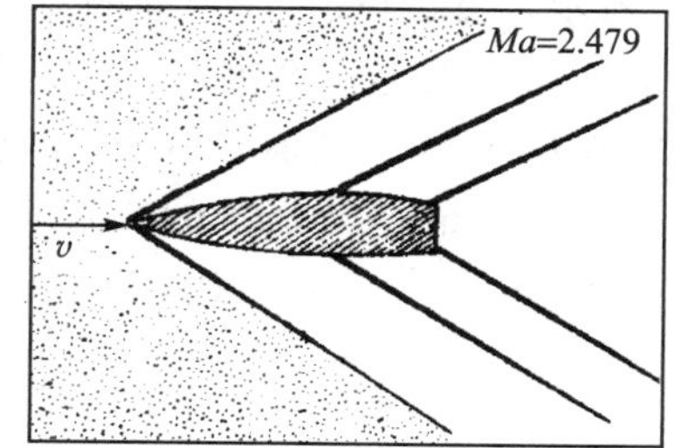

(c) 不同*Ma*数下形成的正激波和斜激波

图 2－29　*Ma*＞1 时的正激波和斜激波

(3) 激波阻力

由激波阻滞气流而产生的阻力叫作激波阻力，简称波阻。因为激波是一种强压缩波，因此当气流通过激波时产生的波阻也特别大。

在任何情况下,气流通过正激波时产生的波阻都要比通过斜激波时产生的波阻大。这是因为当产生正激波时,空气被压缩得最厉害,激波后的空气压强和密度上升得最高,激波强度也最大。当超声速气流通过它时,空气微团受到的阻滞最强烈,速度迅速降低,能量消耗很大,因此产生的波阻也很大。

另外,不同形状的物体在超声速条件下由于产生的激波不同,产生的波阻也不一样。物体的形状对气流的阻滞作用越强,产生的激波越强,波阻就越大。

钝头形状或前缘曲率半径较大的翼剖面,在其钝头前端,常产生脱体激波(即在距前端一定距离处产生强烈的正激波),脱体激波对气流的阻滞作用很强,因此会产生很大的波阻,如图 2-30(a)所示。

而尖头形状的物体或翼剖面,在其尖头前端,常产生附体斜激波,此激波对气流的阻滞作用比较弱,如图 2-30(b)所示。物体前缘越尖,气流受阻滞越小,激波越倾斜,产生的波阻越小。因此某些超声速飞机的机身、机翼等部分的前缘设计成尖锐的形状,就是为了减小激波强度,进而减小激波阻力。

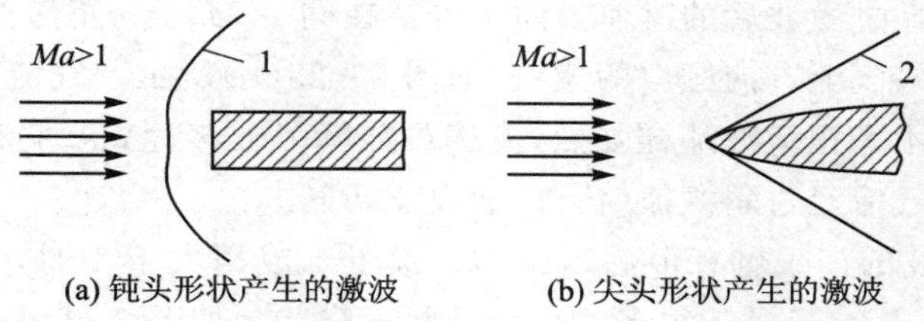

1—脱体激波;2—附体激波

图 2-30　脱体激波与附体激波

3. 临界马赫数和局部激波

一般来说,当飞机以 $Ma \geqslant 1$ 飞行时,就会产生激波。但在某些情况下,虽然飞机的飞行马赫数小于 1,只要其飞行速度稍大于临界马赫数,则在机翼上、下表面都有可能出现局部超声速气流,从而产生局部激波。

那么什么是临界马赫数呢?

如图 2-31 所示,气流以接近于声速的速度流过机翼,根据流体的连续性定理,当气流从 A 点流过机翼时,由于机翼上表面突起,使流通管道收缩,气流在这里速度增加;当气流流到机翼最高点 B 的地方时,流速增加到最大。若此时 A 点的气流速度进一步提高,当速度增大到一定程度时,机翼表面最高点 B 点的气流速度将等于该点的声速,此时飞机在 A 点的飞行速度就叫临界速度,用 $v_{临界}$ 表示。而与该临界速度相对应的马赫数就叫临界马赫数,用 $Ma_{临界}$ 表示,即

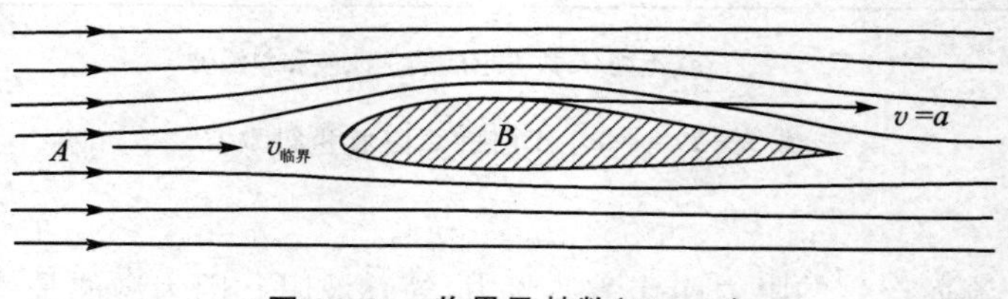

图 2-31　临界马赫数($Ma_{临界}$)

$$Ma_{临界}=\frac{v_{临界}}{a} \qquad (2-13)$$

当飞机的飞行速度超过 $Ma_{临界}$ 时，机翼上就会出现一个局部超声速区，并在那里产生一个正激波，如图 2－32 所示。这个正激波由于是局部产生的，所以叫作局部激波。

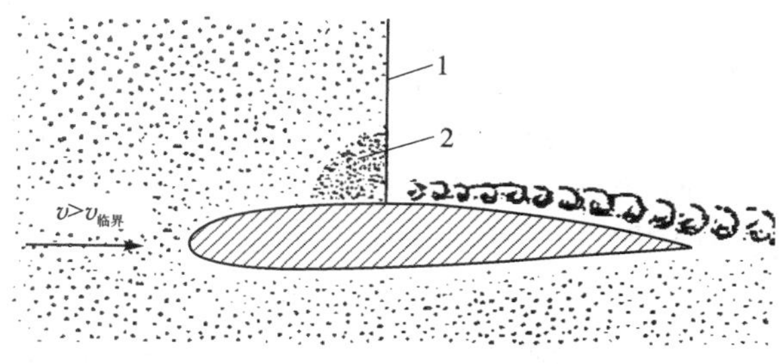

1—局部激波；2—局部超声速区

图 2－32　局部激波

在 Ma 由小变大的过程中，气流特性也将发生变化。当 Ma 小于 $Ma_{临界}$ 时，则机翼表面各点的气流速度都低于声速，气流特性没有质的变化；但 Ma 超过 $Ma_{临界}$ 以后，机翼表面则有可能出现局部超声速气流和局部激波，气流特性出现质的变化。所以，$Ma_{临界}$ 的高低，可以用来说明机翼上出现局部超声速气流的早晚。$Ma_{临界}$ 越高，说明飞机要到较高的 Ma 时，机翼上才会出现局部超声速气流和局部激波。

现代喷气式客机为了提高 $Ma_{临界}$，降低机翼上表面的局部流速，采用一种叫作超临界翼型的机翼。超临界翼型的特点是前缘较普通翼型圆钝，上表面比较平坦，下表面接近后缘处有反凹，后缘较薄，而且向下弯曲。其目的是减小上表面气流的加速作用，延缓局部激波的产生。图 2－33 所示为几种典型翼型的外形对比。

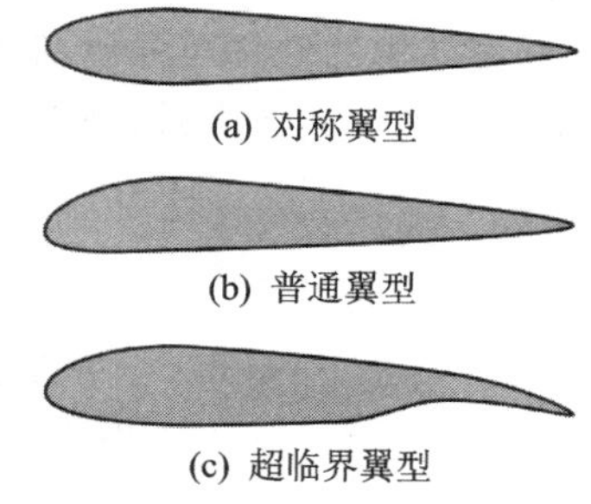

(a) 对称翼型

(b) 普通翼型

(c) 超临界翼型

图 2－33　超临界翼型

气流通过局部激波后，由超声速急剧地降为亚声速，激波后的压强也迅速增大，导致机翼表面上附面层内的气流由高压(翼剖面后部)向低压(前部)流动，使附面层内的气流由后向前倒流，并发生气流分离，形成许多旋涡，如图 2－32 所示。这种现象叫作激波分离。

通常机翼上表面的气流速度比下表面的气流速度大，因此首先达到局部声速，并产生局部激波。随着飞行速度的增加，下表面也会出现局部激波，而且当速度进一步增加时，机翼上下表面的局部激波还将向后缘移动，使激波的强度增大，波阻也随之增大。

局部激波和波阻的产生，是出现声障问题的根本原因。当人们认识到这一问题后，通过采取相应的措施，提高飞机的 $Ma_{临界}$，才使飞机的速度突破声障，并大大超过声速。

4. 超声速飞行时的机翼升力

由于超声速气流的流动特点和低速气流不同，因此升力产生的原理也不相同，下面以菱形翼型为例分析一下超声速飞行时机翼产生升力的原理。

如图 2－34 所示，假设翼型有一个不大的迎角 α，当 $Ma>1$ 的气流流到翼型的前缘时，由于翼型前缘比较尖锐，因此在翼型前缘形成两道斜激波。由于迎角的存在，当气流流经翼型上表面时,气流向外偏转了一个较小的角度,形成一道较弱的斜激波,而当气流流经翼型下表面时,气流向内偏转了一个较大的角度,形成一道较强的斜激波,如图2-34(a)所示。因此,相对于上表面而言,气流流过翼型下表面时流速减小较多,压力和密度增加都较快。可以看出,虽然在翼型的前半部分上下表面都是压力,但下表面的压力要大于上表面的压力,从而形成压强差。

在翼型的后半部分,由于气流流动通道的面积增大,根据超声速气流的流动特点,气流膨胀加速,使压力和密度都降低,上下表面都形成吸力。同样,由于迎角的存在,使上表面的吸力比下表面大,因此在上下表面也形成了一定的压强差,如图2-34(b)所示。这样,在整个机翼上就产生了一个向上的升力Y。

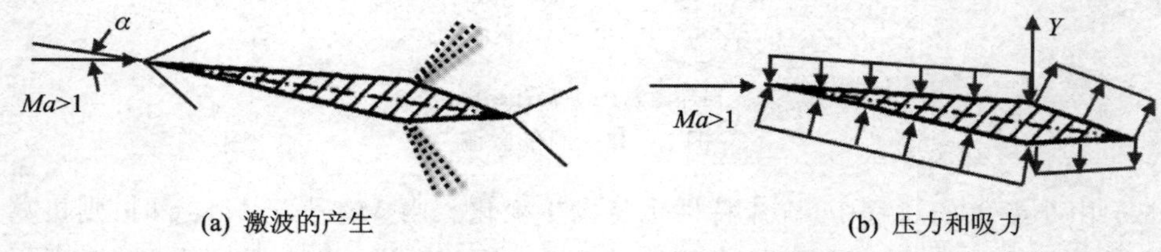

(a) 激波的产生　　(b) 压力和吸力

图2-34　菱形翼型的升力

5. 超声速飞行的声爆与热障

(1) 超声速飞行的声爆

飞机在超声速飞行时,在飞机上形成的激波,传到地面上形成如同雷鸣般的爆炸声,这就是所谓“声爆”现象。声爆过大可能会对地面的人和建筑物造成损害。

飞机在超声速飞行时会产生头部激波和尾部激波,当飞机的头部激波和尾部激波传到地面上时,使那里的空气压强急剧变化,产生的压力脉冲变化有如“N”字形状,如图2-35所示。对于地面上的观察者来讲,头部激波扫过时先是增压(大于大气压力),然后紧接着是减压(低

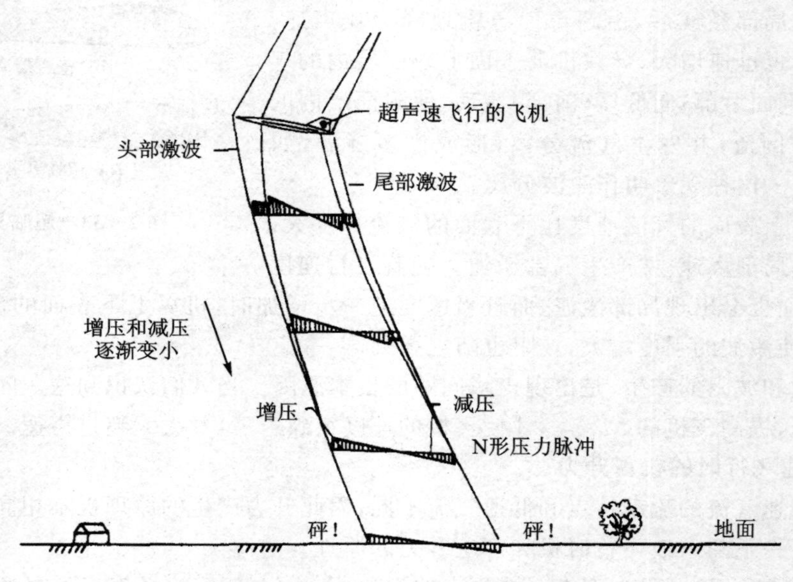

图2-35　超声速飞行中的声爆

于大气压力)，最后等到尾部激波扫过后，再增压恢复到大气压力，这个过程大约发生在 0.1 s 内。观察者常常能听到先后的两声“砰，砰”巨响。如果飞机的飞行高度比较低，激波在地面上的压强变化得就可能太猛太快，从而造成房屋玻璃甚至结构的损坏。

声爆强弱同飞机的飞行高度、飞行速度、飞机重量、飞行姿态以及大气状态等都有关系。为防止噪声扰民和声爆现象，一般规定在城市上空 10 km 的高度之下不得作超声速飞行。对于将来的超声速旅客机，除了要解决经济性较差的问题外，声爆的噪声扰民问题和对环境的破坏也是影响其发展的主要问题之一。

(2) 超声速飞行的热障

在飞机速度不断提高的过程中，遇到的头一个关口就是声障。飞机突破声障以后，随着速度的进一步提高，又遇到了一个新的关口，这就是热障。

当飞机以超声速飞行时，飞机表面附面层中的空气受到了强烈的摩擦阻滞和压缩，速度大大降低，动能转化为内能，使飞机表面温度急剧增高。比如飞机以 $Ma=2.0$ 在同温层飞行时，飞机头部的温度可达到 120 ℃，当飞行速度提高到 $Ma=3.0$ 时，飞机头部的温度可达到 370 ℃，此时，作为飞机主要结构材料的铝合金，其材料性能急剧下降，不能在如此高温环境下长期工作，从而造成飞机结构的破坏。气动加热可使结构强度和刚度降低，飞机的气动外形受到破坏，危及飞行安全。这种由气动加热引起的危险障碍就称为热障。所以，热障实际上是空气动力加热造成的结果。

当然，在飞机其他表面处，温度一般要比驻点处(如机头)的温度低一些，但由于空气黏性的作用，附面层内气流流速受到滞止，表面上的温度也是相当高的。因此，机内设备、人员也需要隔热、防热。由于人所能承受的温度最高大约是 40 ℃，而飞机上的设备如无线电、航空仪表、雷达、橡胶、有机玻璃、塑料等其工作温度一般也不超过 80 ℃。因此如何保护机内的人员、设备不受伤害，也是突破热障需要解决的重要问题之一。

目前解决热障的方法主要有：用耐高温的新材料如钛合金、不锈钢或复合材料来制造飞机重要的受力构件和蒙皮；用隔热层来保护机内设备和人员；也可以采用水或其他冷却液来冷却结构的内表面等。如美国的 SR－71 飞机，93％的机体结构采用钛合金，就顺利地越过了热障，创造了 $Ma=3.3$ 的世界纪录，图 2－36 所示是 SR－71 飞机在 $Ma=3$ 飞行速度下机身表面的温度分布。

由于航天器的飞行速度远远高于航空器，因此热障问题在航天飞行上更为严重。当航天器从空间再入大气层时，速度非常快，温度也非常高，最高可达好几千度。图 2－37 所示为美国“阿波罗”载人飞船指挥舱的表面温度分布，它的头部温度高达 2 760 ℃。由于载人飞船再入大气层经历的时间很短，只有一分多钟，加热的时间很短，因此热障问题的解决，与长时间高速飞行的飞机有所不同。在宇宙飞船和远程弹道导弹上，常采用烧蚀法来进行防热，效果很好。

所谓烧蚀法就是选择一些产生相变时吸热大的材料作为烧蚀材料，把它覆盖在飞行器表面以防止飞行器被烧毁的一种方法。烧蚀材料可以选用石墨和陶瓷等，它们在高温下发生热解和相变(固→液、固→气、液→气)时能够吸收大量的热，边烧蚀边带走热量。在烧蚀过程中产生的气体包围着物体也能起到一定的隔热作用。但是烧蚀法中的烧蚀防护层用一次就烧掉了，对于不重复使用的飞船、卫星等可以采用；对于重复使用的高超声速飞机以及航天飞机等，需要严格控制飞机外形，烧蚀法就不再适用了。

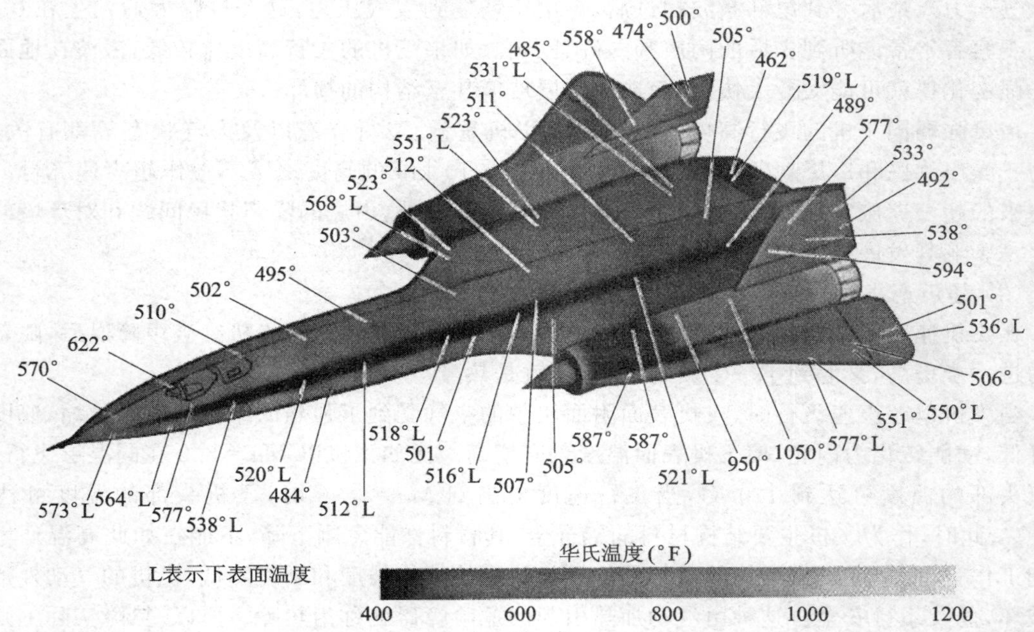

图 2-36 SR-71 飞机在 $Ma=3$ 的飞行速度下机身表面温度分布

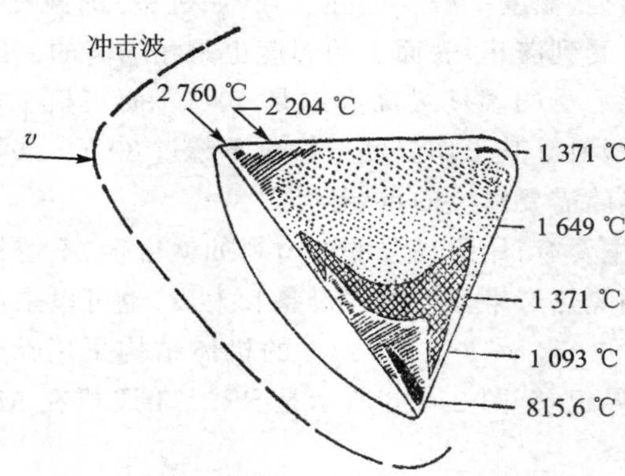

图 2-37 "阿波罗"指挥舱表面温度

2.4.6 超声速飞机的气动外形特点

无论是跨声速飞机还是超声速飞机,其外形与低速飞机相比,均有许多不同的特点。为了进一步提高飞机的飞行速度,除了继续提高喷气发动机的推力和减轻结构重量外,还必须改善飞机的空气动力外形。超声速飞机的空气动力外形应着重考虑减少波阻和提高飞行速度之间的矛盾,为此应尽量提高 $Ma_{临界}$,推迟局部激波的产生。

1. 超声速飞机的翼型特点

现代超声速飞机的翼型,大都采用相对厚度小的对称翼型或接近对称的翼型,其最大厚度位置靠近翼弦中间,且翼型前缘曲率半径较小,翼剖面外形轮廓变化比较平缓。这种翼型有利于提高 $Ma_{临界}$,延缓局部激波的产生;即使在超过 $Ma_{临界}$ 之后,翼剖面在较大的超声速情况下,机翼前缘所形成的也是斜激波，利于减小波阻，使阻力系数的增长较为平缓。

翼型的相对厚度与波阻有密切的关系。波阻大致与相对厚度的平方成正比，厚度增加二倍，则波阻增加四倍。现代超声速飞机翼型的相对厚度都比较小，其值大约为 5%～9%，并有继续减小的趋势。

实验研究表明，在超声速飞行中，波阻较小的翼型有：双弧形、菱形、楔形和双菱形，如图 2-38 所示。

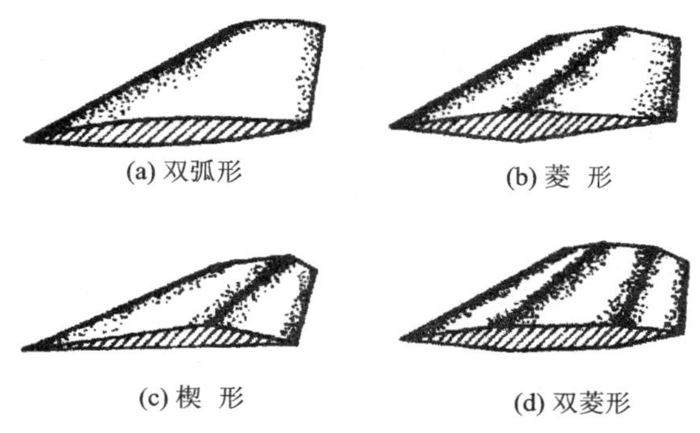

图 2-38　几种超声速翼型

2. 超声速飞机的机翼平面形状和布局型式

为了减小超声速飞行时产生的激波阻力，现代飞机常采用的机翼平面形状有：后掠机翼、三角形机翼、小展弦比机翼、变后掠机翼、边条机翼，常采用的布局型式除正常式布局外，还有“鸭”式布局和无平尾式布局。

(1) 后掠机翼

后掠机翼在跨声速飞行时能提高 $Ma_{临界}$，超过 $Ma_{临界}$ 以后，也能进一步减小波阻。

如图 2-39 所示，后掠机翼与平直机翼相比，之所以能提高 $Ma_{临界}$，主要是因为后掠翼的空气动力主要是由垂直于机翼前缘的气流速度分量 v_n 的大小决定的。当气流以速度 v 流过后掠翼时，由于后掠角的影响，垂直于机翼前缘的气流速度分量 v_n 要比飞行速度 v 小。如果对平直机翼来说，速度 v 已经达到临界速度，在它的上面有可能产生局部激波和波阻的话，那么对后掠机翼来说，还必须把速度 v 再提高一些，才能达到临界速度，并在机翼上产生局部激波和波阻。因此后掠翼可以提高飞机的 $Ma_{临界}$，推迟局部激波的产生。现代超声速飞机的机

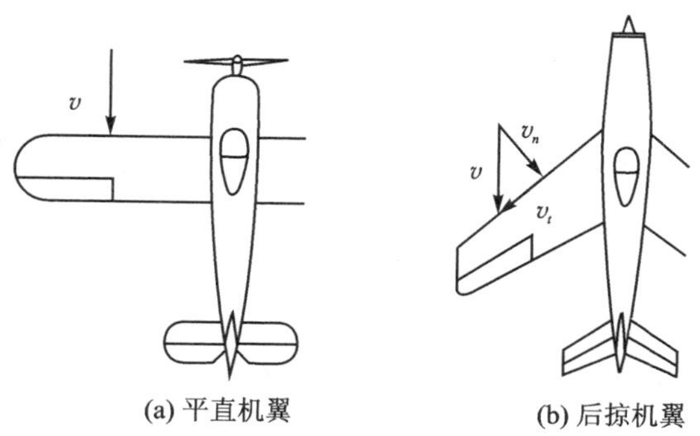

图 2-39　流过平直翼和后掠翼的气流速度

翼后掠角一般在40°～60°之间。机翼的后掠角越大,相同飞行速度下作用在机翼上垂直于机翼前缘的速度分量就越小,$Ma_{临界}$也就越大。表2-2所列为增大机翼后掠角与提高$Ma_{临界}$之间的关系。

表2-2 机翼后掠角与$Ma_{临界}$之间的关系

后掠角/(°)	15	30	45	60
$Ma_{临界}$增加百分比	2%	8%	20%	41%

当飞行速度超过$Ma_{临界}$以后,后掠机翼上产生的阻力随着Ma的增大变化也比较平缓。这是因为垂直于机翼前缘的速度分量v_n所引起的阻力D_n的方向应和v_n的方向一致,如图2-40所示,即垂直于机翼前缘方向,而飞行时阻碍飞机前进的阻力方向应与飞行速度方向平行。因此v_n所引起的阻力D_n分解到平行于飞行速度方向的分力D,才是后掠翼的主要阻力。可见,在相同的飞行速度下,后掠翼的阻力要比平直翼的阻力小。后掠角对阻力系数的影响如图2-41所示。

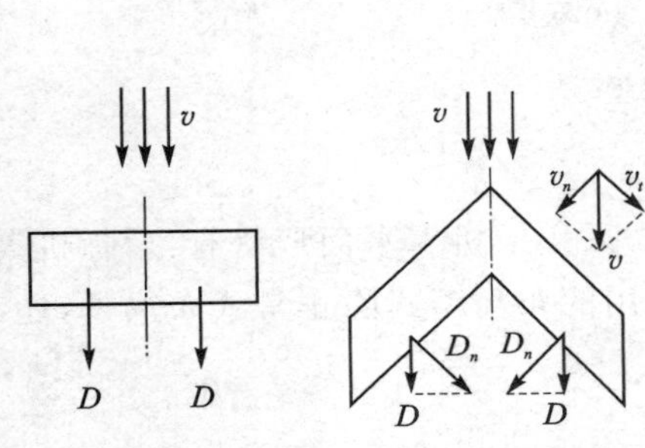

图2-40 平直翼与后掠翼的阻力

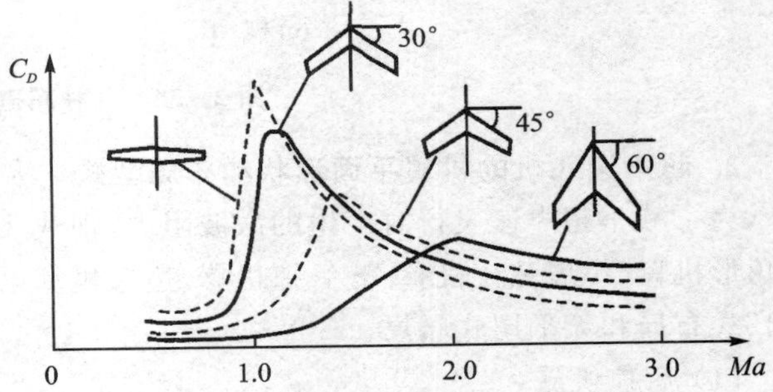

图2-41 后掠角和阻力系数C_D之间的关系

当速度为v的气流吹过后掠翼时,有一部分气流v_t将沿着机翼方向流动,使得附面层从翼根到翼尖逐渐变厚,在翼尖处造成气流分离,当迎角增加到一定程度时,会产生翼尖失速。翼尖失速以后,又不断从翼尖向机翼中部和根部扩展,造成大面积失速。这个过程发展很快,以致驾驶员得不到警告,飞行就出现困境,同时还会使飞机突然抬头,变得不稳定。为防止这种现象的产生,常常采取在机翼上表面加装翼刀和在机翼前缘制作锯齿或缺口的方法使气流形成旋涡或气动翼刀,来阻止气流沿机翼方向的流动,如图2-42所示。

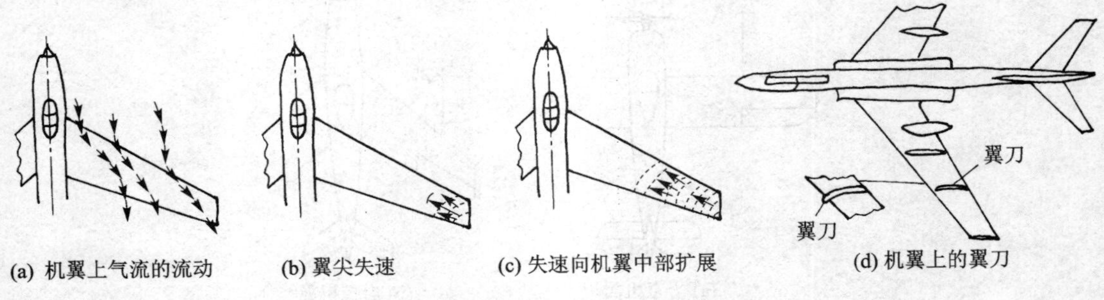

(a) 机翼上气流的流动　(b) 翼尖失速　(c) 失速向机翼中部扩展　(d) 机翼上的翼刀

图2-42 后掠机翼上的翼刀

（2）三角形机翼

根据前面的分析，理想情况下当飞行 $Ma=2.0$ 时，要使垂直于机翼前缘的速度分量小于 $Ma=1.0$，就必须使前缘后掠角大于 $60°$。但随着前缘后掠角的增大，后掠机翼根部结构的受力情况就会恶化，结构重量也会增加；同时低速时的空气动力特性也将恶化，使飞机的升力下降，阻力增加；因此采用大后掠机翼很不利。在这种情况下采用三角形机翼比较合适，如图 2－43 所示的歼 8Ⅱ超声速飞机就是三角形机翼。

三角机翼的减阻效果和大后掠机翼大体相似。它具有前缘后掠角大、展弦比小和相对厚度较小的特点。由于翼根部分比较长，因此在相对厚度不变的情况下，有助于增加翼根处的绝对厚度，从而改善根部结构受力状况和减轻结构重量；如果保持机翼结构高度不变，则可降低机翼的相对厚度，降低波阻。三角形机翼的空气动力性能很好，机翼的焦点位置从跨声速到超声速的变化，比其他平面形状机翼的变化都小，因此更有助于保证飞机的纵向飞行稳定性（参见本章第 2.5.3 节中飞机的稳定性）。

三角机翼的飞机在亚声速飞行时的升阻比较低，巡航特性也不太好。另外，小展弦比的三角机翼在大迎角飞行时才有足够的升力系数。而在飞机着陆时，为了不妨碍驾驶员向下的视野，机头不能抬得过高，飞机迎角也不能太大，所以三角翼飞机的着陆性能较差。

（3）小展弦比机翼

对于低速飞机来说，为了减小诱导阻力，常常采用大展弦比机翼。但对于超声速飞机来说，为了减小波阻，通常会采用小展弦比机翼，图 2－43 所示的歼 8Ⅱ飞机，其展弦比为 2.1。小展弦比机翼在翼弦方向较长，在翼展方向较短，因此可以减小波阻。因为超声速飞行的激波是沿着机翼的前缘和后缘产生的，翼展的长度缩短了，激波面的长度也就缩短了，因此机翼上产生的激波阻力也就减小了。另外，由于小展弦比机翼翼弦比较长，因此机翼相对厚度一般都比较小，有利于减小激波阻力。目前，超声速飞机的展弦比一般在 2.5 以下。

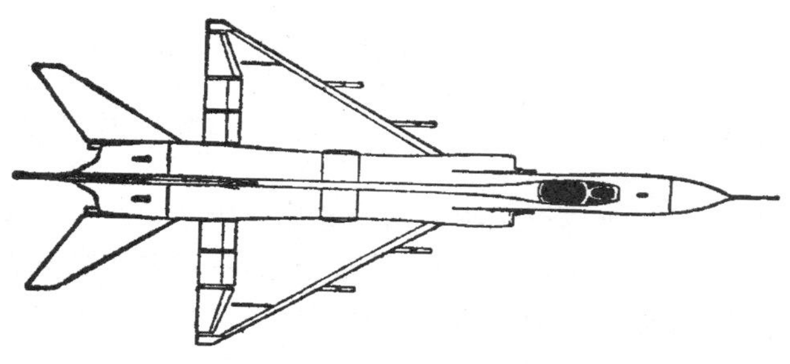

图 2－43　小展弦比、三角形机翼的超声速飞机

小展弦比机翼的缺点是襟翼面积小，起落性能差，所产生的诱导阻力也较大，可采用翼尖挂导弹或副油箱的方法来削弱翼尖涡流的强度，减小诱导阻力。

（4）变后掠机翼

现代超声速飞机广泛采用小展弦比、大后掠机翼。后掠角大可以降低波阻，这对超声速飞行有利；但由于展弦比和翼展都较小，低速飞行性能较差，飞机的起飞和着陆滑跑距离都较长。因此这种飞机常常会遇到高速性能和低速性能要求互相矛盾的问题。

变后掠翼飞机通过机翼后掠角的变化可以解决高、低速性能要求的矛盾，如图 2－44 所示。飞机在起飞着陆和低速飞行时，采用较小的后掠角，这时机翼展弦比最大，因而有较高的低速巡航性能和较大的起飞着陆升力。而在超声速飞行时,采用较大的后掠角,机翼展弦比和相对厚度随之减小,对于减小超声速飞行的阻力很有利。变后掠机翼的飞机,在整个 Ma 范围内都有较好的空气动力性能,可以较好地满足各个设计飞行状态的要求。现代变后掠翼飞机常用于多用途战斗机、歼击轰炸机和轰炸机,如苏联的米格-23、欧洲的“狂风”和美国的F-14战斗机、B-1轰炸机等都是变后掠翼飞机。

变后掠翼飞机的主要缺点是机翼变后掠转动机构复杂,结构重量大,而且气动中心变化大,平衡较为困难。

(5) 边条机翼

解决超声速飞机高速飞行和低速飞行矛盾的另一条途径就是采用边条机翼,如图2-45所示。边条机翼是一种混合平面形状的机翼,它由边条(又称前翼)和基本翼(又称后翼)两部分组成。边条为大后掠角($\chi_0 \geqslant 70°$)的细长翼,后翼为中等展弦比($\lambda=3\sim4$)、中等后掠角($\chi_0=30°\sim50°$)的三角形机翼。由于有大后掠的边条,使整个机翼的有效后掠角增大,相对厚度减小,因此有效地减小了激波阻力;同时由于基本翼的存在,又使整个机翼的有效展弦比增大,因此可以减小低亚声速以及跨声速飞行时的诱导阻力。

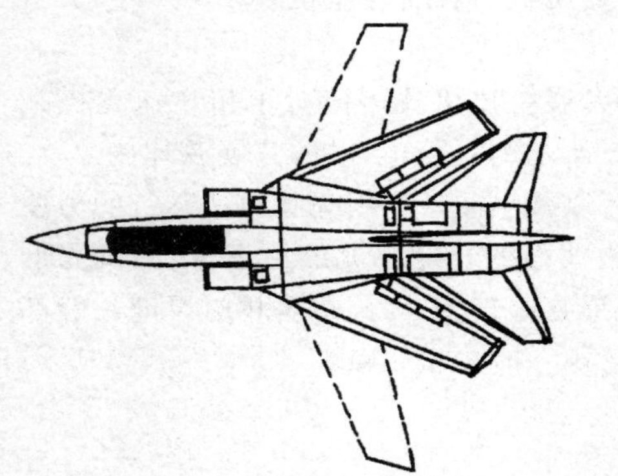

图2-44 变后掠机翼飞机

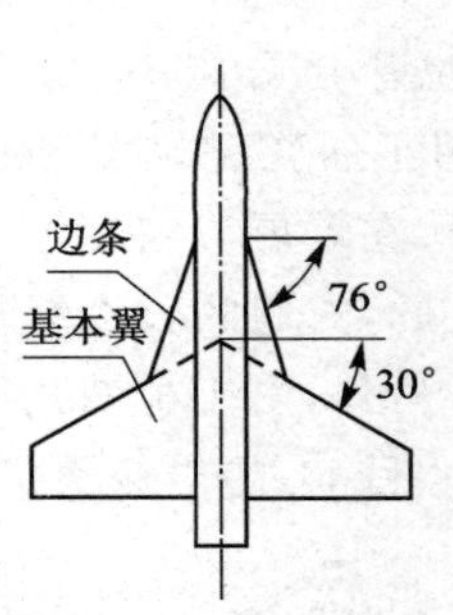

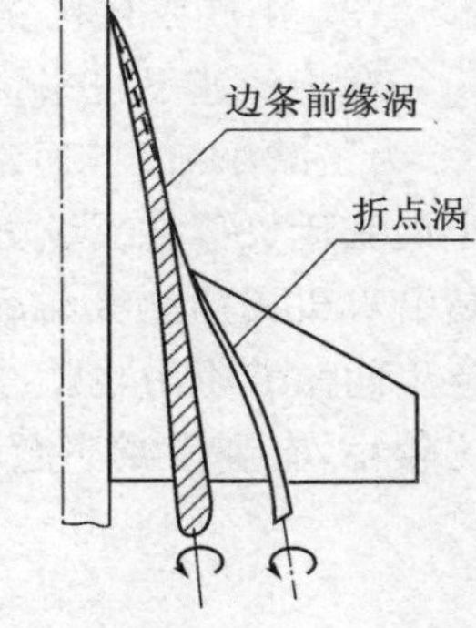

图2-45 边条翼飞机

理论和实验表明,边条机翼可以产生较大的升阻比。由于边条的后掠角较大,因此在不大的迎角下,边条前缘流动就产生分离,分离产生的边条涡,将从基本翼的上翼面流过,对基本翼上翼面产生有利的干扰影响,使上翼面的压力下降而升力增加。此外,边条翼上产生的边条涡还可以给上翼面的附面层补充动能,延缓和减轻基本翼上气流的分离,从而可产生相当大的附加升力(又称涡升力)。现代很多战斗机,既要求能作超声速飞行,又要求能在高亚声速或跨声速作高机动飞行,因此常常采用边条机翼。如F-16,F-18,米格-29战斗机等都是边条翼飞机。

(6) “鸭”式布局

大多数飞机均采用正常式气动布局,即飞机的水平尾翼位于机翼之后。当飞机以正迎角飞行时,为了保持飞机平衡,需要使升降舵向上偏,并产生负升力,其方向正好与机翼升力方向相反,如图2-46(a)所示。因此正常式飞机的水平尾翼总是使全机升力减小。而“鸭”式飞机是将水平尾翼移到机翼之前,并将此水平尾翼改称前翼或鸭翼。因为水平尾翼位于飞机重心的前面,因此在正迎角飞行时,鸭翼将产生正的升力,以保持飞机平衡,故鸭翼对全机升力的贡献是有积极作用的，如图 2－46(b)所示。

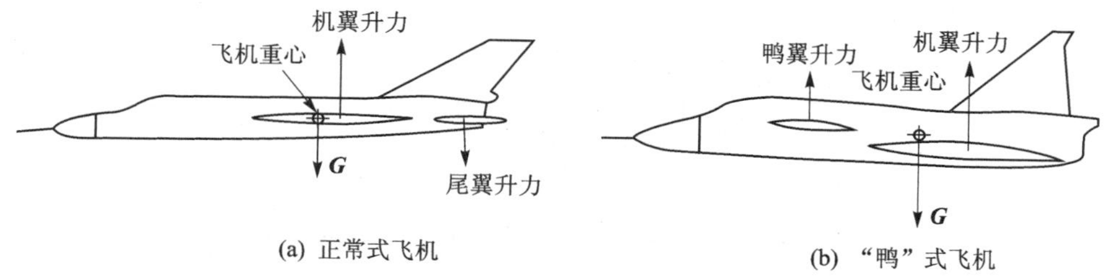

图 2－46　正常式和鸭式飞机的平衡

“鸭”式飞机在超声速飞机中应用较多，在大迎角飞行时，鸭翼前缘产生的脱体涡，在沿着机翼上表面向后流动时，会产生类似于边条翼飞机的有利干扰，使机翼升力增大。这对改善飞机的起降性能非常有利。如瑞典的超声速多用途战斗机 Saab JA－37，如图 2－47 所示，由于采用了鸭式布局，其起降性能非常好，起飞距离为 400 m，着陆距离为 500 m，仅为同类飞机的一半左右。

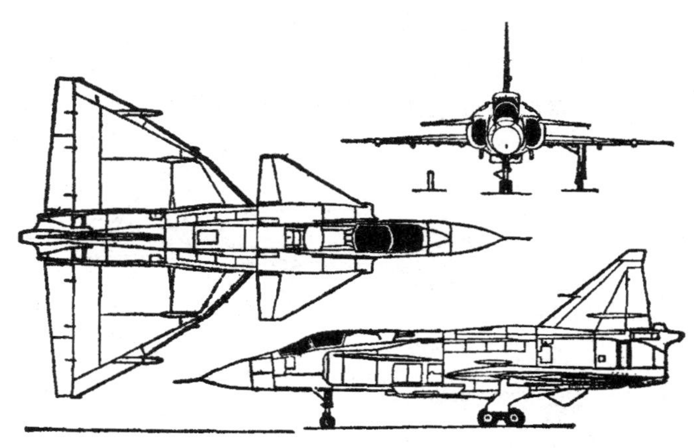

图 2－47　Saab JA－37 鸭翼飞机

（7）无尾式布局

无尾式布局通常用于超声速飞机。例如，英法合作研制的“协和”号超声速旅客机，采用的就是无平尾式布局。它能以 $Ma=2.04$ 左右的速度巡航飞行。其机翼是细长尖拱形，前端起到边条翼的作用。机翼平均相对厚度很小，只有 0.025 左右，如图 2－48 所示。这类飞机的机身和机翼都比较细长，机翼面积较大，飞机重心也比较靠后，即使采用水平尾翼，由于其距离飞

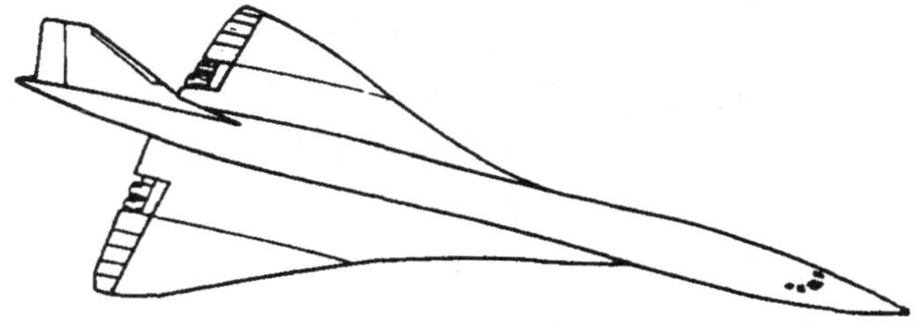

图 2－48　“协和”号无尾式飞机示意图

机重心较近,平尾的稳定和操纵作用也比较小,因此,宜采用无平尾式布局,这样还可以减少平尾部件所产生的阻力。由于没有平尾,也就没有了升降舵,这种飞机的俯仰操纵可以由机翼后缘的升降副翼来完成,即当左右机翼上的升降副翼同时向上或向下偏转时产生俯仰操纵力矩,起到升降舵的作用;当左右机翼上的升降副翼向相反方向偏转时,产生横向操纵力矩,此时起到副翼的作用。

(8) 前掠翼

前掠翼和后掠翼一样,也可延缓激波的产生。前掠翼飞机机翼上气流的展向流动由翼尖流向翼根,大迎角飞行时翼面附面层分离首先出现于翼根处,克服了后掠翼翼尖提前失速的缺陷,改善了小速度大迎角飞行的操纵稳定特性,使机翼可以产生较大的升力,具有较好的低速飞行和起飞着陆性能,图2-49所示为美国X-29前掠翼飞机的三视图。前掠翼飞机也有它致命的弱点,当机翼升力增大引起机翼弯曲变形时,会使机翼各剖面的迎角增大,从而使外翼升力增大,造成机翼弯曲变形加剧,在一定(临界)速度下,这种现象会形成恶性循环,直到使机翼折断。为了解决这一问题,必须增强机翼结构的刚度,付出增加机翼结构重量等代价——这是长期以来前掠翼飞机很少被采用的主要原因。20世纪70年代以后,利用碳纤维叠层复合材料制造机翼,通过改变机翼蒙皮的碳纤维层的方向和厚度,从而控制机翼受载时的弯扭变形,克服了前掠翼飞机的机翼弯扭发散问题。同时结合近距耦合鸭翼、变机翼弯度和放宽静稳定度技术的应用,大大改善了飞机的机动性能,尤其是大迎角低速过失速机动能力大大提高。

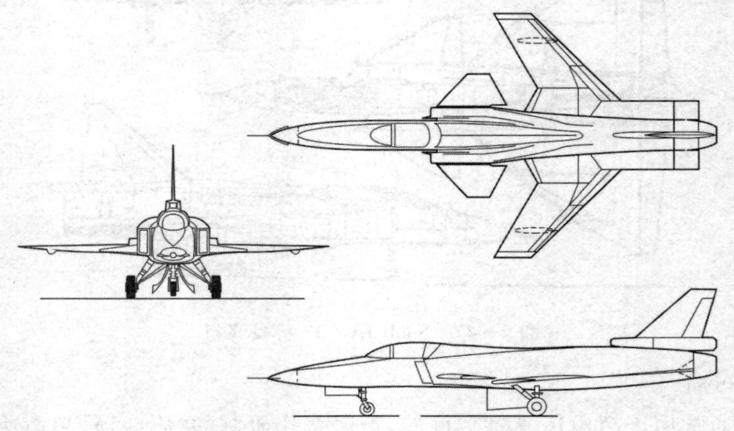

图2-49　美国的X-29前掠翼飞机

3. 超声速飞机的机身外形特点

机身的主要功用是装载乘员、货物、发动机和各种仪表设备等,同时把飞机的其他部件有效地连接在一起。机身产生的空气动力主要是阻力,但对飞机的升力也有一定的影响。

对于超声速飞机,不但机翼的形状对其空气动力特性有重要影响,而且机身的形状也很重要。为了减小超声速飞机的波阻,机身一般采用头部很尖、又细又长的圆柱形机身,机身长细比(机身长度与机身剖面最大直径之比)一般可达到十几甚至更高。另外采用“跨声速面积律”,也有助于降低波阻和提高速度。

所谓跨声速面积律是指在机翼和机身的连接部位,把机身适当地收缩,使沿机身纵轴的横截面面积的分布规律,与某一个阻力最小的旋转体的剖面分布规律相当。这样可以将不利的相互干扰减小，使飞机的跨声速激波阻力大大降低。图 2－50(a)和(b)所示为 YF－102 飞机和该飞机的机身横截面积沿飞机纵轴的分布曲线，图 2－50(a)中当截面切到机翼部位时，横截面积有一个峰值出现，与理想的分布曲线相差很大，因此飞机在跨声速飞行时的翼身干扰阻力很大；图 2－50(b)中把机身和机翼连接处做成蜂腰形，使机身横截面积分布曲线接近理想曲线，激波阻力大大降低。

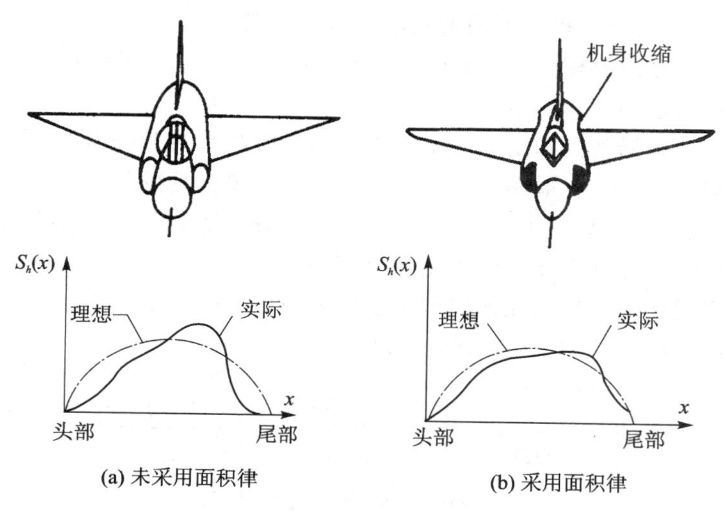

图 2－50　跨声速面积律

有些超声速飞机为了减小阻力，往往尽量把驾驶舱埋藏在机身外形轮廓之内，因此使飞机着陆时驾驶员的视线大大恶化。为了改善这种状况，可以将机头做成活动的，着陆时使机头下垂，以增大驾驶员的视野。如“协和”号超声速客机机头就可以下垂 17.5°。

4. 超声速飞机和低、亚声速飞机的外形区别

低、亚声速飞机和超声速飞机由于其飞行速度不同，飞行时产生的空气动力也有较大的差异。为了获得较好的气动外形和飞行性能，低、亚声速飞机和超声速飞机在外形上有着很大的不同。根据前面的分析，它们在外形上的区别主要体现在以下几个方面。

① 低、亚声速飞机机翼的展弦比较大，一般在 6～9 之间，梢根比也较大，一般在 0.33 左右；而超声速飞机机翼的展弦比较小，一般在 2.5～3.5 之间，梢根比较小，在 0.2 左右。

② 低速飞机常采用无后掠角或小后掠角的梯形直机翼，亚声速飞机的后掠角一般也比较小，一般小于 35°；而超声速飞机一般为大后掠机翼或三角机翼，前缘后掠角一般为 40°～60°。

③ 低、亚声速飞机的机翼翼型一般为圆头尖尾型，前缘半径较大，相对厚度也比较大，一般在 0.1～0.12 之间；而超声速飞机机翼翼型头部为小圆头或尖头(前缘半径比较小)，相对厚度也较小，一般在 0.05 左右。

④ 低、亚声速飞机机翼的展长一般大于机身的长度，机身长细比较小，一般在 5～7 之间，机身头部半径比较大，前部机身比较短，有一个大而突出的驾驶舱；而超声速飞机机身的长度大于翼展的长度，机身比较细长，机身长细比一般大于 8，机身头部较尖，驾驶舱与机身融合成一体，呈流线型。

因此，观察一架飞机的外形，应该可以大致判定它是低、亚声速飞机还是超声速飞机。

2.5 飞机的飞行性能及稳定性和操纵性

2.5.1 飞机的气动布局

不同类型、不同速度的飞机有不同的气动布局。飞机的气动布局,广义上讲是指飞机主要部件的数量以及它们之间的相互安排和配置。不同的布局型式的飞机,对飞机的飞行性能、稳定性和操纵性有重大影响。

飞机的主要气动布局类型如图 2-51 所示。如果按机翼和机身连接的上下位置来分,可分为上单翼、中单翼和下单翼,如图 2-51(a)所示;如果按机翼弦平面有无上反角来分,可分为上反翼、无上反翼与下反翼三种类型,如图 2-51(b)所示;如果按立尾的数量来分,可分为单立尾、双立尾和无立尾式(无立尾时平尾变成 V 字形),如图 2-51(c)所示。通常所说的气动布局一般是指平尾相对于机翼在纵向位置上的安排,即飞机的纵向气动布局形式。一般有正常式、“鸭”式和无平尾式,如图 2-51(d)所示。

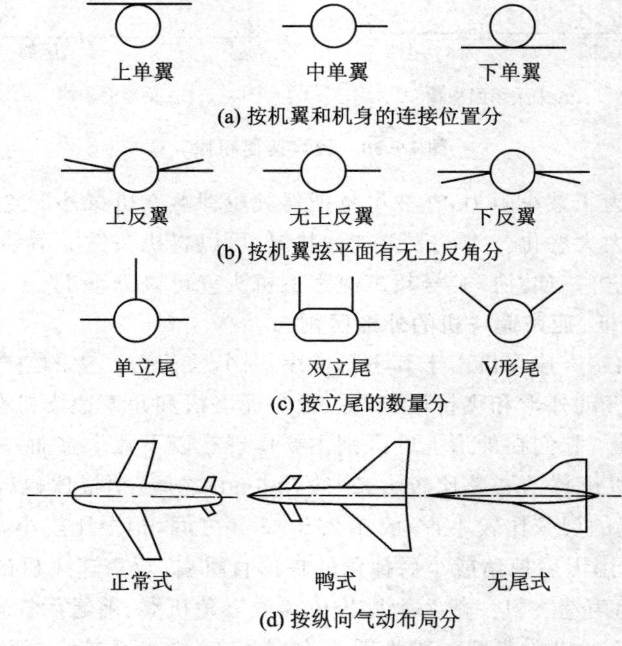

图 2-51 飞机气动布局的类型

2.5.2 飞机的飞行性能

飞机的飞行性能是衡量一架飞机的重要指标,一般包括飞行速度、航程、升限、起飞着陆性能和机动性能等。

1. 飞行速度

在飞机的飞行性能中,飞行速度是最重要的性能之一。飞行速度,对军用飞机来说一般指的是最大平飞速度,而对民用飞机来说一般指的是巡航速度。

（1）最小平飞速度

最小平飞速度 $v_{\min}$ 是指在一定高度上飞机能维持水平直线飞行的最小速度（由于发动机的性能和飞行高度有很大关系，所以在考虑飞机的飞行性能时，必须注意它的飞行高度）。最小平飞速度取决于飞机的最大升力系数 $C_{l\max}$，其值应略大于飞机的升力等于重力时的飞行速度。这个速度对飞机的起降性能及飞机作低速飞行时的安全性有重要影响。

$$v_{\min}=\sqrt{\frac{2G}{\rho C_{l\max}S}} \tag{2-14}$$

式中，G 为飞机重量；ρ 为当地的空气密度；S 为机翼面积。

随着高度的增加，ρ 将减小，故最小平飞速度将增加。

（2）最大平飞速度

最大平飞速度 $v_{\max}$ 是指飞机水平直线平衡飞行时，在一定的飞行距离内（一般应不小于 3 km），发动机推力在最大状态下，飞机所能达到的最大飞行速度。它是一架飞机能飞多快的指标。要提高飞机的最大飞行速度，一是要减小飞机的飞行阻力，另外还要增加发动机的推力，但应注意随着发动机推力的增加，发动机本身重量和尺寸也随之增加，燃油消耗也增加，并导致飞机重量和空气阻力增大。而且，随着飞行速度的增加，当速度接近于声速或超过声速时，飞机上将产生激波，此时，飞机阻力将急剧增加。因此，不改变飞机的外形，想提高飞行速度是不可能的。

（3）巡航速度

巡航速度 $v_{巡航}$ 是指发动机在飞行每千米消耗燃油量最小情况下的飞行速度。巡航速度显然要大于最小平飞速度，小于最大平飞速度。飞机以巡航速度飞行最经济。

2. 航　程

航程是指在载油量一定的情况下，飞机以巡航速度（不进行空中加油）所能飞越的最远距离。它是一架飞机能飞多远的指标。轰炸机和运输机的航程是设计中最主要的性能要求。提高航程的主要办法是减小发动机的燃油消耗率，增加飞机的最大升阻比。在飞机总重一定的情况下，减小结构重量，增加飞机载油量也可以增大航程。另外，还可以通过安装可投掉的副油箱，来增加飞机的航程。

3. 静升限

升限是一架飞机能飞多高的指标。飞机的静升限是指飞机能作水平直线飞行的最大高度。飞机上升时，随着高度的增加，发动机推力将逐渐下降，当飞机上升到某一极限高度时，发动机已没有剩余的能力使飞机高度进一步增加，此时飞机仅能以这一速度作水平直线飞行，这时飞机的极限高度即为静升限。但在此飞行高度上，飞机稍受干扰或操纵不慎就可能降低高度，因此，又称此极限高度为理论静升限。

由于上述原因，飞机实际飞行中不得不在稍低于理论静升限的高度上飞行，以便飞机具有一定的推力储备和良好的操纵性。一般规定，对应于垂直上升速度为 5 m/s 时的最大平飞高度为实际飞行的最大高度，此高度称为飞机的实用静升限。

4. 起飞着陆性能

飞机的起飞和着陆是两个重要的飞行状态，起飞着陆性能的好坏有时甚至会影响到飞机能否顺利完成正常的飞行任务。

飞机的起飞着陆性能指标可以概括为两部分：一是起飞和着陆的距离；二是起飞离地和着

陆接地时的速度。后者除了影响起飞和着陆距离外,还关系到起降安全问题。

(1) 飞机的起飞性能

飞机的起飞过程是一种加速飞行的过程,它包括地面加速滑跑和加速离地并爬升到安全高度两个阶段,图2-52描述了飞机的起飞过程。

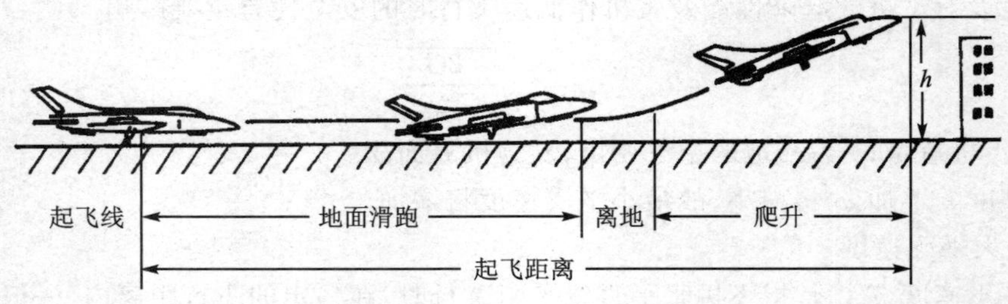

图2-52 飞机的起飞过程

飞机起飞时停在起飞线上,驾驶员踩住刹车加大油门到最大转速状态后,松开刹车使飞机加速滑跑。当加速到一定速度时,驾驶员拉起驾驶杆,使飞机抬头增加迎角,当升力等于重量时飞机开始离开地面,此时所对应的速度为离地速度。随着升力进一步增加,飞机加速上升,当飞机上升到安全高度 h 时,起飞过程结束,此时飞机所飞越(包括滑跑)的地面距离即为飞机的起飞距离。

飞机的起飞距离越短越好。为了减小飞机的起飞距离,可以采用增升装置来增大升力;也可以增加推力来加速,如可以采用助推火箭增大推力,减少加速所需时间。另外对于舰载飞机还可以采用弹射起飞的方法减小起飞距离。

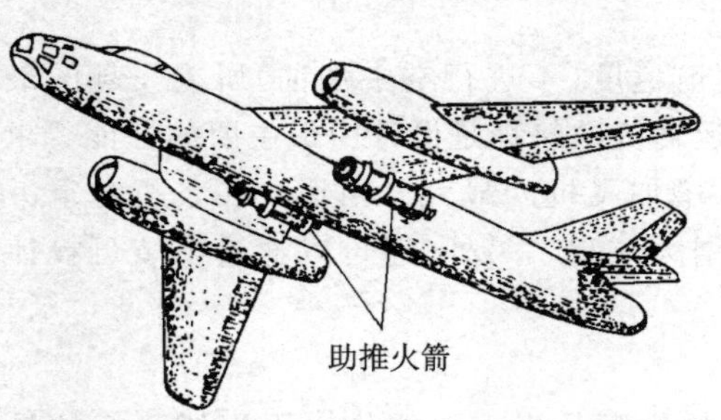

图2-53 助推火箭加速器

图2-53所示为助推火箭加速器,其本身是一个或几个固体火箭发动机(又称助推火箭),通常挂在机翼或机身下面,它能产生较大的推力,大大缩短飞机起飞距离。有些无人驾驶飞机没有起落架,就是靠火箭助推起飞,然后使用机上发动机继续飞行。助推火箭工作时间很短,工作完毕后即可抛掉。

图2-54所示为舰载飞机的飞行甲板,在航空母舰长约100多米的起飞甲板上,一般的舰载飞机是很难靠自身的发动机起飞的,因此常用特殊装置帮助起飞,如蒸汽弹射或电磁弹射起飞或滑跃起飞等。该装置主要是利用航空母舰上的高压蒸汽推动蒸汽作动筒的活塞,在活塞巨大推力的作用下,活塞上的牵引钩牵引着飞机沿着弹射导轨加速,使飞机迅速达到起飞速度离开甲板而起飞,图2-55所示为航空母舰甲板上蒸汽弹射器的导轨。

(2) 飞机的着陆性能

飞机的着陆过程是一种减速飞行的过程,包括下滑、拉平、平飞减速、飘落触地和着陆滑跑五个阶段。图2-56所示描述了飞机的着陆过程。

飞机从安全高度 h 下滑时,发动机处于慢车工作状态,襟翼打开到最大角度,飞机接近于等速直线下滑。当接近地面时,驾驶员应将飞机拉平,然后保持在离地1 m左右进行平飞减速。随着飞行速度的减小,驾驶员应不断拉杆使迎角增大,以使飞机缓慢地降低高度。当升力

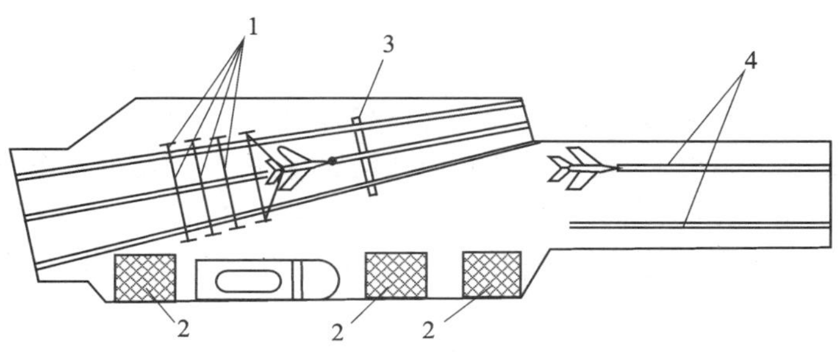

1—拦阻装置；2—升降机；3—应急拦网；4—弹射装置

图 2-54　航空母舰的飞行甲板

图 2-55　蒸汽弹射器导轨

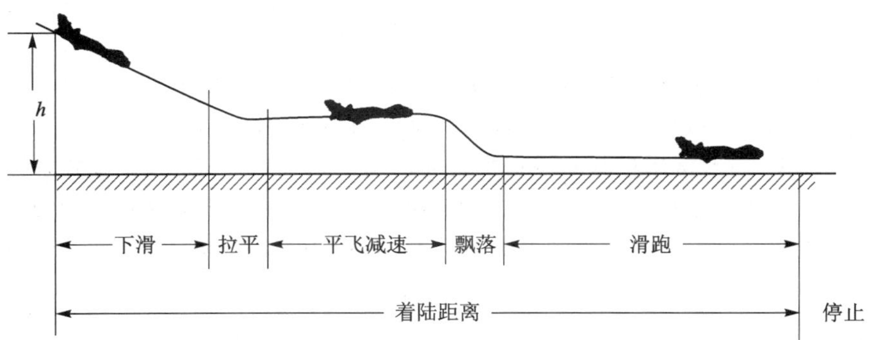

图 2-56　飞机的着陆过程

不足以平衡飞机重量时，飞机开始飘落，并以主轮接地，此时对应的速度就是着陆接地速度。飞机接地后，速度进一步降低，并进入滑跑阶段，此时驾驶员可以采用刹车等操作使飞机继续减速，直到飞机完全停止。飞机在着陆过程所飞越（包括滑跑）的地面距离为着陆距离。

飞机的着陆速度越小，着陆距离越短，着陆性能就越好，飞行安全性也越高。为了提高飞机的着陆性能,除了有效地使用刹车装置外,还可以采用反向推力装置产生反向推力,也可以通过打开扰流片、阻力板或减速伞等来增加阻力。图2-57所示为飞机着陆时采用的减速伞(阻力伞),它是用增大空气阻力的方法使飞机减速的。减速伞由主伞、引导伞、挂扣、钢索和伞袋等组成,主伞通过钢索、挂扣与机身尾部专用挂钩连接,并收入尾部伞舱内。飞机着陆后,飞行员打开伞舱门,引导伞弹出,在空气阻力作用下打开并拉出主伞,主伞打开产生很大的空气阻力,使飞机减速。飞机滑跑的后段,速度降低,减速伞的作用不大,即可抛掉,这样可避免在地面拖坏减速伞。

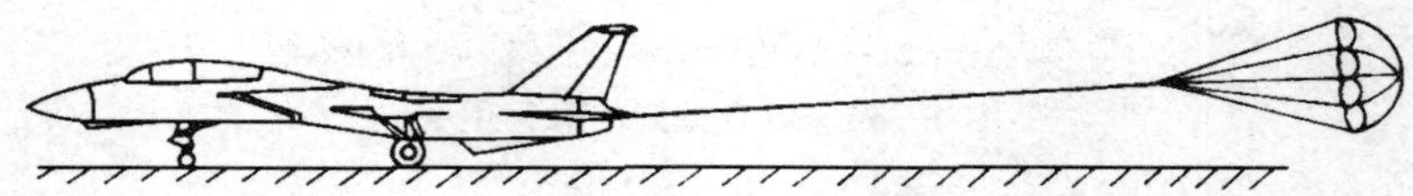

图2-57　减速伞

对于舰载飞机,由于航空母舰着陆斜甲板的长度仅有150～200 m,因此舰载飞机需要采用特殊的拦阻着陆的方式才能安全着陆。如图2-54所示,在航空母舰的甲板上通常在着陆区有几条拦阻钢索,它的两端通过滑轮连接到阻尼作动筒上,飞机着陆前放下拦阻钩,只要拦阻钩能钩住其中的一根拦阻索,就会在阻尼作动筒的巨大拉力作用下,使飞机在很短的距离内停下来,如图2-58所示。

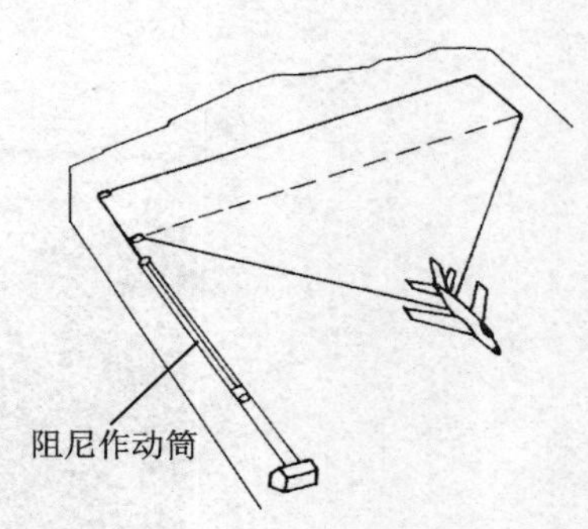

图2-58　拦阻索减速装置

5. 飞机的机动性

飞机的机动性是指飞机在一定时间间隔内改变飞行状态的能力。对飞机机动性的要求,取决于飞机要完成的飞行任务。在夺取空战优势时,飞机的机动性起着相当重要的作用,所以机动性是军用飞机重要的战术性能指标。对于战斗机而言,要求空中格斗,对机动性要求就很高。对于运输机,一般不要求在空中作剧烈动作,机动性要求就低。

飞机在做机动飞行时所受的载荷要比水平直线稳定飞行时大好几倍。因此,在设计飞机时,必须考虑到飞机在各种飞行情况下,都要有足够的强度和刚度,以保证飞行安全。

在飞机设计中,一般常用过载来评定飞机的机动性。飞机的过载(或过载系数)是指飞机所受除重力之外的外力总和与飞机重量之比。除特殊情况外,一般只考虑垂直方向上的过载。垂直方向上的过载可以表示为飞机升力Y与飞机重量G的比值,即

$$n_y = \frac{Y}{G} \tag{2-15}$$

飞机机动性设计要求越高,过载n_y就要求越大。高机动性要求的飞机,过载可高达9左右,要求飞机结构应能够承受相应的载荷。

飞机飞行时除了有俯仰、偏航和滚转等最基本的常规机动动作外,对于战斗机而言还可以完成盘旋、筋斗、俯冲、跃升、战斗转弯等机动动作。随着飞机飞行性能的提高和推力矢量技术的出现,现代先进战斗机还要具备过失速机动的能力。

(1) 盘旋飞行

飞机在水平面内作等速圆周飞行，叫作盘旋飞行，如图 2－59 所示。通常坡度（坡度即指飞机倾斜的程度）小于 45°时，叫作小坡度盘旋；大于 45°时，叫作大坡度盘旋。盘旋和转弯的操纵动作完全相同，只是转弯的角度达不到 360°而已。

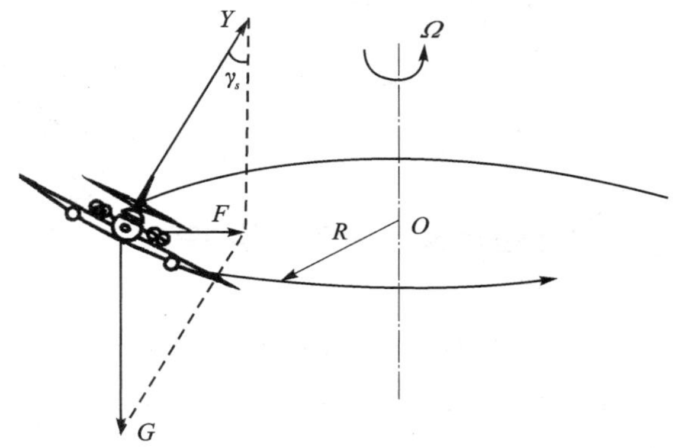

图 2－59　飞机盘旋飞行

盘旋一周所需的时间越短，盘旋半径越小，飞机的方向机动性就越好。在作战时，希望盘旋半径越小越好，这时就要尽量使飞机倾斜加大坡度，以增大使飞机做曲线运动的向心力。在盘旋中，为了保持在垂直方向上升力与重力的平衡，维持高度不变，当改变坡度时，需要相应地改变升力的大小，坡度越大，则所需的升力也就越大，因此飞机的过载也就越大。如表 2－3 所列，不同坡度盘旋时飞机对应不同的过载系数。

从表 2－3 中可以看出，当飞机以 80°的坡度盘旋时，升力增大到飞机重力的 5.76 倍，此时飞机结构和飞行员所受的力也相应增大。由于载荷系数的限制，飞机速度越大，盘旋半径也将越大。比如，美国的 SR－71 侦察机，当飞行速度为 3 529 km/h 时，其盘旋半径可达 193 km。

表 2－3　不同坡度盘旋时飞机所需的过载系数

γ_s	0°	15°	30°	45°	60°	75°	80°
n_y	1	1.04	1.16	1.41	2	3.84	5.76

(2) 筋　斗

飞机在铅垂平面内作轨迹近似椭圆，航迹方向改变 360°的机动飞行为筋斗飞行，如图 2－60 所示。筋斗飞行由爬升、倒飞、俯冲、平飞等动作组成，它是衡量飞机机动性的基本指标之一。完成一个筋斗所需的时间越短，机动性越好。要实现筋斗飞行，飞行员应先加油门，增加速度，然后拉杆使飞机曲线上升；飞过顶点后，减小油门，继续保持拉杆位置，飞机开始曲线下降，最后改为平飞。翻筋斗时，过载系数可达到 6。

(3) 俯　冲

俯冲是飞机将势能转化为动能、迅速降低高度、增大速度的机动飞行，作战飞机常借此来提高轰炸和射击的准确度。俯冲过程分为进入、直线和改出俯冲三个阶段，如图 2－60 所示。在急剧俯冲时，为了防止速度增加过多和超过相应高度的最大允许速度，必须减小发动机推力，有时需放下减速板。改出俯冲后的高度不应低于规定的安全高度。从俯冲中改出时，飞行

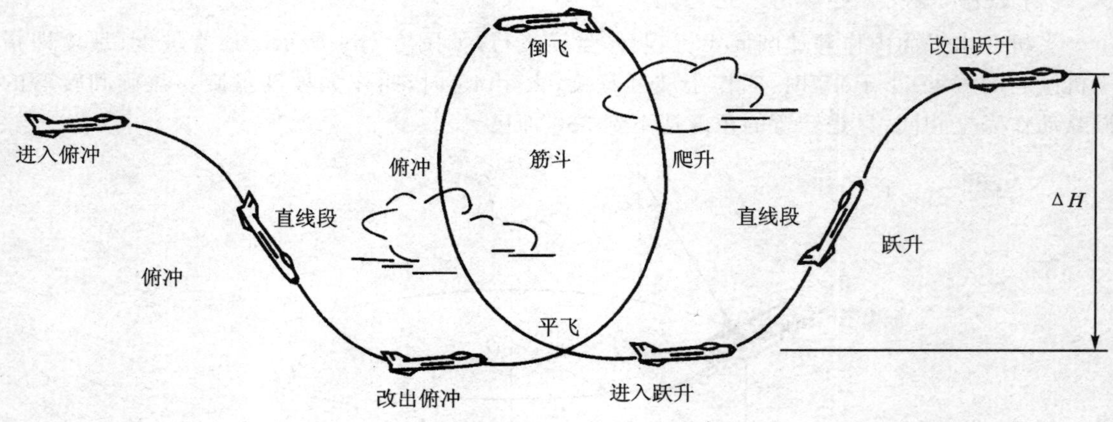

图 2-60　俯冲、筋斗和跃升飞行

员应柔和并有力地拉杆，增大迎角，使升力大于重力第一分力，构成向心力，迫使飞机向上做曲线运动。这时的过载系数 n_y，甚至会达到 9～10，对飞机结构和飞行员造成严重的过载。所以，俯冲速度不应过大，改出不应过猛，以免造成飞机结构损坏或飞行员晕厥的事故。使用中的 n_y 一般不允许大于 8。

(4) 跃　升

跃升是将飞机的动能转变成势能，迅速取得高度优势的一种机动飞行。跃升性能的好坏由跃升增加的高度 ΔH 及所需的时间来衡量，如图 2-60 所示。飞机在作跃升机动后的高度可大大超过飞机的静升限。例如，某型歼击机的实用升限为 19 500 m，当在 13 500 m 高度上以 $Ma=2.05$ 的速度进行跃升后，飞机可达到 23 000 m 的高度。通过跃升可达到的最大高度为飞机的动升限。

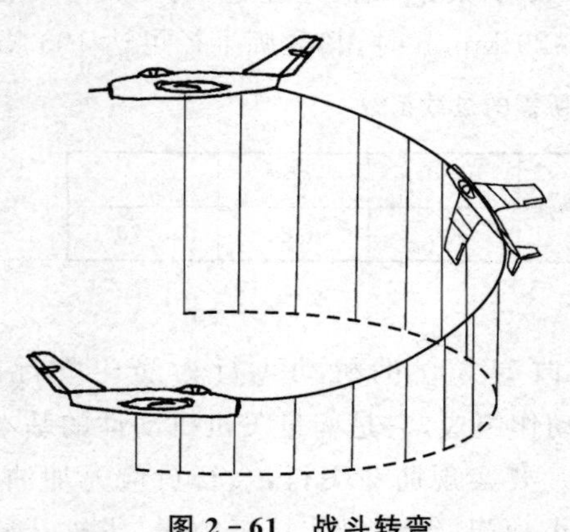

图 2-61　战斗转弯

(5) 战斗转弯

同时改变飞行方向和增加飞行高度的机动飞行称为战斗转弯，如图 2-61 所示。空战中为了夺取高度优势和占据有利方位，常用这种机动飞行动作。除了采用典型的操纵滚转角的方法外，为了缩短机动时间还可采用斜筋斗方法进行战斗转弯。战斗转弯时，过载系数可达 3～4。

(6) 过失速机动

过失速机动是指飞机在超过失速迎角的大迎角状态下，仍然有能力对飞机的姿态做出调整，实现快速机头指向，完成可操纵的战术机动。其主要作用是瞬间使飞机占据有利位置，改变敌我攻守态势。如“眼镜蛇”机动就是一种典型的过失速机动动作。

“眼镜蛇”机动是由苏联的 Su-27 战斗机首先试飞成功的。1989 年 6 月在巴黎航展上，苏联著名试飞员普加乔夫第一次在全世界面前表演了“眼镜蛇”机动，震惊全场，因此这一机动动作又被称为“普加乔夫眼镜蛇”机动。机动过程中飞行员快速向后拉杆使机头上仰至110°～

120°之间，保持短暂的平飞状态，然后推杆压机头，再恢复到原来水平状态。机动时飞机进入的速度约为 425 km/h，飞机以很高的速率减速，然后减速到 148 km/h，在整个机动过程中，飞机的飞行高度几乎没有什么变化，机动过程中飞机承受的过载约为 3.5～4g。空战中，当敌机离飞机尾部很近并准备攻击时，飞行员可通过“眼镜蛇”机动突然减速使敌机错过攻击机会，重获空战优势。“眼镜蛇”机动对战斗机的机动性要求很高，目前，俄罗斯的 Su－27、Su－30、Su－35、MiG－29 和中国的歼 10 等飞机均能完成这个动作。图 2－62 所示为“眼镜蛇”机动的分解动作。

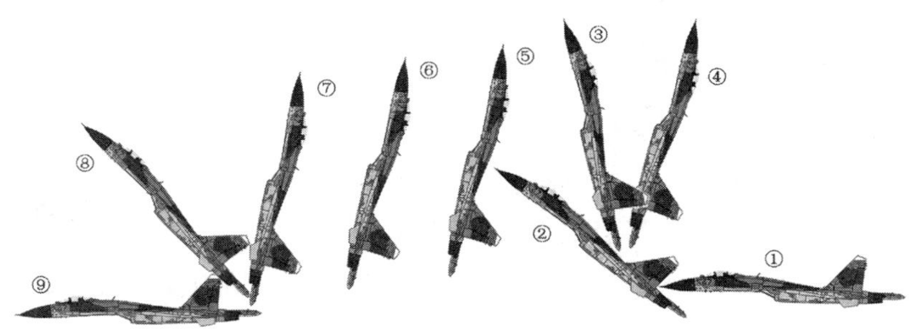

图 2－62　眼镜蛇机动飞行

F－22 是世界上第一种服役的第四代战斗机，该机采用气动舵面与推力矢量结合的控制手段，具有很完善的过失速机动能力。F－22 飞机通过平尾与推力矢量结合控制，实现飞机的大迎角俯仰操纵，而在大迎角滚转中，主要使用方向舵进行滚转控制，由推力矢量来提供俯仰配平。F－22 飞机在使用推力矢量时可以在过失速状态下使俯仰角误差控制在 0.5°以内，并且有足够的低头控制能力，推力矢量技术还可以使过失速状态滚转率提高 20°～30°/s。

（7）尾　旋

当飞机处于持续失速状态时，飞机可能会进入尾旋状态。尾旋是飞机的飞行迎角超过临界迎角后，发生的一种连续的自动的旋转运动。在尾旋发生过程中，飞机沿着一条小半径的螺旋线航迹一面旋转、一面急剧下降，并同时绕滚转、俯仰、偏航三轴不断旋转，如图 2－63(a)所示。尾旋通常是由大迎角下的自转现象引起的，如飞机在接近失速迎角下飞行时，当受到扰动而产生右滚运动时，由于右机翼迎角增加超过了失速迎角，右机翼升力下降，阻力增加，左右机翼升力差产生的滚转力矩使飞机继续右滚；另外由于机翼的阻力差产生的偏航力矩使飞机自动向右偏航旋转；同时还会由于惯性耦合的作用，飞机将自动上仰使飞机迎角增加，直至进入尾旋。

尾旋的特点是迎角大(20°～70°)、螺旋半径小(甚至只有几米)、旋转角速度高(甚至可达几弧度每秒)、下沉速度大(甚至达百米每秒)。尾旋是一种危险的飞行状态，极易造成飞行事故。但为了训练或研究的目的，有些高机动性飞机(如歼击机、教练机)允许有意进入尾旋并改出。半机动性飞机(如轰炸机、侦察机)和非机动性飞机(如旅客机、运输机)严禁进入尾旋。完整的尾旋运动由三个阶段组成，即进入阶段、尾旋阶段和改出阶段，如图 2－63(b)所示。尾旋阶段又可分成尾旋过渡阶段和垂直尾旋阶段，垂直尾旋阶段是研究尾旋的主要阶段。

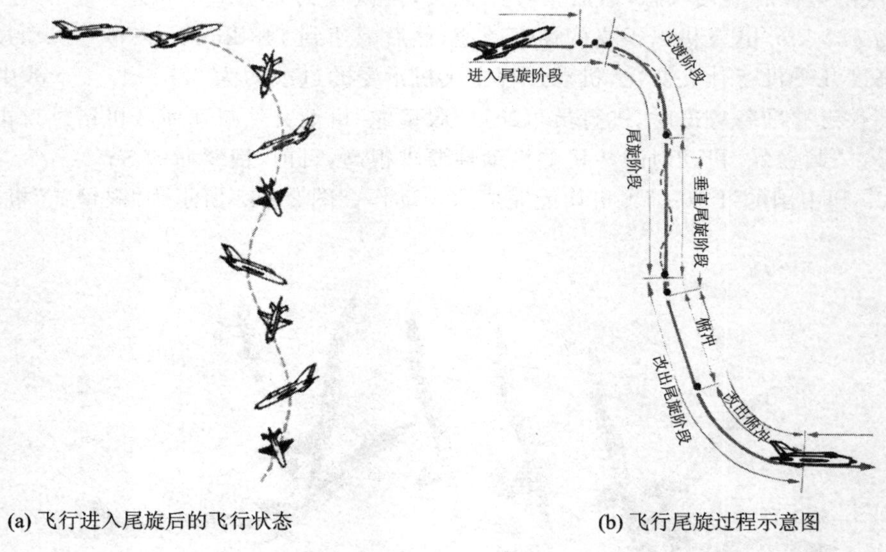

(a) 飞行进入尾旋后的飞行状态　　(b) 飞行尾旋过程示意图

图 2-63　飞机的尾旋

2.5.3　飞机的稳定性

飞机在飞行过程中,经常会受到各种各样的干扰,这些干扰会使飞机偏离原来的平衡状态,而在干扰消失后,飞机能否自动恢复到原来的平衡状态,就涉及飞机的稳定或不稳定问题。

所谓飞机的稳定性,是指在飞行过程中,如果飞机受到某种扰动而偏离原来的平衡状态,在扰动消失以后,不经飞行员操纵,飞机能自动恢复到原来平衡状态的特性。如果能恢复,则说明飞机是稳定的;如果不能恢复或者更加偏离原来的平衡状态,则说明飞机是不稳定的。

飞机在空中飞行,可以产生俯仰运动、偏航运动和滚转运动,如图 2-64 所示。飞机绕横轴 Oz 的运动为俯仰运动;绕立轴 Oy 的转动为偏航运动;绕纵轴 Ox 的转动为滚转运动。根据飞机绕机体轴的运动形式,飞机飞行时的稳定性可分为纵向稳定性、方向稳定性和横向稳定性。

1. 飞机的纵向稳定性

当飞机受微小扰动而偏离原来纵向平衡状态(俯仰方向),并在扰动消失以后,飞机能自动恢复到原来纵向平衡状态的特性,叫作飞机的纵向稳定性。

在飞行过程中,作用于飞机的俯仰力矩主要是机翼力矩和水平尾翼力矩。当飞机的迎角发生变化时,在机翼和尾翼上都会产生一定的附加升力,这个附加升力的合力作用点称为飞机的焦点,如图 2-65 所示。当飞机受到扰动而机头上仰时,机翼和水平尾翼的迎角增大,产生一个向上附加升力,如果飞机重心位于焦点位置的前面,则此向上的附加升力 ΔY 会对飞机产生一个下俯的稳定力矩,如图 2-66(a)所示,使飞机趋向于恢复原来的飞行状态。反之,当飞机受扰动而机头下俯时,机翼和水平尾翼的迎角减小,会产生向下的附加升力,此附加升力对重心形成一个上仰的稳定力矩,也使飞机趋向于恢复原来的稳定状态。

因此,飞机的纵向稳定性主要取决于飞机重心的位置,只有当飞机的重心位于焦点前面时,飞机才是纵向稳定的;如果飞机的重心位于焦点之后,飞机则是纵向不稳定的,如图 2-66

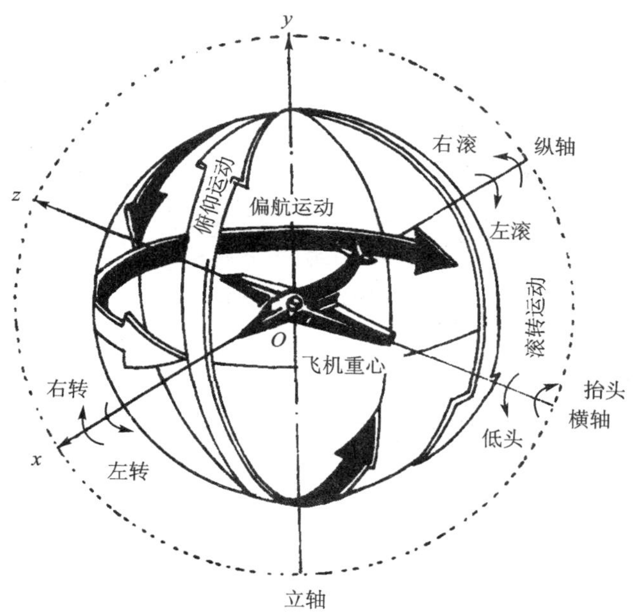

图2-64　飞机绕穿过重心的三根互相垂直的轴的运动

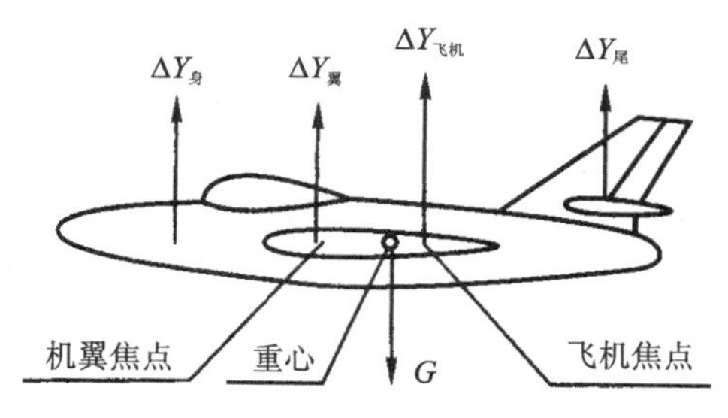

图2-65　飞机的焦点

(b)所示。重心前移可以增加飞机的纵向静稳定性，但并不是静稳定性越大越好。例如，静稳定性过大，升降舵的操纵力矩就难以使飞机抬头或低头。因此，由于重心前移使稳定性过大，会导致飞机的操纵性变差。

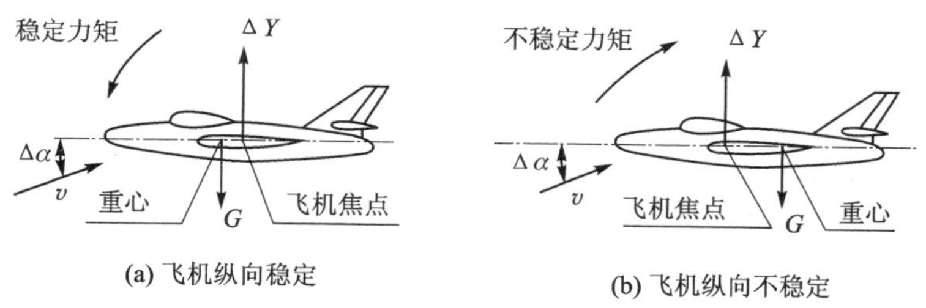

图2-66　飞机重心位置与纵向稳定性之间的关系

飞机重心位置会随飞机载重的分布情况不同发生变化。当重心位置后移时，将削弱飞机的纵向稳定性，所以在配置飞机载重时，应当注意妥善安排各项载重的位置，不使飞机重心后移过多,以保证重心位于所要求的范围以内。

2. 飞机的方向稳定性

飞机受到扰动以致方向平衡状态遭到破坏,而在扰动消失后,飞机如能趋向于恢复原来的平衡状态,就具有方向稳定性。

飞机主要靠垂直尾翼的作用来保证方向稳定性。方向稳定力矩是在侧滑中产生的。飞机的侧滑飞行是一种既向前、又向侧方的运动,此时,飞机的对称面和相对气流方向不一致,如图 2-67(b)所示。飞机产生侧滑时,空气从飞机侧方吹来,这时相对气流方向和飞机对称面之间有一个侧滑角 β。相对气流从左前方吹来叫左侧滑;相对气流从右前方吹来叫右侧滑。

飞机在飞行过程中,飞机受微小扰动,机头右偏,出现左侧滑,空气从飞机的左前方吹来作用在垂直尾翼上,产生向右的附加侧向力 Z,如图 2-67(b)所示。此力对飞机重心形成一个方向稳定力矩,力图使机头左偏,消除侧滑,使飞机趋向于恢复方向平衡状态,因此飞机具有方向稳定性。

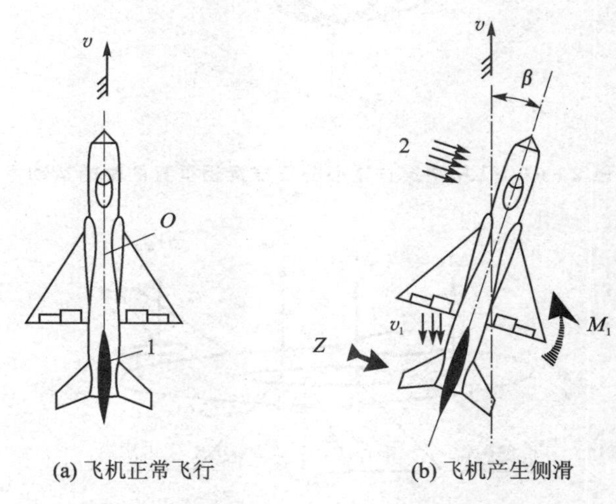

1—垂直尾翼;2—阵风;Z—附加力;M_1—恢复力矩;

O—飞机重心;v_1—相对速度;v—飞行速度

图 2-67 垂直尾翼与方向稳定性

相反,飞机出现右侧滑时,就形成使飞机向右偏转的方向稳定力矩。由此可见,只要有侧滑,飞机就会产生方向稳定力矩,并使飞机消除侧滑恢复到原来的平衡状态。除了垂直尾翼外,机翼的后掠角和发动机短舱由于在侧滑过程中会使机身两侧产生不同的阻力,因而对飞机的方向稳定性也有一定的影响。

随着飞行马赫数的增大,特别是在超过声速以后,立尾的侧向力系数迅速减小,产生侧向力的能力急速下降,使得飞机的方向静稳定性降低。因此在设计超声速战斗机时,为了保证在最大平飞马赫数下仍具有足够的方向静稳定性,往往必须把立尾的面积做得很大,有时还需要选用腹鳍以及采用双立尾来增大方向稳定性。

3. 飞机的横向稳定性

飞机受扰动以致横向平衡状态遭到破坏,而在扰动消失后,如飞机自身产生一个恢复力矩,使飞机趋向于恢复原来的平衡状态,就具有横向稳定性。反之,就没有横向稳定性。在飞行过程中，使飞机自动恢复原来横向平衡状态的滚转力矩，主要是由机翼上反角、机翼后掠角和垂直尾翼的作用产生的。

如图 2-68 所示，飞机在平飞过程中，当一阵风吹到飞机的左翼上，使飞机的左翼抬起，右翼下沉，飞机受扰动而产生向右的倾斜，使飞机沿着合力 R 的方向沿右下方产生侧滑。此时，空气从左前方吹来，因上反角的作用，右翼有效迎角增大，升力也增大；左翼则相反，有效迎角和升力都减小。左右机翼升力之差形成的滚转力矩，力图减小或消除倾斜，进而消除侧滑，使飞机具有自动恢复横向平衡状态的趋势。也就是说，飞机具有横向稳定性。

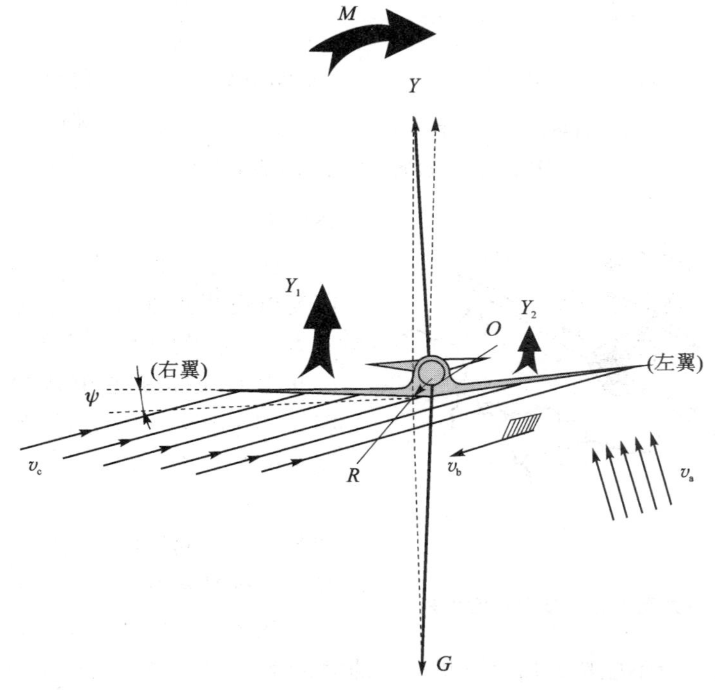

v_a—阵风速度；v_b—侧滑速度；v_c—相对风速；O—飞机重心；M—恢复力矩；ψ—上反角

图 2-68　机翼上反角与横向稳定性

机翼后掠角也使飞机具有横向稳定性。如图 2-69(a)所示，一旦因外界干扰使飞机产生了向右的倾斜，飞机的升力也跟着倾斜，飞机将沿着合力 R 的方向产生侧滑。由于后掠角的作用，飞机右机翼垂直于机翼前缘的速度分量 v_1 大于左机翼的速度分量 v_3，如图 2-69(b)所示，所以，在右边机翼上产生的升力 Y_1 将大于左边机翼上产生的升力 Y_3，两边机翼升力之差，形成滚转力矩，力图减小或消除倾斜，使飞机具有横向稳定性。

跨声速或超声速飞机，为了减小激波阻力，大都采用了后掠角比较大的机翼，因此，后掠角的横向静稳定作用可能过大，以致当飞机倾斜到左边后，在滚转力矩的作用下，又会倾斜到右边来。于是，飞机左右往复摆动，形成飘摆现象。为了克服这种不正常现象，可以采用下反角的外形来削弱后掠机翼的横向静稳定性。

低、亚声速飞机大都为梯形直机翼，为了保证飞机的横向静稳定性要求，或多或少都有几度大小的上反角。此外，如果机翼和机身组合采用上单翼布局形式，也会起到横向静稳定作用；相反，采用下单翼布局形式，则会起到横向静不稳定作用。这一点在选择上反角时也应综

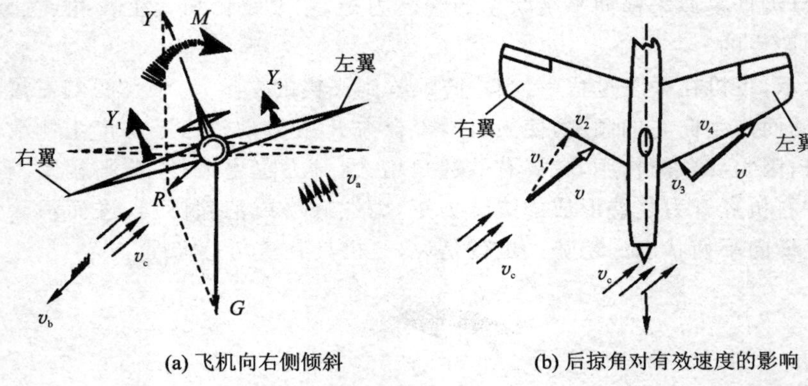

(a) 飞机向右侧倾斜　　(b) 后掠角对有效速度的影响

v_a—阵风速度;v_b—侧滑速度;v_c—相对风速;M—恢复力矩

图 2-69　机翼后掠角与横向稳定性

合考虑。

垂直尾翼也能产生横向稳定力矩,这是因为出现倾侧以后,垂直尾翼上产生附加侧向力($\Delta Z_{尾}$)的作用点高于飞机重心一段距离 l,此力对飞机重心形成横向稳定力矩,如图 2-70 所示,力图消除倾侧和侧滑,使飞机恢复横向平衡状态。

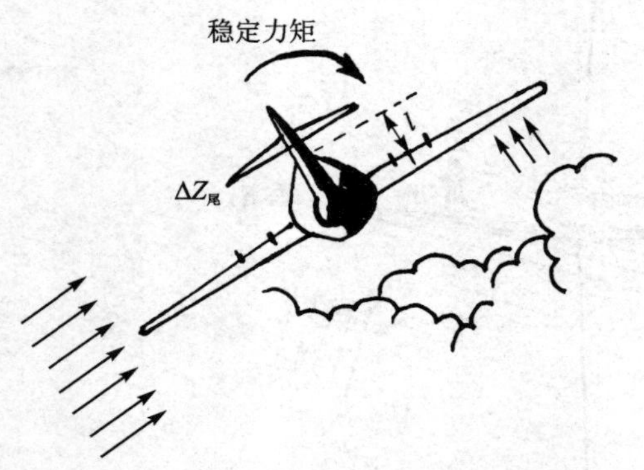

图 2-70　垂直尾翼产生的横向稳定力矩

飞机在不稳定气流中飞行时,经常会遇到各种干扰的作用,往往是一波未平,一波又起。飞机具有静稳定性,表明该飞机在平衡飞行状态具有抗外界干扰的能力。但为了保证飞机的稳定飞行,决不能单纯依靠飞机自身的稳定性,听其自然,飞行员也必须积极地实施操纵,并做及时修正。

2.5.4　飞机的操纵性

不具有稳定性的飞机,虽然飞行起来很困难,但还勉强能够飞行;如果飞机不能操纵,则根本不能飞行。飞机的操纵性是指驾驶员通过操纵设备(如驾驶杆、脚蹬和气动舵面等)来改变飞机飞行状态的能力。

飞机在空中的操纵是通过操纵气动舵面——升降舵、方向舵和副翼来进行的。通过偏转这三个操纵面,就会对飞机产生操纵力矩,使其绕横轴、立轴和纵轴转动,以改变飞行姿态。

1. 飞机的纵向操纵

飞机在飞行过程中,操纵升降舵,飞机就会绕着横轴转动,产生俯仰运动。飞行员向后拉驾驶杆,经传动机构传动,升降舵便向上偏转,这时,水平尾翼上的向下附加升力就产生使飞机抬头的力矩,使机头上仰,如图 2-71(a)所示;向前推驾驶杆,则升降舵向下偏转,使机头下俯,如图 2-71(b)所示。

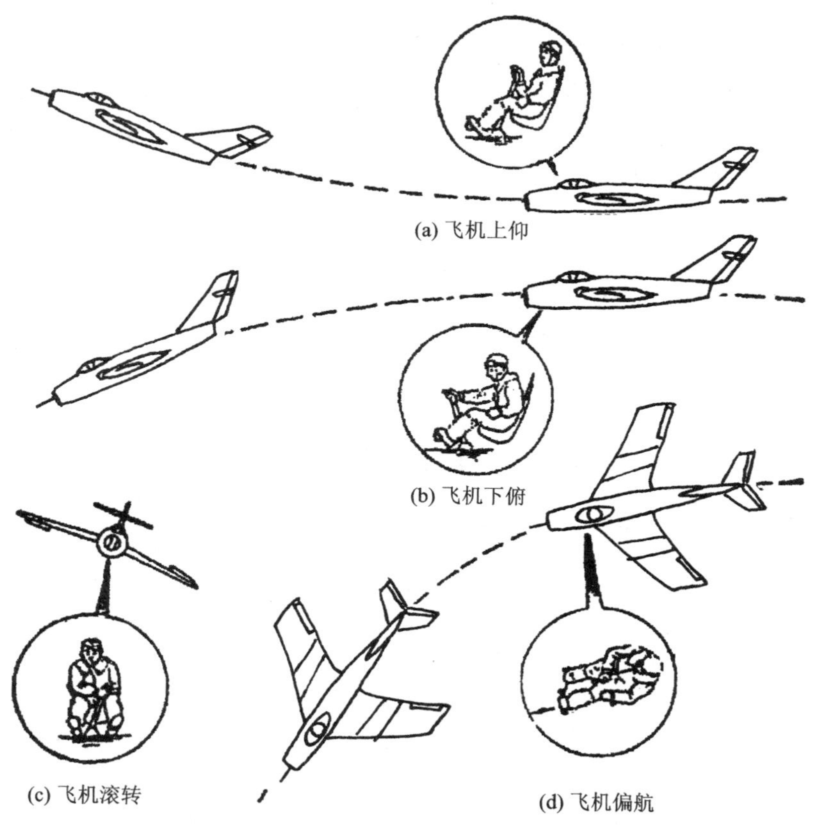

图 2-71 飞机操纵动作与飞行姿态示意图

现代的超声速飞机，多以全动式水平尾翼代替了只有升降舵可以活动的水平尾翼。因为全动式水平尾翼的操纵效能比升降舵的操纵效能高得多，可以大大改善超声速飞机的纵向操纵性。

2. 飞机的横向操纵

在飞机飞行过程中，操纵副翼，飞机便绕着纵轴转动，产生滚转运动。向左压驾驶杆，左副翼向上偏转，右副翼向下偏转，这时左机翼升力减小，右机翼升力增大，则产生左滚的滚动力矩，使飞机向左倾斜，如图 2-71(c)所示；向右压驾驶杆，则右副翼向上偏转，左副翼向下偏转，产生右滚的滚动力矩，飞机便向右倾斜。如果是用驾驶盘操纵的飞机，则左转动或右转动驾驶盘，与左右压杆的操纵效果是一样的。

3. 飞机的方向操纵

在飞机飞行过程中，操纵方向舵，飞机则绕立轴转动，产生偏航运动。飞行员向前蹬左脚蹬，方向舵向左偏转，在垂直尾翼上产生向右的附加侧力，此力使飞机产生向左的偏航力矩，使机头向左偏转，如图 2-71(d)所示；向前蹬右脚蹬，飞机产生向右的偏航力矩，使机头向右偏转。

随着飞行马赫数的提高，飞机飞行时的动压也迅速增大，于是偏转操纵面所需要施加的力也变得越来越大，以致驾驶员难以操纵或造成体力不支。为了解决这一问题，现代飞机的操纵系统,不仅有助力器,力臂调节器,还有人工载荷机构来模拟驾驶杆上的气动载荷,使驾驶员在减小操纵力的同时,还能够感受到操纵力矩的变化。总之,驾驶员操纵舵面改变飞机姿态要和人体的自然动作协调一致(如往左压驾驶杆时,飞机应向左滚转,往右压驾驶杆时,飞机应向右滚转),而且手上所感受到的力的大小和方向也应正常和适中,否则很容易产生操纵失误。

应当指出,飞机的稳定性是飞机本身的一种特性,它与飞机的操纵性有密切的关系,二者需要协调统一。很稳定的飞机,操纵往往不灵敏;操纵很灵敏的飞机,则往往不太稳定。一般来说,对于军用歼击机,操纵应当很灵敏;而对于民用旅客机,则应有较高的稳定性。稳定性与操纵性应综合考虑,以获得最佳的飞机性能。

2.6 直升机的飞行原理

一般认为,直升机技术要比固定翼飞机复杂,其发展也比固定翼飞机慢。但随着对直升机空气动力学、直升机动力学等学科认识的不断深化和先进航空电子技术、新工艺等的应用,直升机在近年来也有了很大的发展。目前,国外一些高速试验直升机最大速度已经接近了 500 km/h,而直升机的巡航速度一般在 250~400 km/h 之间,实用升限达 4 000~6 000 m,航程达 400~800 km。与固定翼飞机相比,直升机存在速度慢、航程短、飞行高度低、振动和噪声较大以及由此引起的可靠性较差等问题。

直升机飞行的特点是:能垂直起降,对起降场地没有太多的特殊要求;能在空中悬停;能沿任意方向飞行;但飞行速度比较低,航程相对来说也比较短。当前,直升机在民用和军用的各个领域都得到了广泛的应用。特别是在军用方面,武装直升机在现代战争中发挥的作用越来越大。此外,吊运大型装备的起重直升机以及侦察、救护、森林防火、空中摄影、地质勘探等多用途直升机应用也非常广泛。

2.6.1 直升机旋翼的空气动力

旋翼是直升机的关键部件。它由数片(至少两片)桨叶和桨毂构成,形状像细长机翼的桨叶连接在桨毂上。桨毂安装在旋翼轴上,旋翼轴方向接近于铅垂方向,一般由发动机带动旋转。旋转时,桨叶与周围空气相互作用,产生空气动力。

直升机旋翼绕旋翼转轴旋转时,每个叶片的工作都与一个机翼类似。沿旋翼旋转方向在半径 r 处切一刀,其剖面形状是一个翼型,如图 2-72(a)所示。翼型弦线与垂直于桨毂旋转轴的桨毂旋转平面之间的夹角称为桨叶的安装角(或桨距),以 φ 表示,如图 2-72(b)所示。相对气流 v 与翼弦之间的夹角为该剖面的迎角 α。因此,沿半径方向每段叶片上产生的空气动力 R 可分解为沿桨轴方向上的分量 F_1 和在旋转平面上的分量 D_1。F_1 将提供悬停时需要的拉力;D_1 产生的阻力力矩将由发动机所提供的功率来克服。

旋翼旋转所产生的拉力和阻力的大小,不仅取决于旋翼的转速,而且取决于桨叶的桨距。调节旋翼的转速和桨距都可以达到调节拉力大小的目的。但是旋翼转速取决于发动机的主轴转速,而发动机转速有一个最佳的工作范围,因此,拉力的改变主要靠调节桨叶桨距来实现。但是,桨距变化将引起阻力力矩变化,所以,在调节桨距的同时还要调节发动机油门,保持转速尽量靠近最有利的工作转速。

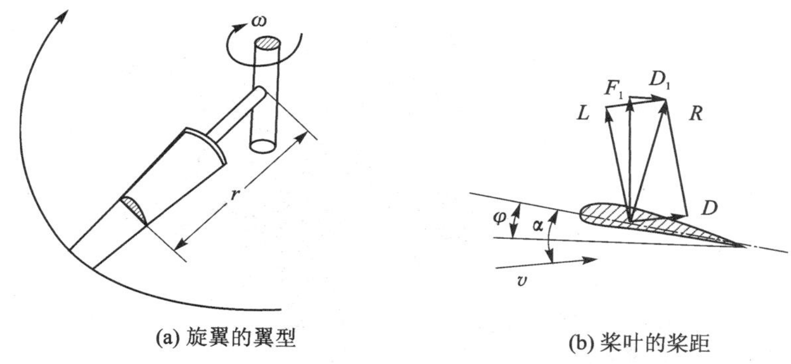

(a) 旋翼的翼型　　(b) 桨叶的桨距

图 2－72　直升机旋翼的工作原理

2.6.2　直升机的飞行性能

直升机飞行性能分为垂直飞行性能和前飞性能两类。

1. 垂直飞行性能

垂直飞行性能包括：在定常状态(作用在直升机上的力和力矩都处于平衡的、无加速度运动的状态)时，不同高度的垂直上升速度，垂直上升速度为零所对应的极限高度，为理论静升限，也叫悬停高度。这个高度是个理论值，是达不到的。因此，通常把垂直上升速度为 0.5 m/s 所对应的高度称为实用静升限，或叫实用悬停高度。

2. 直升机前飞性能

直升机前飞性能与固定翼飞机的飞行性能相似，包括：

① 平飞速度范围，指在不同高度的巡航速度、有利速度和最大速度；

② 爬升性能，指在不同高度上具有前进速度时的最大爬升率、达到不同高度所需的爬升时间及可能爬升到的最大高度(平飞升限或动升限)；

③ 续航性能，包括在不同高度的最大续航时间和最大航程；

④ 自转下滑性能，指在不同高度的最小下滑率和最小下滑角。

2.6.3　单旋翼直升机的操纵性和稳定性

1. 直升机的操纵性

直升机的操纵系统是指传递操纵指令、进行总距操纵、变距操纵和脚操纵(或航向操纵)的操纵机构和操纵线路。通过总距操纵来实现直升机的升降运动；通过变距操纵来实现直升机的前后左右运动；通过航向操纵来改变直升机的飞行方向。图 2－73 和 2－74 所示为直升机的旋翼操纵机构和尾桨操纵机构。

(1) 总距操纵

总距操纵是用来操纵旋翼的总桨距，使各片桨叶的安装角同时增大或减小，从而改变旋翼拉力的大小。当拉力大于直升机重力时，直升机就上升，反之，直升机则下降，如图 2－75(a)所示。总距操纵是通过操纵油门总距杆来实现的。旋翼总桨距改变时，旋翼的需用功率也随着改变。因此，必须相应地改变发动机的油门，使发动机的输出功率与旋翼的需用功率相匹配以保持旋翼速度不变。为减轻驾驶员负担，发动机油门操纵和总距操纵通常是交联的。改变

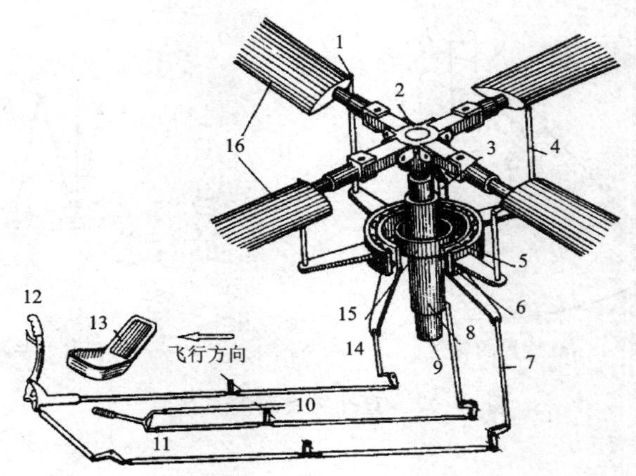

1—桨叶摇臂;2—桨毂;3—拨杆;4—变距拉杆;5—外环;6—旋转环;
7—横向操纵摇臂;8—滑筒;9—导筒;10—与发动机节气门连接;11—油门桨距杆;
12—驾驶杆;13—座椅;14—纵向操纵摇臂;15—内环;16—桨叶

图 2-73 旋翼操纵机构

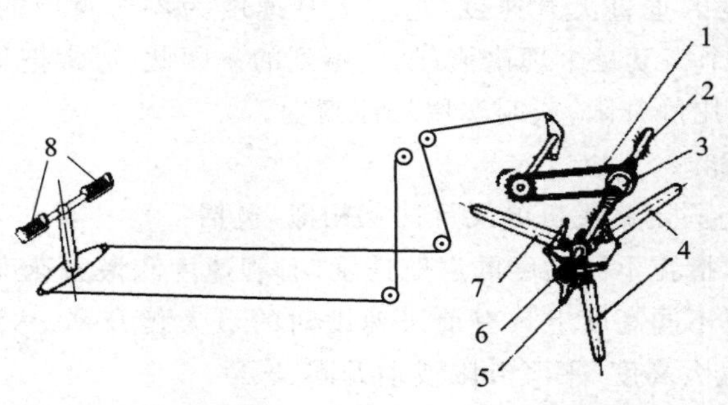

1—链条;2—滑动操纵杆;3—蜗杆套筒;4—桨叶;
5—操纵变距环;6—轴承;7—桨叶;8—脚蹬

图 2-74 尾桨操纵机构

总距时,油门开度也相应地改变。因此,总距操纵一般又称为总桨距—油门操纵。

(2) 变距操纵

变距操纵是通过驾驶员操纵驾驶杆来实现的。当操纵驾驶杆时,自动倾斜器使桨叶的桨距周期性地改变,也就是说,旋翼每片桨叶的桨距在每一转动周期(即每转一周),先增大到某一数值,然后再下降到某一最小数值,周而复始,如图 2-75(b)所示,从而使桨叶升力周期改变,并由此引起桨叶周期挥舞,最终导致旋翼锥体相对于机体向着驾驶杆运动的方向倾斜。由于拉力基本上垂直于桨盘平面,所以拉力也向驾驶杆运动方向倾斜,从而实现纵向(包括俯仰)及横向(包括滚转)运动。例如,当拉力前倾时,产生向前的分力,直升机向前运动,如图 2-75(c)所示;同理,当拉力后倾时,产生向后的分力,直升机向后运动。

(3) 脚操纵

脚操纵是用脚蹬操纵尾桨的总桨距,从而改变尾桨的推力(或拉力)的大小,实现航向操

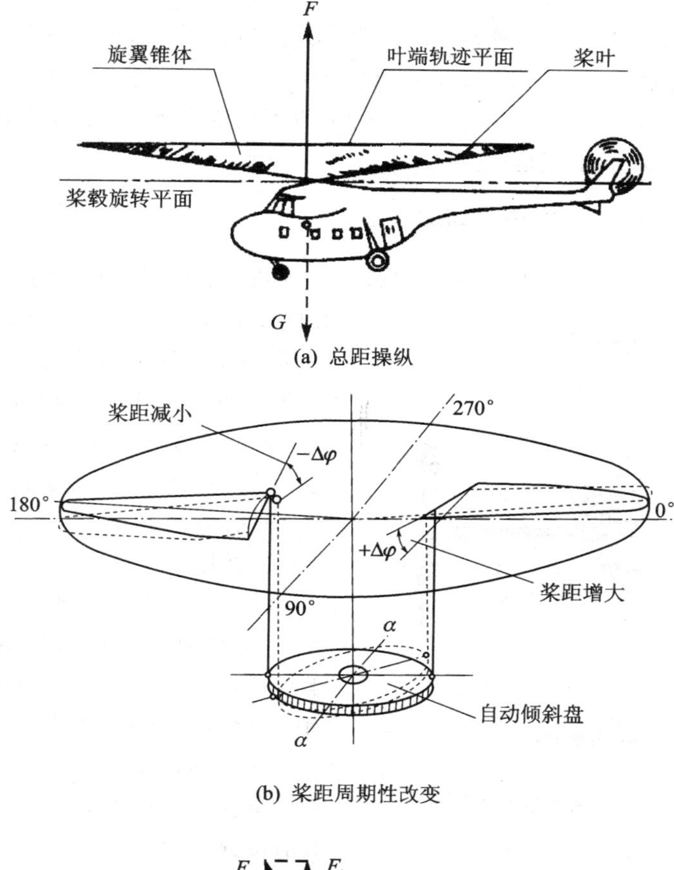

(a) 总距操纵

(b) 桨距周期性改变

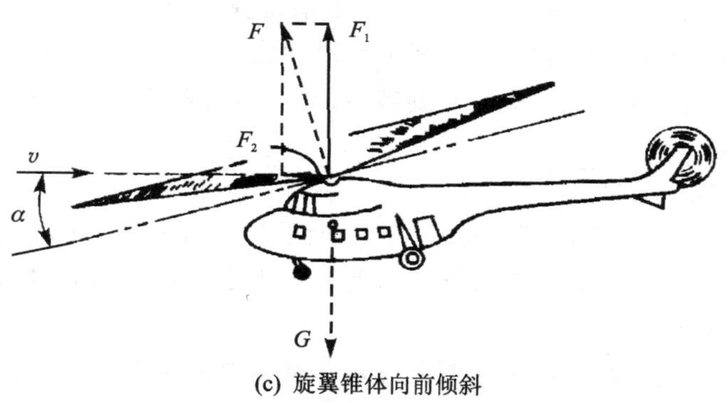

(c) 旋翼锥体向前倾斜

图 2－75　直升机的操纵

纵。当尾桨的推力(或拉力)改变时,此力对直升机重心的力矩与旋翼的反作用力矩不再平衡,直升机绕立轴转动,使航向发生改变。

直升机的操纵性是指直升机的运动状态对驾驶员操纵动作的反应能力。驾驶员通过操纵驾驶杆的纵向或横向位移,来改变自动倾斜器的倾斜角,以实现纵向和横向力矩操纵。通过操纵脚蹬的位移,来改变尾桨桨距以实现航向力矩操纵。

2. 直升机的稳定性

直升机的稳定性是指直升机受到扰动后能够自己恢复其原来状态的能力。通常分为静稳定性和动稳定性。一般情况下，直升机受到扰动后偏离原来的平衡状态，当扰动消失后，直升机的运动状态可能会出现以下四种情况：非周期衰减运动——动稳定，非周期发散运动——动不稳定，周期减幅运动——动稳定，以及周期增幅运动——动不稳定。此外，还可能有非周期中性运动和周期等幅运动。直升机的动稳定性通常不能令人满意，受到扰动后，其纵向运动和横向运动一般表现为周期增幅运动。

2.6.4 多旋翼直升机的飞行与操纵

多旋翼直升机一般是指有两个以上旋翼的直升机，目前以微小型的多旋翼无人机为主。多旋翼无人机的升力也是通过旋翼旋转产生的，但由于螺旋桨的转动主要是由电动机来驱动的，因此它的飞行与操纵主要是通过调节电机的转速来改变旋翼转速，从而实现升力的变化，并控制飞行器的姿态和飞行。下面以四旋翼直升机为例介绍一下多旋翼无人机的飞行与操纵过程。

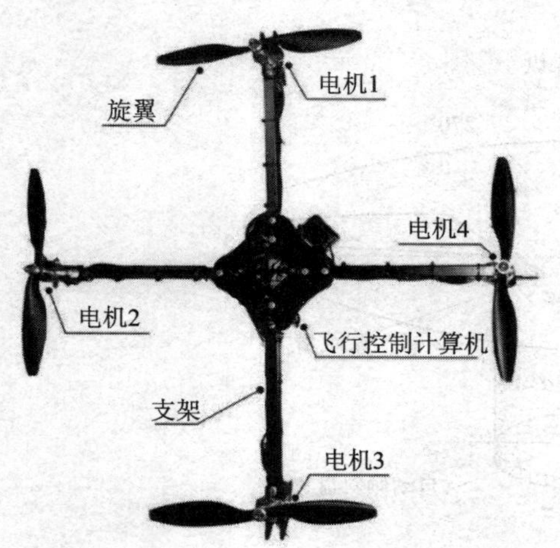

图 2-76 四旋翼的旋翼布置图

图 2-76 所示是四旋翼直升机的旋翼布置图，旋翼对称分布在机体的前后、左右四个方向，四个旋翼处于同一高度平面，且四个旋翼的结构和半径都相同；四个电机分别安装在四个支架的末端，带动旋翼旋转；支架中间的空间安放飞行控制计算机和外部设备。为了抵消旋翼在旋转时所产生的扭转力矩，因此，相互对应的两个旋翼的旋转方向相同，而相邻旋翼的旋转方向正好相反，即电机 1 和电机 3 逆时针旋转的同时，电机 2 和电机 4 顺时针旋转，因此当飞行器平衡飞行时，陀螺效应和空气动力扭矩效应均被抵消。

1. 垂直升降运动与悬停

在下面的原理分析中，规定沿 x 轴正方向为向前运动方向，y 轴正方向为向右运动方向，z 正方向为向上运动方向；并规定电机旋转时箭头朝上表示此电机转速提高，升力增大，箭头朝下表示此电机转速下降，升力减小。

同时增加四个电机的输出功率，旋翼转速增加使得总的拉力增大，当总拉力足以克服整机的重量时，四旋翼直升机便离地垂直上升，如图 2-77(a)所示；反之，同时减小四个电机的输出功率，四旋翼直升机则垂直下降，直至平稳落地，实现了沿 z 轴的垂直运动。当旋翼产生的升力等于直升机的重量时，直升机便保持悬停状态。

2. 前后、左右运动

要想实现直升机在水平面内前后、左右的运动，必须在水平面内对直升机施加一定的力。以向前运动为例，在图 2-77(b)中，增加电机 3 的转速，使升力增大，相应减小电机 1 的转速，使升力减小，同时保持其他两个电机转速不变，并使反扭力矩仍然保持平衡。此时，直升机就会朝前产生一定程度的倾斜，从而使旋翼升力产生一个水平向前的分量，实现直升机的前飞运动。

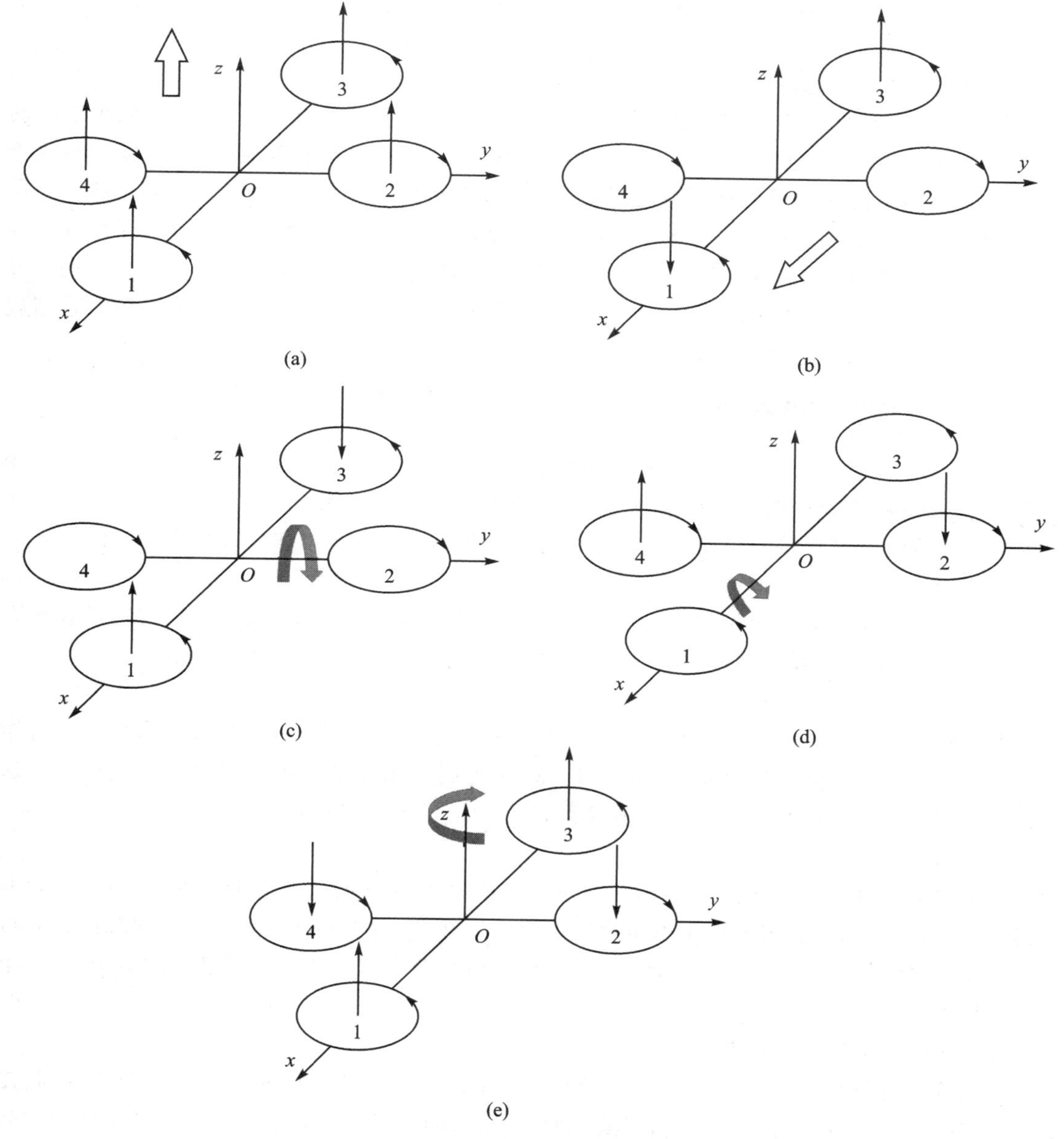

图 2-77　四旋翼直升机的飞行操纵示意图

3. 俯仰运动

在图 2-77(c)中，电机 1 的转速上升，电机 3 的转速下降，电机 2、4 的转速保持不变。由于旋翼 1 的升力上升，旋翼 3 的升力下降，产生的不平衡力矩使机身绕 y 轴旋转，直升机则向后仰；同理，当电机 1 的转速下降，电机 3 的转速上升，机身便绕 y 轴向相反的方向旋转，直升机则向往前俯，从而实现直升机的俯仰运动。

4. 滚转运动

同样，在图 2-77(d)中，改变电机 2 和电机 4 的转速，保持电机 1、3 的转速不变，则可使直升机绕 x 轴旋转，并实现往左或往右的转动，实现直升机的滚转运动。

需要注意的是,在图2-77(c)和(d)中,直升机在产生俯仰、翻滚运动的同时也会产生沿x、y轴的水平运动。

5. 偏航运动

旋翼转动过程中由于空气阻力的作用会形成与转动方向相反的反扭力矩,当四个电机转速相同时,四个旋翼产生的反扭力矩相互平衡,四旋翼直升机不发生转动;当四个电机转速不完全相同时,不平衡的反扭力矩会引起四旋翼直升机的转动。在图2-77(e)中,当电机1和电机3的转速上升,电机2和电机4的转速下降时,旋翼1和3对机身的反扭力矩大于旋翼2和4对机身的反扭力矩,此时,机身便沿着与电机1、3的转向相反的方向绕z轴转动,实现直升机的偏航运动。同理,当电机2、4的转速上升,而电机1、3的转速下降时,直升机将沿着与旋翼1、3的转向相同的方向绕z轴转动。

2.6.5 直升机的布局特点

旋翼在空气中旋转,对周围空气产生一个作用力矩,根据牛顿第三定律,空气必定以大小相等、方向相反的力矩作用于旋翼,然后传到机体上。此时如果不采取平衡措施,这个反作用力矩会使机体向旋翼旋转的相反方向旋转。为了平衡这个反作用力矩,需要采用不同的直升机布局形式。

直升机的布局形式按旋翼数量和布局方式的不同可分为单旋翼直升机、共轴式双旋翼直升机、纵列式双旋翼直升机、横列式双旋翼直升机和带翼式直升机等几种类型。

(1) 单旋翼直升机

单旋翼直升机如图2-78(a)所示。它是由一副旋翼产生升力,用尾桨来平衡反作用力矩的直升机。为了实现方向操纵及改善稳定性,在机身尾部还安装了水平尾翼和垂直尾翼。这种直升机构造简单,应用最为广泛,但尾桨要消耗7%~10%的功率。

(2) 共轴式双旋翼直升机

共轴式双旋翼直升机如图2-78(b)所示。它是由两副旋翼沿机体同一立轴上下排列并绕其反向旋转,使两副旋翼反作用力矩相互抵消的直升机,简称共轴式直升机。共轴式直升机结构紧凑、外廓尺寸小,但升力系统较重,操纵机构较复杂。共轴式双旋翼已成功地用于中、小型直升机上。

(3) 纵列式双旋翼直升机

纵列式双旋翼直升机如图2-78(c)所示。它是由两副旋翼沿机体纵轴方向前后排列,反向旋转,使两副旋翼的反作用力矩相互抵消的直升机,简称纵列式直升机。为了减少两旋翼间相互干扰,后旋翼安装位置较前旋翼稍高。纵列式直升机机身较长,使用重心变化范围较大,但其传动系统和操纵系统复杂,前飞时后旋翼气动效率较低。

(4) 横列式双旋翼直升机

如图2-78(d)所示,它是由两副旋翼沿机体横轴方向左右排列,反向旋转,使两副旋翼的反作用力矩相互抵消的直升机,简称横列式直升机。一般横列式直升机带机翼,左、右旋翼对称地布置在机翼构架上。横列式直升机前飞性能较好,但其构造复杂,结构尺寸大,重量效率低。

(5) 带翼式直升机

带翼式直升机如图2-78(e)所示。它安装有辅助机翼,前飞时辅助机翼提供部分升力使旋翼卸载，从而提高了飞行速度，增加了航程，飞行性能也得到了改善。苏联重型直升机米 6 即为这种直升机，巡航飞行时旋翼卸载约为总升力的 20%，最大飞行速度接近 300 km/h。

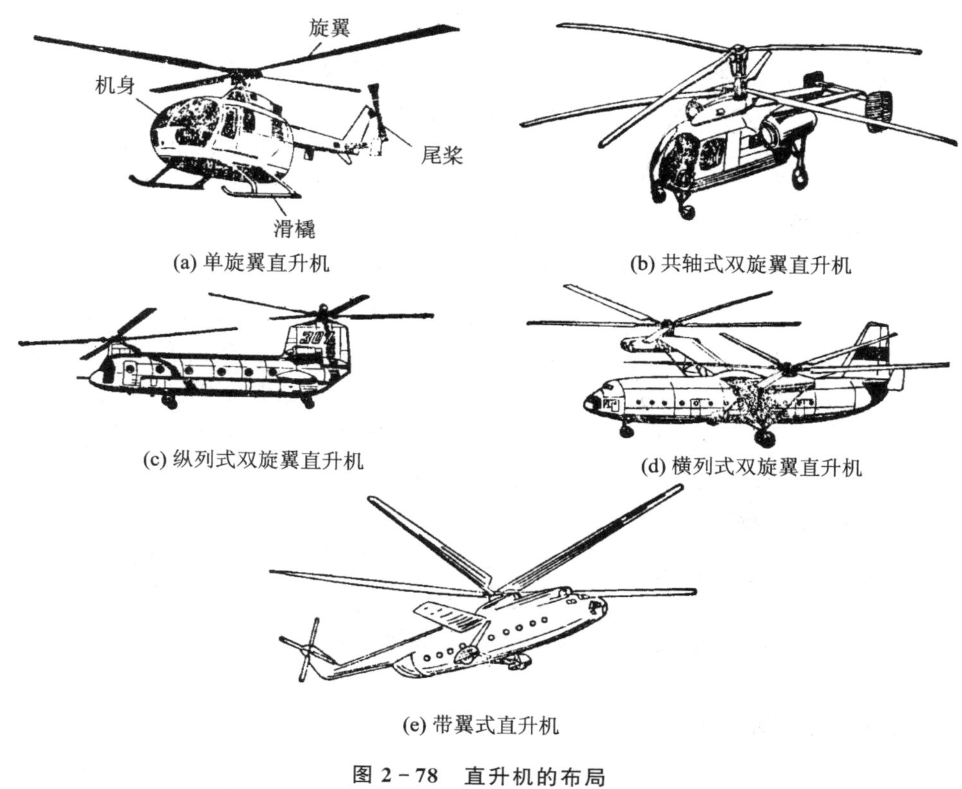

(a) 单旋翼直升机　(b) 共轴式双旋翼直升机

(c) 纵列式双旋翼直升机　(d) 横列式双旋翼直升机

(e) 带翼式直升机

图 2-78　直升机的布局

2.7　航天器飞行原理

航天器在空间航行的轨迹称为轨道。航天器由运载火箭发射升空到完成全部飞行任务顺利返回的整个过程，通常包括发射入轨段、在轨运行段和返回再入段，相应地有发射轨道、运行轨道和返回轨道。航天器在轨道运行段完成航天飞行的全部飞行任务，在轨道运行段飞行的航天器，绝大部分时间是在地球引力作用下的无动力惯性飞行，本质上它与自然天体的运动一致。因此，研究航天器的运动可用天体力学的方法。

2.7.1　天体运动规律

1. 开普勒三大定律

几个世纪以来，天文观测者一直面临着如何解释天体运动的挑战。亚里士多德认为圆周运动是唯一的合乎自然的完美的运动，因此天体必定做圆周运动。而德国天文学家开普勒根据丹麦天文学家第古・布拉赫(Tycho Brache)多年观测积累的资料，发现这种理论与观察存在着差异，通过大量的理论计算与归纳总结，于 1609－1619 年先后提出了具有划时代意义的开普勒(Kepler)三大定律。

第一定律(椭圆定律):所有行星绕太阳的运行轨道都是椭圆,而太阳则位于椭圆的一个焦点上。

第二定律(面积定律):在相等的时间内,行星与太阳的连线所扫过的面积相等。

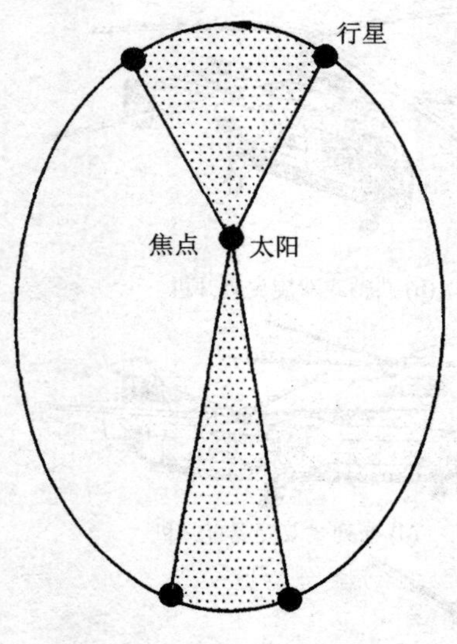

图 2-79 开普勒定律说明图

第三定律(调和定律):行星运动周期的平方与行星至太阳的平均距离的立方成正比,即行星公转的周期只和半长轴有关。

对开普勒三大定律的说明如图 2-79 所示,它描述了行星运动所遵循的规律,该定律同时也适用于航天器绕地球的运动,因此至今仍被广大天文工作者及从事航天事业的科技人员所应用。

如果把卫星看作行星,地球看作太阳,那么开普勒定律也适用于卫星运动,因而有以下的运动规律。

① 卫星的运行轨道是个椭圆,地球在它的一个焦点上。不论向哪个方向发射卫星,卫星轨道一定通过赤道,轨道面通过地心。

② 卫星和地心连线在同一时间内扫过的面积相等。也就是说,卫星的速度在近地点处最大,在远地点处最小。

③ 卫星运行的周期只和半长轴有关。无论是椭圆轨道还是圆形轨道,只要半长轴相同,周期也相同。

2. 轨道方程与宇宙速度

(1) 航天器的轨道方程

根据万有引力定律和牛顿第二定律可以推导出航天器的运行轨道方程是圆锥曲线(二次曲线)。

圆锥曲线的一般方程为

$$r=\frac{p}{1+e\cos f} \tag{2-16}$$

圆锥曲线是由具有恒定的 r/d 比值的点构成的曲线,如图 2-80 所示。式中,r 是圆锥曲线的任意一点到一给定点(焦点)的距离;d 是这一点到一条给定直线(准线)的最小距离;恒定比值 $e=r/d$ 为圆锥曲线的偏心率;p 为半正焦距或半通径;f 为矢量 r 与焦点至近心点之间连线的夹角,叫真近点角。

在上面的方程中,可由偏心率的大小确定圆锥曲线的类型:$e=0$ 时,$r=p$,圆锥曲线为圆;$0<e<1$ 时,为椭圆;当 $e=1$,且 $f=180°$ 时,$r\to\infty$,此时圆锥曲线为抛物线;当 $e>1$ 时,为双曲线,如图 2-81 所示。圆锥曲线有几种类型,就意味着航天器运动轨道有几种类型。

行星在太阳系中运动时,其中心引力为太阳引力,并以太阳为焦点,这就是开普勒第一定律。航天器在地球引力场中运动时,地球即为轨道的一个焦点,r 为航天器的地心距,近心点即为近地点,远心点即为远地点。

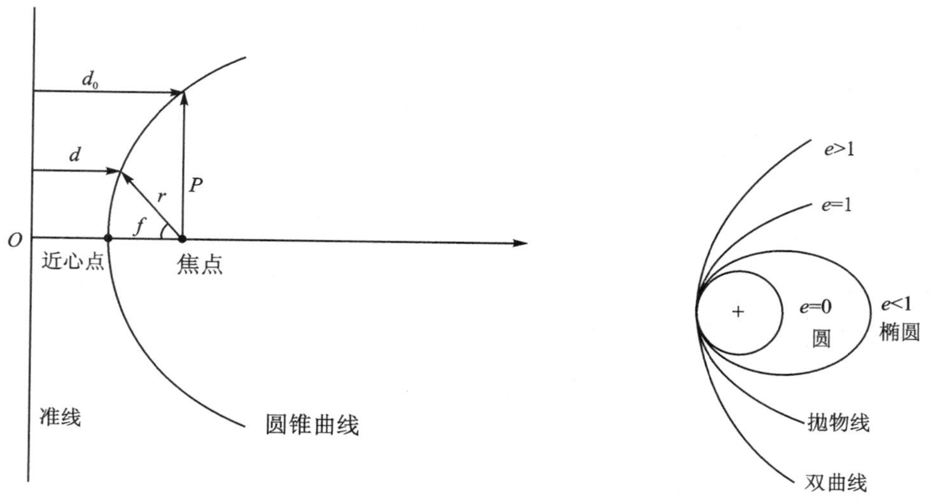

图 2－80　一般圆锥曲线　　**图 2－81　*e* 不同时航天器轨道的类型**

卫星绕地球运动的轨道多为椭圆轨道(圆轨道是椭圆轨道的特例),它是一条闭合的轨道。而抛物和双曲轨道是非闭合轨道,它们可延伸到无穷远,因此是脱离地球引力飞向太阳系,乃至脱离太阳引力,飞离太阳系的运行轨道。

(2) 宇宙速度

假设航天器沿着圆轨道运动,r 为轨道半径(地心距),航天器在此圆轨道上绕地球运动所需的速度为 v,则航天器的运动速度可根据地球引力和离心力平衡的原理进行计算。地球引力的加速度为 μ/r^2,其中 μ 为地球引力常数,其值为 $3.986\ 005\times10^{14}\ \mathrm{m^3/s^2}$;离心加速度可表示为 v^2/r。当两者相等时,这个速度正是圆轨道的条件。所以圆轨道速度为

$$v=\sqrt{\mu/r} \tag{2-17}$$

根据开普勒第三定律,轨道周期 T 的表达式为

$$T=2\pi\sqrt{a^3/\mu} \tag{2-18}$$

式中,a 为轨道的半长轴,对于圆轨道 $a=r$。当卫星的轨道周期等于地球自转周期时,可以计算出它的轨道半径,这就是地球同步轨道。

在圆轨道速度(2－17)的计算公式中,轨道半径取地球半径时,得到圆轨道速度为 7.91 km/s,这一速度称为第一宇宙速度。它是从地面发射航天器时,使其环绕地球运动所需的最小速度。若发射速度小于这个数值,卫星就不能绕地球飞行;当卫星速度大于这个值时,就能进入绕地球飞行轨道,当速度大于 11.18 km/s 时,就达到从地球表面的逃逸速度,因而这个速度称为第二宇宙速度,地面物体获得这一速度就能沿一条抛物线轨道脱离地球。地球上航天器要飞出太阳系,需要的速度为 16.6 km/s,这个速度称为第三宇宙速度,航天器利用地球公转速度再获得这一速度,就可沿双曲线轨道飞离地球;最终飞出太阳系。表 2－4 列出了不同高度的圆轨道速度、发射速度和逃逸速度。

表 2-4　不同高度的圆轨道速度、发射速度和逃逸速度轨道高度

轨道高度/km	圆轨道速度/(km·s^{-1})	轨道周期	发射速度/(km·s^{-1})	逃逸速度/(km·s^{-1})
0	7.91	1 h 24 min 29 s	7.91	11.18
500	7.61	1 h 34 min 37 s	8.19	10.77
1000	7.35	1 h 45 min 7 s	8.42	10.39
无穷大	0	—	11.2	—

图 2-82 所示为飞行器的轨道和发射速度的关系。

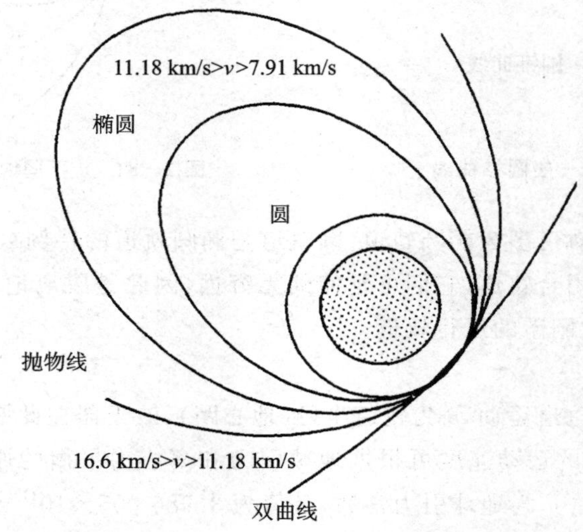

图 2-82　飞行器的轨道和发射速度的关系

2.7.2　航天器轨道

1. 轨道要素

通常称中心重力场内的被动运动(即无动力飞行)为开普勒运动。而把椭圆轨道、抛物线轨道和双曲线轨道统称为开普勒轨道。要确定航天器运行轨道在任意时刻的位置和速度,就需要用轨道要素来描述。描述航天器开普勒轨道的6个要素是:

① 轨道半长轴 a;

② 轨道偏心率 e;

③ 轨道倾角 i;

④ 升交点赤经 Ω;

⑤ 近地点幅角 ω;

⑥ 过近地点时刻 t。

轨道的形状(圆或椭圆)和大小可以用 a 和 e 两个量表示。偏心率 e 决定了轨道的形状,e 为0时,轨道为圆形;e 小于1时,轨道为椭圆形;e 等于1时,轨道呈抛物线。e 越接近1,椭圆形状越扁。轨道大小则由半长轴 a 来表示,a 越大,椭圆越大,卫星飞行一圈的时间越长。

轨道倾角 i 是轨道平面与地球赤道平面的夹角，i 的度量是顺着卫星运行方向从赤道量到轨道，或从地轴的北极方向量到轨道的正法线方向，如图 2-83 所示。$i=0°$时，表示轨道面和赤道面重合，因而称为赤道轨道；当 $i=90°$时，轨道面通过南北两极，称为极轨道；当 $i>90°$时，卫星运动方向和地球自转方向相反，称为逆行轨道。

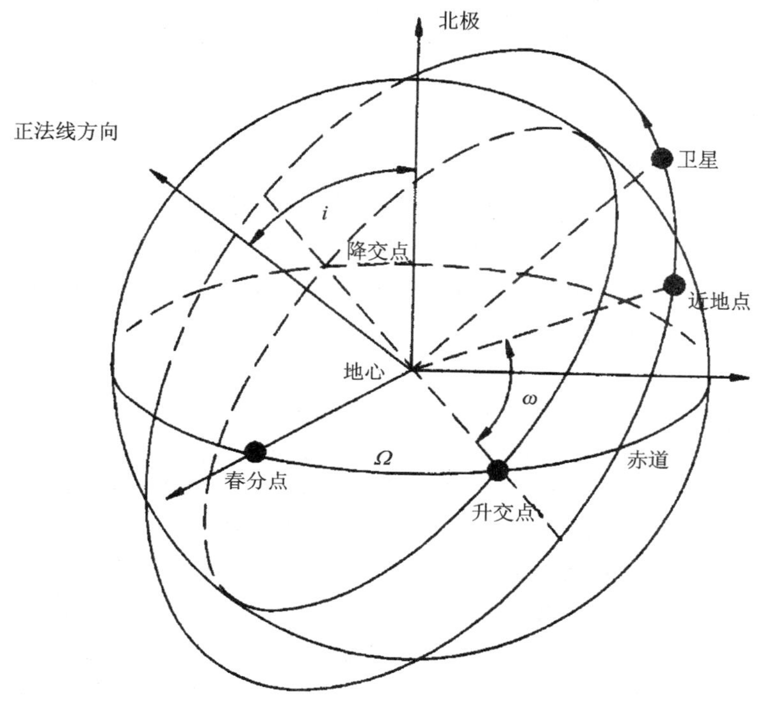

图 2-83　轨道要素图

当 $i\neq0°$时，轨道和赤道有两个交点：卫星由南向北经过赤道时的一点叫升交点；与之相反，卫星由北向南经过赤道的一点叫降交点；在地球绕太阳公转时，在地球上看太阳的视运动，太阳从地球的南半球进入北半球时，穿过赤道的那一点为春分点。由春分点沿赤道向东度量到升交点的这一段弧线叫升交点赤经，用 Ω 表示。i 和 Ω 共同决定了轨道平面在空间的方位。

近地点幅角 ω 决定了轨道在轨道平面内的摆放位置，或者说近地点（或远地点）在轨道平面的位置，它决定了半长轴的方向。该角是从升交点沿卫星飞行方向量到近地点。

卫星轨道在空间的位置完全确定后，要知道什么时候卫星飞行到轨道的什么位置，这就需要过近地点的时刻 t 来描述。用这个时刻作为卫星在轨道上的起算时刻，通过计算可得出卫星在某一时刻到达轨道上的哪个位置。

通过以上 6 个要素，即可完全确定航天器运行轨道在空间的形状、方位以及航天器任一时刻在轨道上的位置。

2. 地球轨道

地球轨道又称卫星轨道，是指从运载火箭与卫星分离开始，到卫星返回地面前为止，卫星质心的运动轨迹。它取决于星、箭分离点的位置和速度，为一开普勒轨道。根据分类不同和卫星承担的任务的不同,卫星轨道可分为多种。

(1) 圆轨道和椭圆轨道

不同的轨道高度有不同的圆轨道速度,如表2-4所列中1 000 km高的轨道,如果入轨速度正好是7.35 km/s,而且入轨速度方向和当地水平线平行,就可以形成圆轨道。入轨速度大小和方向,这两个条件只要有一个不满足,就形成椭圆轨道,严重的还不能形成轨道,而进入大气层陨毁。因此,实际运动中的卫星轨道没有一条是偏心率正好等于0的圆轨道。但是为了设计和计算上的方便,把偏心率小于0.1的轨道近似地看作圆轨道或近圆轨道,除此之外,都是椭圆轨道。

(2) 顺行轨道和逆行轨道

轨道的顺行和逆行是以卫星飞行方向来区分的。从北极看,凡卫星飞行方向和地球自转方向相同的轨道,就是顺行轨道,与此相反的叫逆行轨道。顺行轨道的轨道倾角小于90°;逆行轨道的倾角大于90°。从运载火箭发射方向看,凡向东北或东南方向发射的卫星,形成的轨道将是顺行轨道;而向西北或西南方向发射的卫星将形成逆行轨道。

(3) 地球同步轨道

地球自转一周的时间是23 h 56 min 4 s,运行周期与它相同的顺行轨道就是地球同步轨道。对地面上的观察者来说,每天相同时刻卫星会出现在相同的地方。如果这种轨道是倾角为0的圆轨道,则在地面上的人看,在这种轨道上运行的卫星是静止不动的,所以称为地球静止轨道,在地球静止轨道上运行的卫星为静止卫星。静止卫星距地面35 786 km,飞行速度为3.07 km/s。地球静止卫星轨道是地球同步轨道的特例,它只有一条。地球静止轨道的精度要求很高,稍有偏差卫星就会漂离静止位置,因此要求卫星必须具有轨道修正能力。

地球静止轨道广泛应用于通信卫星、广播卫星、气象卫星、数据中继卫星等方面。一颗静止卫星可以覆盖地球表面约40%的面积,因此有3颗卫星就能覆盖全球(除两极地区)。

(4) 太阳同步轨道

轨道面在空间不是固定不动的,它绕地球自旋轴转动,当转动的角速度(方向和大小)和地球公转的平均角速度一致(每年360°)时,这样的轨道称为太阳同步轨道。

太阳同步轨道的倾角大于90°,即它是一条逆行轨道,运载火箭需向西北或西南方向发射。因为是逆着地球自转方向发射,所以发射同样重量的卫星要选用推力较大的运载火箭。由理论推算知,当倾角达到最大(180°)且是圆轨道时,太阳同步轨道的高度不会超过6 000 km。

太阳同步轨道上运行的卫星,以相同方向经过同一纬度的当地时间是相同的。例如,当卫星由南向北经过北纬40°上空时为上午8点(当地时间),那么以后卫星只要是同一方向飞过这个地方的时间都是当地时间上午8点。因此,只要选择好适当的发射时机,就可以使卫星飞过指定地区时始终有较好的光照条件,并且卫星在这些区域的上空始终处在太阳光的照射下,这时太阳能电池可以充足供电而不会中断。对地观测卫星(如气象卫星、地球资源卫星、侦察卫星)要求拍摄清晰的地面目标图像,因此一般都采用太阳同步轨道。

(5) 极轨道

轨道倾角在90°附近的轨道叫极轨道。在这种轨道上运行的卫星每圈都经过南北两极,气象卫星、导航卫星、地球资源卫星常采用这种轨道,以便俯瞰包括两极在内的整个地球表面,实现全球覆盖。

(6) 回归轨道

卫星在轨道上飞行时，投影到地球的点(当不考虑地球的扁率时，卫星与地心的连线与地球表面的交点)叫星下点，随着卫星在空间的运动和地球自转，使得星下点的位置在地面不断移动，形成星下点轨迹。对于星下点轨迹周期性重复的轨道称为回归轨道。在回归轨道上飞行的卫星，每经过一个周期(几小时、几天或几周)，卫星依次重新经过各地上空，这样可对卫星覆盖区进行动态监视，以发现这一段时间内被观测区域内目标的变化。如果结合回归轨道和太阳同步轨道设计成太阳同步回归轨道，则对监视某一区域的军事目标、自然灾害等将非常有利。

3. 月球轨道和星际航行轨道

(1) 月球轨道

月球轨道是指能够让物体环绕月球运行的轨道，对于航天器来说，是指从地球出发到达环绕月球飞行或登陆月球过程中其质心的运动轨迹，前者称为环月轨道，后者称为登月轨道。月球探测器采用的是环月轨道，登月飞船和登月探测器需要采用登月轨道。

图 2-84 所示为中国第一颗月球探测卫星"嫦娥"1 号的环月飞行过程。2007 年 10 月 24 日，"嫦娥"1 号从西昌卫星发射中心由"长征"3 号甲运载火箭成功发射升空。"嫦娥"1 号卫星经历了从地球轨道、地月转移轨道和环月轨道 15 天的漫长征程，于 11 月 7 日正式进入环月工作轨道。其具体飞行过程是：卫星发射后，首先在地球轨道上运行，在这个过程中一共经历了 4 次变轨(其中包括 1 次远地点变轨和 3 次近地点变轨)，每变轨一次，卫星的速度就产生一个增量，直到加速到大约 10.92 km/h，卫星脱离地球进入地月转移轨道。当"嫦娥"1 号到达距月球 200 km 位置时，需要进行减速制动。3 次近月制动后卫星进入周期为 127 min，环绕月球南、北极，高度 200 km 的极月圆形环月工作轨道，正式成为环绕月球飞行的一颗卫星。

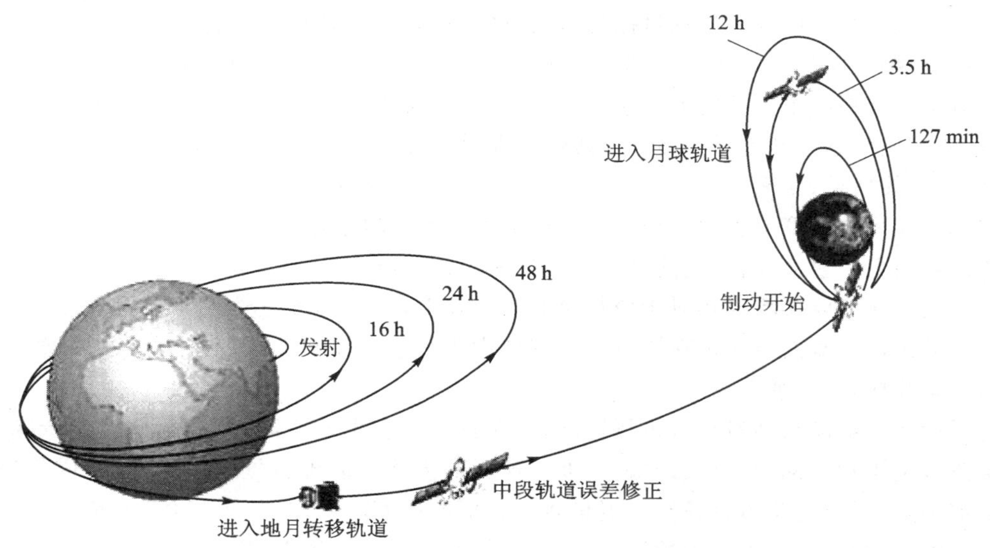

图 2-84　"嫦娥"1 号卫星的奔月过程

"嫦娥"1 号卫星的成功发射为中国登月计划奠定了基础，也是中国成功迈出登月计划的第一步。

图 2-85 为常用的一种环月登月轨道。其飞行过程是：首先将航天器发射到环绕地球的

停泊轨道,然后根据停泊轨道的实际轨道参数,选择时机将航天器送入相对于地球的大椭圆过渡轨道。当航天器飞到月球引力范围内时,将进入点的速度换算成相对于月球的速度,此速度一般已超过月球的逃逸速度,若不加以控制,航天器将沿着双曲线轨道飞越月球或在月球上硬着陆。为了使航天器进入环月轨道,必须对航天器进行减速,当减速到等于月球的环绕速度时,进入环月飞行轨道。航天器在这一轨道上环月飞行一段时间后,在环月轨道上启动制动火箭,离开环月轨道向月面降落,并利用减速装置和缓冲装置实现软着陆。美国"阿波罗"号载人飞船和中国的"嫦娥"3 号月球探测器都是采用的这种轨道。

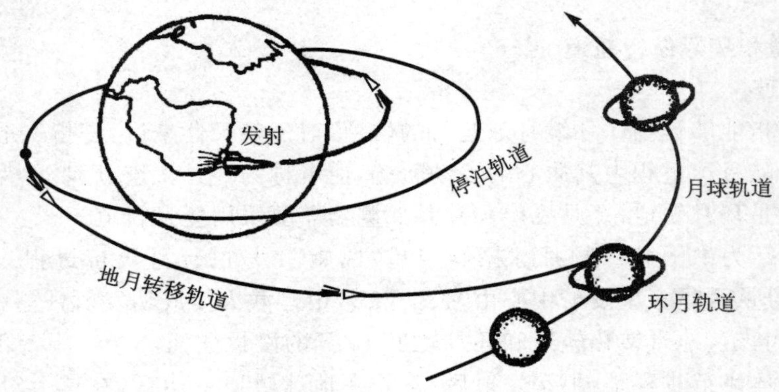

图 2-85　环月登月轨道

(2) 行星际航行轨道

航天器脱离地球引力进入太阳系航行,称为行星际航行,若脱离太阳系引力到恒星际航行,称为星际航行。目前人类的星际航行仅限于在太阳系内的行星际航行。

行星际航行轨道可分为靠近目标行星飞行的飞越轨道、环绕目标行星飞行的行星卫星轨道、在目标行星表面着陆的轨道、人造行星轨道(日心轨道)和飞离太阳系轨道。

发射探测行星或太阳的航天器时,一般先要进入绕地球飞行的停泊轨道。在这一轨道上飞行时,测控站计算飞向行星的最佳路线和出发时间,然后,航天器加速,以相对于地球的逃逸速度,沿双曲线轨道,脱离地球引力作用,进入日心轨道,成为人造行星。此时,航天器相对于地球的逃逸速度应换算成相对于绕太阳飞行的人造行星轨道速度。

航天器沿日心轨道飞行,到达某个行星的引力作用球边界(行星的引力作用范围)时,航天器的日心轨道速度要换算成相对于该行星的飞行速度,这个速度也达到了对应于该行星的逃逸速度。航天器以双曲线轨道在该行星作用球内飞行。如果双曲线轨道和行星相遇,则航天器将与行星相撞,产生硬着陆。

为了使航天器能长期对行星进行探测,或在行星上实现软着陆,就必须使航天器减速,达到围绕该行星飞行的椭圆(或圆)轨道速度。这样航天器就能被行星引力场捕获,成为该行星的人造卫星,它运行的轨道就是行星卫星轨道。根据任务需要,航天器也可进行轨道机动或降低轨道高度,以利于在航天器上拍摄行星照片,或向行星上释放小型着陆舱等。

如果要在行星上着陆,可先从航天器上分离着陆舱,着陆舱脱离行星卫星轨道,向着行星表面飞行。此后,启动着陆舱上的动力减速装置或利用行星大气阻力减速,最终实现在行星上软着陆。着陆过程中和着陆后的探测数据可通过在行星卫星轨道上运行的航天船,将数据发回地球。

图 2-86 是中国第一颗火星探测器“天问”1 号航行轨道示意图。“天问”1 号的飞行过程主要包括发射、地火转移、火星捕获、火星停泊、离轨着陆和科学探测六个阶段。2020 年 7 月 23 日“天问”1 号在海南文昌发射成功，在经历了地火转移段长达 202 天的飞行后，于 2021 年 2 月 10 日实施近火捕获制动，顺利进入近火点高度约 400 km，远火点高度约 180 000 km 的捕获轨道，成为我国第一颗人造火星卫星。

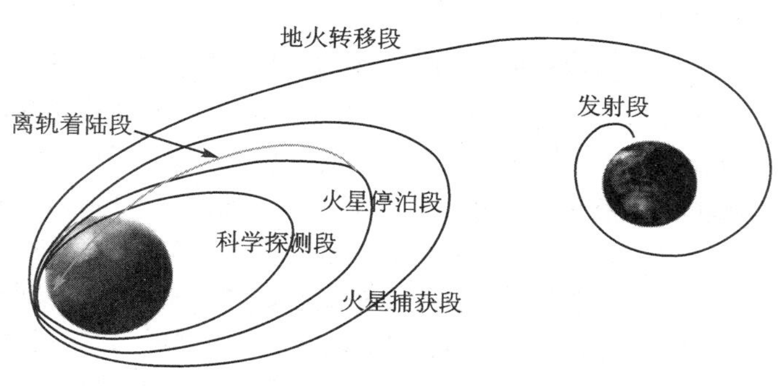

图 2-86　“天问”1 号飞行轨道示意图

“天问”1 号进入捕获轨道后，随后调整至停泊轨道，并择机降轨释放着陆巡视器。着陆巡视器分离后，“天问”1 号的环绕器再次升轨回到停泊轨道，为地球和着陆器提供中继通信服务，并搭建起沟通交流的桥梁。最后环绕器再次降轨进入科学探测轨道，对火星轨道空间及火星表面开展科学探测。

图 2-87 为“天问”1 号着陆器自主着陆过程示意图。着陆器进入火星大气层后，依次完成迎角配平、降落伞开伞、大底分离、背罩分离、动力减速、悬停、避障及缓速下降、着陆缓冲等

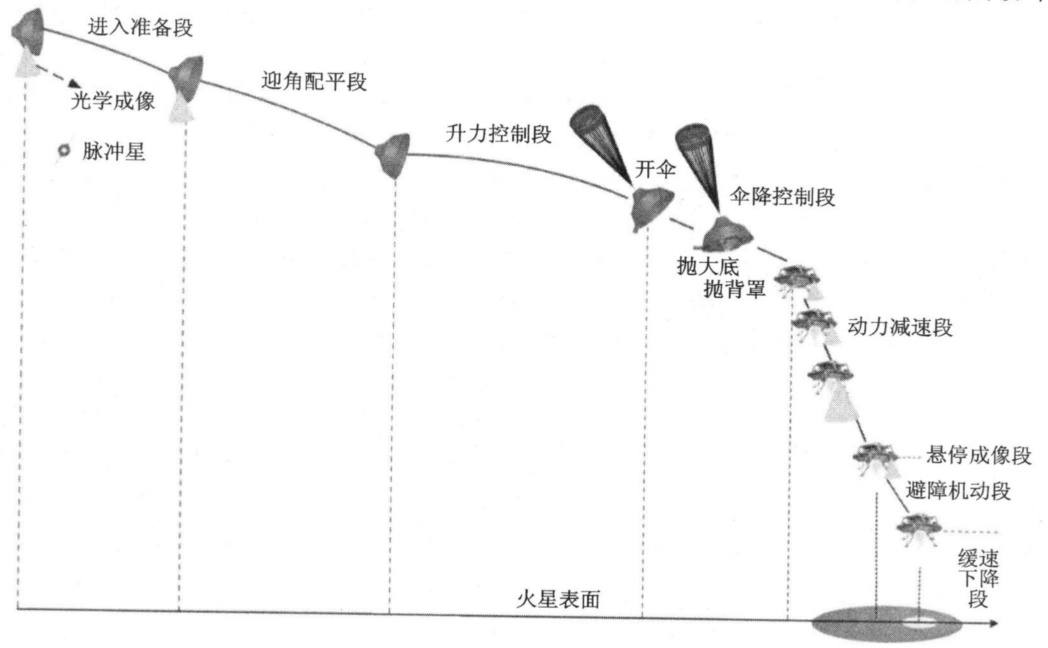

图 2-87　火星精确定点自主着陆示意图

阶段,最后软着陆在火星表面。

如果航天器需要飞离这颗行星,也可利用行星引力场助推(即当航天器在行星的背阳面飞行时,航天器的速度将增加),使航天器进一步加速,航天器将掠过这颗行星,飞向另外一颗行星,甚至经过几次引力场助推后,航天器可获得脱离太阳系的速度,飞离太阳系。

4. 轨道摄动和轨道机动

(1) 轨道摄动

前面所讨论的航天器运动规律(开普勒轨道)仅受到圆形地球中心引力的作用,而忽略了太阳引力、月球引力、其他天体引力、大气阻力、太阳光辐射压力等对航天器运动的影响。由于这些力远小于地心引力,故将这些力统称为干扰力或摄动力。

考虑摄动力作用所得到的航天器运动轨道与不考虑摄动力所得到的(理想)轨道之间存在着偏差,可把摄动力对航天器轨道的影响称为轨道摄动。

摄动力和地球引力相比虽然很小,但仍然会使卫星偏离开普勒轨道。摄动力为零时,6个轨道要素为常数,卫星运动轨道保持开普勒轨道;摄动力不为零时,轨道要素是随时间变化的。为了使轨道保持在设计允许的范围内,必须使卫星克服摄动,实现轨道保持。

轨道摄动有两种形态,一种叫作长期摄动(轨道要素总是朝同一方向变化的摄动),另一种叫作周期摄动(轨道要素的数值有时增加,有时减小,并在某一平均值附近摆动)。周期摄动又分短周期摄动(摄动周期很短,才几个小时)和长周期摄动(摄动周期很长约几十天甚至一年以上)两种类型。

下面对几种摄动力对航天器运行轨道所造成的摄动结果加以描述。

1) 大气阻力摄动

大气阻力直接影响近地轨道卫星和空间站的轨道寿命。而大气阻力又与大气密度、卫星相对于大气的运动速度、卫星的大小、质量和形状有关,因而很难精确计算卫星的轨道寿命。由于大气密度随高度的增加而迅速减小,故大气摄动对航天器轨道的影响也随着运行高度的增加而迅速减小。高度在160 km的卫星,其寿命只有几天甚至几圈。对空间站等需长期运行的近地轨道航天器,要定期施加推力,提高轨道高度,保证在完成任务前不致陨落。图2-88所示为大气层对航天器轨道的影响。

图2-88 大气阻力摄动的影响

2) 地球扁率摄动

由于地球不是圆球体,其内部密度分布也不均匀,因此地球各处对卫星的引力也不相同,因此存在着地球形状摄动。其中,地球赤道隆起处对卫星运动的影响最大,这就是地球扁率摄动,它是地球形状摄动的主要部分。在这一摄动下,卫星轨道是一个随时都在变化的椭圆,其主要特征是升交点会沿着赤道移动;近地点会沿着轨道移动。地球扁率还会使地球静止轨道卫星从静止位置向东漂移,赤道扁率使卫星在经度方向摆动。因此,地球静止轨道卫星必须具有轨道修正能力,来消除各种摄动力引起的漂移。

3) 天体引力摄动

研究航天器绕地球中心运动时,地球引力是主要力,但其他天体(如太阳、月亮)与航天器之间也存在万有引力。这些引力会对航天器轨道产生摄动。对近地卫星可以忽略太阳和月亮引力的摄动；但对高轨道卫星，特别是地球同步轨道卫星，太阳和月球引力产生的影响较为显著。在2万千米以上的高空，太阳和月球引起的摄动仍小于地球扁率引起的摄动。在5万千米以上的高空，它们的摄动就超过了地球扁率引起的摄动。

太阳和月球摄动影响的大小主要取决于航天器轨道的形状、轨道平面的位置和轨道长半轴相对于地球—月球以及地球—太阳连线的位置。例如，对于10万千米的圆轨道，航天器每运行一圈，由于受月球摄动的影响，轨道周期将增加290 s，航天器前移570 m，横移130 m，轨道平面转动4′10″。对于很扁的椭圆轨道，在轨道远地点的摄动最为严重。这是因为远地点距离地球最远，而距月球最近，同时远地点轨道速度较小，因此摄动对其影响就更为显著。

4）太阳辐射压力摄动

在量子力学中，光被看作光子流，它具有一定的动量。光子流作用在卫星表面，形成光压。太阳光压对航天器轨道引起的摄动大小与光压强度、卫星表面积成正比，与卫星质量成反比。当轨道高度高于800 km时，太阳辐射压力摄动对大而轻的卫星或带有大型太阳电池翼的卫星的作用较为显著。在太阳光压的长期作用下，会引起轨道半长轴、偏心率、倾角以及卫星姿态的变化。当卫星运行到地球阴影区时，太阳光被地球挡住，太阳辐射压力就消失了。

（2）轨道机动

航天器在控制系统作用下可以按人们的要求使轨道发生改变，也就是说航天器可以从某一已知的轨道运动改变为另一条要求的轨道运动，这种有目的的轨道变动，称为轨道机动。轨道可以改变是人造天体与自然天体的最大不同。

航天任务常要求航天器从高轨道转移到低轨道，或从低轨道转移到高轨道，这要依靠轨道机动；当两个航天器交会与对接，或要求军用航天器移动到特定区域执行对地观测任务时也要依靠轨道机动；消除摄动因素对轨道的影响和消除入轨点运动参数偏差的影响同样也离不开轨道机动。因此轨道机动包括轨道改变、轨道转移、轨道交会、轨道返回、轨道保持和修正等多个方面。轨道机动要求航天器具有喷气推力装置的轨道机动系统或轨道控制系统。轨道机动所需的推力由动力装置提供，通常采用可以多次点火启动的火箭发动机。

1）轨道改变

当初轨道与终轨道相交（或相切）时，在交点（或切点）施加一次冲量，即可实现航天器由原初轨道转入终轨道，这种情况称为轨道改变。在发射卫星后，经常会需要改变轨道平面的方向，即改变轨道倾角。这是因为卫星的原轨道基本上是运载火箭和卫星分离时的轨道，它与最终轨道可能不在同一平面内。要改变轨道倾角，就需要改变速度矢量的方向，因此需要给航天器一个推力冲量来改变轨道，如图2-89所示。轨道改变依赖于速度的改变，为了减小能量的消耗，在远地点进行轨道机动是比较经济的。

2）轨道转移

当初轨道与终轨道不相交或不相切时，至少要施加两次推力冲量才能使航天器由初轨道进入终轨道，这种情况称为轨道转移。连接初轨道和终轨道的中间轨道，称为过渡轨道或转移轨道。若转移前后的轨道在同一平面内，称为共面转移；若转移后改变了轨道倾角，称为非共面转移。发射地球同步卫星、发射月球或行星探测器都要使用轨道转移技术。通常情况下，两个不同高度的同心圆轨道之间最省能量的转移，称为霍曼转移，用于转移的轨道称为霍曼转移轨道，如图2-90所示。霍曼转移需要进行两次加速，第一次加速是从较低的初轨道转移到较大的椭圆形轨道,加力点在椭圆轨道的近地点(切点 A),第二次加速是在椭圆轨道的远地点(切点 B),使椭圆轨道进一步转移到远地点高度上的圆形终轨道。

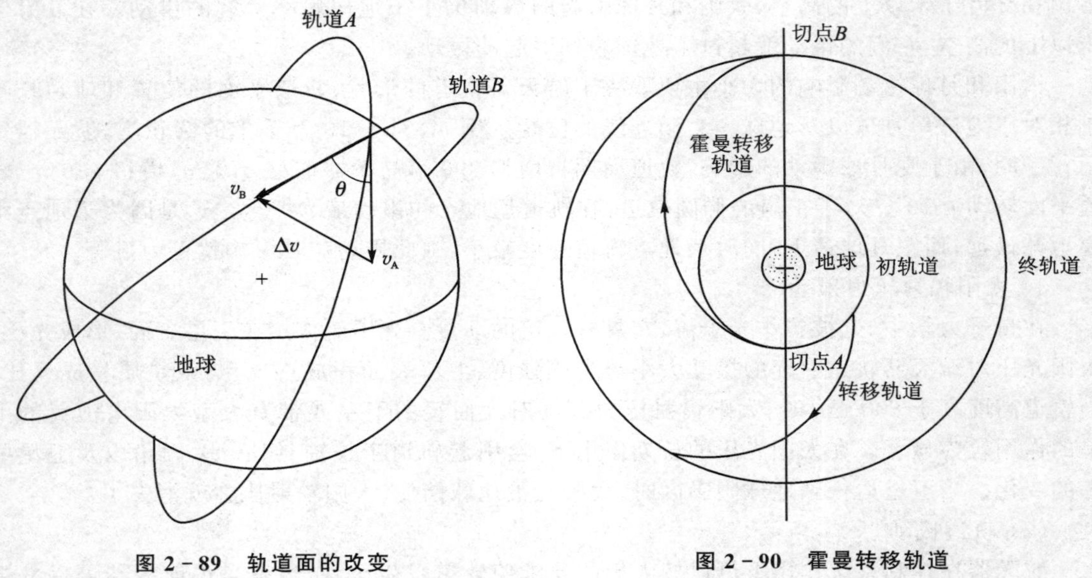

图 2-89 轨道面的改变　　图 2-90 霍曼转移轨道

3)轨道交会

两个航天器经过一连串轨道机动,使这两个航天器在同一时间、以相同的速度到达空间的同一位置,这就是轨道交会。轨道交会的目的是使两个航天器在结构上连接在一起,实现轨道上的对接。轨道交会和对接常用于飞船与空间站、航天飞机与空间站、航天飞机回收卫星等场合。

在与空间站的交会对接过程中,一般把空间站作为目标,空间站是被动的,它沿原定轨道飞行,等待其他航天器来交会对接。飞船和航天飞机是主动的,它们通过轨道机动与空间站靠拢,最后实现对接。

4)轨道保持和修正

轨道保持和修正是为了克服某些摄动力的影响和弥补运载火箭的入轨误差,提高轨道的运行精度,使轨道参数限制在设计规定的范围内而进行的轨道机动。例如,地球静止轨道卫星在运行时受到各种干扰力的摄动,会使卫星轨道产生漂移,因此必须进行轨道保持和修正。再比如,全球定位系统(GPS 系统)是由在 6 条轨道上均匀分布的 24 颗导航卫星组成,6 条轨道之间的间隔和每条轨道上相邻卫星的距离始终要满足一定的要求,这也需要采用轨道保持和修正技术来实现。

2.7.3 航天器发射与入轨

发射航天器的任务要由运载火箭来完成。运载火箭携带航天器从地面起飞,到达某一飞行高度后把航天器送入运行轨道,这段飞行轨迹称为发射入轨。航天器进入运行轨道的初始位置称为入轨点,入轨点也是运载火箭最后一级发动机推力的终止点。航天器入轨点的运动状态参数决定了航天器运行轨道的轨道要素。

1. 发射窗口

发射窗口是一个时间概念，是允许运载火箭发射航天器的时间范围，故又称发射时机。准确选择发射窗口是保证航天器发射成功的重要条件之一。

决定发射窗口需要考虑许多方面的因素，如天体运行的轨道条件、航天器的轨道要求和工作条件、地面跟踪测控和气象条件等。所要发射的航天器要进入什么样的轨道，是最重要的考虑因素。运载火箭的发射窗口有以下三种：

① 年计发射窗口：在指定的年份内连续几个月份中发射，适用星际探测器发射任务，如哈雷彗星探测器，应在哈雷彗星回归的年份发射。

② 月计发射窗口：在指定的某个月份内连续几天中发射，适用于月球探测器发射任务。

③ 日计发射窗口：在指定的某一天内某时刻到另一时刻发射。所有航天器的最终发射时机，都要用日计发射窗口的形式确定下来。

2. 发射入轨

运载火箭发射弹道的设计，要满足运载火箭在入轨点的运动状态，把航天器送入预定的运行轨道。根据入轨情况的不同，运载火箭的发射弹道可分为直接入轨、滑行入轨和过渡入轨三大类型。

(1) 直接入轨

运载火箭从地面起飞以后，各级火箭发动机逐级连续工作，并按预定程序转弯。发动机工作结束时，运载火箭的角度和速度都已达到入轨要求，因此可以直接把航天器送入预定轨道，完成航天器的入轨任务，如图2-91所示。这种发射轨道适用于发射低轨道的航天器。

(2) 滑行入轨

运载火箭的滑行入轨飞行程序如下：首先是一个主动段，在此阶段火箭从地面起飞，并加足了它飞行时所需要的大部分能量，然后关闭发动机；接下来进入自由飞行段，这时火箭依靠其所获得的动能在地球引力作用下进行自由飞行；最后再次进入一个加速段，这时发动机再一次点火，最后加速到使火箭达到入轨要求的速度，将航天器送入轨道，如图2-92所示。这种发射轨道适用于发射中、高轨道的航天器。

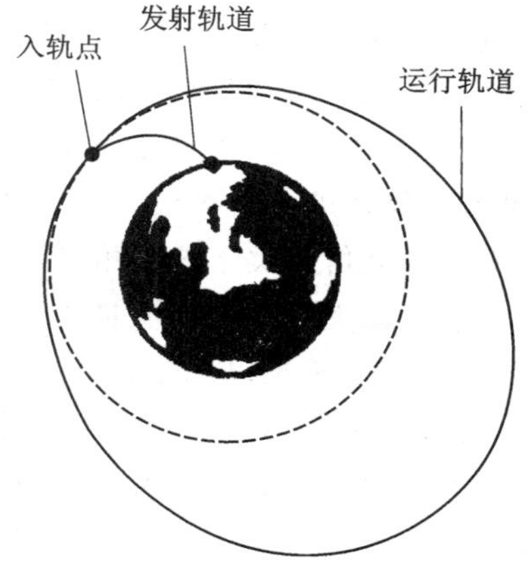

图2-91　航天器的直接入轨

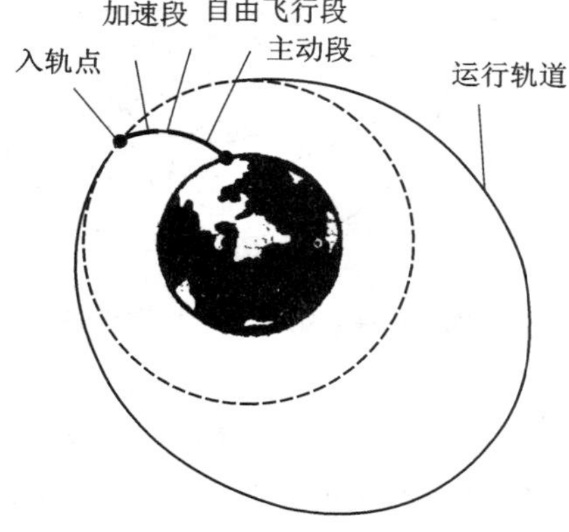

图2-92　航天器的滑行入轨

(3) 过渡入轨

过渡入轨的运载火箭的运动轨迹可分为主动段、停泊轨道段、加速段、过渡轨道段和远地点加速入轨段。

从主动段到停泊轨道段，可以像直接入轨一样经过一个加速段进入围绕地球的圆形停泊轨道；也可以像滑行入轨那样经过两个加速段进入圆形停泊轨道。航天器在停泊轨道上运行时，可以根据对入轨点的要求，选择发动机点火位置使航天器加速脱离停泊轨道，进入一个椭圆轨道，这一椭圆轨道为过渡轨道。当达到椭圆轨道的远地点时，发动机再次点火加速，使其达到入轨所要求的速度，使航天器入轨。地球静止卫星和环月探测器均可采用这种入轨方式。过渡入轨的飞行过程如图2-93所示。

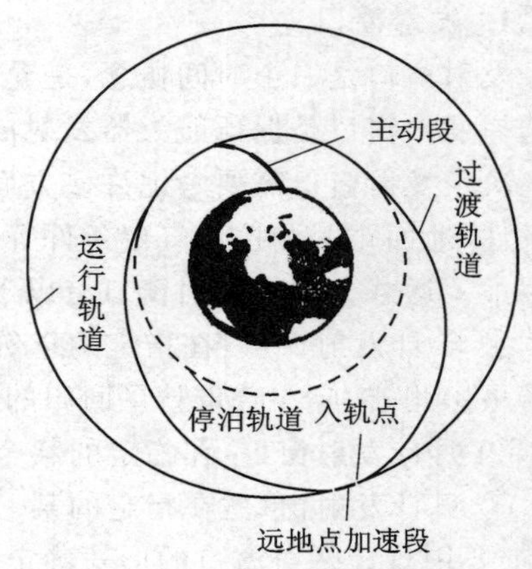

图2-93　航天器的过渡入轨

2.7.4　航天器返回与回收

1. 航天器的返回

航天器从原来运行的轨道向地球返回的过程中，必须经过返回轨道。航天器的返回过程是一个减速过程，航天器从轨道上的高速逐步减速到接近地面时的安全着陆速度。

航天器返回时，首先要使它脱离原来的运行轨道，可以用一个能量不大的制动火箭来实现。当火箭发出一个冲量后，航天器离开原来的运行轨道，转入朝向大气层的轨道，这就是返回轨道。

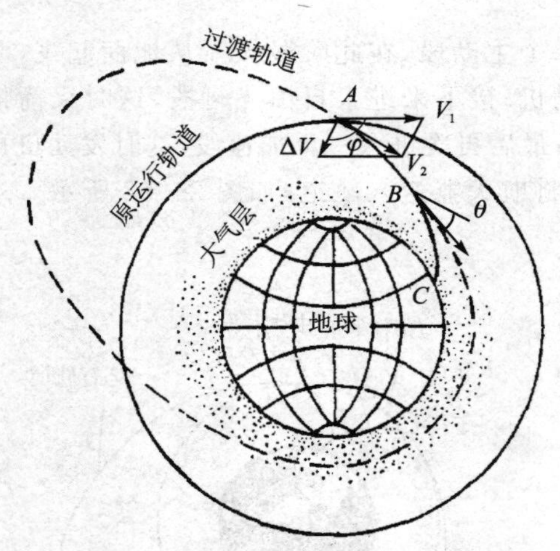

图2-94　航天器的返回过程

返回轨道由四部分组成，如图2-94所示，从A点到C点的轨道为航天器的返回轨道，由离轨段、过渡段、再入段和着陆段四部分组成。

离轨段由航天器上的变轨发动机(制动火箭)提供速度矢量，使航天器离开原来的轨道。过渡段是航天器在进入大气层前的一段轨道。在这一段轨道上，航天器利用自身的小推力推力器，修正离轨段的误差，并以合适的再入角(再入角是航天器在进入大气层时的速度矢量与当地水平线的夹角。大于这个角度，航天器会因与大气层摩擦而产生的高温被烧毁；小于这个角度，地心引力不足以把航天器拉入大气层，航天器将擦过大气层，按椭圆轨道继续绕地球运行)进入大气层。再入角的取值大小视返回航天器的具体条件和任务而异，无人航天器再入大气层时再入角一般在3°～8°，而载人航天器还需要考虑人所能承受的制动过载限制，再入角一般都小于3°。

当航天器飞行高度下降到距离地面大概80～100 km时进入再入段。在这一段因大气阻力的作用，航天器的速度急剧下降，此时，航天器要经受气动加热产生的高温和较大的过载，因此必须解决气动加热问题。当航天器下降到距离地面大约20 km时进入着陆段，此阶段航天器需要打开阻力伞进一步减速，并启动反推力装置，使航天器安全着陆。

航天器的再入段是返回式航天器成败的关键，再入航天器的外形、结构、返回轨道和返回控制等也都是根据再入段的工作条件设计的。根据再入航天器再入段的飞行轨迹，航天器的再入方式可以分成纯弹道式、半弹道式、跳跃式和滑翔式几种类型，图 2－95 所示为几种再入方式的比较。

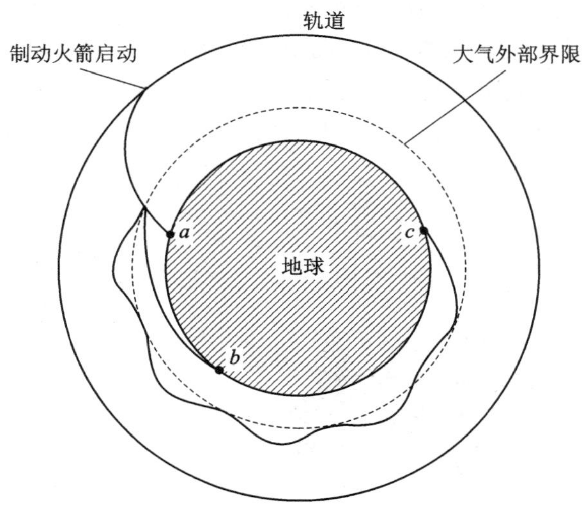

a—弹道式；b—滑翔式；c—跳跃式

图 2－95　几种再入方式比较示意图

(1) 纯弹道式

纯弹道式再入的飞行器外形很简单，外形通常是圆球体或钝头的轴对称旋转体；纯弹道式再入的飞行器在再入过程中只产生阻力，不产生升力，或者只产生很有限的一点升力，而且升力也不需要控制，再入时间比较短，一般来说，再入时间不会超过 400 s。图 2－96 所示是纯弹道式再入飞行器的外形和运动图。

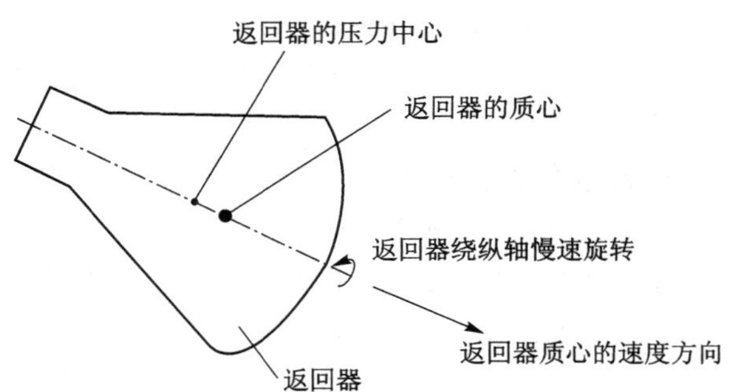

图 2－96　纯弹道式再入飞行器的外形和运动图

由于再入过程中的运动没有办法控制，所以落点的偏差比较大，制动过载也比较大，最大制动过载可以达到 8～10g，这种过载已接近到了人体所能承受的极限，因此，如果用于载人航天的返回的话，航天员会感觉到很不舒服。

(2) 半弹道式

半弹道式再入航天器的飞行是对纯弹道式航天器飞行的改进，为了弥补弹道式再入航天器落点偏差太大和制动过载偏大的缺点，再入航天器通过自身结构或者外形的不对称性，来产生一定的升力，飞行过程中，可以利用这部分有限的可控升力，来缓和制动过载，并适当调整落点的位置。

半弹道式再入航天器的外形一般都是非圆球形的，返回舱在返回的时候按照一定的飞行迎角进行飞行，从而产生一定的可控升力，图 2-97 所示为半弹道式再入航天器的飞行原理图。由于升力的存在，使过载明显地下降，同时升力所产生的侧向分量，也可以用来调整飞行方向，控制返回舱的运行轨道，从而进一步调整落点的位置。

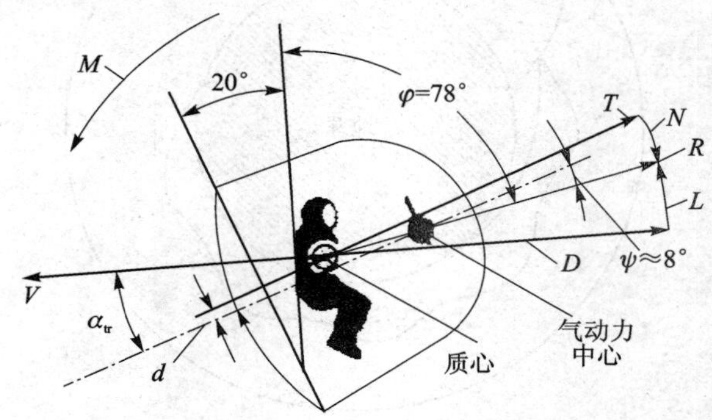

V—飞行速度；R—气动力合力；L—升力；D—阻力；N—法向力；T—轴向力；M—气动力矩；α_{tr}—配平迎角；φ—气动力合力和人背的夹角；d—质心偏离纵轴的距离；ψ—气动力与纵轴的夹角

图 2-97 半弹道式再入航天器的飞行原理

目前，大部分的宇宙飞船、一部分的卫星和一些飞行器残骸都采用的是半弹道式的再入方式。比如说，我国的“神舟”飞船和俄罗斯的“联盟”号飞船等，采用的都是半弹道式的再入轨道。

(3) 跳跃式

“跳跃式”再入方式是半弹道式再入方式的一种类型，上面提到的半弹道式再入方式都是一次性的再入方式。为了进一步减小再入过程中飞行器的过载峰值，提高降落点的准确度，需要采用“跳跃式”的再入方式。

“跳跃式”的再入方式通常用在从地球以外返回的航天器上，例如中国“嫦娥”5号月球探测器的返回器返回地球时就采用了“跳跃式”的再入方式。2020年12月17日，“嫦娥”5号月球探测器的返回器携带着1.731 kg月球样品返回地球。由于返回器在再入大气层时的飞行速度非常高，已经接近第二宇宙速度，如果采用“神舟”系列飞船半弹道式的再入方式进入，很难减速到足够低的速度让飞行器安全软着陆，因此采用了“跳跃式”的再入方式。“跳跃式”再入的返回器在再入飞行过程中，会使返回器在气动力作用下再次向上跃出大气层，“跳跃”到最高点以后再落下来。返回器在飞行过程中高度是起伏变化的，当飞行器再入大气层下落到一定高度后，还可能会再次跳起，最后再按照半弹道式的再入方式进行着陆。这样返回的飞行器结构和防热设计都得到缓解，还可以进一步提高降落点的准确度。图 2-98 为航天器“跳跃式”再入过程示意图。

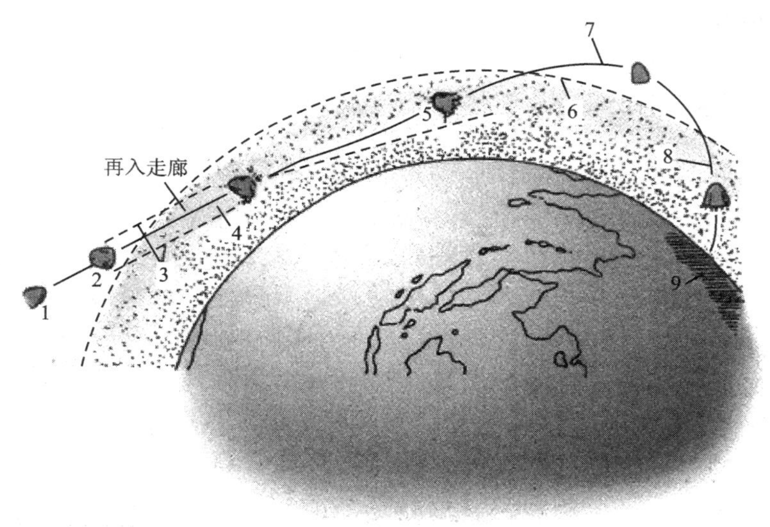

1—返回航天器；2—调整再入姿态；3—再入走廊边界；4—第一次再入；
5—第一次再入轨道；6—稠密大气层边界；7—跳起的最高点；8—第二次再入；9—着陆区

图 2－98　“跳跃式”再入示意图

（4）滑翔式再入飞行器

滑翔式的再入方式通常用在航天飞机和可重复使用的运载器验证机上，这种航天器在再入过程中升力比较大，而且为了减小速度，在返回过程中需要在空中进行多次 S 形的转弯飞行，可以滑翔数千公里，这样就可以使再入轨迹更加平缓，再入的飞行时间也比弹道式和半弹道式长得多，峰值载荷也很小，如图 2－99 所示。由于在滑翔过程中航天器的可控性很强，所以可以控制飞行器在预定的机场水平滑翔着陆，着陆地点非常精准。

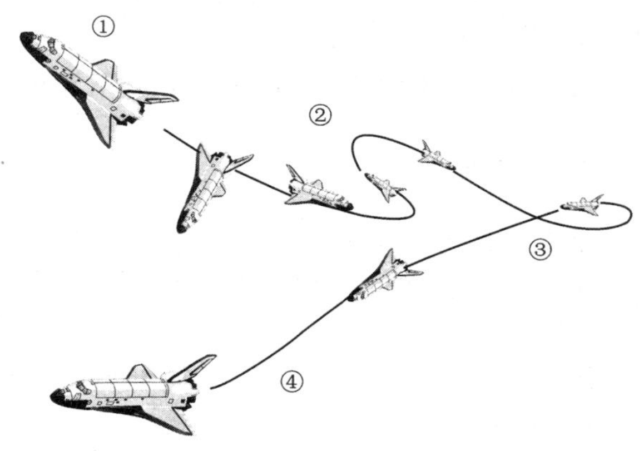

1—航天飞机进行反推力制动，并开始下降；2—多次 S 形转弯飞行；
3—转向 180°下降；4—滑翔着陆

图 2－99　“滑翔式”再入示意图

2. 航天器的回收

航天器在着陆段采用的回收方式主要有以下几种。

① 航天器在降落伞和反推力火箭的作用下在地面实现软着陆,如中国的"神舟"系列飞船就采用了这种回收方式。

② 航天器利用降落伞在海面降落,并借助密封装置在水上漂浮,由舰船或直升机将其收回,如美国航天飞机的助推器就是采用的这种回收方式。

③ 航天器像飞机一样通过滑翔方式降落在地球表面,如上面提到的航天飞机就是采用的这种回收方式。

④ 航天器通过反推力火箭和气动制导技术使航天器实现精准自动垂直着陆,如美国SpaceX公司的"猎鹰"9一级火箭就采用了这种回收方式,如图2-100所示。

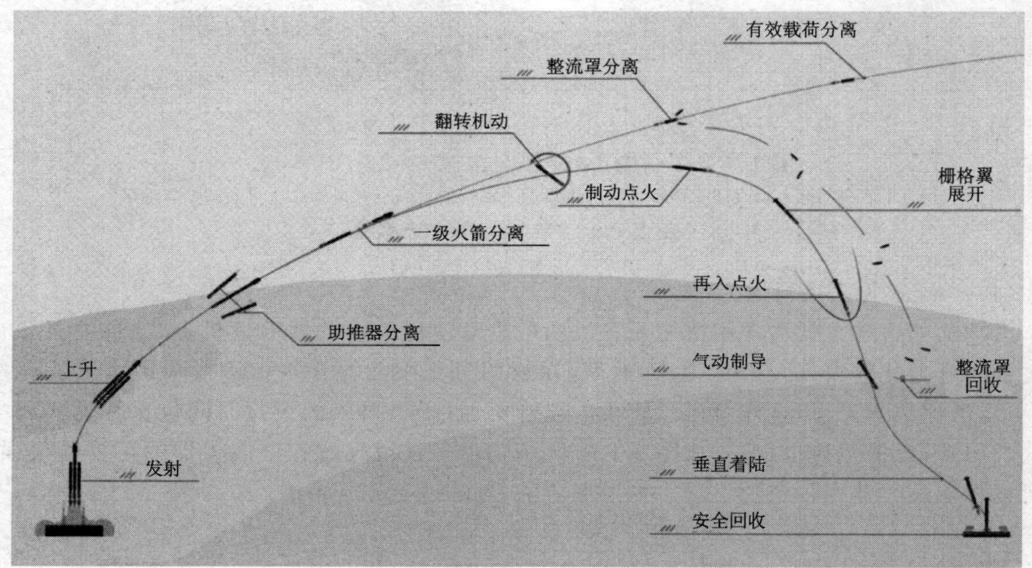

图2-100 "猎鹰"9号一级火箭回收过程示意图

2.7.5 航天器姿态稳定与控制

对于航天器,不仅要求它具有一定的轨道(由轨道要素决定),还要求它保持某一特定姿态。例如,要求侦察卫星或地球资源卫星的摄像机镜头及通信卫星的定向天线朝向地球;要求天文卫星的望远镜对准空间的某一方向。而在航天器飞行过程中,作用在航天器上的各种干扰力,如空气动力、太阳辐射压力、重力梯度力矩及航天器内部机械扰动力等,都会影响航天器姿态的稳定,因此需要航天器的姿态稳定与控制系统来保证。姿态稳定与控制系统的任务是按航天任务要求,保持航天器特定的姿态,保证航天器的星载天线或遥感装置等对覆盖区的指向误差在规定的容限以内。

根据对卫星工作要求的不同,卫星姿态的控制方法也不相同。按是否采用专门的控制力矩装置和姿态测量装置,卫星的姿态稳定与控制可分为被动姿态控制和主动姿态控制两类。

早期的航天器受当时的技术限制,其姿态的控制手段多采用被动控制。被动姿态控制是利用卫星本身的动力特性和环境力矩来实现姿态稳定的方法，被动姿态控制方式有自旋稳定、重力梯度稳定和磁力稳定等方法。20 世纪 60 年代后，航天器姿态稳定与控制开始由被动稳定逐步发展为主动控制。主动姿态控制是根据姿态误差（测量值与标称值之差）形成控制指令，产生控制力矩来实现航天器姿态控制的方式，主要有三轴稳定法等。

1. 自旋稳定法

自旋稳定法是指通过卫星围绕自身对称轴不停地旋转而使卫星的姿态保持稳定的方法。它的原理是：将自旋轴固定于空间的某一方向上，如同陀螺一样，在无外力矩作用的情况下，自旋轴的大小和方向均保持不变。转动越快，陀螺越稳定。当卫星进入转移轨道后，自旋卫星在末级火箭喷射的惯性力矩作用下，开始像陀螺一样自旋。到进入静止轨道后，控制中心给卫星发出指令信号，使卫星的自旋轴平行于地轴（垂直于赤道平面）。因为宇宙空间几乎没有空气摩擦阻力，故卫星能够在很长的一段时间内一直旋转下去，如图 2－101 所示。

自旋稳定虽然能保证轴线方向的稳定性，但整个卫星连同它的有效载荷（如天线、遥感装置等）都要一起旋转，很不利于有效载荷的使用。因此出现了双自旋稳定，此法由共轴的两部分组成，一部分为转子，高速旋转，起稳定作用；另一部分为平台，其转速等于轨道角速度，因而相对于地球来说是稳定的，星体上的天线和遥感设备等有效载荷就安装在平台上，如图 2－102 所示。

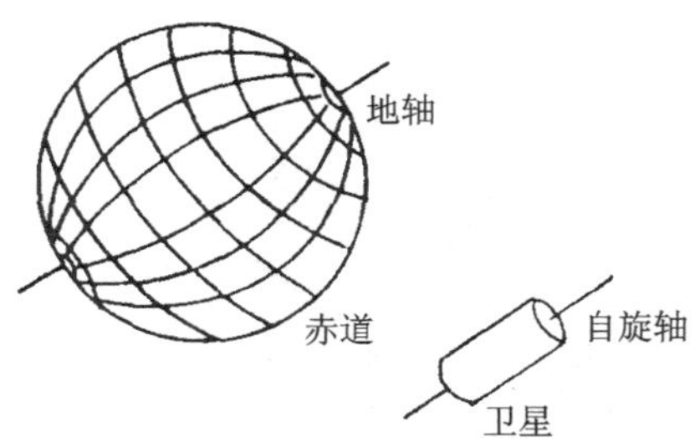

图 2－101　自旋稳定方法示意图

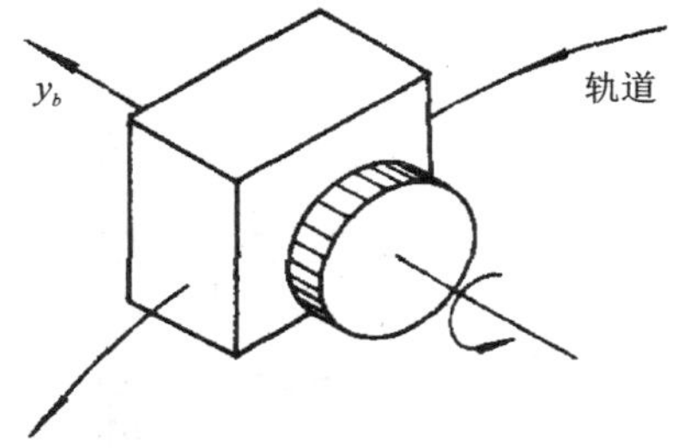

图 2－102　双自旋稳定示意图

自旋稳定法结构简单，容易实现，成本低，但由于地磁涡流、地球重力场或太阳光压等产生的干扰力矩的影响，卫星自旋速度会渐渐减慢，并导致自旋轴的倾斜或摆动。为此，卫星上要安装速度喷嘴来增加速度，用磁性线圈来校正自旋轴，用阻尼器来阻止自旋轴的摆动。自旋稳定的控制精度不高，许多早期发射的卫星都采用这种姿态控制方法。中国的第一颗卫星“东方红”1 号和“东方红”2 号通信卫星及“风云”2 号气象卫星都是采用的自旋稳定方式。

2. 重力梯度稳定

当人造卫星绕地球运行时，卫星各部分受到地心不同的引力（重力）作用，由于地球引力场的非均匀性，导致了卫星的重心和质心不重合，从而使得这些引力对质心产生微小的力矩，这个力矩就称为重力（引力）梯度力矩。虽然这个力矩非常微小，但它对航天器的姿态稳定起着非常重要的作用。

重力梯度稳定卫星一般都设有一个伸展出来的重力杆，重力杆各部位存在重力梯度，并产生重力梯度力矩。当姿态稳定时，重力梯度力矩为零；当偏离稳定姿态时，重力梯度力矩使重力杆转动，并对卫星的质心就形成一个恢复力矩，直至使卫星恢复到稳定姿态，图 2－103 为重力梯度稳定卫星结构示意图。为了获得足够的控制力矩，重力杆一般大于卫星高度，为使发射时能装入运载火箭整流罩内,将重力杆做成可伸缩机构,发射时重力杆收拢在卫星体内,入轨后再伸展到需要的长度。重力梯度稳定比较适合于圆轨道或偏心率较小的椭圆轨道,早期的导航卫星多采用这种姿态控制方式。

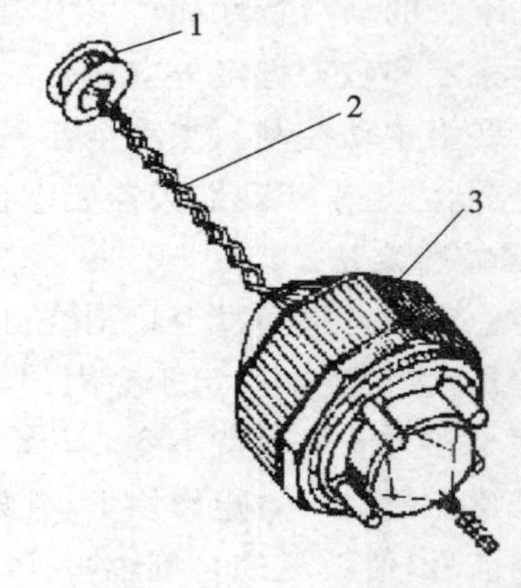

1—质量块;2—重力杆;3—卫星本体

图 2-103 重力梯度稳定卫星结构示意图

被动式稳定方法不耗费能源,也不需要姿态敏感器和控制逻辑线路,结构简单,可长期运行,但其控制精度较低。

3. 三轴稳定法

三轴稳定法是由三根轴——俯仰轴、偏航轴和滚转轴来确定卫星姿态的方法。其基本原理如图 2-104 所示。用该法稳定卫星,星体本身并不自转,而是依靠卫星上一些气体喷嘴、反作用飞轮以及测量姿态偏差用的敏感元件,使卫星在三个轴方向上维持稳定的方向。其中俯仰轴控制卫星的上下摆动;滚动轴控制卫星向轨道左右摆动和倾斜;偏航轴控制卫星本体是否正沿轨道路线飞行。在以上三个轴的作用下,可以使卫星始终对准地平面,以保证卫星顺利地工作。

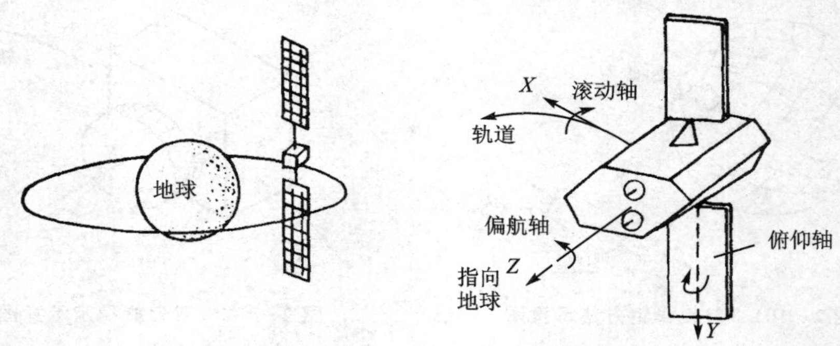

图 2-104 三轴稳定工作原理示意图

按产生稳定力矩的方式的不同,三轴稳定法可分为喷气式和动量交换式(飞轮式)两种类型。喷气式姿态稳定系统靠以一定速度排出工质,产生反作用力矩来控制姿态。由于不断地消耗工质,所以喷气式三轴稳定系统主要适用于中、低轨道的短寿命航天器。

动量交换式三轴稳定系统又可分为两种稳定方法:偏置动量稳定法和零动量稳定法。偏置动量稳定法是双自旋稳定法的改进型。它的自旋部分采取飞轮方式,即在一个特定轴上装有飞轮。零动量稳定法的三个稳定轴上都装有反作用飞轮,分别控制俯仰、偏航和滚转姿态。动量交换式稳定的卫星具有形状不受限制、消耗能量较少、设计伸缩性强的特点。特别是后一种方法,可使卫星运转的稳定度、精确度都达到较高的水平。

三轴姿态稳定控制方法适用于在各种轨道上运行的具有各种指向要求的卫星,也可用于卫星的返回、交会、对接及变轨等过程,是目前卫星最常采用的稳定控制方式。

思考题

1. 大气分几层？各层有什么特点？

2. 什么是国际标准大气？大气的状态参数有哪些？

3. 什么是流体的连续性定理和伯努利方程？它们所代表的物理意义是什么？

4. 河流中靠得很近的两只并肩行驶的小船会自动靠拢，试分析一下其自动靠拢的原因。

5. 低速气流和超声速气流的流动特点有何不同？

6. 拉瓦尔喷管中的气流流动特点是什么？

7. 什么是翼型？什么是迎角？

8. 升力是怎样产生的？影响升力的因素有哪些？

9. 简述飞机增升装置的种类和增升原理？

10. 飞机在飞行过程中会产生哪些阻力？试说明低速飞机各种阻力的影响因素及减阻措施。

11. 机翼的几何参数有哪些？

12. 什么是激波？超声速气流流过正激波时，流动参数有哪些变化？

13. 什么是正激波和斜激波？二者在流动上有何区别？

14. 什么是临界马赫数？什么是局部激波？

15. 超声速翼型的升力是怎样产生的？

16. 什么是超声速飞行的声爆和热障？如何消除热障？

17. 试简述超声速飞机的外形特点？如何减小超声速飞机的激波阻力？

18. 试简述后掠机翼、三角形机翼、小展弦比机翼、变后掠机翼、边条机翼、“鸭”式布局和无尾式布局等飞机各有什么特点？

19. 低速飞机和超声速飞机在外形上有何区别？

20. 飞机的气动布局型式有哪些？

21. 飞机的飞行性能包括哪些指标？

22. 什么是最小平飞速度？什么是最大平飞速度？什么是巡航速度？

23. 什么是静升限？

24. 衡量飞机起飞着陆性能的指标有哪些？如何提高飞机的起飞着陆性能？

25. 什么是飞机的机动性？什么是飞机的过载？什么是尾旋？

26. 什么是飞机的稳定性？飞机包括哪几个方向上的稳定性？影响飞机稳定性的因素有哪些？

27. 什么是飞机的操纵性？驾驶员是如何操纵飞机的俯仰、偏航和滚转运动的？

28. 试说明直升机旋翼的工作原理？

29. 直升机是如何实现前飞、后飞、上飞和下飞的？

30. 多旋翼直升机是怎样飞行的？

31. 直升机有哪些布局形式？各有何特点？

32. 什么是开普勒三大定律？

33. 航天器的轨道类型有哪些？它们与发射速度有何关系？

34. 轨道要素有哪些？
35. 试简述各种卫星轨道的特点？
36. 什么是轨道摄动？摄动因素有哪些？
37. 为什么要做轨道机动？轨道机动的方式有哪些？
38. 航天器发射入轨的方式有哪些？
39. 航天器的再入方式有哪几种，各有何特点？
40. 航天器姿态稳定与控制的方法有哪些？

第3章 飞行器动力装置

飞行器动力装置为飞行器提供动力，推动飞行器前进的装置称为动力装置。它由发动机、推进剂或燃料系统以及保证发动机正常有效工作所必需的导管、附件、仪表和在飞行器上的固定装置等组成。为了方便起见，人们也把动力系统简称为发动机。

发动机是飞行器的动力源，相当于飞行器的心脏，其性能对飞行器的发展有着非常重要的影响。1883 年汽油内燃机即活塞式发动机的问世，为第一架飞机的试飞成功创造了条件；空气喷气发动机的出现，使飞机突破声障，并使飞行器的飞行速度达到几倍声速成为可能；火箭发动机的出现，为航天器的发展奠定了基础，使人类冲出地球，飞向宇宙的梦想成为现实。可以说，飞行器的发展是伴随着发动机的发展而发展的，飞行器发展的每一个里程碑都与发动机的发展有着密切的联系。

3.1 发动机的分类及特点

飞行器发动机的种类很多，其用途也各不相同。通常可以按发动机产生推力原理的不同和发动机工作原理的不同将发动机分为如下 4 大类，如图 3-1 所示。

活塞式发动机是一种把燃料的热能转化为带动螺旋桨转动的机械能的发动机。螺旋桨高速旋转时，使空气加速向后流动，空气对螺旋桨产生反作用力，从而推动飞行器前进。因此活塞式发动机不能直接产生使飞行器前进的推力，而是通过带动螺旋桨转动而产生推力的，因此这类发动机也叫间接反作用推进力发动机。

喷气式发动机可以利用向后喷射高速气流，直接产生向前的反作用力推动飞行器前进，因此这类发动机也叫直接反作用推进力发动机。空气喷气发动机（螺旋桨发动机和涡轮轴发动机除外，它们属于间接反作用推进力发动机）、火箭发动机和组合发动机都属于这种类型。

空气喷气发动机是利用大气层中的空气，与所携带的燃料燃烧产生高温气体，它依赖于空气中的氧气作为氧化剂，因此只能作为航空器的发动机。按具体结构的不同，空气喷气发动机又可分为涡轮喷气发动机、涡轮风扇发动机、涡轮螺桨发动机、涡轮桨扇发动机、涡轮轴发动机、推力矢量发动机和冲压喷气发动机等类型。

火箭发动机不依赖于空气而工作，完全依靠自身携带的氧化剂和燃烧剂（燃料）产生高温、高压气体，因此可以在高空和大气层外使用。若按形成喷气流动能的能源的不同，火箭发动机又可分为化学能火箭发动机和非化学能火箭发动机。

组合发动机是指两种或两种以上不同类型发动机的组合，包括空气喷气发动机之间的组

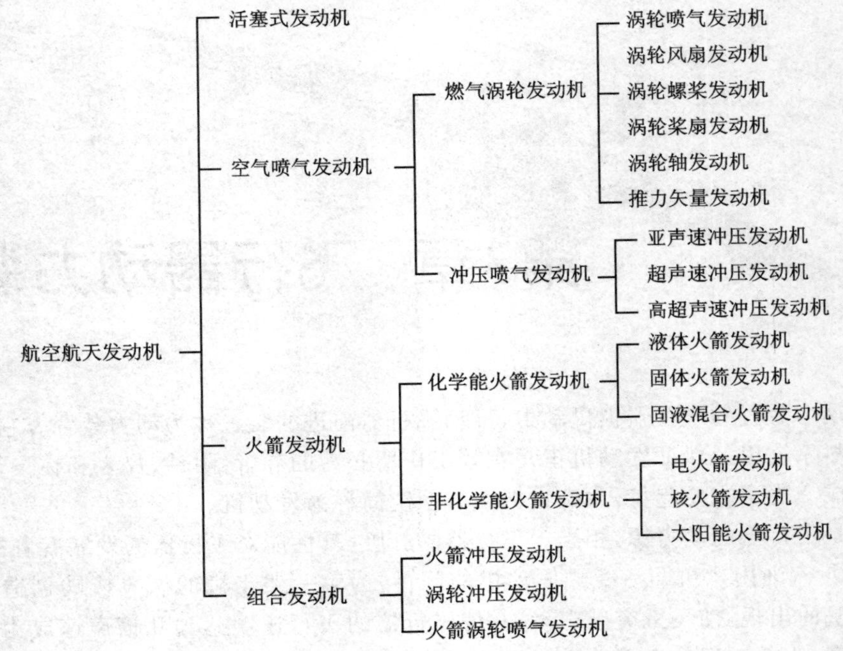

图 3-1　航空航天发动机的分类

合，以及空气喷气发动机与火箭发动机之间的组合等。

不同类型的发动机由于其结构和产生推力的原理的不同，适合不同的速度和高度范围，图 3-2 列出了各类发动机的适用范围情况。

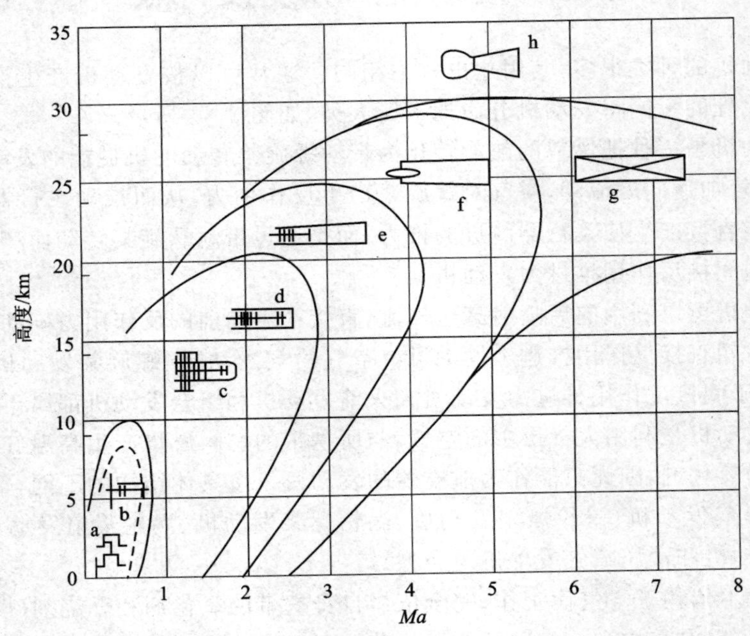

a—活塞发动机(虚线范围)；b—涡轮螺桨发动机；c—涡轮风扇发动机；d—涡轮喷气发动机；
e—带加力燃烧室的涡轮喷气发动机；f—亚燃冲压发动机；g—超燃冲压发动机；h—火箭喷气发动机

图 3-2　不同发动机所适用的速度和高度范围

3.2　活塞式航空发动机

3.2.1　活塞式发动机的组成和工作原理

1. 活塞式发动机的组成

活塞式航空发动机是一种燃烧汽油的往复式内燃机。它带动螺旋桨高速转动而产生推力，主要由气缸、活塞、连杆、曲轴、进气活门和排气活门等组成，如图3-3所示。

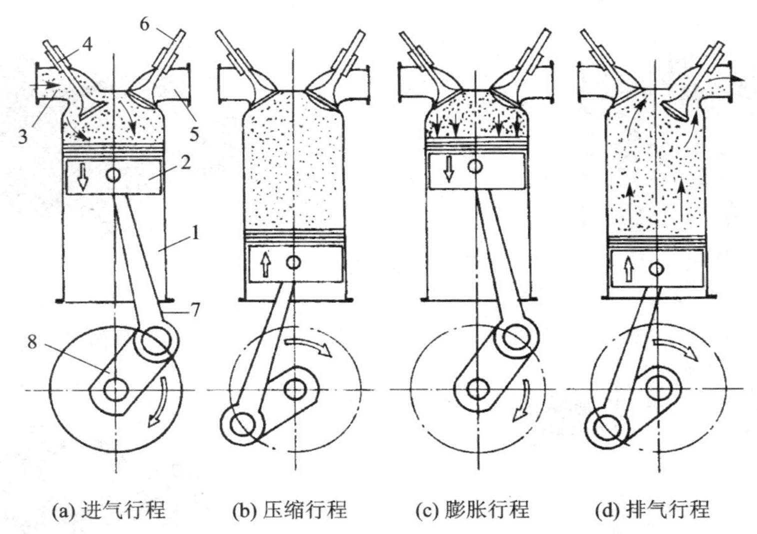

1—气缸；2—活塞；3—进气门；4—进气阀；5—排气门；6—排气阀；7—连杆；8—曲轴

图3-3　活塞式发动机的结构和工作原理

气缸是发动机的工作腔，油气混合气体在气缸内燃烧，产生高温高压燃气推动活塞做直线运动，并带动曲轴旋转。气缸头部装有保证油气混合气体进入气缸的进气活门和将燃烧后的废气排出缸体的排气活门。

活塞用于承受油气混合气体在燃烧时所产生的燃气压力，并将燃料燃烧后的内能转变为活塞运动的机械能，活塞在气缸中处于的最上位置，为上死点位置；活塞在气缸中处于的最下位置为下死点位置。

连杆将活塞和曲轴连接在一起，用来传递活塞和曲轴之间的运动。曲轴将活塞的往复运动变成自身的旋转运动，并带动螺旋桨转动，使发动机产生推力。

2. 活塞式发动机的工作原理

活塞发动机一般都用汽油作为燃料，每一工作循环包括四个行程（即活塞在气缸中上下运动各两次），即进气行程、压缩行程、膨胀行程和排气行程，如图3-3所示。

在进气行程，活塞从上死点运动到下死点，进气活门开放而排气活门关闭，雾化了的汽油和空气的混合气体被下行的活塞吸入气缸内。在压缩行程，活塞从下死点运动到上死点，进气活门和排气活门都关闭，混合气体在气缸内被压缩，在上死点附近，由装在气缸头部的火花塞点火。在膨胀行程，混合气体点燃后，具有高温高压的燃气开始膨胀，推动活塞从上死点向下死点运动。在此行程,燃烧气体所蕴含的内能转变为活塞运动的机械能,并由连杆传给曲轴,成为带动螺旋桨转动的动力。所以膨胀行程也叫做功行程。在排气行程,活塞从下死点运动到上死点,排气活门开放,燃烧后的废气被活塞排出缸外。当活塞到达上死点后,排气活门关闭,此时就完成了四个行程的循环。

为满足功率的要求,航空发动机一般都是由多气缸组合构成的,多个缸体同时工作带动曲轴和螺旋桨转动以产生足够的动力。缸体的数量和布置形式多种多样,图 3-4 所示为几种类型的缸体布置形式。不管是哪种布置形式都必须保证活塞运动与曲轴运动的协调,不能在运动中互相牵制。

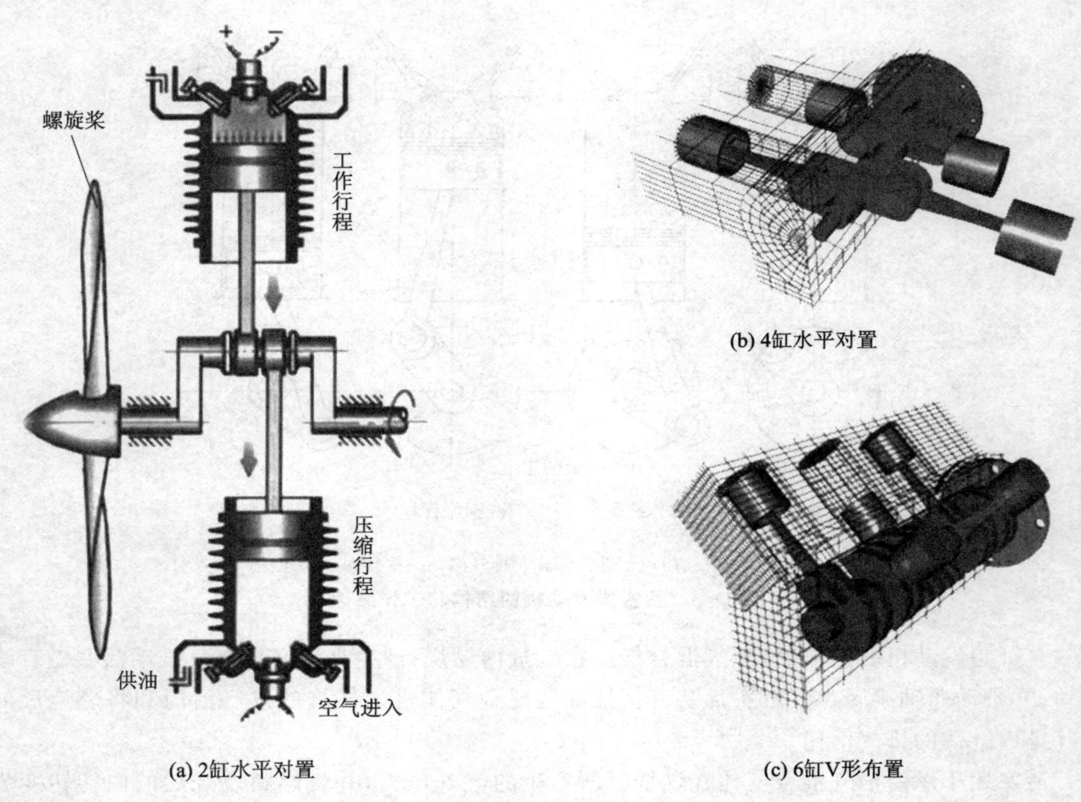

(a) 2缸水平对置

(b) 4缸水平对置

(c) 6缸V形布置

图 3-4 几种类型的缸体布置形式

活塞式发动机的运转速度很高,气缸内每秒钟要点火燃烧几十次。高温高压的工作条件使得气缸壁温度很高,因此活塞发动机必须配备冷却系统。最早活塞发动机采用的是液体冷却,液冷式发动机的气缸直线排列(小型发动机)或 V 形排列,如图 3-5(a)所示,在发动机机体外壳内有散热套,具有一定压力的冷却液在套中循环流动,将热量带走。液体冷却系统,因包括水箱、水泵、散热器和相应的管路系统等,结构复杂而笨重。因此后来采用气冷式冷却系统,如图 3-5(b)所示。气冷式发动机气缸以曲轴为中心,排成星形,故又称星形发动机。气缸外面有很多散热片,飞行时产生的高速气流将气缸壁的热量散去,达到冷却目的。

(a) 液冷式

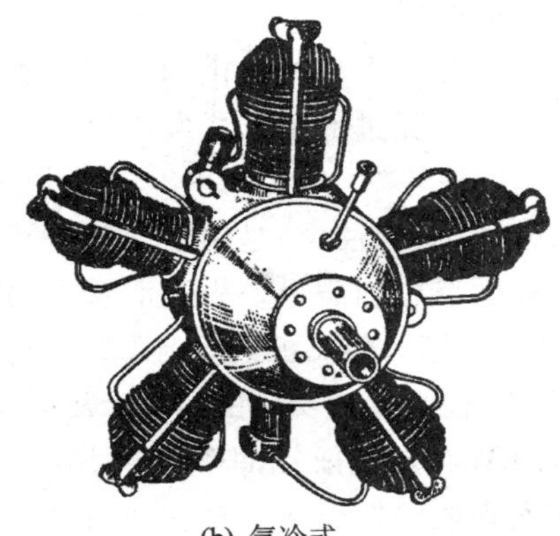

(b) 气冷式

图 3-5　活塞式发动机的冷却方式

3.2.2　活塞式发动机的辅助系统

要保证活塞式发动机正常工作，还需要一些必要的辅助系统。它们主要由以下几部分组成。

(1) 进气系统

进气系统内常装有增压器来增大进气压力，以此改善高空性能。

(2) 燃料系统

燃料系统由燃料泵、汽化器或燃料喷射装置等组成。燃料泵将汽油压入汽化器，汽油在此雾化并与空气混合进入气缸。

(3) 点火系统

点火系统由磁电机产生的高压电在规定的时间产生电火花，将气缸内的混合气体点燃。

(4) 冷却系统

发动机内燃料燃烧时产生的热量除转化为动能和排出的废气所带走的部分内能外，还有很大一部分传给了气缸壁和其他有关机件。冷却系统的作用就是将这些热量散发出去，以保证发动机的正常工作。

(5) 启动系统

将发动机发动起来，需要借助外来动力，通常用电动机带动曲轴转动使发动机启动。

(6) 定时系统

定时系统是由曲轴带动凸轮盘推动连杆和摇臂，定时将进气活门和排气活门开启和关闭的系统。

3.2.3　活塞式发动机的主要性能指标

活塞式发动机的主要要求是重量轻、功率大、尺寸小和耗油省等，因此活塞式发动机的主要性能指标有以下几个。

(1) 发动机功率

发动机可用于驱动螺旋桨的功率称为有效功率。航空活塞式发动机功率小的约 200 kW，大的可达 3 500 kW。

(2) 功率重量比

功率重量比指发动机提供的功率和发动机重量之比。功率重量比越大,越有利于改善飞机的飞行性能。先进的活塞式发动机的功率重量比可达 1.85 kW/kg。

(3) 燃料消耗率

燃料消耗率(耗油率)是衡量发动机经济性的一项指标,一般定义为产生 1 kW 功率在每小时所消耗的燃料的质量。先进活塞发动机的耗油率在 0.28 kg/(kW·h)左右。

从 1903 年第一架飞机上天到第二次世界大战结束的 40 余年里,活塞式发动机获得了飞速发展,主要表现为:单机功率由十几千瓦提高到 1 800~3 500 kW;功率重量比由 0.12 kW/kg 提高到 1.85 kW/kg;巡航耗油率由 0.46~0.48 kg/(kW·h)降至 0.26~0.28 kg/(kW·h)。

活塞发动机的发展在第二次世界大战期间达到了顶峰,飞机喷气化以后用得越来越少。在 1 000 m 高度上,816 km/h 的飞行速度已是活塞发动机的极限飞行速度。由于活塞发动机功率小,重量大,外形阻力大,螺旋桨高速旋转时效率低,且桨尖易产生激波,因此,战后随着涡轮喷气、涡轮螺桨和涡轮风扇发动机的发展,它逐渐退出了大中型飞机领域。

尽管活塞式发动机有如上的致命弱点,但是对低速飞机而言,它具有喷气式发动机无可比拟的优点,即效率高、耗油率低和价格低廉等。另外,由于燃烧较完全,对环境的污染相对较小,噪声也比喷气发动机小。因此,目前活塞式发动机在小型低速飞机上,如小型公务机、农业飞机、支线和一些小型多用途运输机(森林灭火、搜索、救援和巡逻等),仍被广泛地采用。

3.3 空气喷气发动机

随着飞机飞行速度的提高,尤其是发展到要突破"声障"这个重要关口时,活塞式发动机就无能为力了。这是因为要进一步增大活塞式发动机的功率以克服剧增的激波阻力,就必须增加气缸的数目或加大气缸的容积,这就必然会导致发动机重量和体积的急剧增加,这是飞机无法承受的。另外,随着飞机飞行速度的提高,螺旋桨的效率会大大降低。因为当飞机以接近声速飞行时,螺旋桨桨叶叶尖上的速度会很大,以至于超过声速,甚至大部分桨叶处于超声速范围内,这样就产生了激波和激波阻力。此时发动机的大部分功率必须用来克服激波阻力,螺旋桨的效率急剧降低,飞机的飞行速度不可能达到声速,当然更不可能超过声速。因此,要进一步提高飞机的飞行性能,就必须采用全新的推进模式,取而代之的就是空气喷气发动机。

空气喷气发动机包括带涡轮的燃气涡轮发动机和不带涡轮的冲压发动机两大类。

燃气涡轮发动机是目前应用最广泛的航空发动机,它主要由压气机、燃烧室和涡轮组成。空气在压气机中被压缩后,进入燃烧室,与喷入的燃油混合燃烧,生成高温高压燃气。燃气在膨胀过程中驱动涡轮做高速旋转,将部分能量转变为涡轮的机械能。涡轮带动压气机不断吸进空气并进行压缩,使发动机能连续工作。压气机、燃烧室和涡轮是燃气涡轮发动机的核心部件,被称为燃气涡轮发动机的核心机。

按核心机输出能量的利用方式不同,燃气涡轮发动机分为涡轮喷气发动机、涡轮螺桨发动机、涡轮风扇发动机、涡轮桨扇发动机、涡轮轴发动机和垂直起落发动机等。

3.3.1　涡轮喷气发动机

1937 年 4 月，英国的弗·惠特尔首先制成的第 1 台航空燃气涡轮发动机就是涡轮喷气发动机。1939 年和 1941 年，德国和英国先后制造出用涡轮喷气发动机作为动力的飞机并试飞成功，飞机进入喷气时代。在飞机发展过程中，第一代和第二代飞机用的发动机大都是涡轮喷气发动机。空气喷气发动机的结构主要由进气道、压气机、燃烧室、涡轮和尾喷管等部件组成。图 3-6 所示为涡轮喷气发动机的构造示意图。

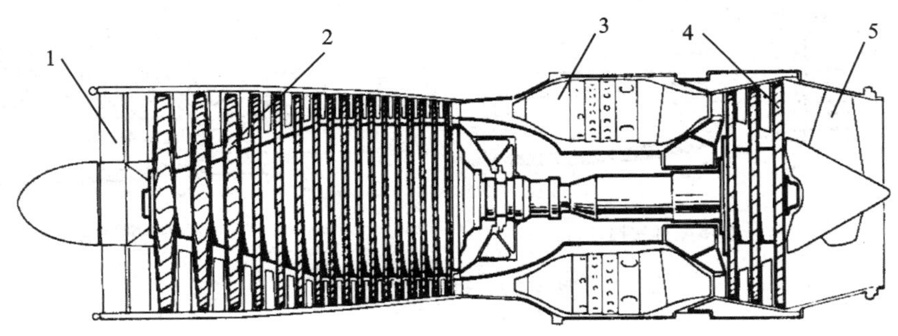

1—进气道；2—压气机；3—燃烧室；4—涡轮；5—尾喷管

图 3-6　涡轮喷气发动机的组成

涡轮喷气发动机和活塞式发动机一样都属于热机，都是利用空气中的氧气，并燃烧化学燃料产生热能，再转化成机械能输出动力。所以，它在工作时也需要有进气、加压、燃烧和排气四个阶段。所不同的是，活塞式发动机这四个阶段是依次进行的，一个循环完成后再进行下一个循环，而涡轮喷气发动机这四个阶段是同时连续进行的，即空气首先由进气道进入发动机，空气流速降低，压力升高。当气流经过压气机后，空气压力可提高几倍到数十倍。具有较高压力的空气进入燃烧室，与从喷嘴喷出的燃料充分混合，经点火后燃烧，燃料的化学能转换为内能。此后，燃烧产生的高温高压气体驱动涡轮工作，高速旋转的涡轮产生机械能，带动压气机和其他附件工作。涡轮出口燃气直接在喷管中膨胀，使燃气可用能量转变为高速喷流的动能而产生反作用推进力。

1. 进气道系统

进气道是发动机的进气通道，它的主要作用是整理进入发动机的气流，消除旋涡，保证在各种工作状态下都能供给发动机所需要的空气量。尤其是在高速飞行的情况下，要通过进气道将高速气流的速度逐渐降下来，尽量将气流的动能转变为压力势能，然后再进入压气机，保证压气机有良好的工作条件。

根据飞机飞行速度的不同，进气道可分为亚声速进气道和超声速进气道。

亚声速进气道如图 3-7(a)所示。由于其通道形状是扩散形，因此在亚声速飞行时，可以使气流流速降低，从而起到增压的作用。这种进气道在飞行 $Ma<1.5$ 的飞机上仍可适用，当超声速气流流到进气道入口部位时，会产生一个弓形激波，气流通过激波后变为亚声速，激波损失也不大。

当飞行 $Ma>1.5$ 时，激波损失加大，需要采用超声速进气道，如图 3-7(b)所示。超声速进气道内部装有调节锥，当超声速气流遇到调节锥的头部时会产生一个斜激波，气流通过斜激波后,速度下降,压力提高,但速度仍为超声速。气流继续向后流动,在进气道入口处又产生一个正激波,气流速度进一步下降,并变为亚声速气流进入进气道。这种气流在流动过程中产生两个激波的进气道叫二波系超声速进气道,与只产生一个正激波的进气道相比,它的能量损失大大降低。如果飞机的 Ma 继续增加,可采用三波系或多波系的进气道。

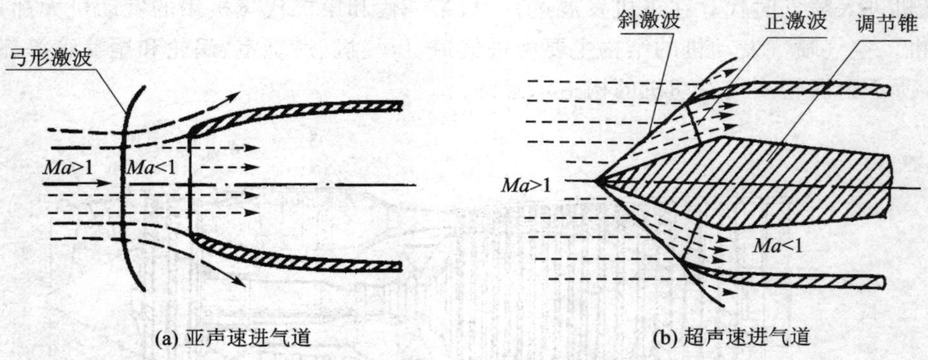

图 3-7　进气道的类型

2. 压气机

压气机的作用是提高进入发动机燃烧室的空气压力。它是利用高速旋转的叶片对空气做功的。压气机有离心式和轴流式两种类型。

离心式压气机如图 3-8 所示。它主要由离心叶轮、扩散器、导流器和导气管组成。其中离心叶轮与涡轮轴相连,由涡轮带动高速转动。由于叶轮高速旋转,由导流器进入叶轮中心部位的空气在离心力作用下,被甩至出口处,此时空气已有较大的压力和速度。然后再经过扩散器,进一步将速度动能转变为压力能,当气流到达导气管出口处时,空气已具有较高压力,增压后的空气随后流入燃烧室进行燃烧。离心式压气机的增压比(出口压力与进口压力之比)较低,一般小于 10,且离心叶轮直径较大,仅适用于小功率发动机。

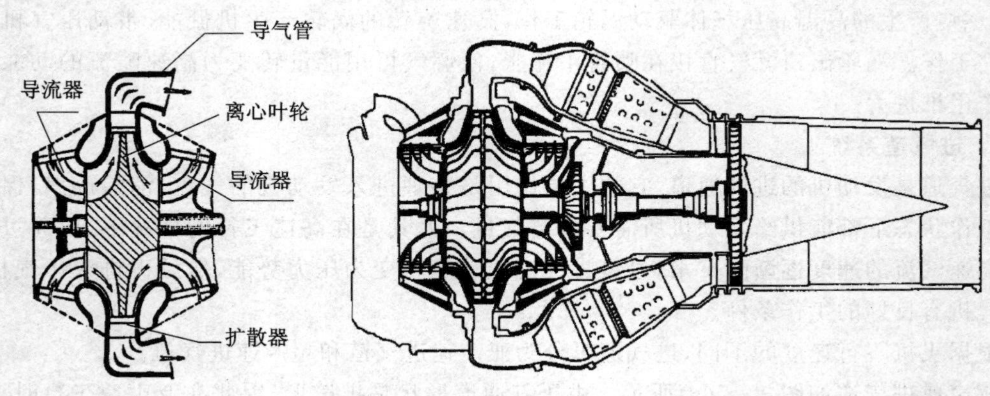

图 3-8　离心式压气机的组成

现代航空涡轮发动机多采用轴流式压气机。轴流式压气机由静子和转子两部分组成,如图 3-9(a)和(b)所示。静子又称整流器或导向器,与机匣固定在一起;转子又叫工作轮,它与涡轮轴相连接,并由涡轮带动高速旋转,如图 3-9(c)所示。

静子和转子都由多排叶片组成,静子叶片和转子叶片沿压气机轴向交错排列。一排转子

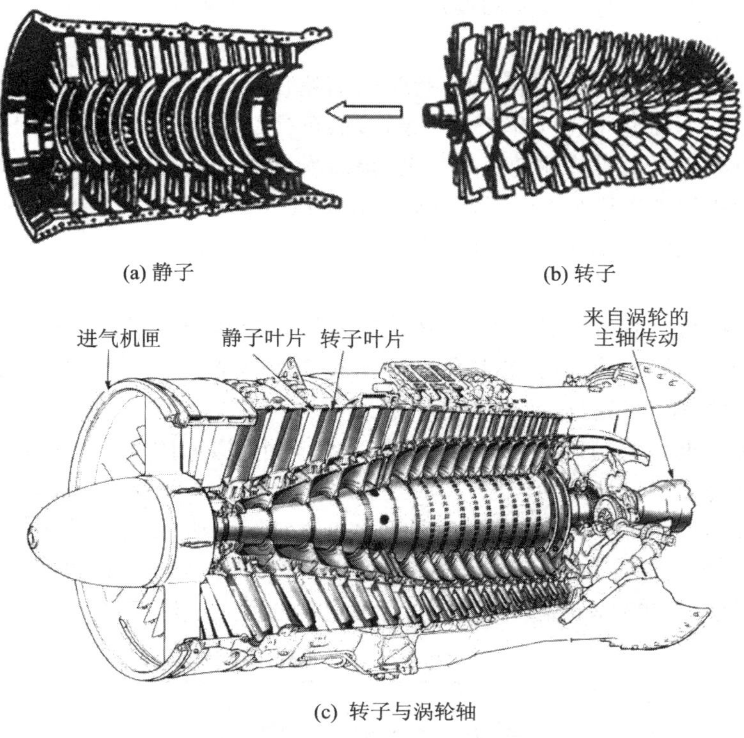

图 3-9 轴流式压气机组成

叶片(在前)和一排静子叶片(在后)形成压气机的一级,二者的相对运动迫使进气道来的空气进行增压。压气机转子叶片和静子叶片的剖面形状都和机翼剖面相似,其相邻叶片所构成的通道是进口小、出口大的扩散形,如图 3-10 所示,所以当空气流过通道时,能起到增压和产生必要的空气动力的作用。

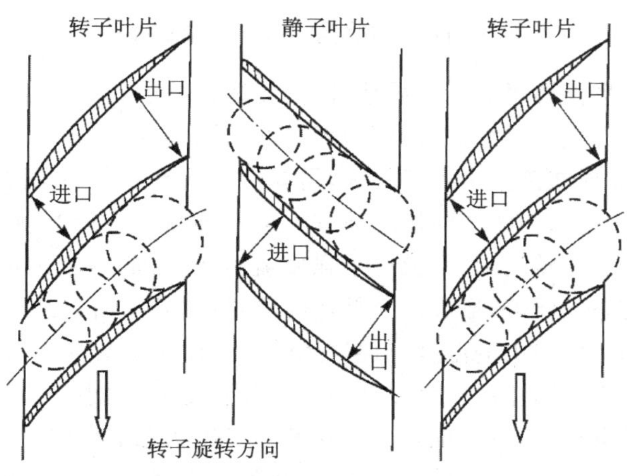

图 3-10 静子和转子叶片通道

空气经过一级转子叶片后,其压力、速度和温度都得到提高。由于转子在高速旋转时,不仅把空气以高速向后打,同时也使空气沿圆周方向运动,因此,在每一级转子叶片之后,需要用一级静子叶片进行整流。静子叶片的作用除了对气流起减速增压作用外,还改变气流的方向,以满足下一级工作叶片的需要。

因为单级轴流压气机增压有限,为了得到较高增压比,因此须将多级组合在一起,形成多级轴流压气机。目前轴流压气机有5~17级,多的可达24级以上。

增压比反映了压气机对气体的压缩程度,提高发动机的增压比可以提高压缩效率和燃烧效率。早期发动机的增压比为3~5,当前军用涡轮风扇发动机的增压比约为25~35,先进的民用发动机的增压比已达45。

3. 燃烧室

空气经压气机增压后,进入燃烧室。燃烧室是燃料与从压气机出来的高压空气混合燃烧的地方。燃料(航空煤油)燃烧后,燃料的化学能转变为内能,气体温度和压力升高。高温、高压的气体冲向涡轮,驱动涡轮旋转而发出功率。

燃烧室主要由火焰筒、喷嘴、涡流器和燃烧室外套组成,如图3-11所示。从压气机出来的高压空气在燃烧室进口处分为两股,小股气流进入火焰筒头部及其小孔,与燃料混合进行燃烧,大股气流则沿着火焰筒与燃烧室外套之间的通道向后流动,以冷却火焰筒。当这股气流流到火焰筒的后段时,气流又从火焰筒上的孔洞进入火焰筒内,与燃烧区内的气流混合后流向涡轮。这样就不致使火焰筒壁的温度过高,也不会使涡轮因为过热而烧毁。

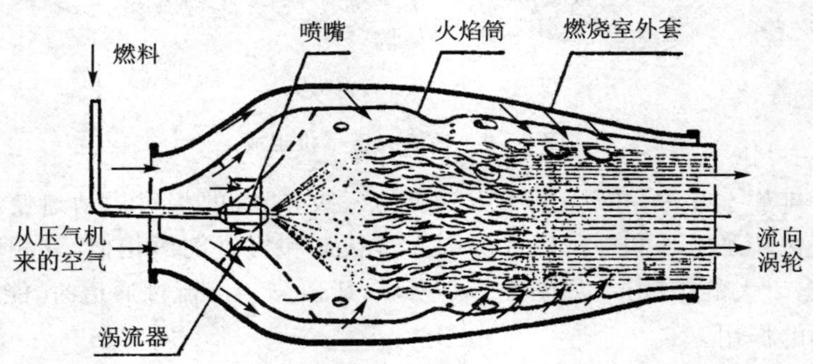

图3-11 燃烧室的组成和工作原理

喷嘴的主要作用是提高燃料的雾化质量,以便使燃料与空气充分混合。

涡流器的作用是使空气产生旋涡,以便与燃料均匀混合,并在适当部位形成点火源。燃烧室中气流速度很高,要完成在高速中可靠点火,需要依靠涡流器。涡流器安装在火焰筒头部进口处,其形状如图3-12所示。两个圆环之间焊上的斜向排列的叶片称为旋流片。气流经过旋流片构成的通道而产生旋转运动,形成一个强旋流流场,中心部分形成低压区,于是火焰筒后面的高温气体便向中心区倒流,形成一个低速的重复循环区(回流区),重复循环的燃气把新喷进来的燃油珠迅速加热到点火的温度以促进燃烧。回流区形成的类似烟圈一样的环行涡流起稳定和保持火焰的作用。回流区内气流轴向速度分布复杂,大小和方向有所不同,在轴向气流速度低的地方可形成点火源,以保证发动机在各种工作状态下稳定点火。

常见的燃烧室形式有以下3种:单管燃烧室、联管燃烧室和环形燃烧室。

(1) 单管燃烧室

单管燃烧室的特点是每一个管形火焰筒的外面都包有一个单独的壳体外套,构成一个单独的燃烧室(分管),发动机机匣内沿周向均匀地安装有6~16个这样的分管,各分管之间用联

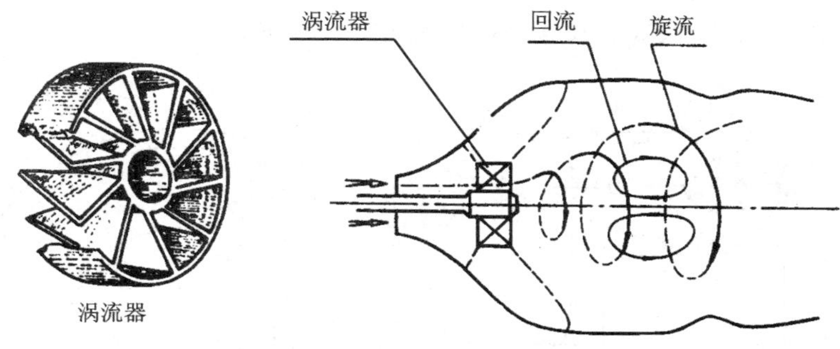

图 3-12　涡流器的工作原理

焰管联通，以传播火焰和均衡压力，如图 3-13 所示，燃烧后的高温燃气通过燃气导管组成环形通道与涡轮导向器联通。

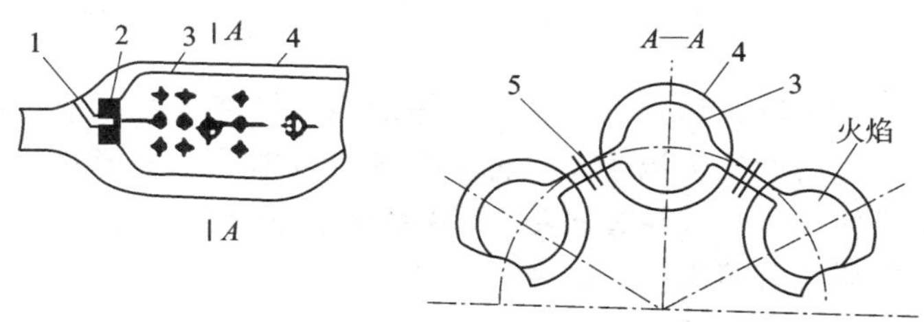

1—喷嘴；2—涡流器；3—火焰筒；4—壳体外套；5—联焰管

图 3-13　单管燃烧室

(2) 联管燃烧室

联管燃烧室的特点是将若干个(6～14 个)火焰筒均匀地安装在燃烧室内壁和外套之间的同一环腔内，相邻火焰筒燃烧区之间用联焰管联通，如图 3-14 所示。

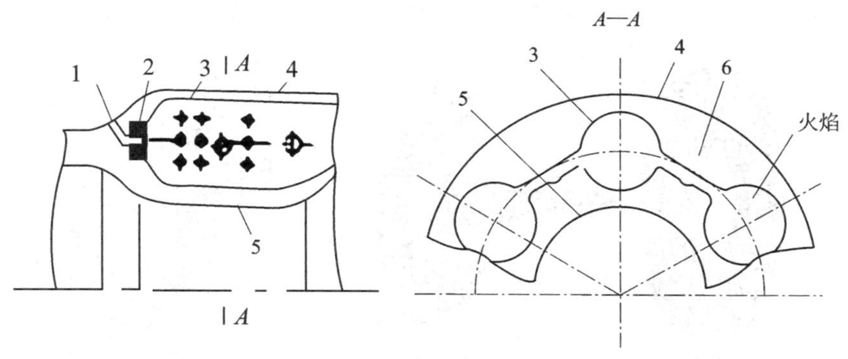

1—喷嘴；2—涡流器；3—火焰筒；4—燃烧室外套；5—燃烧室内壁；6—联焰管

图 3-14　联管燃烧室

(3) 环形燃烧室

环形燃烧室的特点是在燃烧室内壁和外套之间的环形腔内，布置了一个共同的呈环形的火焰筒，这个火焰筒的内外壁构成了一个环形的主燃区和掺混区，从图 3-15 所示的 A—A 视图中可以看出,环形燃烧室由4个同心圆筒组成,其中最内的圆筒6和最外的圆筒4为燃烧室的内壁和外套,中间的两个圆筒5和3分别为火焰筒的内外壁。

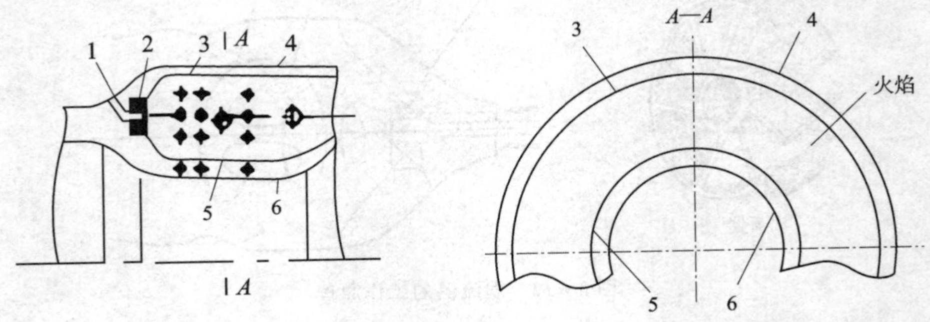

1—喷嘴;2—涡流器;3—火焰筒外壁;4—燃烧室外套;5—火焰筒内壁;6—燃烧室内壁

图3-15 环形燃烧室

4. 涡 轮

涡轮的功用是将燃烧室出口的高温、高压气体的能量转变为机械能。燃气从燃烧室流出后,冲击涡轮使其高速旋转产生机械能。涡轮的机械能以轴功率的形式输出,驱动压气机、风扇、螺旋桨和其他附件转动。燃气经过涡轮后,温度及压力骤然下降,速度渐增。从涡轮流出的燃气流向尾喷管,由尾喷管喷出产生推力。

如图3-16(a)所示,涡轮的组成和压气机相似,由静止的导向器和转动的工作叶轮组成。导向器和工作叶轮在径向都装有很多叶片,导向器叶片装在两个同心环之间,工作叶片装在叶轮的四周。为了使燃气按一定角度冲击到涡轮的工作叶片上,需要在工作叶片之前用导向叶片来对气流进行导向。导向叶片和工作叶片的通道都是收缩形的(与压气机叶片形成的通道正好相反),如图3-16(b)所示。从燃烧室出来的气流经导向器叶片的收缩通道后,速度大大提高,而压力和温度却下降,在导向器出口处燃气速度可达到声速甚至更高。此高速气流以一定的角度冲击工作轮叶片,使涡轮以每分钟几千甚至几万转的转速高速旋转而做功。

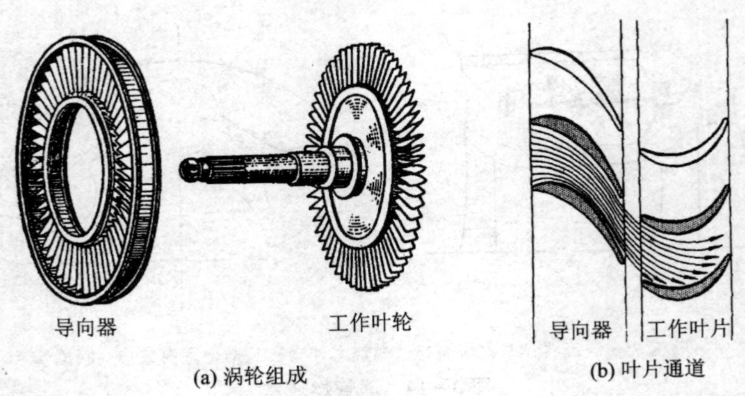

(a) 涡轮组成 (b) 叶片通道

图3-16 涡轮的组成和工作原理

由于涡轮的转速很高,工作叶片承受了很大的离心力,同时叶片又在很高的温度下工作,因此,必须用高强度且耐高温和耐腐蚀的材料制造,并且还应采取必要的冷却措施。

5. 加力燃烧室

发动机的推力与涡轮前燃气的温度有关,涡轮前燃气的温度越高,发动机产生的推力也越大。但这受涡轮叶片材料耐热性的限制,即使对涡轮叶片采取较好的冷却措施,涡轮前燃气温度也只能限制在 1 800 ℃左右,所以靠提高燃气温度来加大推力是有困难的。为了获得更大的发动机推力,可以采用加力燃烧室结构。加力燃烧室位于涡轮的后面,流经涡轮的燃气中还有不少氧气,因此可以在加力燃烧室再次喷油燃烧,以提高喷管出口燃气的喷射速度而加大推力,图 3－17 所示为带加力燃烧室的涡轮喷气发动机。由于加力燃烧室中没有转动部件,所以允许温度进一步提高,一般可达到 2 000 ℃左右。加力燃烧后,燃气能量和排气速度也都大大提高。在不改变压气机和涡轮工作状态的情况下,加力燃烧室可有效地增加发动机推力,一般推力可以提高 25%～60%。例如美国 F－15 飞机在使用加力燃烧室时,推力可提高 70%。使用"加力"时,燃油消耗率很大,温度也很高,因此发动机加力状态只能短时间使用,一般低空飞行不超过十几秒,高空飞行则可使用较长的时间。

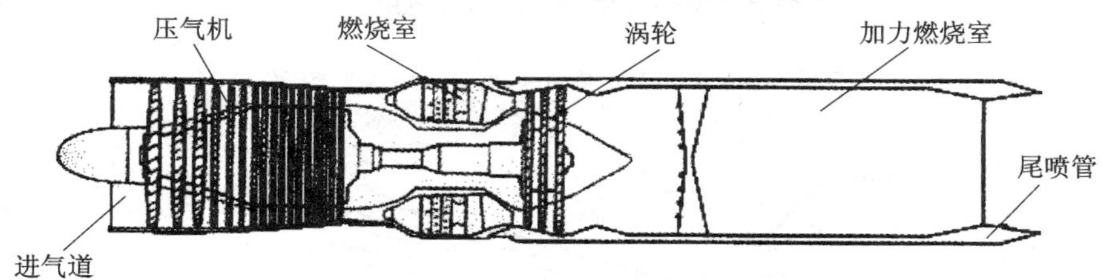

图 3－17　带加力燃烧室的涡轮喷气发动机

6. 尾喷管

尾喷管是发动机的排气系统。不同的燃气涡轮发动机,尾喷管的设计也有所不同。尾喷管一般由中介管和喷口组成,如图 3－18 所示。中介管在涡轮后由整流锥和整流支板组成,起整流的作用;否则燃气会在涡轮后产生强烈涡流,影响推力。亚声速飞机的尾喷口一般为收敛形,以获得更高的喷气速度。当飞机超声速飞行时,如果仍采用收敛形尾喷管,尾喷口出口处的压力大大超过当地大气压力,因此燃气不完全膨胀所造成的推力损失将很大。例如,当飞行速度为 $Ma=1.5$ 时,收敛形尾喷管造成的推力损失为 10%;当 $Ma=3$ 时,推力损失达到

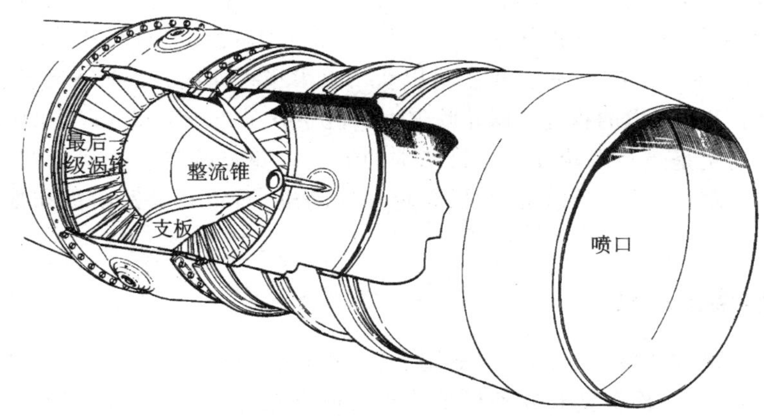

图 3－18　尾喷管的组成

50%。因此,当飞行速度 $Ma>1.5$ 时,为了保证燃气能充分膨胀,减少推力损失,不论有无加力燃烧室,发动机都应采用收敛扩散形的可调节超声速尾喷管,即拉瓦尔喷管。图 3-19 所示为中国歼 20 战斗机可调节超声速尾喷管的收敛和扩张状态,图 3-20 所示为拉瓦尔喷管燃气加速膨胀工作原理示意图。

图 3-19　歼 20 战斗机可调节超声速尾喷管

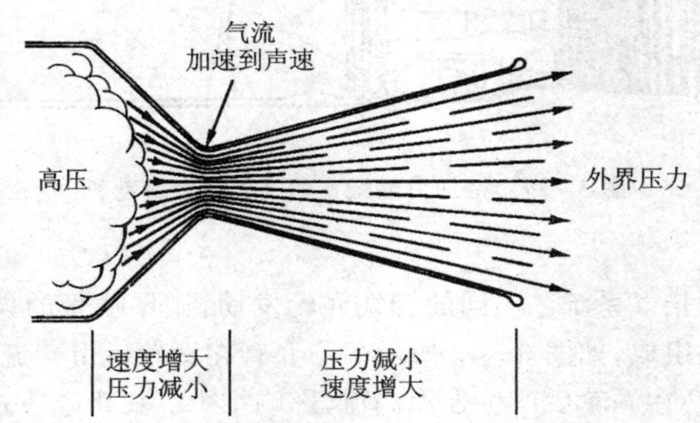

图 3-20　拉瓦尔喷管工作原理示意图

涡轮喷气发动机在低速时耗油量比活塞式发动机大,目前涡轮喷气发动机的使用范围为 $Ma=0.7\sim3.0$,飞行速度过高或过低,对于涡轮喷气发动机都是不利的。另外,随着飞行高度的增加,空气密度减小,发动机的进气量也要减少,所以推力就会下降。一般情况下,使用涡轮喷气发动机的飞行器,在 8~12 km 的高度上可以获得最大飞行速度。如果飞行高度太高,则推力会下降到不能满足飞行要求的程度。涡轮喷气发动机一般在 25~30 km 以下的高度上使用。

涡轮喷气发动机是燃气涡轮发动机最基本的形式。随着航空燃气涡轮技术的发展,又衍生出了涡轮螺桨发动机、涡轮风扇发动机、涡轮轴发动机、涡轮桨扇发动机和推力矢量发动机等多种类型。

3.3.2　涡轮螺桨发动机

涡轮喷气发动机的速度高、推力大,适用于较高速度飞行的飞机。在较低的速度下,由于耗油率太高,很不经济。而活塞式发动机虽然比较适合在低速下飞行,但由于其功率小、重量大、振动大等缺点,其使用范围也越来越受到限制,目前一般只用在飞行速度较低的小型飞机上。对于飞行速度在 500~800 km/h 的中低速飞机或对低速性能有严格要求的巡逻、反潜或灭火等类型的飞机，为了进一步改善发动机的经济性，现在普遍采用涡轮螺桨发动机。

涡轮螺桨发动机和涡轮喷气发动机相比，后边各组成部分也是由压气机、燃烧室、涡轮、尾喷管等几部分组成，所不同的是前面加了一个直径很大的螺旋桨。一般压气机由涡轮带动，由于螺旋桨的转速和压气机的转速差别很大，因而螺旋桨的转动则需要在压气机和螺旋桨之间加装一个减速器，将涡轮转速降低之后再驱动螺旋桨，如图 3-21 所示。发动机启动以后，涡轮开始工作，带动前面的压气机转动，并从进气道吸入大量的空气，被压气机压缩的空气送入燃烧室进行燃烧，从燃烧室出来的高温高速气流吹动涡轮高速旋转。涡轮除了带动前面的压气机转动以外，还要带动螺旋桨旋转。为了驱动大功率的螺旋桨，涡轮级数也相对较多，一般为 2～6 级。

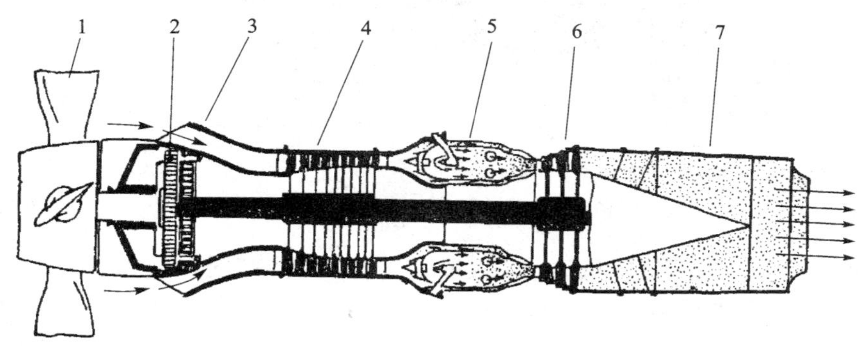

1—螺旋桨；2—减速器；3—进气道；4—压气机；5—燃烧室；6—涡轮；7—尾喷管

图 3-21　涡轮螺桨发动机的组成

涡轮螺桨发动机是一种主要由螺旋桨提供拉力和燃气提供少量推力的燃气涡轮发动机。涡轮带动螺旋桨转动，产生拉力，从涡轮出来的气流从尾喷管喷出，产生推力。由于涡轮燃气的大部分能量都转变成轴功率带动螺旋桨和压气机转动，因此，螺旋桨产生的拉力约占飞机总推力的 90%；而只有很小一部分燃气能量在尾喷管中膨胀加速，并产生推力，排气推力一般不超过 10%。

涡轮螺桨发动机与活塞式发动机相比，具有功率重量比大、耗油率低、振动小和高空性能好的优点。与涡轮喷气发动机比，由于螺旋桨旋转时桨叶往后推出的空气量远比涡轮喷气发动机的排气量大，因此涡轮螺桨发动机在低亚声速（700 km/h 以下）飞行时效率较高，耗油率小，经济性能好。但由于受到螺旋桨效率的影响，它的适用速度一般不应超过 900 km/h，因为当飞行速度达到850～900 km/h 以上时，螺旋桨叶尖区将会出现超声速气流，产生激波，螺旋桨效率急剧下降，大大降低了其原有的优势。同时，由于螺旋桨直径较大，为了不使桨尖碰地，就必须加大起落架的高度或将发动机安装在更高的位置，这都将会增加飞机的重量或使飞机维护不便。为了解决这些矛盾，同时又要保证发动机的经济性能，较好的方案就是采用涡轮风扇发动机。

3.3.3　涡轮风扇发动机

涡轮风扇发动机是在涡轮螺桨发动机的基础上发展起来的。把螺旋桨的直径大大缩短，增加桨叶的数目和排数，并将所有的桨叶叶片包在机匣内。它克服了螺旋桨的缺点，形成了能在较高的速度下很好地工作的“风扇”。

涡轮风扇发动机的结构和涡轮喷气发动机的结构也很相似,所不同的是,在此基础上增加了风扇和驱动风扇的低压涡轮,如图3-22所示。涡轮分为高压涡轮和低压涡轮,高压涡轮带动压气机转动,低压涡轮带动风扇转动。

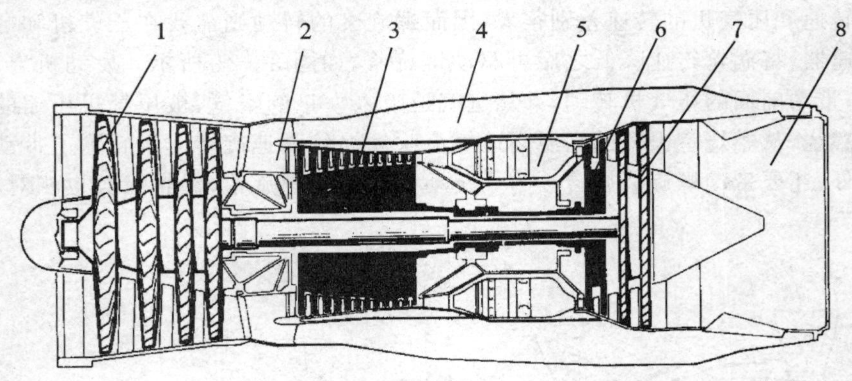

1—风扇;2—内涵道;3—压气机;4—外涵道;5—燃烧室;6—高压涡轮;7—低压涡轮;8—尾喷管

图3-22 涡轮风扇发动机的组成

当发动机启动后,风扇转动,风扇吸入大量的空气,并将空气进行压缩。压缩的气流分成两部分,一部分气流和普通涡轮喷气发动机一样,进入压气机、燃烧室和涡轮,最后经尾喷管加速排出产生推力,这股气流通过的通道称为内涵道。另一部分气流通过风扇对气流压缩后,从外边的通道不经燃烧直接加速喷出产生推力,这股气流所经过的通道称为外涵道,所以这类发动机又叫作内外涵发动机,如图3-22所示。

进入发动机的两部分气流可以分别从各自喷管排出,也可以在涡轮后混合,然后再一起排出。前者推力是内外涵推力的总和,推力随着发动机参数和工作状态的不同变化很大;后者带有共同的喷管,经过涡轮膨胀后的内涵燃气流在混合室与外涵空气流进行混合,混合气在喷管内膨胀加速,然后产生推力,由于喷管出口处的温度场均匀,所以这种发动机与前者相比,推力可有所增加,经济性也有所改善。

涡轮风扇发动机外股气流与内股气流流量之比称为涵道比。涵道比是涡轮风扇发动机的重要设计参数,它对发动机耗油率和推重比有很大影响。不同用途的涡轮风扇发动机应选取不同的涵道比,如远程运输机和旅客机使用的涡轮风扇发动机,其涵道比为4～10,战斗机选用的加力式涡轮风扇发动机的涵道比一般小于1,甚至可小到0.2～0.3。从广义来看,涡轮风扇发动机的涵道比减小到零时即成为涡轮喷气发动机,而涡轮螺桨发动机和桨扇发动机则可看作除去外涵机匣的涵道比极大(一般说大于25)的涡轮风扇发动机。

涡轮风扇发动机主要包括不加力涡轮风扇发动机和加力涡轮风扇发动机两大类。不加力涡轮风扇发动机涵道比较大,主要用于高亚声速运输机;加力涡轮风扇发动机涵道比较小,在第三代战斗机和第四代战斗机中广泛采用。

1. 不加力涡轮风扇发动机

在涡轮风扇发动机中,涡轮不仅要带动压气机工作,还要带动风扇工作,因此燃料燃烧产生的很大一部分能量转变成了带动压气机和风扇转动的机械能,这样从尾喷管排出的气流的温度和速度都下降了,气流喷出时能量损失减少,因此,在亚声速飞行时效率较高。由于涡轮风扇发动机的风扇可以吸入大量的空气,使进入发动机的空气量增加,虽然燃气喷出速度下降，但燃气流量与速度的乘积比原来的发动机还大，也就是说，在燃油量一定的情况下，推力却有所增加。涡轮风扇发动机工作噪声较小，而且有一部分推力不经燃油燃烧即可获得，因此耗油率也相对较低，经济性好，非常适合 Ma 为 0.8～0.9 左右的民用飞机和军用运输机使用。

远程运输机和旅客机一般采用的是不加力涡轮风扇发动机，这种发动机不但涡轮前温度较高，且风扇直径较大，涵道比一般在 8～10 以上，图 3－23 所示为具有大涵道比的不加力涡轮风扇发动机。涵道比的提高，可以充分发挥风扇的效能。因此，为了进一步提高发动机的性能，民用涡轮风扇发动机有向高涵道比、高涡轮前温度和高增压比发展的趋势。

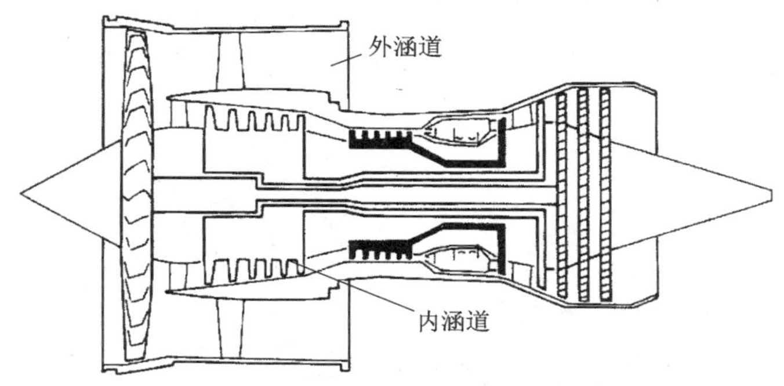

图 3－23　不加力涡轮风扇发动机

2. 加力涡轮风扇发动机

随着涵道比的增加，不可避免地使发动机的排气速度和单位推力下降，发动机的迎风面积增大，推重比降低。这些问题对于民用飞机不是主要问题，但对于超声速飞行的歼击机却无法接受。为了提高涡轮风扇发动机的使用性能，歼击机上采用的是涵道比小于 1 的加力风扇发动机。对于内外涵分开排气的加力风扇发动机，可以只在内涵道涡轮后喷油燃烧，也可以同时在外涵道喷油燃烧；对于内外涵混合排气的加力风扇发动机，则在内、外两股气流混合后喷油燃烧，其加力燃烧室的构造与涡轮喷气发动机相似，所不同的是涡轮风扇发动机的加力燃烧室含有大量新鲜的空气，因此可以比一般的涡轮喷气发动机产生更大的推力，且耗油率较低。加力涡轮风扇发动机的构造如图 3－24 所示。

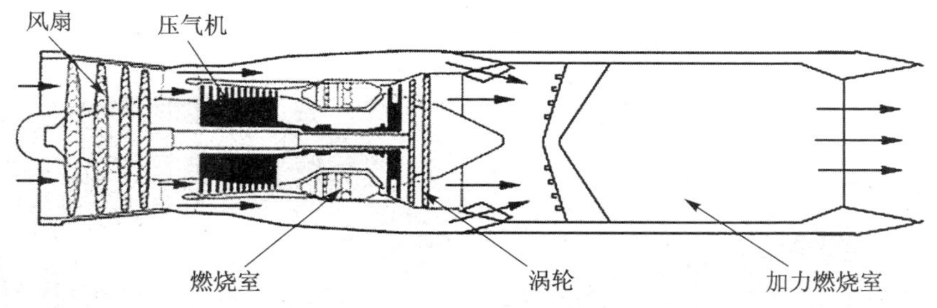

图 3－24　加力涡轮风扇发动机

加力涡轮风扇发动机广泛应用在第三代战斗机上，与涡轮喷气发动机相比，加力涡轮风扇发动机有两个突出的优点。第一，加力比（加力后的推力与不加力时的推力之比）大，地面静止时加力比可达 1.7，超声速飞行时由于受到冲压的影响，加力比可达 3 以上。这就可以大大改善飞机的加速性能，有利于满足歼击机的作战要求。第二，经济性能好，无论飞机以超声速飞行还是亚声速巡航,耗油率都比较低。但涡轮风扇发动机迎风面积较大,在低亚声速(小于700 km/h)时,耗油率比涡轮螺桨发动机高。

3.3.4 涡轮桨扇发动机

涡轮桨扇发动机是可用于800 km/h以上速度飞机飞行的一种燃气涡轮螺旋桨风扇发动机,简称桨扇发动机。这种发动机介于涡轮风扇和涡轮螺桨发动机之间,产生推力的装置是桨扇。桨扇无外罩壳,故又称开式风扇,如图3-25所示。桨扇一般有8～10片桨叶,桨叶的剖面形状为超临界翼型,桨叶薄而后掠,桨盘直径仅为普通螺旋桨的40%～50%,质量减轻到原来的50%～60%,这对于提高桨扇的转速较为有利。桨扇的桨叶数目较多,可以弥补桨叶短和后掠角带来的缺点。

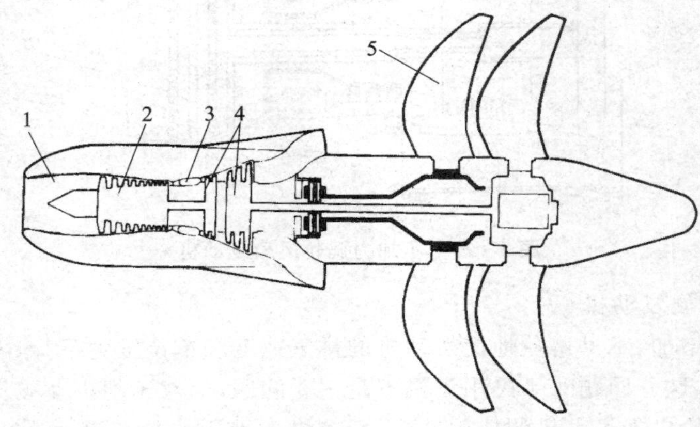

1—进气道;2—压气机;3—燃烧室;4—涡轮;5—桨扇

图3-25 涡轮桨扇发动机

桨扇发动机的突出优点是推进效率高,而且省油。桨扇发动机与同级别的涡轮风扇发动机相比可省油20%,与较早的波音-707和D-C9飞机的发动机相比,可省油60%。桨扇发动机最大的缺点是噪声比较大,因此难以在客机上进行推广,目前最成功的案例是用在乌克兰的安-70军用运输机上。安-70发动机的桨扇为前置,美国通用电气公司早期试验的GE36发动机的桨扇为后置,如图3-26所示。

(a) 安-70桨扇发动机

(b) GE36桨扇发动机

图3-26 前置和后置桨扇

3.3.5　涡轮轴发动机

涡轮轴发动机是现代直升机的主要动力，它的组成部分和工作过程与涡轮螺桨发动机很相似，所不同的是燃气的可用能量几乎全部转变成涡轮的轴功率，用于通过减速器带动直升机的旋翼和尾桨旋转，因而燃气不提供推力。涡轮的输出轴可以由发动机的前面伸出，也可以由发动机的后部伸出，如图3-27所示。由于直升机的旋翼和尾桨转速不能太大，因此涡轮轴和旋翼之间有必要加装减速装置进行减速后再输出功率，也可以由后面的自由涡轮直接带动旋翼转动。

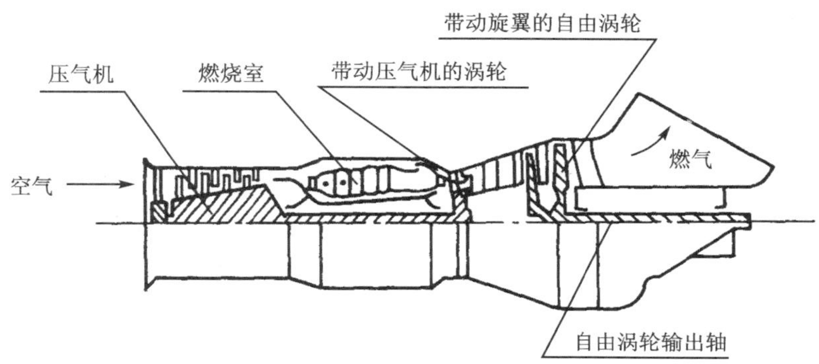

图3-27　涡轮轴发动机的组成

涡轮轴发动机与活塞发动机相比，其主要优点是功率大、质量轻和体积小，且由于没有活塞式发动机的往复运动，所以振动小，噪声低。涡轮轴直升机无论从航程、速度、升限还是装载量上都比活塞式直升机要大，经济性也更好，但耗油量要比活塞式发动机大，随着功率的增加，此差距将会缩小。图3-28所示为CH-47支奴干直升机上的涡轮轴发动机。

图3-28　CH-47采用的涡轮轴发动机

3.3.6 推力矢量发动机

推力矢量控制技术是指发动机推力通过喷管或尾喷流的偏转,使其推力的一部分变成操作力代替或部分代替操纵面的作用,从而增强飞机的操纵能力,并对飞机的飞行进行实时控制的技术。

普通的航空发动机提供的推力方向是固定的,其方向一般通过飞机的纵向中心或与纵向轴线呈一定夹角。而推力矢量发动机通过喷管或尾喷流的偏转,除了可以提供垂直起降或短距起降能力外,还能在空战中为飞机提供额外的机动力,为飞机在失速状态下提供一个有效的控制力,提升飞机的机动能力。此外,调整推力方向也可使飞机在阻力最小的迎角下巡航飞行以增大飞行航程。

1. 垂直起降发动机

飞机起飞一般指达到一定的起飞速度时,由机翼产生足够的升力,使飞机升空。为了缩短飞机起飞和着陆滑跑距离,就必须降低飞机的起飞速度和着陆速度,但这又会影响机翼升力的产生。如果飞机在起飞和着陆时,发动机能够产生垂直方向的推力,就可以大大缩短起飞和着陆时的滑跑距离,降低飞机对机场跑道长度的要求,对军用飞机来说,这将极大地增加机动作战的能力。

垂直起降发动机是推力矢量技术在飞机上较早的应用,是通过大角度向下偏转尾喷管产生向下的喷气流,从而产生向上的推力使飞机垂直起降。

图3-29所示为一种可转喷口的涡轮风扇发动机,它既可用于垂直起落,也可用于水平飞行。发动机装有4个可转喷口和阀门机构,能改变发动机的推力方向。在垂直起落过程中,喷口逐渐旋转向下,燃气向下喷出,产生向上的推力使飞机起飞;巡航飞行时可转喷口转向后面,产生向前的推力。

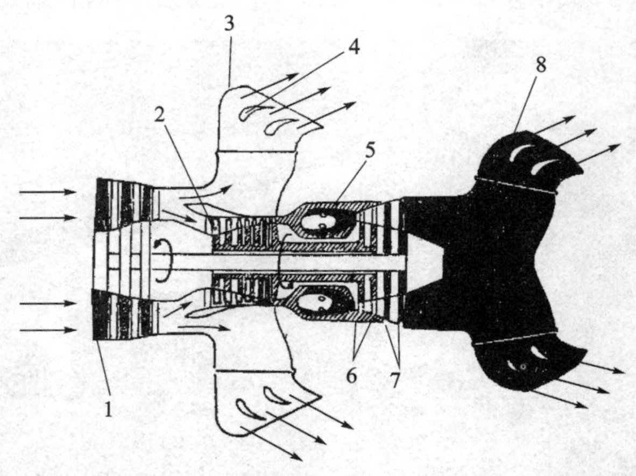

1—风扇;2—压气机;3—前可转喷口;4—导流叶片;
5—燃烧室;6—高压涡轮;7—低压涡轮;8—后可转喷口

图3-29 可转喷口的涡轮风扇发动机

这种动力装置的优点是单台发动机即可满足产生升力和推力的要求,发动机利用率高,使用维护也方便,其缺点是起飞升力较小。为了在起飞阶段产生更大的升力,在发动机上也可使用加力燃烧室来提高喷射速度，加大垂直起飞时的升力。英国罗尔斯·罗伊斯公司研制的“飞马”发动机即属此类发动机。这种发动机已装备在英国的“鹞”式强击机和美国的“AV-8”飞机上，其4个喷管通过齿轮、链条等机构保持同步运动，喷管转动范围可达到98.5°。

图3-30所示为一种升力风扇发动机，它是在普通的涡轮喷气发动机上加装了一个风扇。涡轮喷气发动机为巡航飞行提供推力，在飞机起飞和着陆时，涡轮喷气发动机尾喷管中的换向活门关闭，燃气通过管道引向升力风扇，吹动风扇的周缘涡轮转动而产生升力，此时喷气发动机是作为升力风扇的燃气发生器而工作的。当飞机水平飞行时，换向活门打开，燃气直接从尾喷管喷出，产生推力。此类发动机可以产生较大的升力，且风扇排气速度较低，噪声小。但风扇体积较大，巡航飞行时升力风扇成为消极质量，实际使用存在一定的困难。

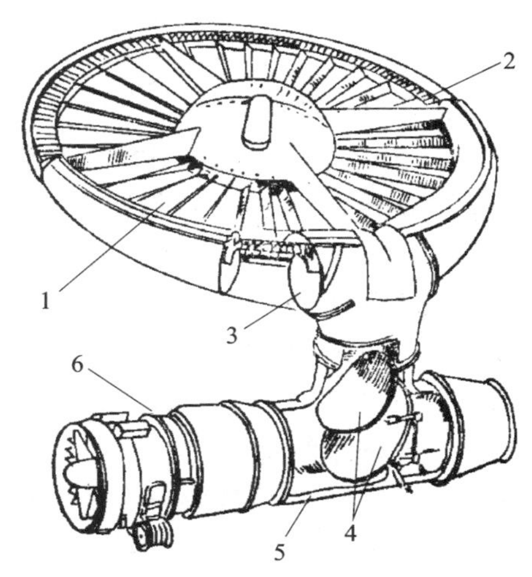

1—升力风扇；2—周缘涡轮；3—管道；4—换向活门；
5—尾喷道；6—涡轮喷气发动机

图3-30　升力风扇发动机图

图3-31所示为F-35B垂直起降飞机使用的F135升力风扇发动机，发动机除了尾喷口可向下转动外，机体前面还有一个升力风扇，升力风扇由传动轴带动工作，尾喷口向下的气流和升力风扇产生的向下气流形成两条气柱，可以把飞机稳稳地托起，完成飞机的短距/垂直起降。

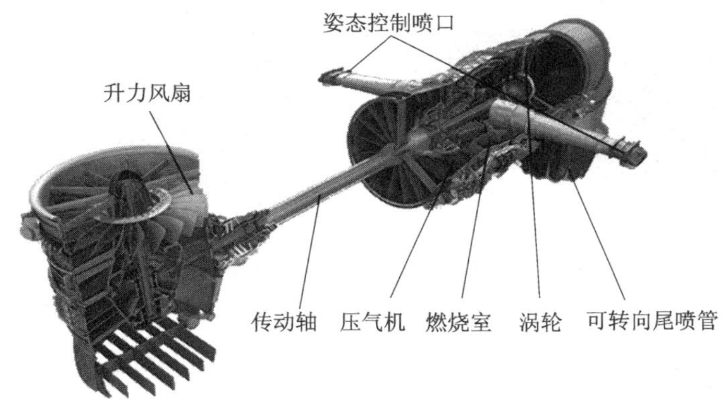

图3-31　F135升力风扇发动机

2. 推力矢量发动机

第四代战斗机要求具有4S功能，即要求战斗机具有超声速巡航、隐身能力、过失速机动性和超视距攻击等能力。因此，推力矢量技术是第四代战斗机的重要技术特征之一。第四代飞机所采用的发动机是推重比10以上的涡轮风扇发动机，其推力矢量技术不受飞机飞行姿态的影响，可以保证飞机在操纵舵面几近失效的低速，并在大迎角条件下进行超机动飞行。

目前推力矢量发动机的喷口形式主要包括折流板、二元推力矢量喷管和轴对称推力矢量喷管这三种形式。

(1) 折流板推力矢量喷口

美国的X-31飞机发动机采用的是折流板推力矢量喷口,当折流板偏转时,发动机喷气流方向发生改变,因此可以使飞机产生俯仰和偏航的操纵力矩,实现大迎角情况下对飞机的操纵,如图3-32所示。

(2) 二元推力矢量喷管

二元推力矢量喷管是指飞机的尾喷管能在俯仰和偏航方向偏转,从而使飞机能在俯仰和偏航方向上产生垂直于飞机轴线的附加力矩,因而使飞机具有推力矢量控制能力。二元矢量喷管通常是矩形的,或者是4块可以配套转动的调节板。

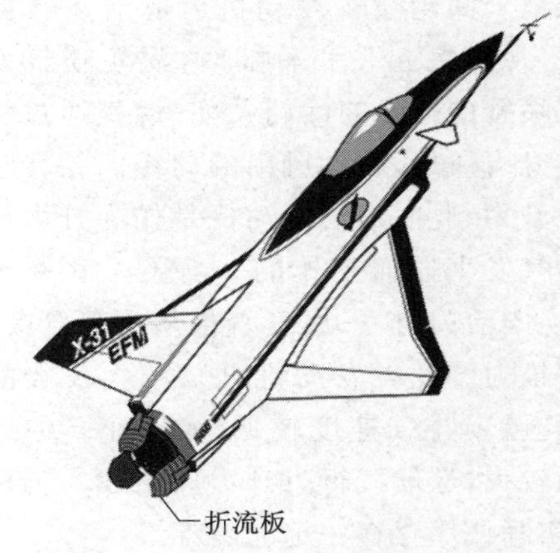

图3-32 折流板推力矢量喷口

如图3-33所示,F-22飞机的F119发动机采用的就是二元推力矢量喷管。F119发动机的尾喷口是矩形的,由4块平板围成,上下两块平板可以上下摆动,可以使发动机喷口气流上下偏转,控制飞机的俯仰运动,但它的左右两块平面是固定的,不能提供偏航控制力矩。F119发动机是普惠公司为F-22飞机研制的先进双转子加力涡轮风扇发动机,涵道比为0.2~0.3,增压比为23~27,可以实现不开加力的超声速巡航、过失速机动和短距起降及隐身。

图3-33 F119推力矢量涡轮风扇发动机

(3) 轴对称推力矢量喷管

轴对称推力矢量喷管尾喷口形状为圆形,可实现全方位的矢量推力,提供飞机任意方向的推力,目前已用在俄罗斯的Su-35、Su-37等飞机上。图3-34所示为Su-37用的AL-37FU发动机的轴对称推力矢量喷管,它是在成熟的轴对称收敛——扩散喷管技术的基础上新增加了一套转向机构带动喷管偏转,因此在现役飞机上移植相对容易,但其喷口设计及转向控制机构比较复杂。

图3-35为轴对称推力矢量喷管结构示意图。图中A9调节环是实现推力矢量控制的核心构件,其主要功能是通过A9环作动筒的调节实现喷口A9的收扩和矢量偏转。图中的A8环作动筒为喉道面积调节作动筒,用来调整喉道A8处的横截面积,以满足不同飞机飞行速度的需求。

图 3-34　AL-37FU 轴对称推力矢量喷管

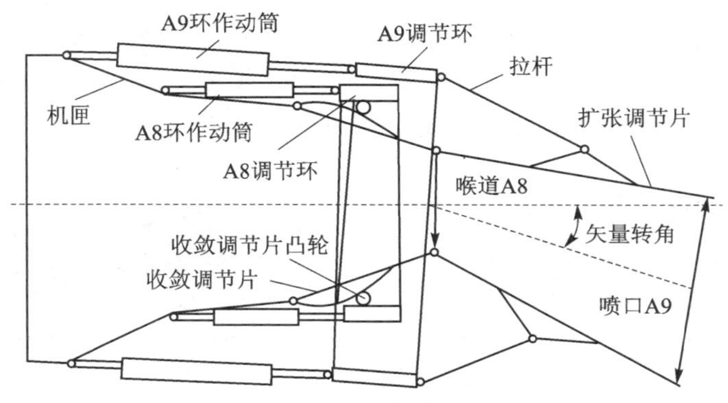

图 3-35　轴对称推力矢量喷管结构示意图

3.3.7　冲压发动机

冲压发动机与燃气涡轮发动机不同，它们没有专门的压气机，是靠飞行器高速飞行时的相对气流进入发动机进气道后减速，将动能转变成压力能，使空气静压提高的一种空气喷气发动机。它通常由进气道（扩压器）、燃烧室和尾喷管三部分组成，其结构组成和工作原理如图 3-36 所示。由于没有压气机和涡轮等转动部件，因此结构大大简化。

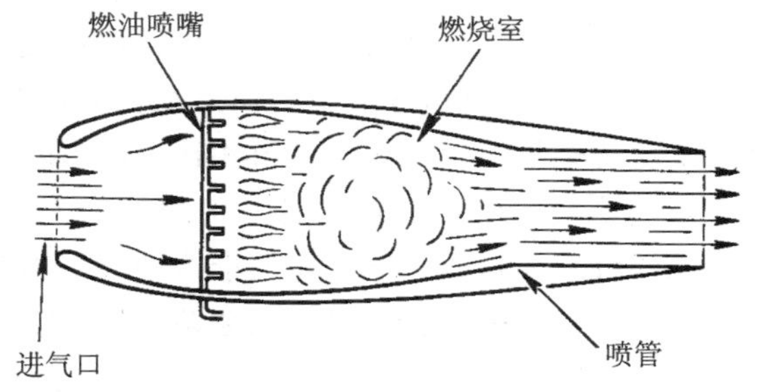

图 3-36　冲压发动机的组成

冲压发动机的工作原理和涡轮喷气发动机大体相似，但由于没有压气机，其压缩空气的方法是在进气道中将高速气流经过一系列激波，将速度滞止下来，并将气流的流动动能转变成压力能，来提高空气的压力（例如，当 $Ma=2$ 时，如果没有能量损失，当速度滞止为零时，其压力可提高 7 倍左右；当 $Ma=3$ 时，其压力可提高 37 倍；当 $Ma=5$ 时，其压力可提高 53 倍）。减速增压后的气流在燃烧室与燃油进行混合、燃烧，产生高温、高压燃气，然后经尾喷管排出而产生推力。

现代冲压发动机按适应的飞行速度可分为亚声速、超声速和高超声速冲压发动机。亚声速冲压发动机使用扩散形进气道和收敛形尾喷管,以航空煤油为燃料,飞行时增压比不超过1.89,飞行 $Ma<0.5$ 时一般不能正常工作,此类发动机常用于亚声速航空器上,如亚声速靶机。超声速冲压发动机采用超声速进气道,燃烧室入口的气流为亚声速,燃烧在亚声速气流中进行,尾喷管的形状为收敛形或收敛扩散形,以航空煤油或烃类为燃料,其适应的飞行速度为1~6倍声速,常用于超声速靶机和地对空导弹,如图3-37所示。

高超声速冲压发动机使用碳氢燃料或液氢燃料,燃烧室入口的气流为超声速,燃烧在超声速气流中进行,尾喷管的形状为扩张形,如图3-38所示。超声速或高超声速气流在进气道扩压到 Ma 约为4的较低超声速,然后燃料在超声速燃烧室中与空气混合并燃烧,最后燃烧后的气体经扩张形的喷管排出产生推力。采用碳氢燃料时,超燃冲压发动机的飞行 Ma 数在8以下;使用液氢燃料时,其飞行 Ma 数可达6~25。高超声速冲压发动机燃烧室中静温静压都较低,所以大大减轻了热传导和结构负荷,构造简单,重量轻,但其在燃烧室稳定燃烧比较困难,热防护也比较难。2004年美国的高超声速无人飞行器X-43A进行的试验飞行,创造了9.8Ma 的世界纪录,X-43A用的就是高超声速冲压发动机。

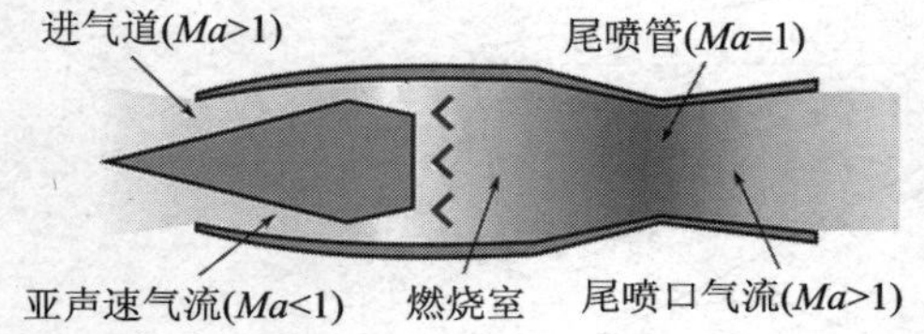

图3-37 超声速冲压发动机

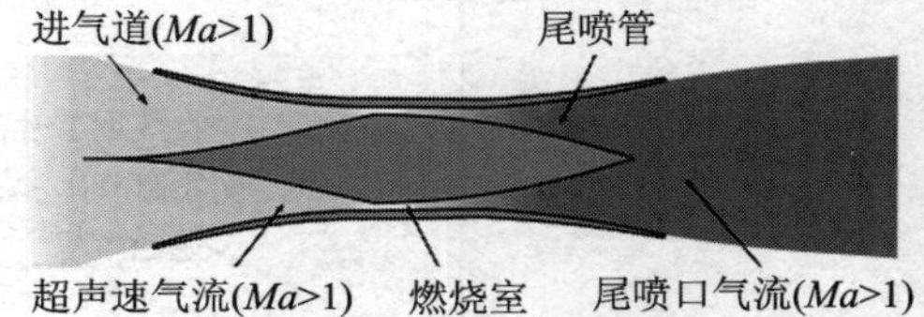

图3-38 高超声速冲压发动机

冲压发动机产生的推力与进气速度有关。飞行速度越大,冲压越大,因而产生的推力也就越大,所以冲压发动机适合高速飞行。在低速飞行时冲压作用小,压力低,经济性差(耗油率高)。由于冲压发动机在静止时不能产生推力,因此要靠其他动力装置将其加速,达到一定速度后才能正常工作,所以冲压发动机通常要和其他发动机组合使用,形成组合式动力装置。如果冲压发动机作为飞行器的动力装置单独使用,则这种飞行器必须由其他飞行器将其携带至空中并具有一定速度时,才能将冲压发动机启动并投放。

冲压发动机与涡轮喷气发动机相比,构造简单,质量轻,推重比大,成本低,高速飞行状态下($Ma>2$),经济性好、耗油率低。但由于低速时推力小、耗油率高,静止时根本不能产生推力,因此不能自行起飞,必须要有助推器助飞。另外,冲压发动机对飞行状况的变化敏感。例如,飞行速度、飞行高度、飞行迎角(迎角大,进气受到影响,能量损失大)等参数变化都直接影响发动机的工作,因此,其工作范围较窄。目前冲压发动机的适用范围为 $Ma=0.5$~6,飞行高度为0~40 km,推重比可达10以上。常用于靶机和飞航式战术导弹,也可用作高超声速飞行器的动力装置。

3.3.8 空气喷气发动机的性能指标

1. 发动机的性能指标数

空气喷气发动机的主要性能指标包括以下几个方面。

(1) 推　力

发动机的推力是作用在发动机内外表面上压力的合力，其单位为 N 或 daN(1 daN=10N)。推力产生的原理如图 3-39 所示。由动量定理可得推力 F 的表达式为

$$F=q_{mi}(v_e-v_0)+q_{mo}v_e+A(p_e-p_0) \tag{3-1}$$

式中，q_{mi} 和 q_{mo} 分别为进入发动机的空气质量流量和出口燃气质量流量(单位为 kg/s)，v_0 为进口气流速度，v_e 为喷管出口的燃气速度，A 为喷管出口面积，p_e 为出口气流静压，p_0 为周围大气静压。

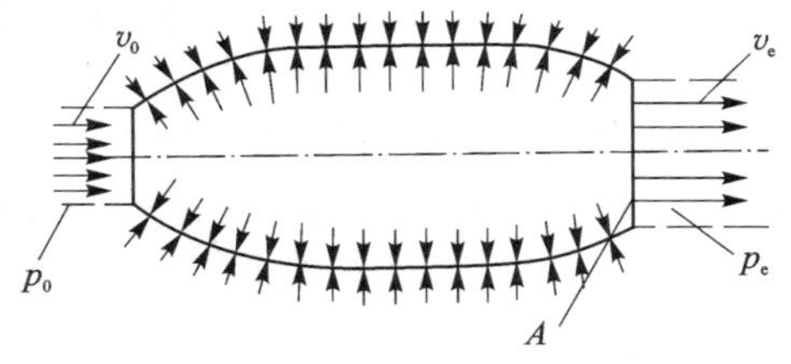

图 3-39　推力产生的原理

(2) 单位推力

单位流量的空气(单位为 kg/s)进入发动机所产生的推力称为单位推力，它是衡量发动机性能的重要指标。因为推力的大小与发动机的尺寸和进入发动机的空气流量有关，大的推力可以靠增大发动机尺寸或加大空气流量来获得，但这样势必会大大增加发动机的重量。因此单凭推力的大小不足以评定一个发动机性能的优劣。

(3) 推重比

发动机推力(地面最大工作状态下)和其结构重量之比为推重比。它也是衡量发动机性能的一个重要指标。大推重比将有利于提高飞行器的飞行性能。目前先进的空气喷气发动机的推重比已达 8～10 以上。

(4) 单位耗油率

产生单位推力(1 N)每小时所消耗的燃油量称为单位耗油率，其单位为 kg/(N·h)。单位耗油率是发动机经济性的重要指标。目前大型风扇发动机单位耗油率在 0.04～0.05 kg/(N·h)左右。

2. 发动机的工作状态

在不同飞行状态下，发动机需要提供不同大小的推力。推力的变化，主要是通过驾驶员按需要操纵油门杆位置，使供油量发生变化而获得的。对于燃气涡轮发动机而言，发动机规定的工作状态通常有起飞状态、最大状态、额定状态、巡航状态和慢车状态。

(1) 起飞状态

起飞状态下发动机的转速和涡轮前温度都最高，推力最大，因此发动机各零、部件的机械负荷也最大，所以一般只能使用 5～10 min。军用飞机的加力状态相当于起飞状态。

(2) 最大状态

最大状态下推力为起飞推力的 85%～90%，有的发动机可连续工作，有的则应加以限制，如工作时间不超过 30 min。

(3) 额定状态

额定状态下发动机的转速和涡轮前温度都比最大状态稍低。在这种状态下，发动机连续工作的时间比较长。额定状态一般用于飞机长时间爬升和高速平飞时。

(4) 巡航状态

巡航状态下推力为起飞推力的 65%～75%，此时耗油率低，经济性好，可连续工作。巡航状态用于长时间、远距离飞行。

(5) 慢车状态

慢车状态下发动机能稳定工作的最小转速状态,其推力为起飞推力的3%~5%,一般在飞机着陆时使用。由于在慢车状态下,压气机和涡轮的工作远离设计状态,效率很低,因此慢车状态工作时间也有限制,一般不超过5~10 min。

3.4 火箭发动机

空气喷气发动机燃料的燃烧需要利用大气中的氧气作为氧化剂,因此只能作为航空器飞行的动力。而火箭发动机的特点是不仅自带燃烧剂,而且自带氧化剂,因此既能在大气层内工作,也可在大气层外的真空中工作。火箭发动机与航空发动机相比,其主要优势如下:

① 自带氧化剂和燃烧剂(统称推进剂),不依赖于大气中的氧气工作。航空发动机只能在大气层内工作,而航天器要在大气层外飞行,没有氧气,因此必须要自带氧化剂。

② 飞行速度不受限制,可达到很高的速度。目前一般涡轮喷气发动机最大飞行速度可达3倍声速左右,超燃冲压发动机目前成功试飞飞行的最高飞行速度不到10倍声速,而航天器发射所需要的第一宇宙速度是7.9 km/s,大约是24倍声速,所以航空发动机根本满足不了要求。

③ 推重比高。现代较大的火箭发动机推重比可达80~120,而现在最先进的涡轮喷气发动机的推重比也只能达到10左右,所以火箭发动机的推重比更高。

④ 推力不受飞行姿态影响。不同于冲压发动机,飞行姿态对发动机效率影响很大。

⑤ 推力与飞行高度无关,可在任何环境工作,适合稀薄空气区域和空间飞行。

因此火箭发动机可作为火箭、导弹和航天器飞行的主要动力。

按加速工作介质(气流)的能源的不同,火箭发动机可分为化学能火箭发动机与非化学能火箭发动机两大类。

目前使用最多的是化学能火箭发动机。化学能火箭发动机是以推进剂的化学能作为能源,用推进剂在燃烧室进行高压燃烧反应产生的能量,加热反应后的气体产物(也叫工质),使工质高速喷出产生推力。因此,化学能火箭发动机的能源同时也是工质。化学能火箭推进系统按推进剂的物态不同分为液体火箭发动机、固体火箭发动机和固液混合火箭发动机三种类型。如果它的氧化剂和燃烧剂都是液体的,就是液体火箭发动机;如果它的氧化剂和燃烧剂都是固体的,就是固体火箭发动机;如果一种推进剂是液体,另一种是固体,则是固液混合火箭发动机。

非化学能火箭发动机不依靠燃烧化学反应获得能量,而是通过其他的方式加速工质。如通过电能、磁能、核能、太阳能等来加速工质,工质一般是氢、氦、氩、氙等物质,因此其能源和工质是分开的。非化学能火箭发动机包括电推进系统、核推进系统和太阳能推进系统等。

3.4.1 液体火箭发动机

对于液体火箭发动机,根据所用推进剂的组元(成分)数目的不同,可以分为单组元、双组元和三组元液体火箭发动机。增加组元会使系统复杂,而单组元的推进剂一般能量低,比冲较小(比冲是火箭发动机的重要性能指标,参见本章3.4.4节),目前常用的是双组元推进剂。

1. 单组元液体火箭发动机

单组元即发动机工作只靠一种推进剂组元,这种组元能靠自身分解进入燃烧,或先分解而后进入燃烧，单组元推进剂在使用条件下应该稳定，进入推力室后又必须立即分解、燃烧。常用的单组元推进剂有过氧化氢、无水肼、硝酸异丙酯等。单组元发动机系统相对简单，但推进剂能量低，比冲低(比冲在 1 700 m/s 左右)，所以一般只用于小型辅助发动机或燃气发生器。图 3－40 所示为美国“水星”号载人飞船采用的过氧化氢(H_2O_2)液体单组元火箭推进系统示意图。为了加快分解过程，推力室中装有催化剂。

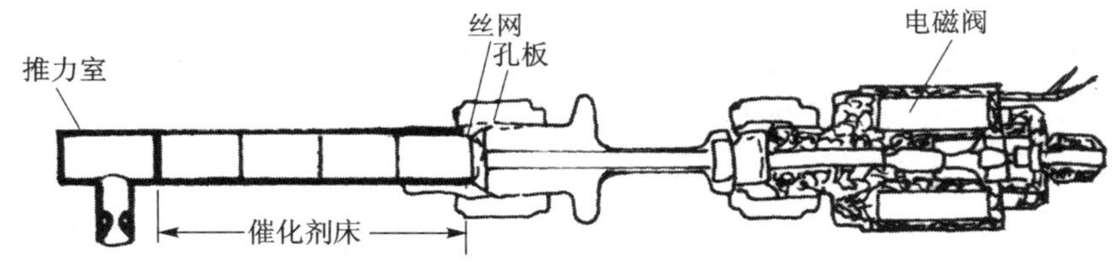

图 3－40　单组元液体火箭发动机

2. 双组元液体火箭发动机

目前火箭发动机中应用最广的是液体双组元推进系统，因为它是目前可贮存的化学推进剂中比冲很高，且与电推进系统相比，系统耗电量又很少的一种比较成熟的推进系统。

(1) 液体火箭发动机的组成及工作原理

双组元液体火箭发动机推进剂中的氧化剂和燃烧剂分别存放在单独的贮箱里，工作时需要专门的输送系统分别将它们送进燃烧室，燃烧后的高温高压气体经推力室高速喷出产生推力。所以液体火箭发动机主要由推进剂贮箱、推进剂输送系统、流量调节控制活门、推力室(包括喷注器、燃烧室、喷管)和冷却系统组成，如图 3－41 所示。

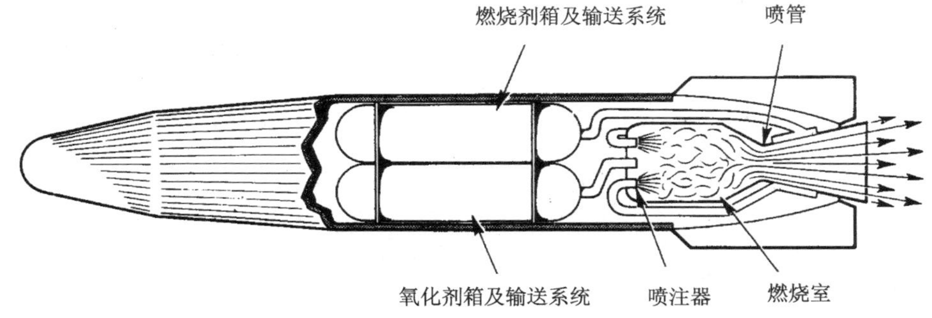

图 3－41　液体火箭发动机的组成及工作原理

1) 推进剂输送系统

推进剂输送系统的功用是按要求的流量和压力向燃烧室输送推进剂。火箭发动机正常工作时，要有一定的压强把推进剂从贮箱挤压到燃烧室中去，正常地输送推进剂是保证液体火箭发动机正常工作的先决条件。按输送方式的不同，液体火箭发动机的输送系统可分为挤压式和泵式两种类型。

挤压式输送系统是利用高压气体(压强为 25～30 MPa)经减压阀减压(将压力降至 3.5～5.5 MPa)后，进入氧化剂箱和燃烧剂箱。氧化剂和燃烧剂在压力作用下分别由各自的管路经流量控制活门和喷注器送入燃烧室进行混合、燃烧。图 3－42 所示为挤压式输送系统的工作过程。

高压气体应选与氧化剂、燃烧剂皆无反应的惰性气体,如氮气、氦气或空气。由于贮箱压力高,所以结构质量较大,这是挤压式输送系统的主要缺点。

挤压式输送系统除了在系统中有调节活门之外,没有转动部分。因此,这种系统较简单,工作可靠,而且容易实现多次启动;但贮箱压力高,结构质量大,主要用于推力小、工作时间较短的推进系统,如姿态控制发动机、航天飞机的轨道机动系统和反作用控制系统就采用了这种方式。

泵式输送系统利用涡轮泵提高来自贮箱的推进剂的压强,使推进剂按规定的流量和压强进入燃烧室。图 3-43 所示为泵式输送系统的工作过程。

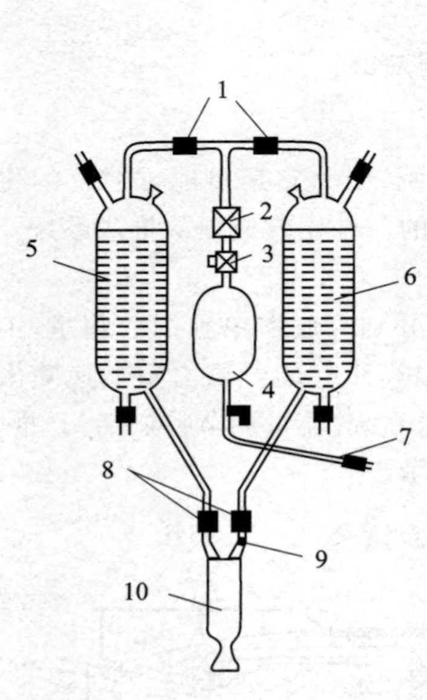

1—单向活门;2—减压阀;3—高压活门;
4—高压气瓶;5—氧化剂贮箱;6—燃烧剂贮箱;
7—充气导管;8—主活门;9—流量控制板;10—推力室

图 3-42 挤压式输送系统

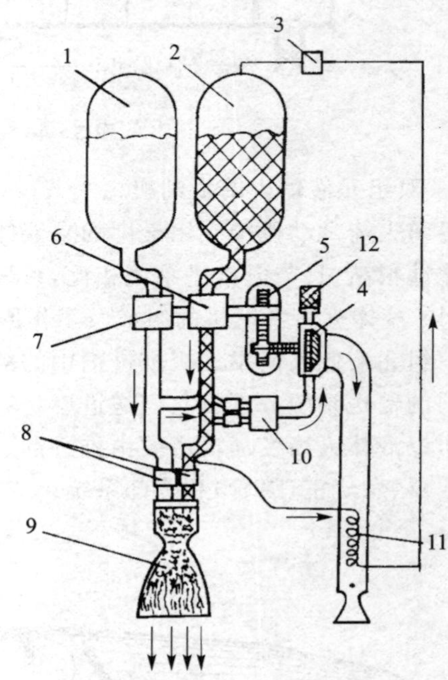

1—燃烧剂贮箱;2—氧化剂贮箱;3—增压活门;4—涡轮;
5—齿轮箱;6—氧化剂泵;7—燃烧剂泵;8—主活门;
9—推力室;10—燃气发生器;11—蒸发器;12—火药启动器

图 3-43 泵式输送系统

燃气发生器产生燃气带动涡轮转动,涡轮通过齿轮箱带动氧化剂泵和燃烧剂泵工作,增压后的氧化剂和燃烧剂经过活门进入喷注器喷入燃烧室,在燃烧室内进行燃烧,最后燃气通过尾喷管高速喷出,产生推力。发动机的工作由火药启动器启动,火药启动器产生高压燃气带动涡轮,使推进剂泵开始工作。在氧化剂和燃烧剂管道中引出少量液体在燃气发生器中产生燃气,驱动涡轮转动。在氧化剂管道引出少量液体经蒸发器,使其变成蒸气,打开活门给氧化剂液面以一定压力,使其顺利进入氧化剂泵。

泵式输送系统增加了涡轮、泵及其他附属设备,系统结构复杂,但由于从推进剂贮箱到泵入口压力较低(一般为 0.3~0.5 MPa),因而推进剂贮箱压强低,对于推力大、工作时间长的液体火箭发动机,采用泵式输送系统比挤压式输送系统结构要轻得多。所以,在现代液体火箭发动机中涡轮泵式输送系统比挤压式输送系统用得更广泛。像现代大型运载火箭、航天飞机的主发动机都采用的涡轮泵式输送系统。

2) 推力室

推力室是将液体推进剂进行混合、燃烧，并将推进剂的化学能转变成推力的重要部件，包括喷注器、燃烧室和喷管三部分，如图 3-44(a)所示。

喷注器的作用是把推进剂喷入燃烧室，使之雾化、混合。推进剂雾化、混合的质量对燃烧效率和燃烧稳定性有重要影响。图 3-44(b)所示为一种典型的 90°双股自击式喷注器，它是利用射流的相互撞击实现液柱的破碎、混合和燃烧，是液体火箭发动机最常用的一种喷注器。

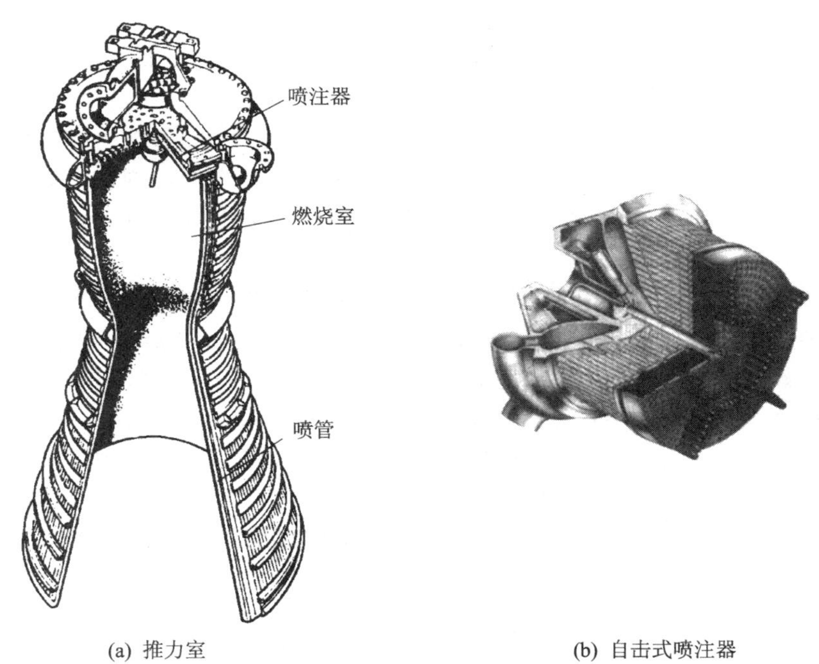

(a) 推力室　　(b) 自击式喷注器

图 3-44　推力室的组成

燃烧室是推进剂雾化、混合和燃烧的场所。燃烧室承受高温燃气压力，通常为球形或圆柱形，头部装有喷注器，下面与喷管连成一体。燃烧室的压力可达 20～25 MPa，温度达 3 000～4 000 ℃，因此需要进行冷却。推进剂中的一种组元可以从冷却套中流过，带走高温燃气传给推力室壁的热量，并对燃烧室进行冷却。该组元最后返回推力室头部的喷注器，与另一组元进行混合燃烧。

喷管和燃烧室组成整体式结构，高温燃气在喷管中膨胀、加速，将内能转变为动能，产生高速射流(2 500～5 000 m/s)，从而产生推力。火箭发动机的喷管都是超声速喷管，呈收敛扩散形。喷管应保证气流流动损失最小，出口气流尽量与发动机轴线平行。

(2) 液体推进剂

1) 对液体推进剂的要求

液体推进剂要求能量高，有较高的比冲；有良好的物理和化学安定性；无毒性，对金属无腐蚀作用；推进剂中有一种组元传热性好，可用来冷却推力室壁；推进剂黏度小，以利于运输和喷嘴工作；推进剂应燃烧稳定，容易点燃，燃烧性能好；另外推进剂还应具有良好的经济性能，成本较低。

2) 主要的液体推进剂

① 氧化剂通常有液氧和液氟,除此之外还有一些复合氧化剂或包含有燃烧元素(碳、氢等)的化合物,如硝酸、过氧化氢和一些氮的化合物(四氧化二氮 N_2O_4、一氧化氮 NO 和一氧化二氮 N_2O 等)。

◇ 液氧 O_2:氧化力强,与燃烧剂混合后燃烧温度高,无毒,密度高,成本低。但液氧的沸点低(−183 ℃),容易蒸发,不易贮存,因此很少用于导弹武器上。液氧作为强氧化剂,易与燃烧热值高的燃烧剂发生剧烈反应,因此在航天飞行器的运载火箭上应用较广。

◇ 液氟 F_2:氟在适当条件下,除惰性气体外,几乎能与任何物质反应。在现有的化学推进剂组合中能量最高,比重也高于液氧。但液氟的沸点比液氧还低(约为−188 ℃),腐蚀性和毒性都很大,因此在运输、贮存和安全处理方面都存在一定的困难。

◇ 硝酸 HNO_3:是一种较强的氧化剂,使用中为了降低腐蚀性,常加入少量磷酸、氟化氢、氟化磷等作为缓蚀剂,它与许多种燃烧剂组合可形成自燃推进剂。硝酸的优点是比重大、冰点低、沸点高,液态温度范围很大,易于运输。缺点是腐蚀性强,比冲较低,液体及蒸气毒性大,一般只在中小型火箭发动机中使用。

◇ 过氧化氢 H_2O_2:可以作为氧化剂,也可以作为单组元推进剂使用。火箭上使用的过氧化氢一般是65%~100%的水溶液。浓过氧化氢为无色液体,无毒,稳定性好,但与普通重金属接触则容易引起分解,因此应注意材料的选择。过氧化氢一般作为单组元推进剂用于驱动涡轮的燃气发生器或用于小推力姿态控制系统的发动机。

◇ 四氧化二氮 N_2O_4:是一种较强的氧化剂,化学稳定性好,能量高,密度大,易贮存,可与肼类、胺类和某些醇类组成自燃推进剂。它的缺点是气体对人体毒害较大,沸点较低(21.15 ℃),冰点较高(−11.23 ℃),液态温度范围较小,因此在战术导弹上的应用受到限制。

② 燃烧剂主要是由碳、氢以及氢与硼、铝、碳、氮等元素组成的液态化合物,如液氢、航空煤油、甲烷、肼及其衍生物和混胺等。

◇ 液氢:能量高,比冲高,无毒、无腐蚀性,来源广,成本低。其缺点是密度小,沸点低(−252.8 ℃),易燃、易爆,不易贮存和运输。液氢系统中不能使用绝缘材料,以防静电集聚造成着火爆炸。目前广泛用于航天器的运载火箭上。

◇ 航空煤油:能量高,毒性小,化学稳定性好,成本低,便于贮存和处理。其缺点主要是密度较低。

◇ 甲烷:一种有机化合物,分子式是 CH_4,是最简单的有机物,也是含碳量最小(含氢量最大)的烃。甲烷性能比较稳定,毒性甚低,黏度小,冷却性能远高于航空煤油,和液氧的燃烧过程中不容易积碳和结焦,在可重复使用发动机上有一定优势。

◇ 肼及其衍生物:肼(N_2H_4)是一种强还原剂,与硝酸、四氧化二氮、液氧、过氧化氢等接触即可自燃。其优点是能量较高,可以贮存;缺点是冰点高(1.4 ℃),毒性大,热稳定性差,容易爆炸。肼的衍生物主要有一甲肼 $CH_3N_2H_3$ 和偏二甲肼 $(CH_3)_2N_2H_2$,它们的冰点都较低,稳定性也较好,且便于贮存,因此在各种导弹和航天飞行器上广泛应用。

◇ 混胺:由三乙胺 $(C_2H_5)_3N$ 和二甲苯胺 $(CH_3)_2C_6H_3NH_2$ 混合而成,冰点较低(−72 ℃),沸点较高(130 ℃),与硝基氧化剂可组成自燃推进剂。这种推进剂能量较高,安定性好,可长期贮存,因此在战术导弹的液体火箭发动机上得到广泛应用。其缺点是对人体有害,闪点低、易燃，因此应妥善处理和防护，以防止中毒和火灾。

液体火箭发动机的主要优点是比冲高，推力范围大，能反复启动，较易控制推力的大小，工作时间较长，在航天器的推进系统中应用较多。但由于液体推进剂，特别是沸点低和具有腐蚀性的组元，必须在使用前才能向贮箱中加注，因此在导弹等战术武器上的使用受到限制。采用液体推进剂的预包装技术，制作预包装推进剂，可以在很大程度上克服液体火箭发动机作战使用性能差的缺点。

在液体火箭发动机的应用方面，美国的液氧液氢发动机技术比较成熟，俄罗斯的液氧煤油发动机技术有较大优势，而中国在液氧液氢组合和液氧煤油组合方面有较多的应用。例如，中国最大推力火箭“长征”5 号的一子级和二子级发动机采用的是液氢液氧推进剂，而 4 个助推器则采用的是液氧煤油推进剂组合。图 3-45 是“长征”5 号结构示意图。

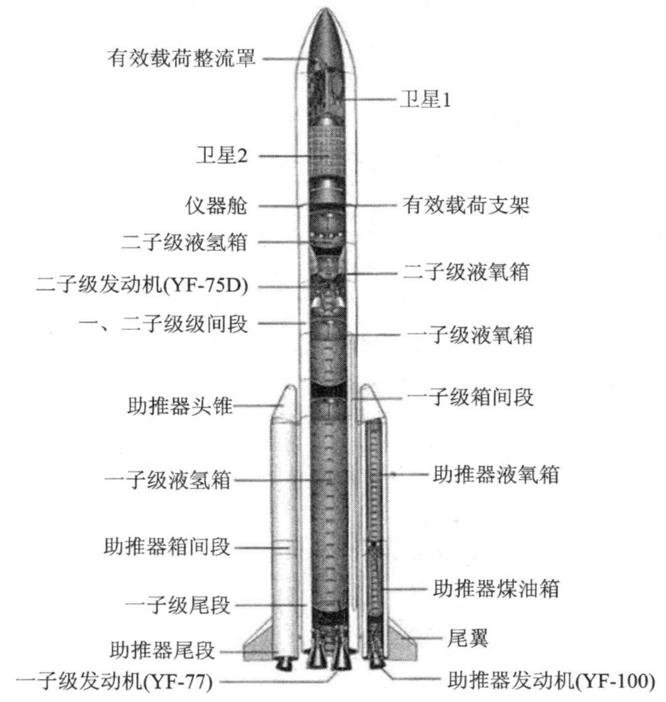

图 3-45 “长征”5 号结构示意图

随着 SpaceX 公司的火箭可重复使用技术的成功实现及不断突破，SpaceX 的液氧甲烷发动机技术也有了很大进展，液氧甲烷在可重复使用火箭和星际航行任务中将有很好的应用前景。

3.4.2 固体火箭发动机

1. 固体火箭发动机的组成及工作原理

固体火箭发动机使用固体推进剂，可以直接把推进剂填装在推力室内，不像液体火箭发动机那样还需要推进剂输送系统，因此其结构更加简单、可靠。

固体火箭发动机主要由药柱、燃烧室、喷管组件和点火装置等组成，如图 3-46 所示。发动机工作时,首先启动点火装置,使点火药包燃烧,产生具有一定压力和温度的燃气,使发动机药柱点燃并燃烧,药柱燃烧产生大量能量,并生成高温高压的燃烧产物,燃烧后的产物作为工质从喷管排出,产生推力。

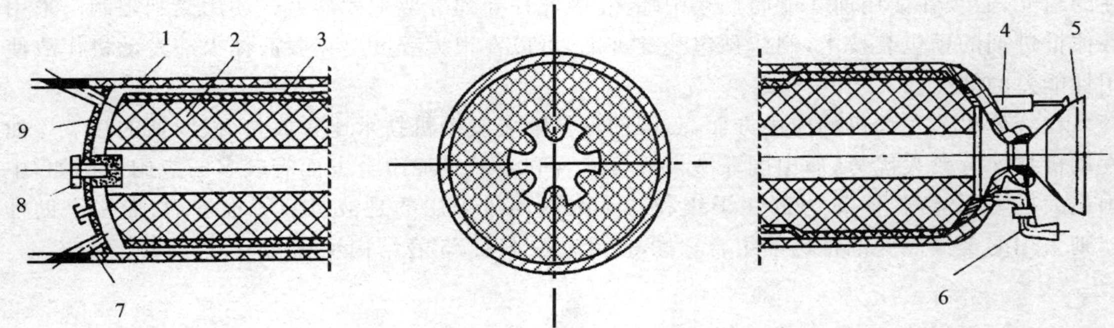

1—燃烧室壳体;2—药柱;3—包覆层;4—喷管摆动机构;5—喷管组件;
6—侧面喷管;7—推力终止装置;8—点火装置;9—前顶盖

图 3-46 固体火箭发动机的组成

药柱是由推进剂和少量添加剂制成的圆柱体,它可以由一种或几种固体推进剂组成。推进剂可以采取浇注的办法充填在燃烧室内,药柱的形状要靠专门的模具来保证;也可以事先制成药柱,在发动机装配时充填在燃烧室内。药柱表面可以用缓燃或难燃材料包覆起来,形成包覆层或阻燃层,用来控制燃烧面积的大小和推力的变化规律。有时也可以通过采用两种或两种以上不同燃速的推进剂组合,达到调节燃烧室压强变化和得到所需要的推力变化规律的目的。

在药柱燃烧时,燃烧室的温度可达 2 500~3 500 ℃的高温和 1~20 MPa 的压强,所以燃烧室必须用高强度合金或复合材料等制造,并在药柱和燃烧室内壁之间加装隔热衬。

点火装置用于点燃药柱,通常由发火管和火药盒组成。通电后先由电热丝点燃火药盒中的火药,然后再由火药引燃主药柱。

喷管的设计对发动机的性能至关重要,若设计不当,大量的能量将被浪费而不能产生推力。最理想的状况是,当喷口处的喷流压力与外部大气压力相等时,能量损失最小,获得的推力最大,性能最佳。

喷管除了使燃气膨胀加速产生推力外,为了控制推力方向,常与喷管摆动传动机构组成喷管组件,来改变燃气喷射角度,从而实现推力方向的控制。喷管摆动传动机构只能控制火箭飞行的俯仰和偏航运动,火箭的滚转运动可以靠侧面喷管来控制。

固体火箭发动机装药燃烧后,一般不容易自动熄火。如需要发动机终止工作,就要靠推力终止装置。其主要措施是在燃烧室上设置一些特制的窗口或反向喷管,打开窗口,压力突然降低,使药柱熄灭;或瞬间打开向前倾斜的反向喷管,产生反向推力,使发动机推力迅速平衡(或抵消)。

2. 固体火箭发动机的推进剂

(1) 固体推进剂的种类

固体推进剂包含两大类,即胶体(双基)推进剂和复合推进剂。

胶体推进剂为一种有机物的固态溶液(混合物),目前用得较多的是硝化纤维在某些炸药(硝化甘油和硝化二醇等)中的胶状溶液。为了提高推进剂的贮存安定性、提高燃烧速度和热塑性以及降低爆炸危险等,还掺入了一些添加剂,如稳定剂、催化剂、增塑剂和钝化剂等。

复合推进剂是将氧化剂的微粒均匀地分布在固体燃烧剂中,是氧化剂微粒和燃烧剂的机械混合物。用得较多的复合推进剂的氧化剂是硝酸盐和氯酸盐;而燃烧剂则是具有一定机械性能和黏附性能的黏合剂,常用的有橡胶、树脂和塑料等。

胶体推进剂和复合推进剂的主要区别是复合推进剂能够稳定燃烧的初始温度和压力范围更宽,燃烧温度更高,比冲更大。

(2) 药柱形状和特点

药柱的几何形状及尺寸直接决定着固体火箭发动机的主要性能参数(推力和工作时间等)。因此药柱的形状必须根据推进剂的性能和发动机的原始参数来确定。药柱的形状与药柱的燃烧方式密切相关,药柱的形状不同,它的燃烧方式也就不一样。不同的药柱形状对推力的变化规律有很大影响。按燃烧方式不同,可以将药柱形状分成端面燃烧、侧面燃烧和端、侧面燃烧三种类型,如图 3-47 所示。

端面燃烧的药柱大都为圆柱形,整个侧面和另一端面有包覆层阻燃,燃烧时燃面沿轴向推进,因此又称一维药柱,如图 3-47(a)所示。此种药柱多用于助推器和燃气发生器。

侧面燃烧药柱的两个端面都有包覆层阻燃,药柱形状很多,可以得到各种不同的表面变化规律,如图 3-47(b)所示。侧面燃烧可分为内侧面燃烧和外侧面燃烧。内侧面燃烧时,药柱由内向外燃烧,可以避免燃烧室壁与燃气接触,室壁的隔热要求较低。外侧面燃烧或内、外侧面同时燃烧时,由于燃气始终冲刷燃烧室壁,所以要求严格的绝热,因此增加了发动机的质量,工作时间也受到限制。从燃烧表面推进方向看,它属于二维药柱。这类药柱以内侧面燃烧药柱应用最多,一般用于小型战术导弹的火箭发动机。

端、侧面同时燃烧的药柱一般为内侧面加端面同时燃烧,因此属于三维药柱。药柱内侧面有不同的形状,用来调节燃面大小及推力的变化规律,如图 3-47(c)所示。这种燃烧方式的药柱燃面变化比较复杂,燃面可调范围宽,适于大体积装填。药柱大都是贴壁浇注,药柱通过隔热层和阻燃层和室壁黏结,起到保护室壁和隔热的作用。此类药柱广泛应用于大型发动机。

(3) 固体火箭发动机的优缺点

1) 固体火箭发动机与液体火箭发动机相比,有如下优点:

① 结构比较简单,无复杂的推进剂输送系统和强制冷却系统,除推力向量控制机构外无其他活动部件,可靠性较高;

② 装有固体火箭发动机的导弹操作简单,发射准备工作和本身启动比液体火箭发动机方便;

③ 固体推进剂性能稳定,可以使装填状态下的固体火箭发动机在发射阵地上长期贮存,适合战略使用要求。

2) 固体火箭发动机的主要缺点表现为:

① 固体推进剂能量比液体推进剂低,比冲较小;

② 装药的初始温度对燃烧室的压力和工作时间影响很大,且发动机工作时间较短;

③ 推力调节难度较大;

④ 重复启动相当困难。

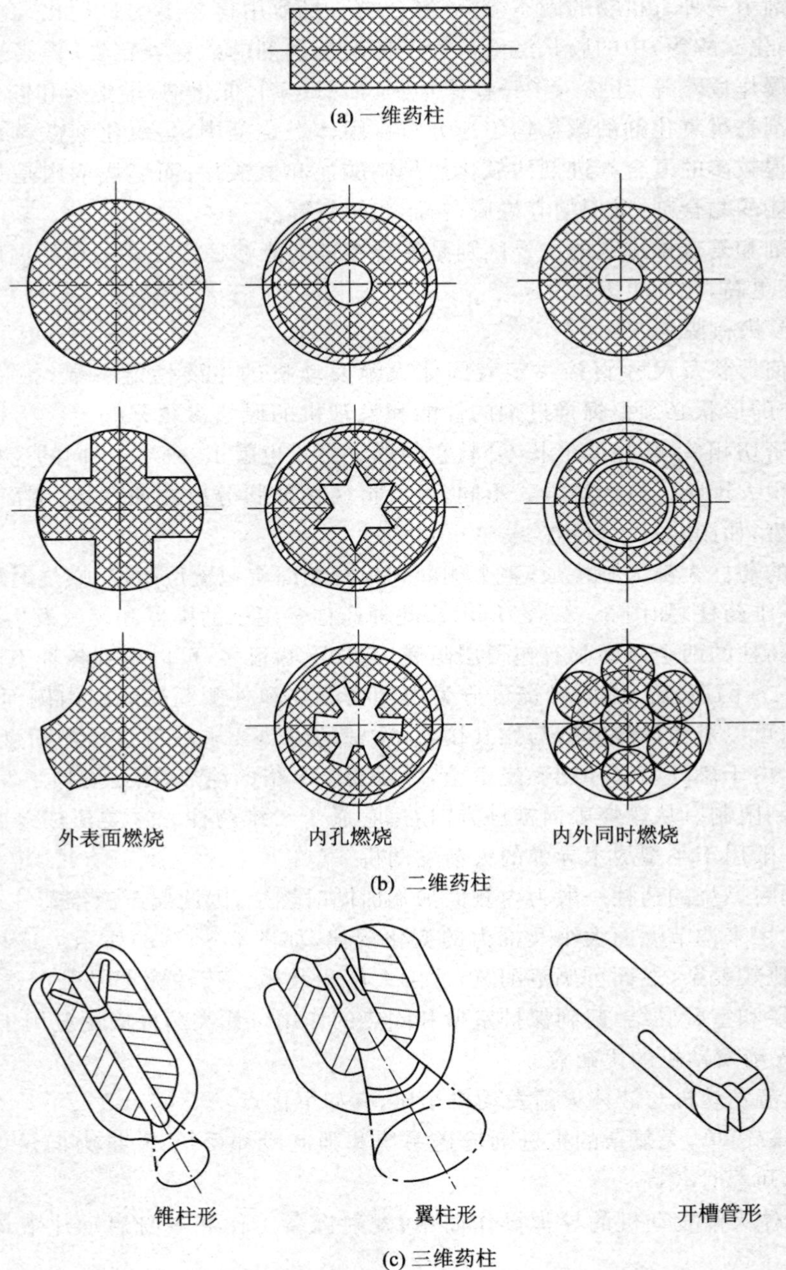

图 3-47　各种典型的药柱形状

随着科学技术的发展和新材料、新工艺、新的高能推进剂和试验检测方法的采用，固体火箭发动机的技术性能不断提高，应用范围也越来越广泛。现代固体火箭发动机的推力可以从几牛顿到几百万牛顿，工作时间也长达数分钟，其推力的大小和方向都可以得到适当的控制，并且很多型号的发动机较好地实现了多次启动。固体火箭发动机在火箭弹、导弹、探空火箭、运载火箭和飞机起飞的助推器中都有广泛的应用。

3.4.3　固液混合火箭发动机

1. 固液混合发动机的组成和工作原理

固液混合火箭发动机是使用固体组元和液体组元组合推进剂的火箭发动机。图 3-48 为此类发动机的示意图。固液混合发动机，多采用固体的燃烧剂和液体的氧化剂，因为液体氧化剂的密度比液体燃烧剂大，因此有利于提高推进剂的平均比冲。固体药柱充填在燃烧室内，液体氧化剂贮存在贮箱内。

固液混合发动机的工作过程如下：高压气瓶中的气体经过减压阀减压，降低到所需压力后进入氧化剂贮箱，液体氧化剂在压力作用下经活门进入燃烧室的喷注器，雾化了的液体氧化剂被喷入到药柱(燃烧剂)的内孔通道内。此药柱只有一种组元，因此自己不会产生燃烧反应。发动机工作时，由燃烧室头部的喷注器向燃烧室内喷注少量与液态氧化剂发生自燃的液体燃料并进行点火，燃烧后的燃气对药柱的内腔通道加温，使其表面气化，再与喷注器出来的液体蒸汽混合而进行燃烧，燃烧生成的高温、高压燃气在喷管中膨胀加速，并以高速排出，产生推力。

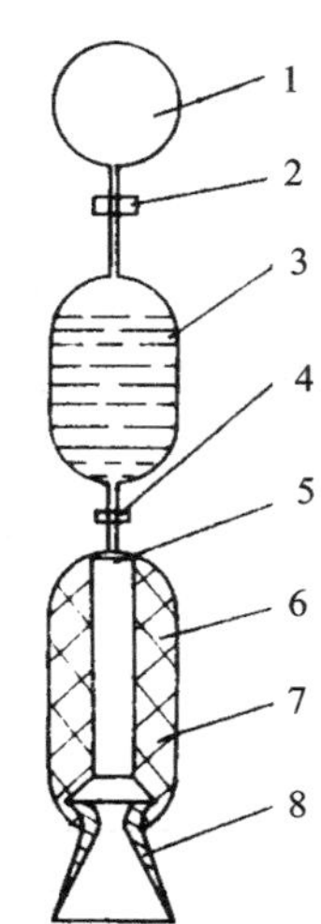

1—高压气瓶；2—减压阀；
3—氧化剂贮箱；4—活门；
5—喷注器；6—药柱；
7—燃烧室；8—喷管

图 3-48　固液混合火箭发动机

2. 固液混合发动机的特点

固液混合发动机综合了固体火箭发动机和液体火箭发动机的优点，其性能特点主要表现在如下几方面：

① 混合推进剂的性能较好，其比冲与液体推进剂相近，比固体推进剂高得多，而平均密度则比液体推进剂高；

② 结构上比固体火箭发动机多了一个喷注器组合构件，但可以利用液体组元冷却喷管和燃烧室，但总体结构仍比液体火箭发动机简单；

③ 通过关闭或调节液体组元的流量，可以较方便地实现多次启动、关车和推力调节。

3.4.4　火箭发动机的主要性能指标

火箭发动机的主要性能指标包括以下几个方面。

(1) 推　力

火箭发动机产生推力的原理与空气喷气发动机基本相同，只是火箭发动机推进剂进入发动机时速度为零，所以推力 F 可表示为

$$F = q_{mp} v_e + A(p_e - p_0) \tag{3-2}$$

其中，q_{mp} 为推进剂的质量流量(单位为 kg/s)，其他符号的意义同式(3-1)。

当高度增大时，p_0 逐渐减小，直至 $p_0 \to 0$ 时，此时的推力为发动机的真空推力。

(2) 冲量和总冲

发动机的冲量决定于推力的大小和工作时间的长短。用符号 I 表示，定义为推力对工作时间的积分，即

$$I = \int_0^{t_a} F \mathrm{d}t \tag{3-3}$$

如果 t_a 代表发动机的全部工作时间,则 I 即为发动机的总冲量,简称总冲。当推力 F 为常数时,发动机的总冲就等于推力与工作时间的乘积,即

$$I = F \cdot t_a \tag{3-4}$$

总冲的单位是 N·s,反映了发动机工作能力的大小,是火箭发动机的一项重要的性能参数,决定着火箭射程的长短或有效载荷的大小。

(3) 比 冲

比冲是指发动机燃烧 1 kg 推进剂所产生的冲量,单位为 m/s。比冲是火箭发动机的另一项重要性能参数,一方面当发动机的总冲一定时,比冲越高,则发动机所需推进剂的质量越少,因此发动机的尺寸和质量都可以减少;另一方面,若推进剂的质量给定,比冲越高,则发动机总冲就越大,因此可以使火箭的射程或有效载荷相应地增加。

不同类型的火箭发动机性能指标也有较大的差别,表 3-1 列出了几种火箭发动机的主要性能特点。

表 3-1 几种火箭发动机的主要性能特点

类 型			推进剂	能 源	真空比冲/($m \cdot s^{-1}$)	推力范围/N	优 点	缺 点
化学能火箭发动机	固体火箭发动机		有机聚合物+过氯酸氨+粉末状铝	化学能	2 500~3 000	$50\sim5\times10^6$	简单,可靠,成本较低	推力不易控制,重复启动困难
	液体火箭发动机	单组元推进剂	H_2O_2,N_2H_4	放热分解	1 500~2 500	0.05~0.5	简单,可靠,成本低	性能低,比双组元重
		双组元推进剂	O_2和H_2	化学能	4 500	$5\sim5\times10^6$	性能很高	低温,复杂
			N_2O_4和N_2H_4	化学能	3 000~3 400	$5\sim5\times10^6$	可贮存,性能好	复杂
			F_2和N_2H_4	化学能	4 500	$5\sim5\times10^6$	性能很高	有毒,危险,复杂
电能火箭发动机	水电解		$H_2O \rightarrow H_2+O_2$	电能/化学能	3 400~3 800	50~500	性能高	复杂,功耗大
	电热		NH_3,N_2H_4,H_2	电弧加热	4 500~20 000	0.05~5	性能高,供给系统简单	功耗大,接口复杂
	电磁		Telfon	脉冲等离子	20 000	$0.005\sim5\times10^6$	性能高	效率低,功耗大,有污染,复杂

3.5 组合动力装置

组合发动机是不同类型发动机的组合。在前几节介绍的各类发动机中,不同类型的发动机有不同的飞行范围(高度和速度)和不同的性能特点。要获得较好的综合性能,可以将不同类型的发动机组合起来,取长补短,以达到改善其性能、拓宽其工作范围和满足不同飞行需要的目的。如冲压发动机低速性能不好,但高速性能优越,如果能和其他发动机组合使用,即可发挥它的优点,扩大它的使用范围。

目前用于组合的发动机主要有冲压发动机、涡轮喷气发动机和火箭发动机。

3.5.1　涡轮喷气发动机与冲压发动机组合

图 3－49 为涡轮喷气发动机与冲压发动机所形成的组合发动机示意图。由于冲压发动机在速度为零时不能工作，因此涡轮喷气发动机首先启动。当涡轮喷气发动机工作到一定飞行马赫数（$Ma=3\sim3.5$）后，涡轮喷气发动机停车，随后冲压发动机开始工作。涡轮喷气发动机的加力燃烧室也是冲压发动机的燃烧室，燃烧产生的高温、高压气体膨胀加速，从喷管排出，产生推力。

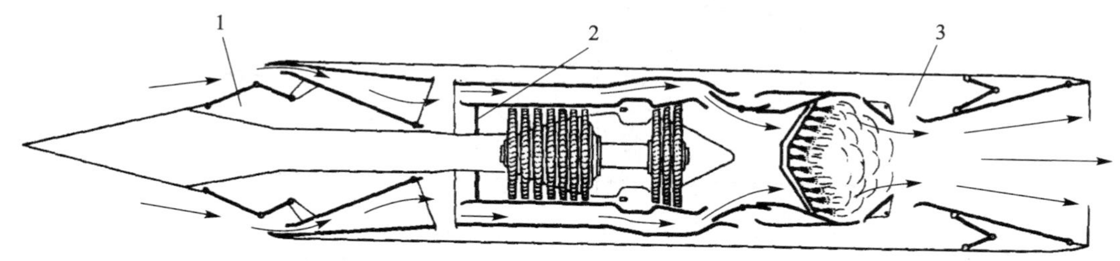

1—可调进气道；2—进口导流片（关）；3—可调喷管

图 3－49　涡轮喷气发动机与冲压发动机所形成的组合发动机示意图

3.5.2　火箭发动机与涡轮喷气发动机组合

图 3－50 是火箭发动机与涡轮喷气发动机所形成的组合发动机示意图。涡轮由火箭发动机的燃气发生器驱动，燃气发生器实际上就是液体火箭发动机，它是火箭涡轮发动机的重要部件。涡轮的转动又带动压气机工作，使空气增压。这种发动机的主发动机是涡轮喷气发动机，它可以认为是涡轮喷气发动机的变型。

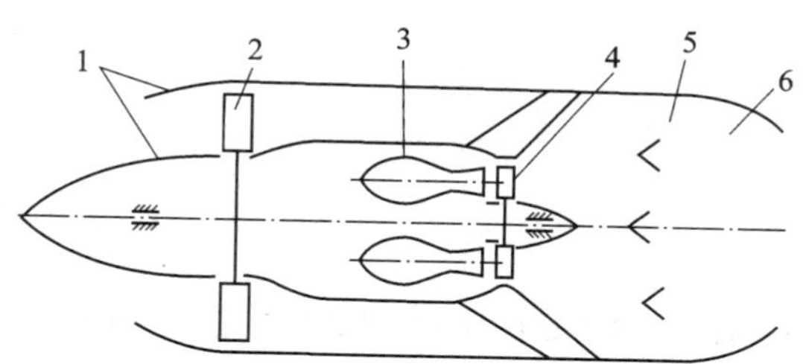

1—扩压器；2—压气机；3—气体发生器；4—涡轮；5—燃烧室；6—喷管

图 3－50　火箭发动机与涡轮喷气发动机所形成的组合发动机示意图

3.5.3　火箭发动机与冲压发动机组合

图 3－51 为液体火箭发动机与冲压发动机形成的组合发动机的示意图。其主要组成部分除了冲压发动机的进气道（扩压器）、燃烧室和尾喷管外，还增加了一台小型液体火箭发动机作为燃气发生器。燃气发生器包括喷注器、燃烧室（又称一次燃烧室）和一个多孔喷管。燃气发生器可以使用贫氧的液体推进剂，由于推进剂贫氧，燃料在一次燃烧室燃烧并不充分，燃烧产物中还有大量的可燃物质。初次燃烧后的燃气从火箭多孔喷管喷出，进入补燃室（又称二次燃

烧室),并与进气道来的冲压空气掺混,进行再次燃烧(补燃)。从燃气发生器喷出的可燃气体温度很高,组分又易于燃烧,所以一经与空气掺混即着火进行二次燃烧。燃烧后的燃气从尾喷管高速排出,产生推力。这种发动机在刚启动时由液体火箭发动机产生推力,当飞行器达到一定速度后,冲压空气的进入使推力加大,进而使飞行速度进一步提高。当达到一定速度时,冲压发动机处于良好的工作状态,液体火箭发动机停止工作,此时推力完全由冲压发动机产生。

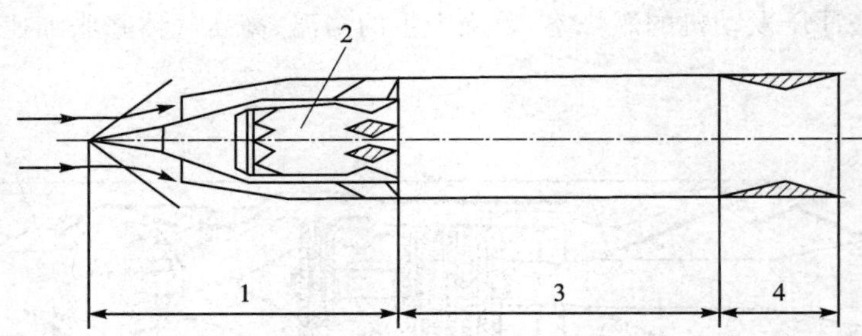

1—进气扩压器;2—液体推进剂燃气发生器;3—燃烧室;4—尾喷管

图 3-51 液体火箭发动机与冲压发动机形成的组合发动机的示意图

图 3-52 为固体火箭发动机与冲压发动机形成的组合发动机示意图。由于冲压发动机不能自行工作,且低速性能很差,因此需要固体火箭发动机作为助推器组合使用。固体火箭助推器安置在主发动机(冲压发动机)的内部,二者共用一个燃烧室。

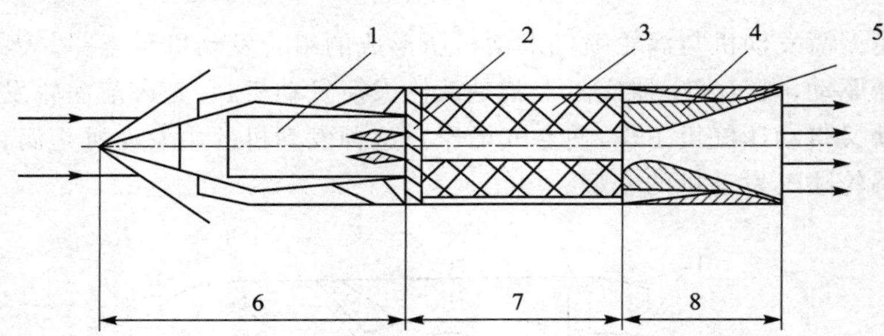

1—燃气发生器;2—扩压器出口堵盖;3—助推器药柱;4—助推器喷管;
5—发动机喷管;6—进气扩压器;7—助推补燃室;8—喷管组件

图 3-52 固体火箭发动机与冲压发动机形成的组合发动机示意图

助推器燃烧室也是发动机的补燃室,故称为助推补燃室。助推器药柱装在助推补燃室内,燃气发生器和进气扩压器的出口被堵盖盖住,与助推补燃室隔开,使助推器工作时保持密封。助推器的喷管嵌在主发动机喷管内,形成组合喷管。助推器药柱将燃尽时,飞行器已具有较高的飞行速度,发动机工况转换机构使助推器喷管脱落。此时进气扩压器的堵盖也被打开,并点燃冲压发动机,进入冲压发动机工作状态。

为简化发动机结构,燃气发生器一般均选用可贮存的自燃推进剂。发动机工作时,喷注器向一次燃烧室喷射自燃推进剂。对于单组元推进剂,喷射到室内的推进剂经催化装置的作用自动热分解,持续产生高温气体燃料并排出;对于双组元推进剂,燃烧剂和氧化剂以贫氧的混合比喷入燃烧室后自燃,产生高温可燃气体并排出。

火箭发动机和冲压发动机所形成的组合发动机有以下特点：

① 比冲比火箭发动机高，可达 5 000～12 000 m/s；

② 燃气发生器连续不断地向燃烧室提供高温燃气，相当于一个点火源，因而不需要预燃室和点火器，也不需要火焰稳定器，因此发动机的结构简单、工作可靠；

③ 与冲压发动机相比，显著提高了迎面推力，扩大了使用范围，适用于高速和高机动飞行，性能优良；

④ 采用火箭冲压发动机的导弹，结构紧凑，尺寸小、质量轻，在某些特殊情况下，性能明显优于采用火箭发动机的导弹。

3.6　深空探测动力装置

随着航天技术的发展和空间任务要求的提高，飞行器的重量和工作时间都需要增加，飞行任务更加艰巨，因此需要更大功率或更长工作时间的推进系统来保证飞行器的正常飞行。目前常规的化学能火箭发动机的比冲最大也只能达到 5 000 m/s，已经是化学推进剂燃烧能量的极限。这使得化学能火箭的大部分燃料只是用来摆脱地球引力，剩余的很少的能量用来推动航天器在太空飞行。航天器在飞往目的地的过程中，发动机没有能力使航天器尽快加速，大部分时间只能靠惯性飞行。尤其是对于星际飞行来说，化学能火箭发动机就更显得力不从心。因此，具有更高比冲的非化学能火箭发动机将成为未来的发展趋势。

与化学火箭发动机不同，这种发动机的能源和工质是分开的。工质有氢、氮、氩、汞、铯、氨、氪等气体。电能由飞行器提供，一般由太阳能、核能、化学能经转换装置得到。

3.6.1　电推进系统

电推进系统也称电火箭发动机，是利用电能加速工质，形成高速射流而产生推力的一种推进系统。由于能源和工质分开，所以发动机工作的经济性就不像一般热化学能推进系统那样只取决于比冲，而是同时取决于比冲和效率。

电推进系统比目前的化学能推进系统具有更高的比冲。目前常用的化学能推进系统的比冲一般只能达到 2 500～5 000 m/s，比冲较低，因此，发动机需要携带大量的推进剂，推进系统的质量约占到航天器总重的 1/2～3/4。电推进系统的比冲可高达 3 000～250 000 m/ s，因而电推进系统完成同样的功用时，航天器所需携带的推进剂量远小于化学能推进系统，且推进系统的质量也很轻，从而使航天器上的有效载荷质量增加，电推进的成本较低，寿命很高，累计工作时间可达上万小时。但电推进系统工作的前提条件是航天器上必须要有充分的能源（如太阳能、核能、化学能等），并通过能源管理与分配系统向推进系统提供电力。

按照输入电能的主要部分转变成工质动能的原理不同，电推进可分为电热推进系统、电磁推进系统和静电推进系统。

1. 电热推进系统

电热推进系统（电热发动机）利用电能加热（电阻加热或电弧加热）工质（氢、胺、肼等），使其气化，然后借助于喷管使工质加速排出。由于加热工质的方式不同，又可分成接触式加热、电弧加热和在热电离等离子体的工质中感应的涡流加热。

图 3-53 为接触式加热的原理图。它是通过固体耐热导线中释放的焦耳热来加热工质的。接触式电热发动机,工质一般达不到电离程度,因此和热化学能发动机一样,比冲与工质温度成正比。由于受金属耐热导线熔点的限制(钨的熔点为 3 650 K),工质温度一般低于 3 000 K,所以比冲不可能太高,一般不超过 3 000 m/s。

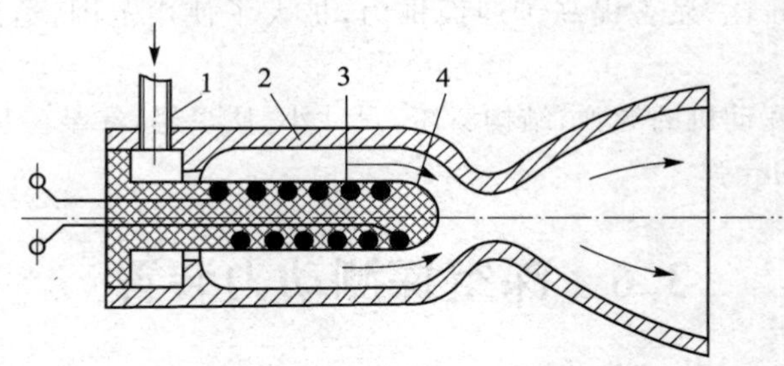

1—供应工质;2—加热室和喷管;3—加热元件(钨导线);4—加热元件支架

图 3-53 接触式加热电热发动机

电弧加热推进系统如图 3-54 所示。由于取消了受热导线,所以工质平均温度可达 5 000~10 000 K,比冲可达 6 000~16 000 m/s。工作时,电阴极放电,喷管是该装置的阳极,推进剂流在此电力的作用下被加热,通过喉部,并在喷管扩张段加速排出,产生推力。推进剂多选用肼。由于热损失大,效率一般仅为 40%左右。

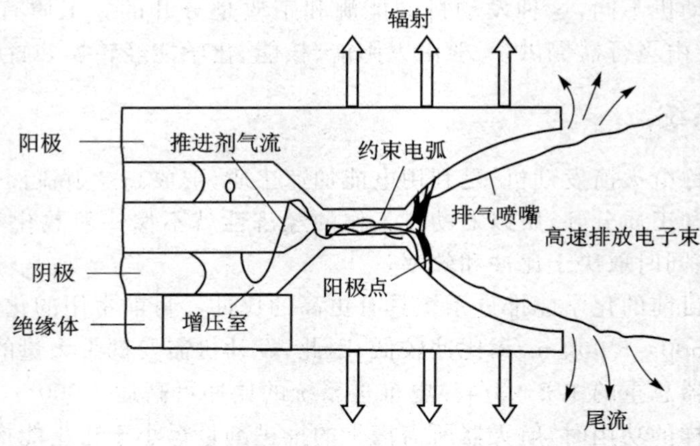

图 3-54 电弧加热推进系统

2. 电磁推进系统

电磁推进系统(电磁火箭发动机)是以氢、氩等气体或金属锂蒸气为工质,在高温情况下被电离,形成等离子体。中性的等离子体具有导电性,形成从环形阳极流向中心圆柱形阴极的电流,工质(导电的等离子体)与磁场相互作用,并被强磁场加速,然后从喷口排出,产生推力。这种发动机的比冲很高,可达 50 000~250 000 m/s,但推力很小,所以只能用于航天器的姿态控制、位置保持或者进行星际航行。其原理如图 3-55 所示。

此外,目前发展较多的还有脉冲式电磁发动机,典型的脉冲式电磁发动机的工质通常采用固体或液体。它由加速电极、能量存储单元、功率调节单元和点火器组成,可以以脉冲点火方式工作。它是靠电弧烧蚀工质(通常是含氟、氯、碳的聚合物,如特氟隆)表面形成等离子体,然后加速这些工质而产生推力。目前这种发动机比冲可达 20 000 m/s,可产生较大的推力,但效率较低,为 25%左右。

3. 静电推进系统

静电推进系统(离子发动机)其工作原理是工质粒子(典型的如氙)首先被电离成为正、负离子,接着带正电的粒子流被静电场加速,依靠被加速的带电粒子流的反作用冲量而产生推力。在出口截面或接近出口截面处设置中和器,喷射电子流使整个喷流呈中性。其工作原理如图 3-56 所示。

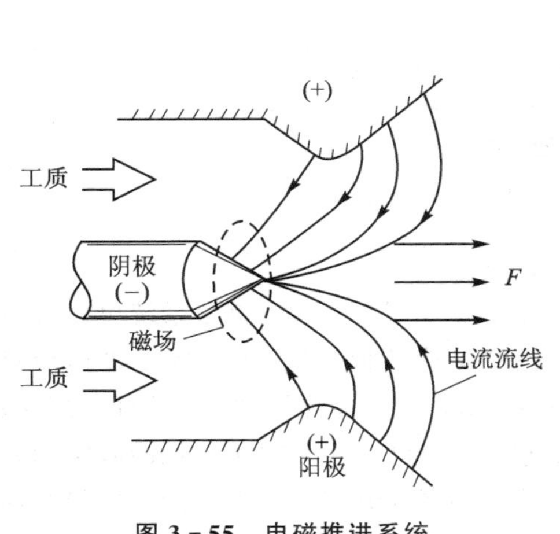

图 3-55　电磁推进系统

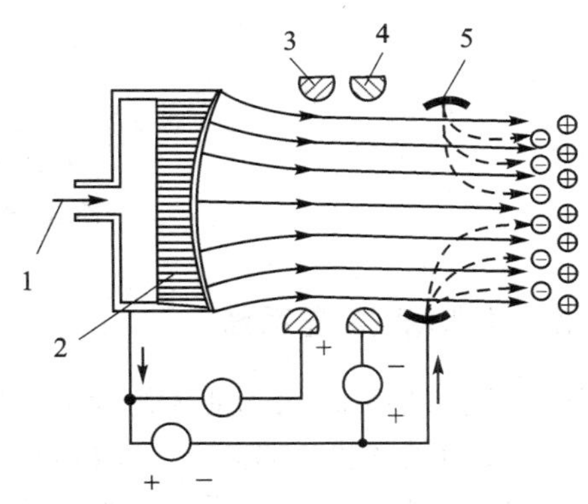

1—工质粒子;2—电离机构;
3—聚焦电极;4—加速电极;5—中和器

图 3-56　静电推进系统

这种发动机比冲较高(可达 100 000 m/s),效率也比较高。但在空间条件下,要保证发动机出口离子的稳定,并提供几万伏高压的直流电机,技术上还有一定困难。

总之,随着先进能源的开发和利用,电推进系统的高比冲使其在航天器中具有更大的竞争力,特别是在星际科学飞行任务中更为适用。

3.6.2　核推进系统

核推进系统(核火箭发动机)是用核能(原子能)作为能源来加热工质(液氢、液氦和液氨等),得到高速射流产生推力。核火箭发动机由装在推力室中的核反应堆、冷却喷管、工质输送系统和控制系统等组成。在核反应堆中,核能转变成内能以加热工质,被加热的工质经喷管膨胀加速后,高速排出产生推力。图 3-57 为核火箭发动机的原理图。

核火箭发动机的比冲高,可达 50 000～100 000 m/s,寿命长,推力大,但技术复杂,只适用于长期工作的航天器。这种发动机由于核辐射防护、排气污染、反应堆控制,以及高效热能交换器的设计等问题,目前仍处于试验阶段。但要发展先进的、大推力、高推重比的单级入轨运载火箭,还必须依靠核火箭发动机。

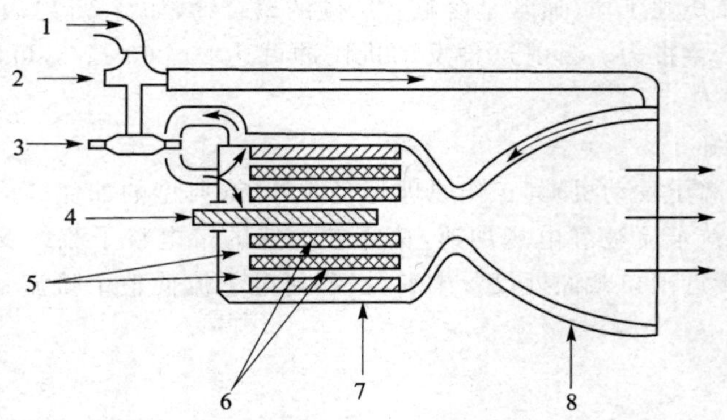

1—进口；2—泵；3—涡轮；4—控制棒；5—加热通道；
6—核燃料元件；7—反射器；8—喷管

图 3 - 57 核火箭推进系统

3.6.3 太阳能推进系统

太阳能推进系统（太阳能火箭发动机）的工作原理如图 3 - 58 所示。整个系统可以分成光学采集和发动机系统两部分。发动机系统实际上是一种热能转换装置，主要用于迅速加热工质，减少系统的热损失。光学采集系统是和发动机系统联系在一起的一面（或多面）大型抛物面反射器，镜面可以绕自身轴线转动，采集阳光时可不受发动机方向的限制。镜面收集到的太阳能聚焦在热交换器系统，将输送过来的工质（如氩气等）加热，被加热的工质经喷管膨胀加速后，高速排出产生推力。

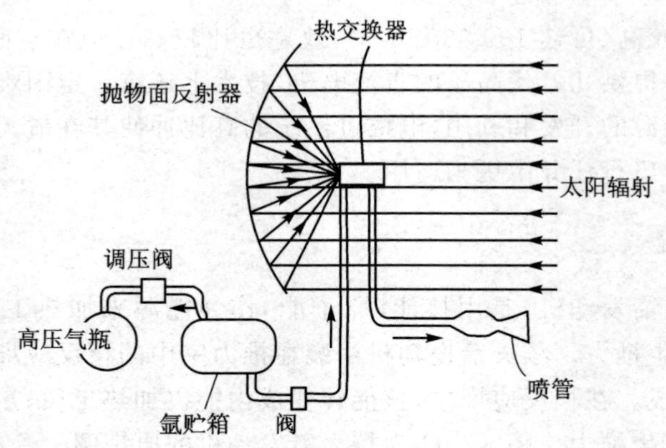

图 3 - 58 太阳能推进系统

思考题

1. 试说明发动机的分类及各类发动机的特点？
2. 试述活塞式发动机的主要组成及工作原理。
3. 为什么螺桨式飞机不适于高速飞行？

4. 试述涡轮喷气发动机的主要组成部分及其各部分的功用。
5. 进气道的作用是什么？为什么要分亚声速进气道和超声速进气道？
6. 试述轴流式压气机的主要组成和它的增压原理。
7. 试述喷气发动机燃烧室的主要组成及各部分的功用。
8. 燃烧室的形式有哪些，各有何特点？
9. 涡轮的作用是什么？涡轮叶片通道的形状与压气机叶片通道的形状有何区别？
10. 加力燃烧室的作用是什么？为什么加力燃烧室不宜长时间工作？
11. 尾喷管的形式有哪些？什么时候采用收敛-扩散形喷管？
12. 涡轮螺桨发动机的结构有何特点？适用于什么速度范围？它的推力组成有何特点？
13. 涡轮风扇发动机的结构有何特点？适用于什么速度范围？有何优势？
14. 什么叫涵道比？军用和民用涡扇发动机的涵道比有何不同？
15. 什么叫桨扇发动机？
16. 涡轮轴发动机有什么特点？用在什么飞机上？
17. 推力矢量发动机有那些类型？各有何特点？
18. 试述冲压发动机的工作原理。它为什么不能单独使用？
19. 衡量空气喷气发动机的主要性能指标是什么？
20. 试述涡轮喷气发动机常用的工作状态有哪些？
21. 试述火箭发动机的分类和特点。
22. 液体火箭发动机的主要组件是什么？
23. 挤压式和泵式输送系统各有何优缺点？
24. 液体火箭发动机常用的推进剂有哪些？
25. 试述固体火箭发动机的构造和工作原理。
26. 固体火箭发动机是怎样控制推力的变化规律的？
27. 试分析液体火箭发动机和固体火箭发动机的优缺点，各适用于什么情况？
28. 什么叫冲量和比冲？
29. 试举几种组合式发动机的例子。
30. 深空探测发动机有哪些？各有何特点？

第4章　飞行器机载设备及飞行控制

飞机、航天飞机和宇宙飞船等载人飞行器上的飞行员需要不断地了解飞行器的飞行状态、发动机的工作状态和其他分系统（如座舱环境系统、武器系统、供电系统等）的工作状况，以便按飞行计划操纵飞行器完成飞行任务；各类自动控制系统需要检测控制信息，以便实现自动控制。这些都是由机载设备完成的。

机载设备是各种测量传感器、各类显示仪表和显示器、导航系统、雷达系统、通信系统、制导系统、自动控制系统、电源电气系统等设备和系统的统称。机载设备能帮助飞行员安全、及时、可靠、精确地操纵飞行器；保障飞行器的各项任务功能、战术技术性能的实现；自动地完成预定的飞行任务（如自动导航，自动着陆等）；完成某些飞行员无法完成的操纵任务（如高难度的特技飞行动作、危险状态的自动改出等）。

4.1　飞行器典型仪表及机载设备

4.1.1　飞行器典型仪表

通常飞行器通过传感器测量各种直接参数，由机载计算机计算得到间接参数，经系统处理转变为可显示的参数，由显示系统以指针、数字或图形等方式显示出来，或将这些参数传输给自动控制系统，产生控制指令，直接操纵飞行器改变飞行状态或对外部事件做出反应。

需要测量的飞行器状态参数可归结为以下几类：

① 飞行参数——飞行高度、速度、加速度、姿态角和姿态角速度等；

② 动力系统参数——发动机转速、温度、燃油量、进气压力和燃油压力等；

③ 导航参数——位置、航向、高度、速度和距离等；

④ 生命保障系统参数——座舱温度、湿度、气压、氧气含量和氧气储备量等；

⑤ 飞行员生理参数——飞行员脉搏、血压和睡醒状态等；

⑥ 武器瞄准系统参数——目标的距离、速度、高度、雷达警告和攻击警告等；

⑦ 其他系统参数——电源系统参数、设备完好程度和结构损坏程度等。

1. 典型传感器

各类航空器和航天器所测量的参数种类很多，主要测量的物理量有力、压力、速度、加速度、角度、温度、转速、流量、容量和频率等；还有电气参数，如电压、电流等数值。这些物理量主要是通过不同的传感器进行测量的。传感器就是直接感受物理量的器件。这里仅介绍几种主要的测量传感器。

(1) 压力传感器

这里指的压力实际上是流体介质的压强，在工程上一般称为压力。测量压力有许多方法，最常用的有变形测量和特性参数测量两种。变形测量是将膜片、膜盒、波纹管、包端管等弹性元件作为压力敏感元件，在受到流体介质的压力后，这些元件产生变形(变形量一般很小)，将变形的位移放大后转变成指针的指示，也可通过电位计转变为电压信号，以数字方式显示出来。特性参数测量时将单晶硅膜片、振动膜片、振动筒等作为敏感元件，在其受到压力后，自身的电阻或固有振动频率发生变化，测量这些变化就可间接得到压力数值。

1) 电阻式压力传感器

图 4-1 所示为一种压阻式压力传感器。硅膜片受到压力变化时，贴在其上的四个应变电阻的阻值发生变化，使电桥电路产生与压力呈一定函数关系的输出电压，检测电压的大小便可得到压力的数值。应变电阻易受温度的影响，引起测量误差，需要采取温度补偿措施。

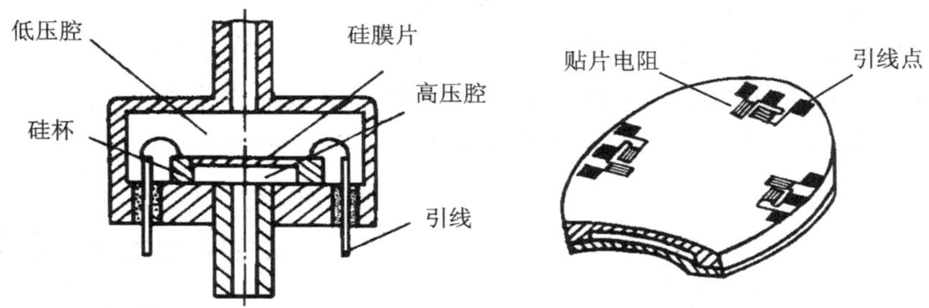

图 4-1　压阻式压力传感器

2) 谐振式压力传感器

图 4-2 所示为一种谐振式压力传感器。它用合金膜片感受压力的变化，压力不同膜片的应力状态不同，就具有不同的固有频率。在膜片的一端通过压电谐振器给予激励，膜片则按固有频率振动，通过另一端的拾振器检测它的固有频率，就可得到压力数值。将拾振器的输出信号放大后正反馈到压电谐振器，以维持膜片在固有频率下振动。谐振式压力传感器抗干扰能力强，测量精度高，是目前使用较多的一种压力传感器。

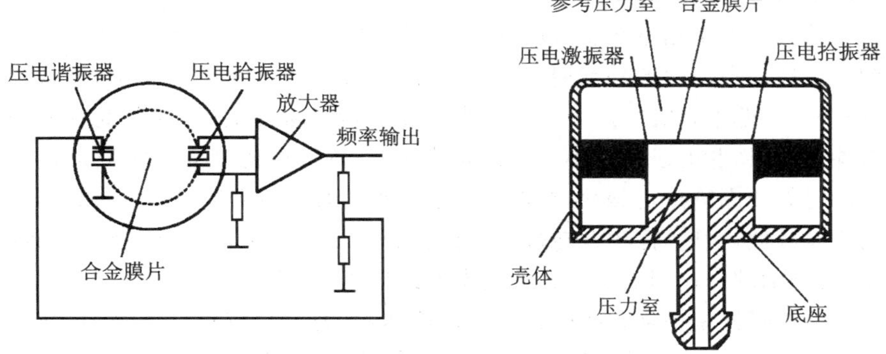

图 4-2　谐振式压力传感器

(2) 温度传感器

测量温度只能采用间接的方法，一般通过某些物体与温度有关的一些性能参数或状态参数来测量。如物体的体积、密度、弹性模量、导电率、磁导率等的变化与温度有确定的函数关系，当该物体与被测介质处于热平衡状态时，即可通过测量这些参数而间接得到被测的温度值。这里介绍两种最常用的温度传感器。

1) 电阻式温度传感器

金属导体的电阻随温度升高而增大；半导体的电阻有的随温度升高而增大，有的随温度升高而减小。前者称为热电阻，后者称为热敏电阻。电阻值与温度都有确定的函数关系，因此测量其电阻值就可以测量温度。

2) 热电耦式温度传感器

两种不同导体的两端牢靠地接触在一起组成一个封闭回路，如图 4-3(a)所示，当两端接触点温度不相同时，回路中就产生电动势。温差越大电动势越大。组成回路的材料不同，所产生的电动势也不同。这种现象叫热电效应。两种导体所组成的回路称为热电偶。热电偶中温度高的一端叫热端(工作端)，另一端叫冷端(自由端)。热电偶方式比较适合于高温测量，例如活塞发动机汽缸头温度、喷气发动机排气温度等大都采用这种方式测量，如图 4-3(b)所示。航空上常用的镍铬镍硅材料的热电偶，其测量温度为－40～1 300 ℃。

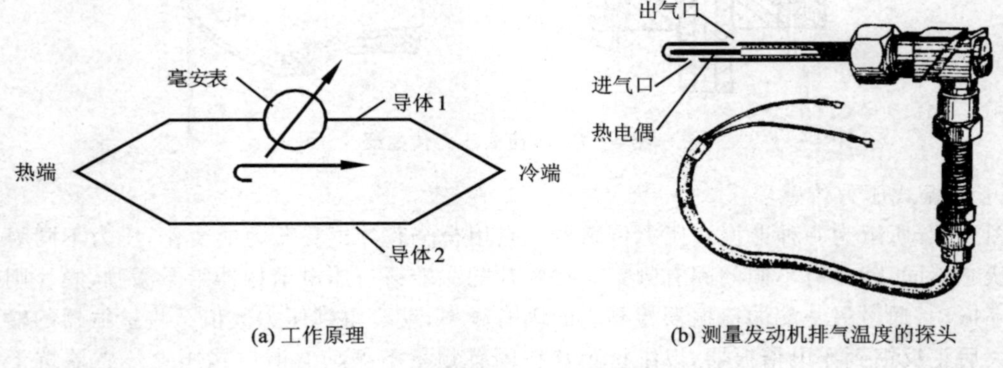

(a) 工作原理　　(b) 测量发动机排气温度的探头

图 4-3　热电偶温度传感器

(3) 电磁感应转速传感器

电磁感应转速传感器采用电磁感应原理，在被测轴的轴端安装一个软磁性铁质齿轮，齿轮与被测物体同轴旋转。在齿轮的外圆周安装一个探头，探头由一个圆柱形永磁体铁芯和一个线圈组成，线圈绕在铁芯上，如图 4-4 所示。当齿轮的齿对着探头时，铁芯的磁通变大，当齿轮的齿槽对着探头时，铁芯的磁通变小。当齿轮旋转时，铁芯的磁通会发生周期性的变化，在探头磁通增大的时候线圈输出正脉冲，在探头磁通减小的时候线圈输出负脉冲，经过整形放大器整形后输出方波脉冲信号。探头每转过一个齿就会输出一个方波脉冲，脉冲的频率和齿轮的转速成正比，被测轴的转速即为输出脉冲频率除以齿轮的齿数。

电磁感应脉冲传感器是一种非接触式数字化传感器，通过检测机械运动的移动或转动产生的脉冲，并将其转变为脉冲电信号进行测量。可用于测量转速、位移、频率等参数，特别适合于对发动机主轴等高速运转部件的非接触式测量。

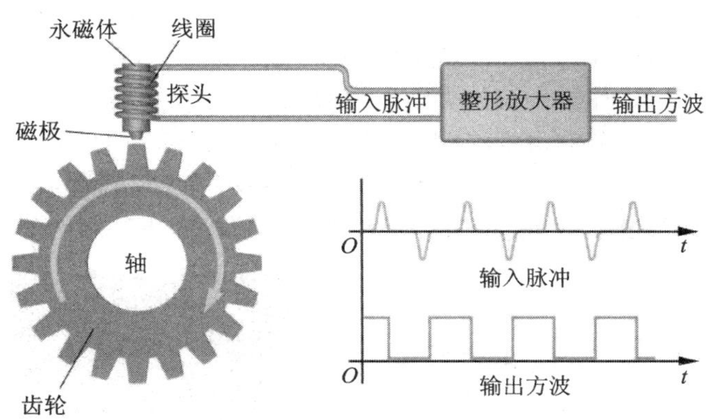

图 4－4　电磁感应转速传感器

(4) 加速度传感器

加速度是飞行器非常重要的一个参数。其测量原理是：要使物体产生加速度必须给它施加一个力，通过测量力的大小可以计算出加速度的值，而力是通过测量弹性物体的变形或位移间接得到的。

1) 摆式加速度传感器

图 4－5 为一个摆式加速度传感器的原理图，其敏感元件是一个摆锤。当飞行器在 x 轴方向有加速度时，摆锤将受到与加速度方向相反的惯性力，摆锤在惯性力作用下绕转轴 y 转动一个角度，并与弹簧扭力和重力矩的合力相平衡，弹簧的作用是尽量减小重力的影响，减小摆锤的转角。这样通过测量转轴的转角即可得到运动的加速度。

2) 液浮摆式加速度传感器

为了减小摆式加速度传感器的机械摩擦，提高精度，可以将摆锤放在液体中悬浮起来。图 4－6 所示是一个具有平衡回路的液浮摆式加速度传感器，用信号器测量转轴的转角，并提供反馈信号给力矩器，力矩器产生恢复力矩抵消惯性力矩，使摆锤回到原位，通过测量力矩器的电压或电流，换算成加速度。

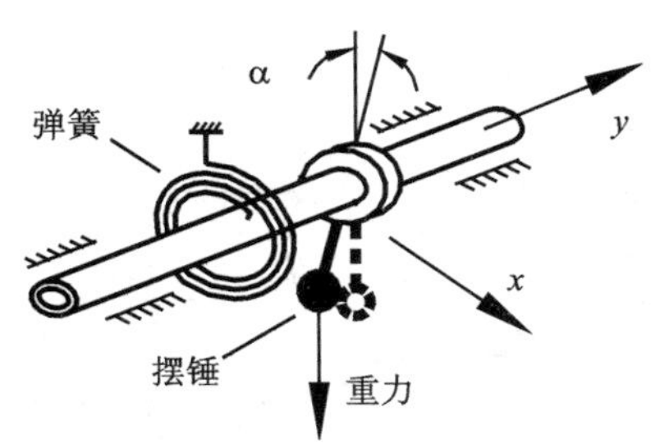

图 4－5　摆式加速度传感器原理图

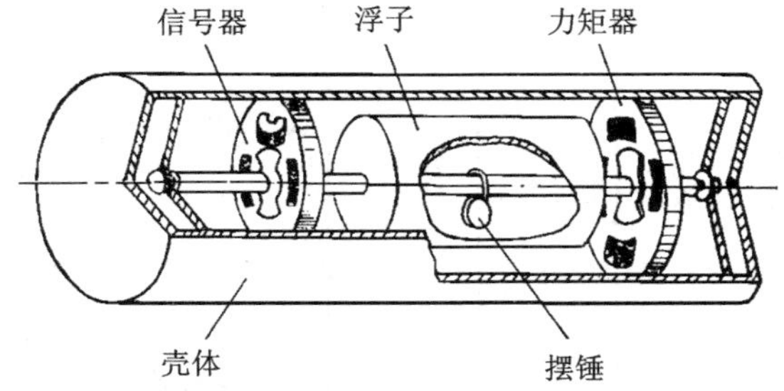

图 4－6　液浮摆式加速度传感器

(5) 飞行角度传感器

飞行中需要测量的角度可分为两种：一是相对气流方向的角度——迎角，另一个是相对惯性空间的角度——姿态角。

飞行迎角传感器是测量飞机轴线相对气流的夹角的传感器，其基本构造如图 4－7(a)所示。在飞机头部的空速管上安装有可转动方向的小叶片,叶片像风标一样总是转向顺气流方向,叶片的偏转产生了与机体的偏角并带动内部连接的平衡电桥电位计,电桥的电信号传输到姿态指示仪,显示出当时机体与气流的夹角。为避免气流在飞行器周围绕流产生的流动方向误差,一般迎角传感器都安装在飞机的前端。当采用两个互相垂直的叶片时,可同时测量飞行过程中俯仰的角度和侧滑的角度,水平叶片测量俯仰的角度,垂直叶片测量侧滑的角度,图4-7(b)所示为俄罗斯第四代飞机Su-57头部的空速管和飞行角度传感器。

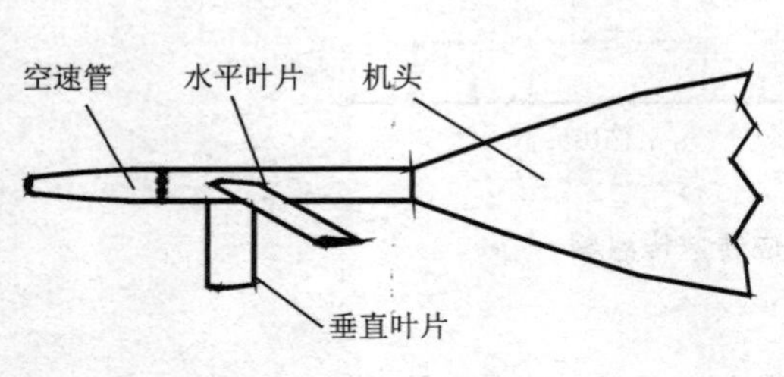

(a) 迎角传感器构造示意图

(b) Su-57头部的空速管和飞行角度传感器

图4-7 迎角传感器

2. 飞行器典型仪表

飞行中需要测量的参数很多,下面主要以飞行状态参数为例介绍一下一些典型仪表的工作原理。

飞行状态参数包括线运动参数和角运动参数。线运动参数包括飞行高度、速度和线加速度;角运动参数包括姿态角、姿态角速度和姿态角加速度。

(1) 飞行高度的测量

飞行高度是指飞行器的重心相对于某一基准面的垂直距离。按照所选择的基准面的不同飞行高度可分为如下4种高度,如图4-8所示。

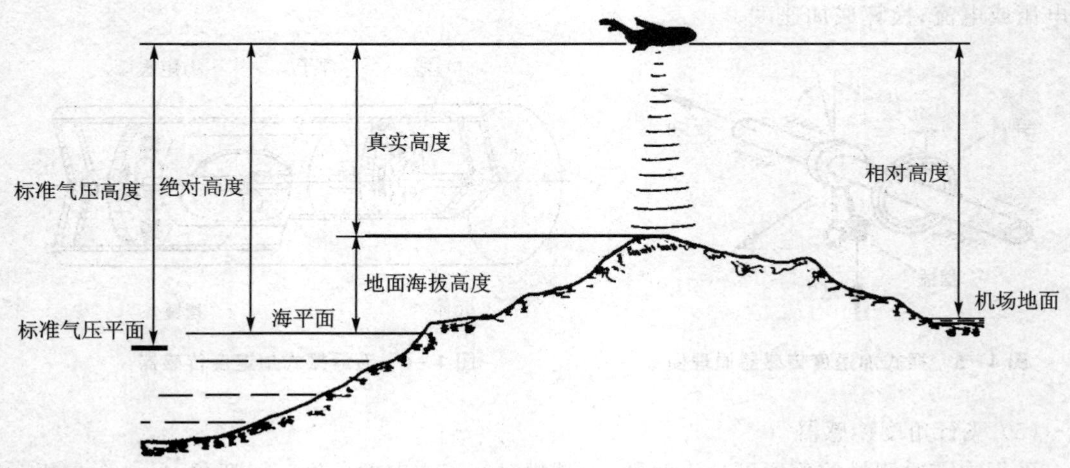

图4-8 4种高度的描述

① 绝对高度——距实际海平面的垂直距离；

② 相对高度——距选定的参考面(如起飞或着陆的机场地平面)的垂直距离；

③ 真实高度——距飞行器正下方地面的垂直距离；

④ 标准气压高度——距国际标准气压基准平面的垂直距离。

在不同的场合会用到不同的高度，如起飞着陆使用起降场地的相对高度，执行低空飞行、轰炸、照相等任务时使用真实高度，空中交通管制分层飞行使用标准气压高度，飞行性能描述使用绝对高度等。

飞行高度的测量最常用的方法有气压测高和无线电测高，另外还有激光测高、直线加速度积分测高和同位素测高等方法。这里主要介绍气压测高和无线电测高。

1）气压式高度表

在地球重力场中，大气压力随高度的增加而减小，并且有确定的函数关系。这个函数关系由国际标准大气给定(见第二章)。气压测高法就是通过测量飞行器所在位置的大气压力，通过换算间接得到飞行高度的。

图 4-9 为气压式高度表内部构造示意图。它主要的元件是一个真空膜盒式压力传感器，另外还有放大传动机构、指针、刻度盘等元件。真空膜盒内部是抽真空的，高度表壳内接通大气静压。真空膜盒受到的压力，与膜盒的弹性相平衡。随着高度的变化，作用在真空膜盒上的气压也同时发生变化，变化后的压力使真空膜盒产生变形，以达到新的平衡。杠杆和齿轮将这种变形放大，并带动指针转动，在刻度盘上就可指示出高度数值。

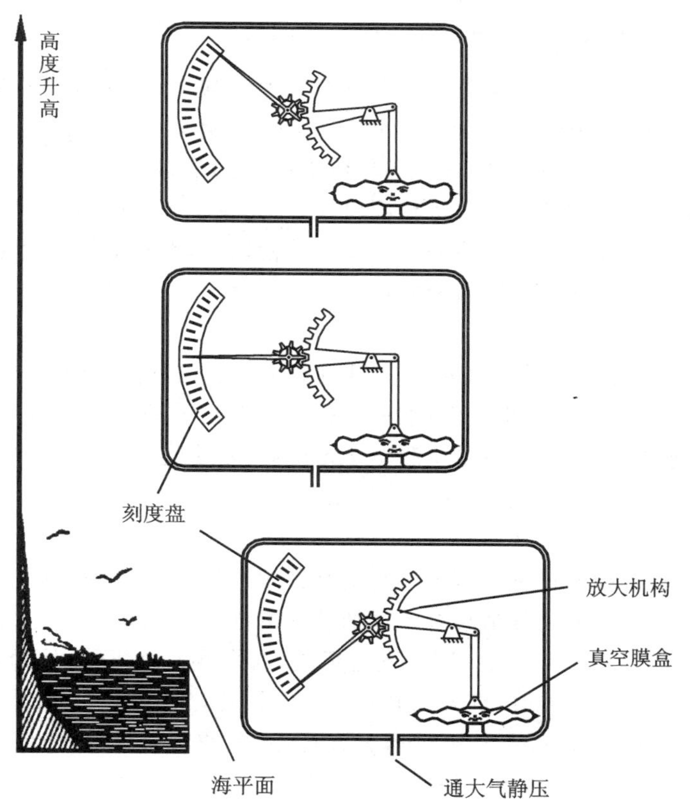

图 4-9 气压式高度表测量原理

图 4-10 气压式高度表盘

飞行器上实际使用的气压式高度表，其刻度盘是可以调整的，如图 4-10 所示。表盘上有一个小窗口，调整刻度盘的同时指针相应转动。将其中的刻度调整到标准气压基准时(760 mmHg)，此时指针指示的是当地标准气压高度；如果将指针调至零位，那么随着高度的变化，指针将指示相对高度。另外采用双指针是为了提高显示精度，就像时钟的时针和分针一样，长针一圈指示高度为 1 000 m，此时短针走一小格，这个高度表的量程是 20 000 m。

气压式高度表会受到当地天气变化的影响，而产生高度测量误差。在高度较小时(100 m 以下)，由于膜盒变形很小，加上机械传动的间隙等因素，气压式高度表的灵敏度较差。

2) 无线电高度表

飞行器通过天线向地面发射无线电波，到达地面后会产生反射，飞行器上的接收机接收反射波，通过计算就可以确定高度了。常用的无线电高度表有两类：一类是脉冲式，另一类是调频式。脉冲式无线电高度表，发射的是宽度很窄的脉冲(脉冲宽度在 10^{-9} s 量级)，接收机接收到反射波，并计算出电波往返于飞行器与地面之间的时间间隔 t，然后换算成高度 $h=\frac{1}{2}ct$(c 为光速)。调频式无线电高度表发射连续的等幅无线电波，但发射波的频率有规律地随时间变化，电波经地面反射后由于时间上的延迟，接收到的频率与此时发射频率之间有一个频率差，频率差与电波的延迟时间成正比，即与飞行高度成正比，通过测量频率差即可得到飞行高度。

调频式无线电高度表比脉冲式测量精度要高，可达到±0.3 m 或 1 %的高度误差。无线电高度表直接给出飞行器与地面之间的真实高度的精确值，而不受气压变化的影响，因此对保障低空飞行和着陆阶段的安全有着重要的作用。

(2) 飞行速度的测量

飞行速度的测量方法有：压力测量法、加速度积分测量法和雷达测量法等多种。其中压力测量法最为简单，相对测量精度也较低；加速度积分测量法是通过先测量加速度，再经积分计算得到速度，这种方法有积累误差；雷达测量法精度高，不受气候条件的影响，是较为先进的测量方法，但对于相对距离较远的航天器来说却无法使用。

1) 气压式空速表

气压式空速表是一种通过感受压力来间接测量相对气流速度的仪表。

在飞机的机头或机翼上一般都会有一根细长的方向朝着飞机正前方的管子，这就是空速管(参见图 4-7(b))。空速管由两个同心圆管组成，内圆管为总压管，外套管为静压管。空速管正前端的孔为总压孔，在后面侧壁方向开有一圈静压孔，如图 4-11 所示。空速管正对气流时，前端气流形成驻点，速度为零，根据伯努利方程，这点的压力为总压；侧壁的静压孔因其与气流方向垂直，因此在静压室的压力与气流速度无关，此处的压力就是大气的静压。

图 4-12 为气压式空速表构造示意图，其中表壳内开口膜盒外接的是空速管的静压孔，开

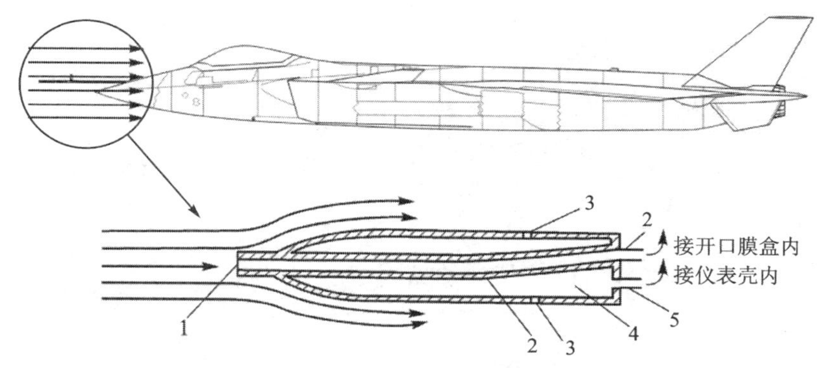

1—总压孔；2—总压管；3—静压孔；4—静压室；5—静压管

图 4-11　空速管构造原理图

口膜盒内接空速管的总压孔。因此开口膜盒感受的是总压与静压的差，即动压。由伯努利方程可知，动压 $p=\frac{1}{2}\rho v^2$，这样我们就可以间接得到速度值。

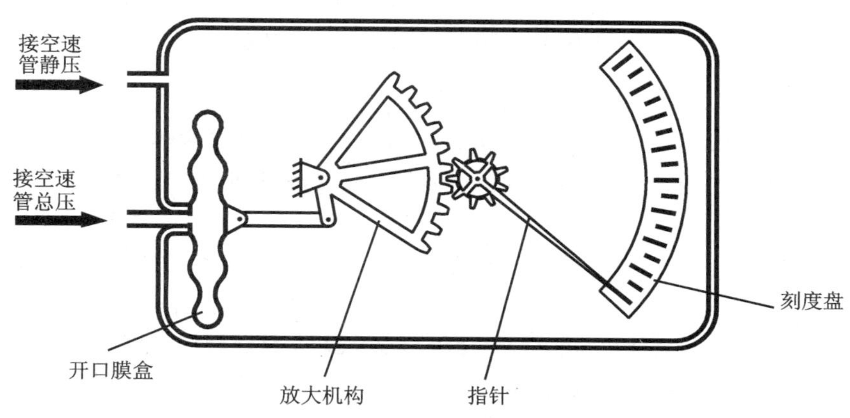

图 4-12　气压式空速表原理图

在式 $p=\frac{1}{2}\rho v^2$ 中，如果 ρ 取标准海平面的密度，得到的空速称为指示空速。飞行过程中迎角一定时，升力和阻力的大小直接取决于动压，因此指示空速对保证飞行安全，防止失速，有着重大意义，尤其是在起飞和着陆飞行阶段。

图 4-13 为一种组合式空速表的构造原理图。这种空速表除开口膜盒外，还有一个真空膜盒，用以感受大气静压，修正大气压力的变化引起的误差，但它只能在非标准状态下进行部分修正，经过修正的空速称为真实空速。在标准海平面状态下，指示空速与真实空速相吻合，而在非标准状态下或海平面以上，指示空速将偏离真实空速，高度越高，偏差越大。组合式空速表有两个指针，分别指示真实空速和指示空速。

如果考虑到空速管不一定正对气流，由此而产生的误差，可用前述迎角传感器测得的迎角来修正。每根空速管在出厂前，通过风洞试验，将它在各种迎角下的测量误差标定出来，飞行器飞行过程中通过对迎角和侧滑角的测量，来修正它们产生的误差。当然指针式气压空速表

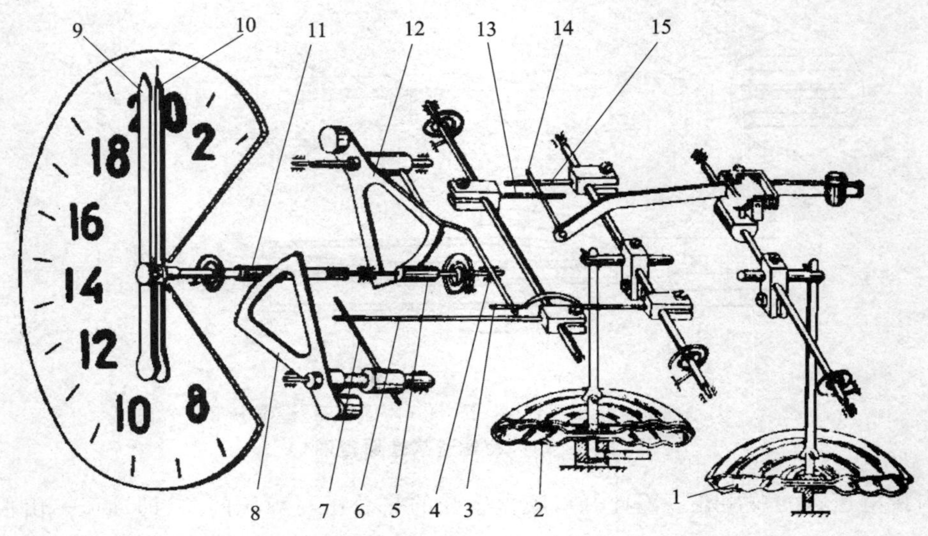

1—真空膜盒;2—开口膜盒;3,6,7,13,15—拨杆;4—轴承;5,11—轴齿轮;
8,12—扇形齿轮;9—指示空速指针;10—真实空速指针;14—垫杆

图4-13 组合式空速表构造原理图

本身没有这个能力,需要采用其他方法修正。

空速表得到的是相对空气的速度,由于有风的影响,要想得到相对地面的速度,还要通过其他手段测量,如可以利用加速度积分法或无线电多普勒效应来测量。

2) 升降速度表

前述空速表测量的是飞机前进方向上的速度。有时候飞行员需要了解飞行器的垂直速度,如飞机爬升或下降阶段,特别是在接近地面时尤为重要,因为在低空时下降速度过大会有撞地的危险。气压式升降速度表可以通过气压的变化间接测量升降速度。

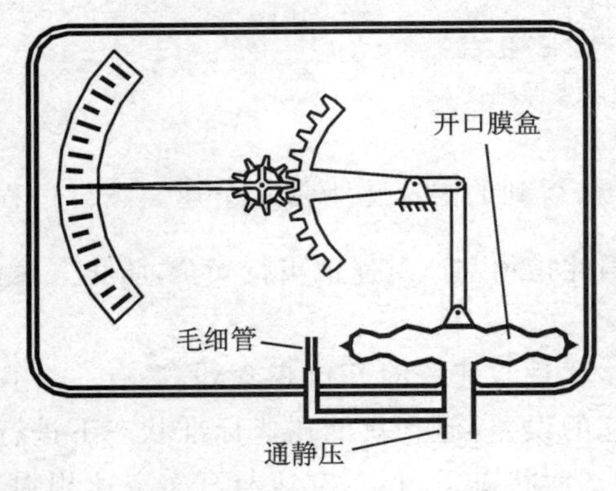

图4-14 气压式升降速度表

图4-14是气压式升降速度表的构造原理图。气压式升降速度表的基本构造与气压式速度表差不多,与气压式速度表稍有不同的是,升降速度表的开口膜盒内接通的是静压而不是总压,另外表壳内的静压是通过一个很小的毛细管连接的。当飞行高度变化时,开口膜盒内的气压随高度发生变化,而膜盒外的气压由于毛细管的阻滞作用,变化较慢,从而形成内外压力差,这个压力差使膜盒变形。高度变化得越快,压力差越大,膜盒变形越大,通过杠杆和齿轮将这种变形放大,并带动指针的转动,在刻度盘上指示出高度的变化率,即升降速度。当高度停止变化,最终膜盒内外达到压力平衡,指针回到零位,指示升降速度为零。

(3) 飞行姿态角的测量

飞行器的姿态角是相对于地球坐标系的,与气流方向无关。它们包括:俯仰角、偏航角和滚转角。姿态角的测量是由陀螺仪以及由陀螺仪与其他测量传感器组成的仪表来完成的。

1）陀螺仪

陀螺仪不仅在航空器和航天器上得到了广泛应用，而且在船舶、导弹和运载火箭等多种运载体上应用也非常广泛，是各种运载体自动控制、制导和导航系统中测定姿态、角速度、角加速度、方位的重要元件。

陀螺仪包括机械陀螺、静电陀螺、激光陀螺和光纤陀螺等多种类型，下面主要以最基本的机械陀螺为例介绍一下陀螺仪的基本特性。

简单的陀螺在飞行器上并没有实用价值，将有一定惯性质量高速旋转的转子，安装在有一个或两个自由度的支架上（内环和外环），使陀螺的转轴具有一个或两个自由度，就构成了一个陀螺仪，图 4-15 所示是一种典型的双自由度陀螺仪。其中转子的转轴，内环轴和外环轴相交于一点，这个点称为陀螺的支点，陀螺可以绕这个支点作任意转动。

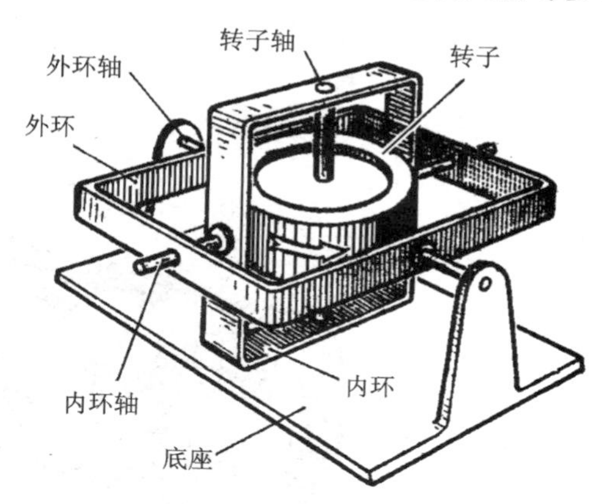

图 4-15　陀螺的基本构造示意图

陀螺仪高速旋转的转子具有一个重要的物理特性——定轴性，定轴性是指高速旋转的转子具有维持其转轴在惯性空间内方向不变的特性。将陀螺仪的底座固定在飞行器上，随飞行器一起运动，而陀螺的转子由于其定轴性则保持方向不变，通过测量转子轴和基座之间的夹角就可以得到飞行器的姿态角。

陀螺仪还有一个重要特性——进动性，进动性是指当转子受到外力矩作用时，旋转的转子会力图使其旋转轴沿最短的路径趋向外力矩的方向。如图 4-16 所示，陀螺仪受到外力 $\boldsymbol{F}$ 的作用，根据右手法则，由 $\boldsymbol{F}$ 产生的力矩矢量为图中的 $\boldsymbol{M}$ 方向。此时转子的转轴并未向外力 $\boldsymbol{F}$ 的方向转动，而是力图使转子轴矢量方向（与转子动量矩 $\boldsymbol{H}$ 的方向相同）以最短路径向外力矩矢量靠近，即 $\boldsymbol{H}$ 靠向 $\boldsymbol{M}$。陀螺进动过程中遵循的进动方程为

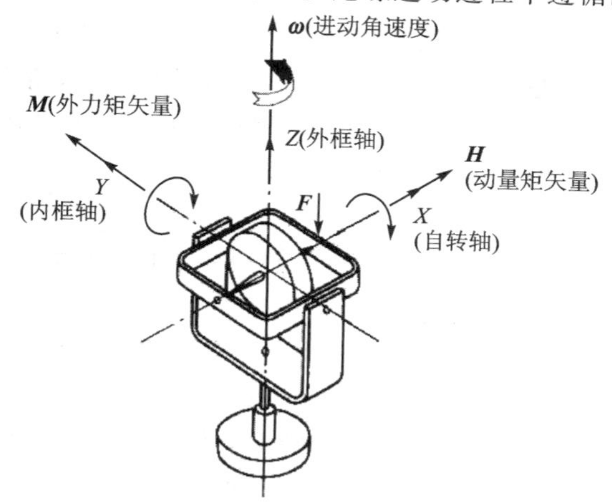

图 4-16　陀螺的进动性

$$\boldsymbol{\omega} \times \boldsymbol{H} = \boldsymbol{M} \qquad (4-1)$$

式中，$\boldsymbol{\omega}$ 为进动角速度，$\boldsymbol{H}$ 为转子动量矩，$\boldsymbol{M}$ 为力矩矢量。

式（4-1）表明，当陀螺仪在某一环架轴（图 4-16 中的内环轴）上作用有力矩 $\boldsymbol{M}$ 时，陀螺转子轴将绕另一环架轴（图 4-16 中的外环轴）以 $\boldsymbol{\omega}$ 的角速度做进动运动，进动角速度的大小和方向由进动方程决定，即其进动方向按右手法则取决于动量矩 $\boldsymbol{H}$ 的方向和外力矩 $\boldsymbol{M}$ 的方向，且其转动角速度方向与外力矩作用方向互相垂直。陀螺仪的这种转动特性就是陀螺仪的进动性。

陀螺仪的定轴性和进动性是其两个非

常重要的基本特性,是陀螺仪正常稳定工作的关键。

由于陀螺仪各环之间的摩擦力矩(外力矩)使陀螺产生进动,会破坏陀螺仪的定轴性,实际的陀螺仪会采取很多措施尽量减小机械摩擦,如后来陆续出现的陀螺仪转子的液浮、磁浮、动压气浮、静电悬浮以及挠性支承技术,使陀螺仪的构造得到很大改善,测量精度也大大提高。图4-17所示的液浮转子陀螺中,将转子安放在浮子中,浮子悬浮于液体中,减小了轴承的机械摩擦,提高了陀螺仪的稳定性。

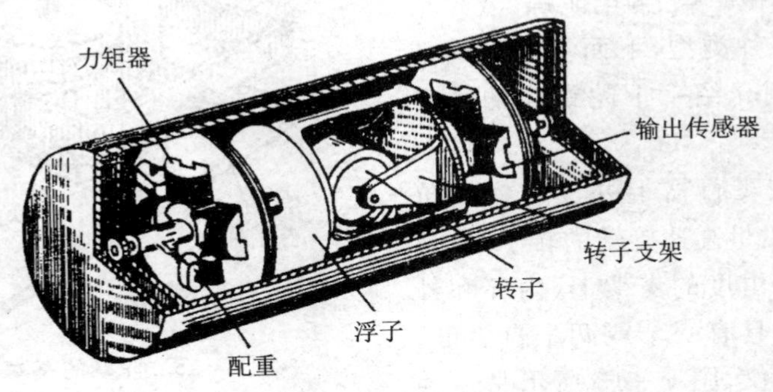

图4-17 液浮转子陀螺

激光陀螺和光纤陀螺的出现使陀螺仪的测量精度和稳定性得到进一步提高,图4-18是光纤陀螺的工作原理图。光纤陀螺的基本工作原理基于Sagnac效应,即沿闭合光路相向传播的光波返回到起始点干涉后,干涉信号的相位差正比于闭合光路敏感轴的输入角速度。从图4-18可以看出,从光源发出的光波被分束器分为两束,一束透射过分束器后经准直透镜耦合进光纤线圈后顺时针传播,由光纤线圈出射后经准直透镜准直后透射过分束器。另一束被分束器反射后经准直透镜耦合进光纤线圈后逆时针传播,由光纤线圈出射后经准直透镜准直后被分束器反射。两束光会合后产生干涉信号,干涉信号的强度随光纤线圈法向的输入角速度变化而变化,通过探测器检测干涉信号的强度变化,即可获得输入角速度的变化情况。

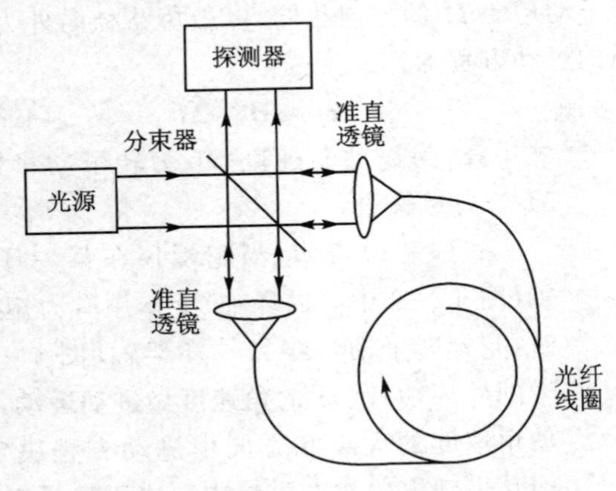

图4-18 光纤陀螺工作原理示意图

与传统的机械陀螺仪相比,激光陀螺和光纤陀螺由于没有旋转部件和摩擦部件,不受机械摩擦和重力加速度的影响,承受振动的能力强,结构简单,尺寸小,寿命长,动态范围大,能够瞬时启动,因此在航空航天领域得到了广泛的应用。

2) 陀螺地平仪

利用陀螺仪的定轴性和进动性两个重要特性,就可以在飞行器上建立一个相对于地球坐标系的固定的参考基准,从而测量飞行器飞行过程中的姿态角。

图4-19为陀螺地平仪的构造原理图。陀螺地平仪是测量飞行器俯仰角和滚转角的仪表,为了测量飞行器的俯仰角和滚转角,就需要在飞行器上建立一个地垂线或地平面基准。陀螺地平仪由双自由度陀螺仪、摆式敏感元件、力矩器和指针刻度盘等组成。陀螺仪可以把转子轴稳定在地垂线上,但陀螺仪不能自动找到地

垂线，因此采用摆式敏感元件提供水平基准，并修正陀螺仪的指向漂移。摆式敏感元件其实是一对气泡式水平仪，由两个互相垂直摆放的液体开关组成。液体开关是把导电液体装入密封的容器内并留有气泡，气泡两端装有相互绝缘的电极，如图 4－20 所示，当陀螺仪转子轴产生偏差时，气泡向一侧移动，使另一侧的电极导通，并打开力矩器开关，修正内环或外环的偏差，外环与内环又随转子轴保持稳定。虽然液体开关也能使地平仪处于水平状态，但它不够稳定，必须利用陀螺的稳定性来共同提供精确的水平基准。

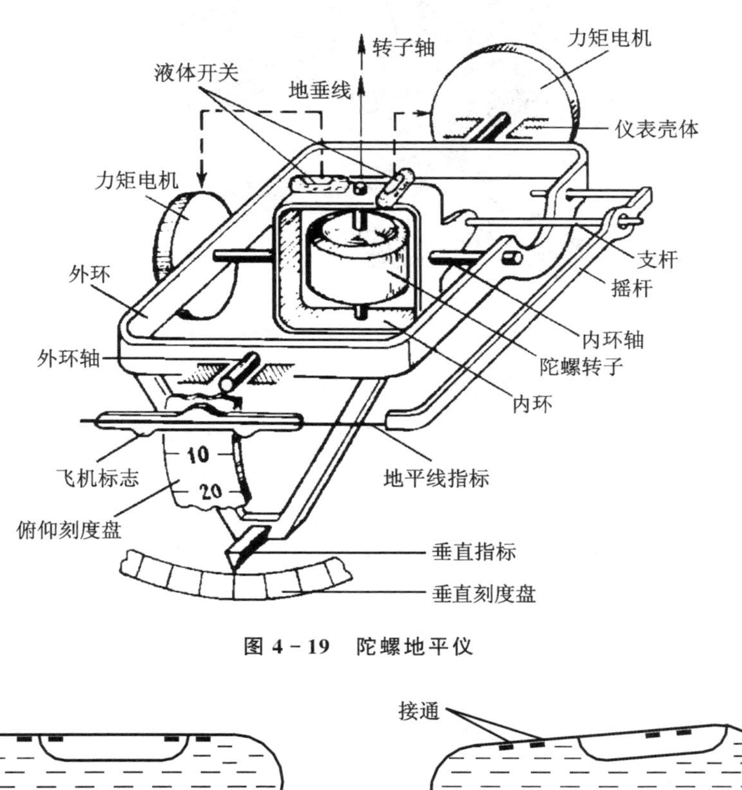

图 4－19　陀螺地平仪

(a) 平衡时两边断开　　(b) 倾斜时一边接通

图 4－20　液体开关

陀螺地平仪的飞机标志（相当于指针）和地平线指标连接在陀螺仪的外环上，垂直指标连接在陀螺仪的内环上，由于转子轴方向稳定在地垂线方向不变，因此当飞行器转动时，与飞行器外壳固定在一起的刻度盘将随飞行器一起转动，这样，飞机标志相对于俯仰刻度盘就指示出俯仰角度，而垂直指标相对于垂直刻度盘指示出滚转角度。

3）航向陀螺仪和磁罗盘

飞行器的航向角可以用航向陀螺仪来测量，航向陀螺仪也是利用陀螺仪的定轴性来指示航向角的，其结构原理如图 4－21 所示。同样，航向陀螺要在惯性空间内保持其轴的指向稳定性，就必须给它提供一个航向基准；而且由于陀螺仪有一定的漂移性，因此需要每隔一定时间修正一次。

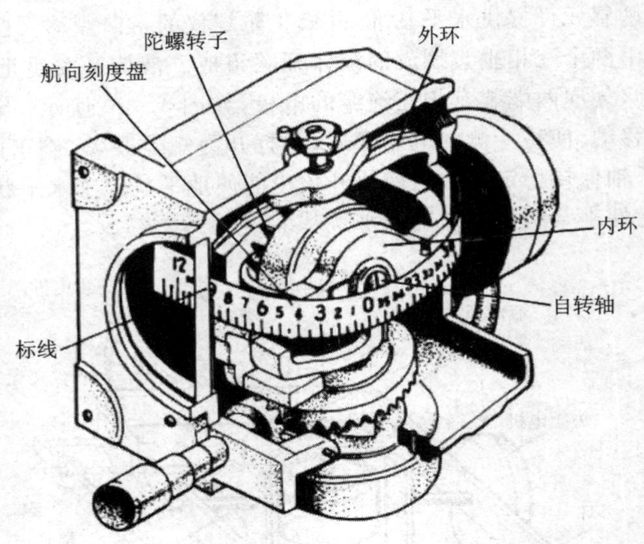

图4-21 航向陀螺仪结构原理图

飞行器的航向角还可以用磁罗盘来测量。磁罗盘的测量原理与指南针相似,是利用地球磁场进行航向角测量的仪表。地球是一个大磁铁,但地磁的南北极与地理的南北极并不重合,而是有一个偏差,称为磁偏角。磁偏角在地球各地是不同的,在专用的导航地图中标有各地的磁偏角。飞机上的磁罗盘用地磁场作为测量的依据,得到的航向角称为磁航向角,那么飞机实际的航向角——真航向角等于磁航向角和磁偏角的代数和,如图4-22所示。

航空用的磁罗盘的构造如图4-23所示,一对永久磁棒吊挂在浮球下,航向刻度盘装在浮球上,浮球由轴尖支撑于宝石碗座上,并悬浮在专用罗盘油液中,由浮球、永久磁棒和刻度盘组成的活动组件,重心在轴尖之下呈下摆式。整个活动组件在液体中保持水平状态,液体还起到阻尼的作用,可避免活动组件剧烈的震荡。

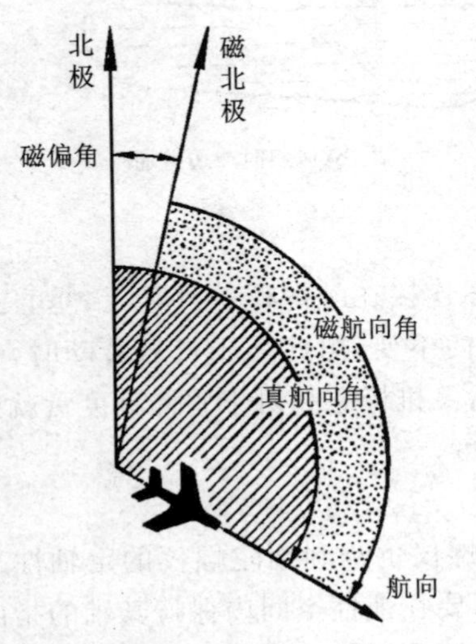

图4-22 真航向角、磁航向角和磁偏角

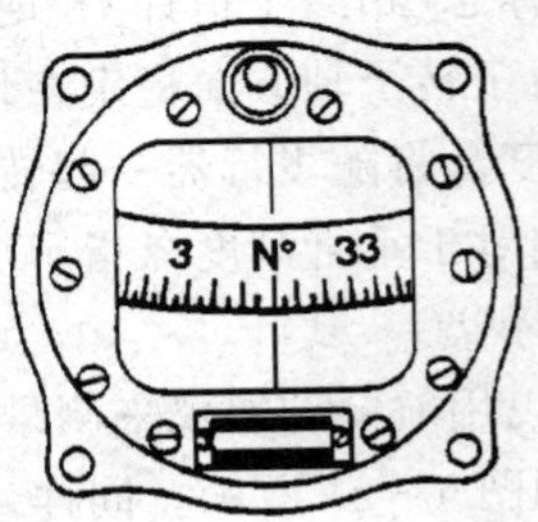

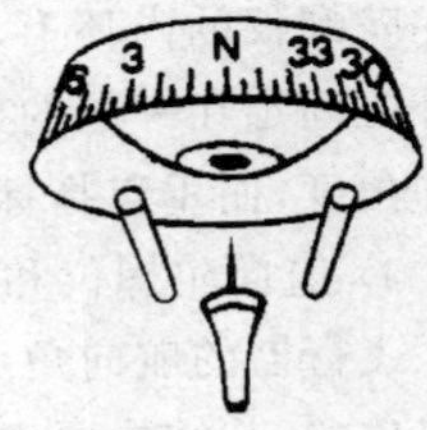

图4-23 磁罗盘

在飞机平稳飞行时磁罗盘能准确地指示磁航向，但飞机作变速、曲线和机动飞行时会因过载、姿态等产生较大的误差。

目前除小型简易飞机外，大中型飞机仅用磁罗盘作为备份仪表，而平时飞机使用的是陀螺磁罗盘。陀螺磁罗盘结合了磁罗盘和航向陀螺两者的优点。陀螺磁罗盘由磁航向传感器、航向陀螺和指示器三部分组成。由航向陀螺作为稳定航向信号输出源，磁航向传感器提供航向基准和修正信号。在机动飞行时自动断开磁航向传感器的修正信号，由航向陀螺进行指示。这种组合仪表提高了测量精度和动态使用范围，在飞机上得到广泛应用。

(4) 大气数据系统

现代飞行器的飞行控制系统、发动机控制系统、导航系统和仪表显示系统等需要准确的静压、动压、温度、密度、高度、高度变化率、指示空速、真实空速等信息，而这些参数只是空气总压、静压、总温的函数。如果仅采用气压式空速表等单个的传感器和仪表系统各自提供这些信息，不仅增加体积、重量和成本，而且不便维护，同时影响这些信息的测量精度。

大气数据系统就是提供一种综合的、高精度的大气数据信息系统。它由核心部件大气数据计算机、压力和温度传感器，迎角和侧滑角传感器以及输入、输出接口和显示器等几部分组成，如图 4 - 24 所示。

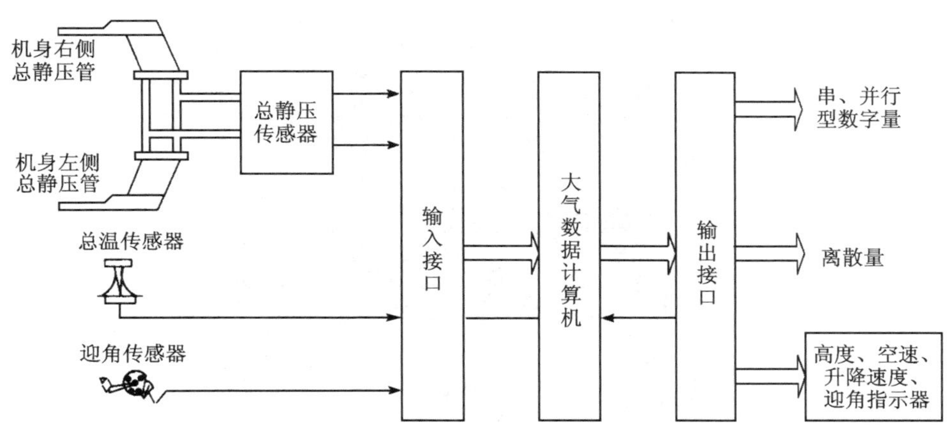

图 4 - 24　大气数据系统

4.1.2　飞行器显示系统

按控制飞行的方式不同飞行器可分为有人驾驶和无人驾驶两种，它们的机载设备基本相同，其主要区别在于，有人驾驶的飞行器需要仪表显示系统，提供给飞行员观察和判断飞机的飞行状态，以做出正确的操纵控制指令，而无人驾驶飞行器则不需要仪表显示系统。

对于有人驾驶的飞行器，其显示系统必须把各种飞行信息以定量或定性的形式在显示器上显示出来。显示器所显示的信息必须准确、可靠、清晰、直观、容易判读，并符合人机工效学的要求。飞行器的显示系统分为机械式和电子式两类。

1. 机械仪表

飞行器上的机械式、电气式和电动式机械仪表，均是利用显示部件间的相对运动来显示被测参数值，如指针—刻度盘、指标—刻度带、标记、图形显示、机械式计数器等。这类显示器的优点是结构相对简单,显示清晰。指针—刻度盘和指标—刻度带的显示过程能反映被测参数的变化趋势。它们的缺点是部件间存在的摩擦影响显示精度;寿命短、易受振动、冲击的影响;在低亮度环境中需要照明;不易实现综合显示。

20世纪70年代以前飞机的仪表大多采用机械式显示系统,且多数是单一功能的仪表,所以在座舱仪表板安装着许多仪表。将飞行员所需的主要飞行仪表安排在正前方的仪表板的中间位置,而一些次要仪表则布置在两侧。图4-25所示为某型歼击机驾驶舱前仪表板。

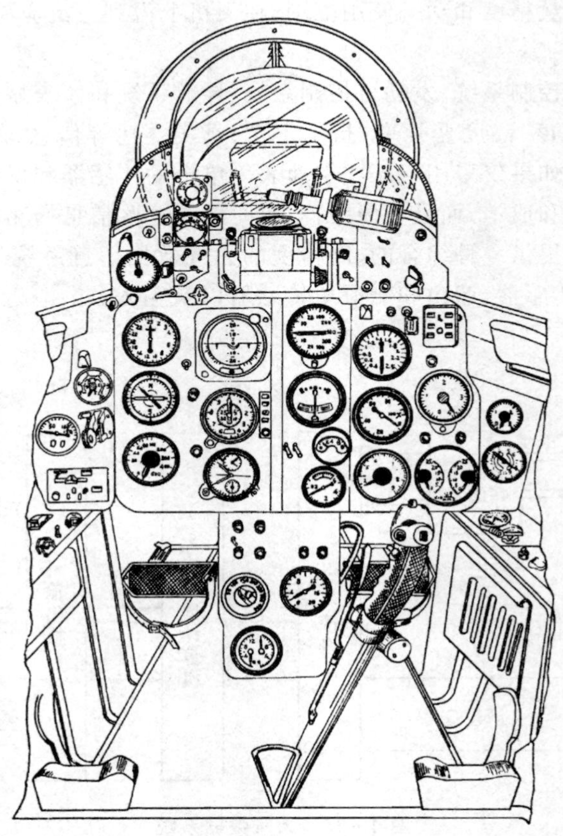

图4-25 某型歼击机的驾驶舱仪表板

2. 电子显示系统

随着电子技术、计算机技术和显示技术的飞速发展,20世纪70年代后期出现了电子式显示器。它把显示信息转换成电子式显示器的光电信号,显示的信息可以是数字、符号、图形及其组合形式。它的突出优点是:

① 显示灵活多样,形象逼真,显示形式有字符、图形、表格等,并可以用彩色显示;

② 容易实现综合显示,所以减少了仪表数量,使仪表板布局简洁,便于观察;

③ 由于消除了机械仪表因摩擦、振动等引起的附加误差,显示精度显著提高;

④ 采用固态器件,寿命长,可靠性高;

⑤ 随着集成化程度的提高,重量不断减轻,价格不断下降。

电子综合显示系统将飞行所需的基本参数信息,分类综合到几个由电子显像管组成的电子显示屏上，在驾驶舱内按“T”型布置，如图 4－26 所示。显示的内容大致按飞行信息、导航信息、发动机信息、雷达信息、武器信息等分类。每个屏幕内容可以任意组合，显示或隐藏，并能互相切换，还可将现阶段感兴趣的内容调整到飞行员习惯的位置显示。

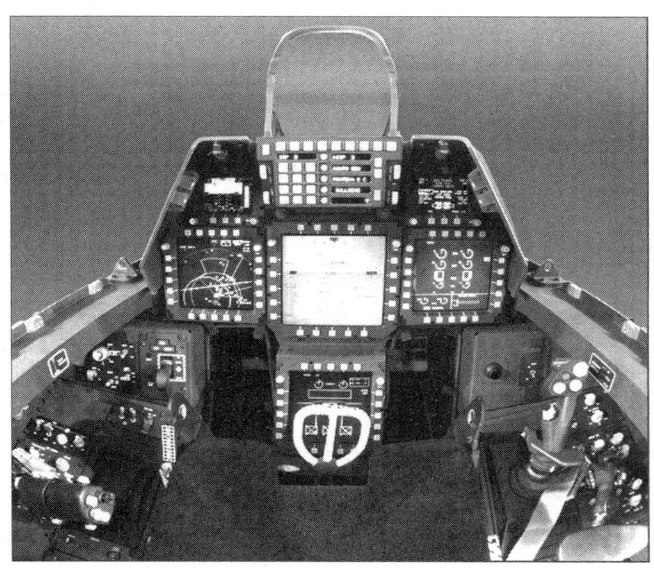

图 4－26 电子综合显示台

飞行参数信息是飞行员关心的主要飞行信息，一般将这些信息综合到一个显示器中，称为主飞行显示器，它所显示的内容通常包括航向角、俯仰角、滚转角、飞行高度、速度、升降速度、机场自动着陆系统信号、失速警告等信息，如图 4－27 所示。

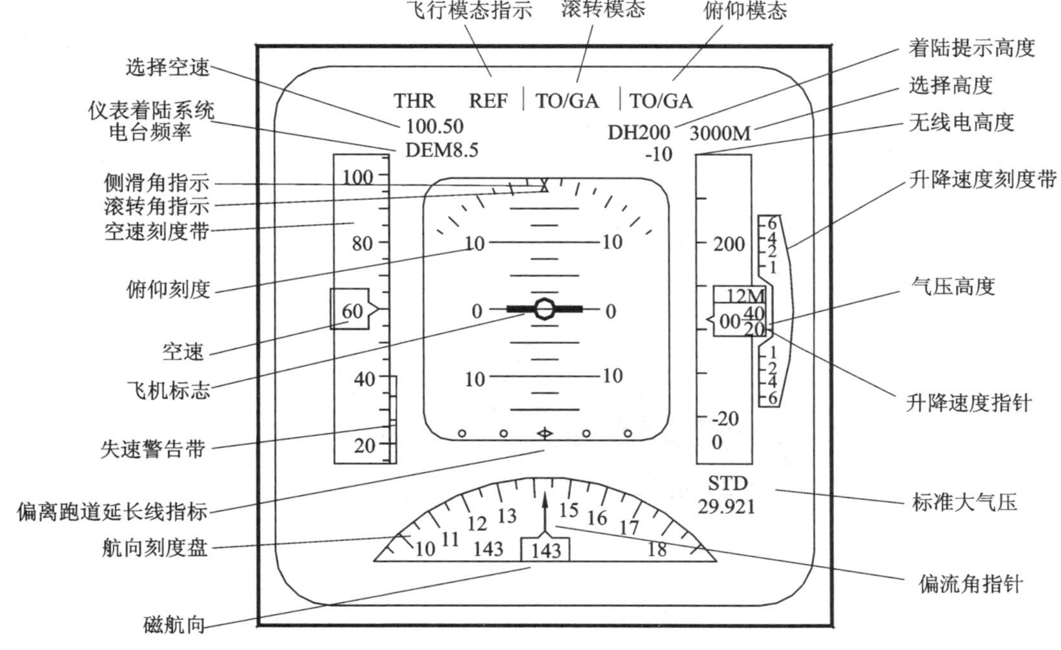

图 4－27 主飞行显示器

导航参数显示仪可以把与导航有关的信息,统一在一个显示器显示出来,如图 4-28 所示,包括附近各种导航台位置及其名称、地标位置和标高、机场、风速、风向、地速、真航向、磁航向以及距离标尺等信息。

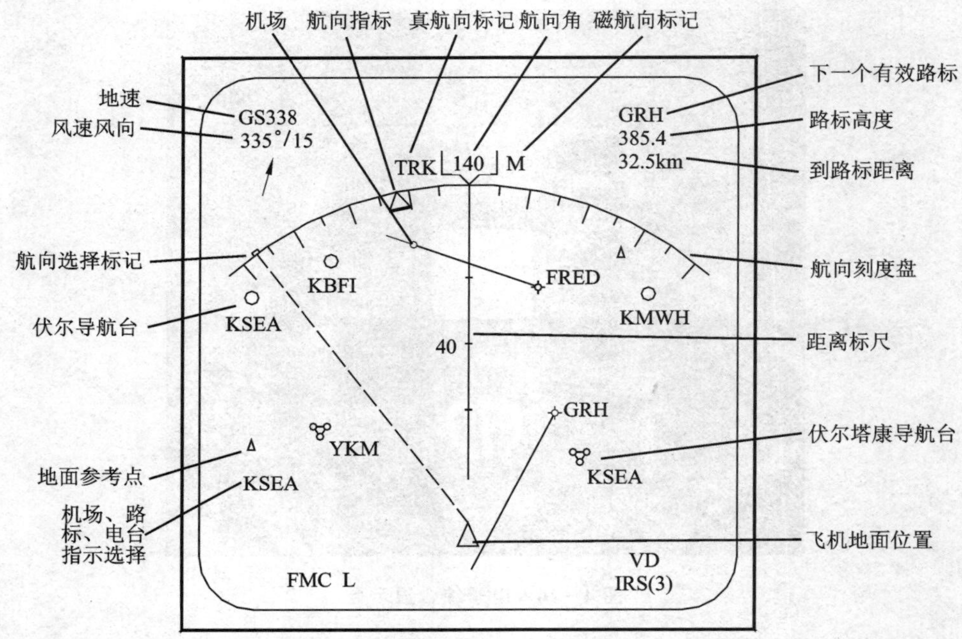

图 4-28 导航显示仪

对于军用歼击机,往往把主要飞行状态,如各种姿态角、速度、高度、升降速度等与武器瞄准系统的信息结合起来,投影到飞行员正前方的成像玻璃上,使飞行员在战斗中不必低头看仪表盘,就可以了解飞机的飞行情况和空中格斗时的武器瞄准跟踪信息,在巡航飞行时还能显示导航信息。这种显示系统称为平视显示系统(简称平显),图 4-26 所示的战斗机的座舱最上面的显示屏就是平视显示屏。平视显示系统由阴极射线管、反射镜、聚焦透镜和成像光镜(即风挡玻璃)组成,如图 4-29 所示。

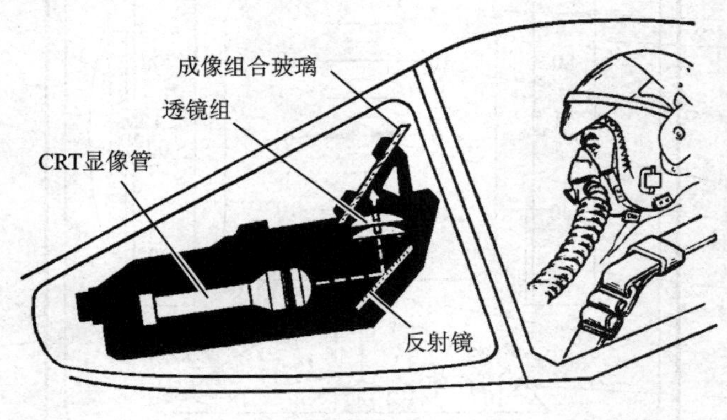

图 4-29 平视显示系统组成

民用飞机对座舱显示器的基本要求是安全、简洁、易用(符合人机工程学要求),且自动化程度高、性能好、成本低。目前,高清晰大屏幕综合彩色显示系统已得到了广泛的应用。图 4-30 所示为波音-777 飞机座舱显示系统。

图 4-30　波音-777 飞机座舱显示系统

3. 头盔显示系统

20 世纪 60 年代初,美国为满足武装直升机火力控制的需要,设计了一种头戴式光学瞄准具,其主要功能是用头盔的位置来控制武器,光学部分仅能显示瞄准标线。现代头盔显示器已经发展为具有多种功能的瞄准显示系统。它的主要功用有:

① 控制直升机活动炮塔武器进行瞄准射击;

② 跟踪和截获目标,给导弹攻击指示目标;

③ 传递目标数据(这里是指飞机之间、空地之间进行目标信息的非语言通信联络);

④ 目视启动控制装置,例如飞行员的视线对准一个开关,这个开关便会显亮,加上左手按压专门的触发按钮,便可启动这个开关;

⑤ 控制电视摄像机、夜视摄像系统等镜头的转动,使其与视线保持同步;

⑥ 在陆军方面可以代替指挥仪控制高炮群和地对空导弹,打击低空高速入侵目标;

⑦ 单兵便携式导弹的发射瞄准器。

头盔显示系统主要由目镜、成像系统、电子组件、头盔定位系统以及输入、输出接口等组成,如图 4-31 所示。

目前主要有小型阴极射线管(CRT)和发光二极管(LED)阵列等显示方式。显示系统的信息通过成像系统投影到目镜的组合玻璃上,以图形、字符等方式使飞行员在观察外界的同时能看到这些信息。它也可以把武器的瞄准线、目标的捕捉信息、导弹的导引信息通过投影系统叠加在目镜上,这一点类似于平视显示系统。它还可以传输和显示光栅图像,摄像机、夜视仪拍摄的图像,图 4-32 所示为 F-35 飞机头盔显示器的夜视状态。

头盔定位系统通过一定的检测方法检测头盔的运动,并将头盔的运动信息转换为电信号指令,驱动需要跟随头盔一起运动的武器和设备,如电视摄像头、武器发射架等;或将瞄准信息

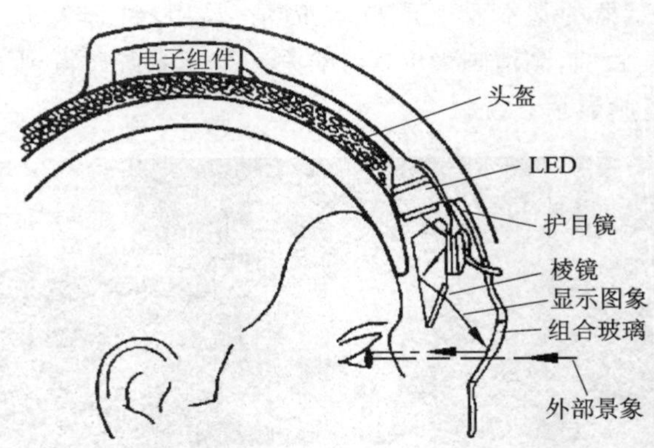

图 4-31　头盔显示器成像系统

图 4-32　F-35 头盔显示系统

传输给武器的跟踪系统。头盔定位方法有机电法、光电法、电磁场法、声学法和图像识别法等多种方法。目前比较成熟、使用比较普遍的是电磁场法和光电法。

电磁场法是通过固定在座舱罩上的发射天线,在头盔周围建立起一个交变磁场。在头盔的顶部有一个接受天线,交变磁场在接受天线内产生感应电流,通过电子组件对接受的情况进行放大解算处理,得到头盔的位置和指向。光电法的定位原理是:通过头盔上的发光器(LED 三角形)组成左右两个三角形图形(头盔左右耳机旁边),在座舱仪表板两侧各有一个 V 形狭缝摄像机(一种半导体光探测器件,类似于扫描仪中的 CCD),头盔的运动使三角形图形在摄像机上的成像产生变化,如图 4-33 所示。三角形图形的成像可以通过数学方式描述,因此头盔的运动可用数学方法解算出来而进行定位。

头盔显示器与其他显示系统相比有几个突出的优点。

① 缩短了截获目标的时间,能迅速瞄准目标和发射武器,使飞机或直升机减少受地面炮火的攻击以降低损失率。F-15 战斗机进行过有头盔显示器与没有头盔显示器的空战模拟,虽然不戴头盔显示器的飞行员可能首先发现对方,但先开火的往往是戴头盔显示器的飞行员。并且使用头盔显示器比不使用头盔显示器发射“响尾蛇”空—空导弹时,同一时间内要多发射一倍。

② 头盔瞄准具有的视野是全方位的,它不受常规光学瞄准具固定安装和窄视场的限制。一般使用平视显示器的武器瞄准系统的视场角为 30°左右,头盔显示器的视场角为 10°～12°,

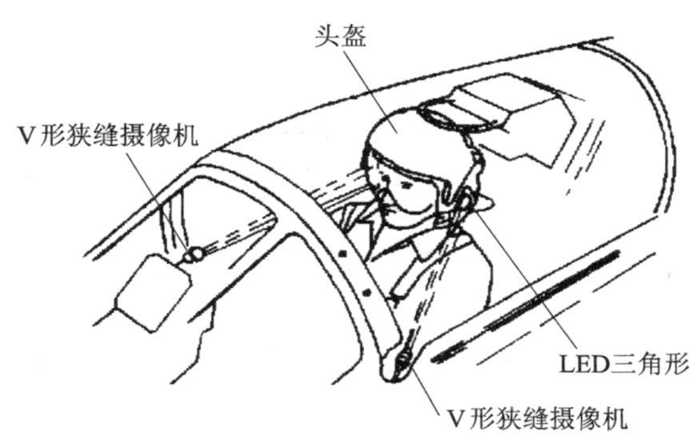

图 4-33　头盔光电定位系统

但由于显示器安装在头盔上，视界可随头部的转动而扩大，几乎可达方位角±180°，俯仰角±90°。

③ 由于武器系统与瞄准具联动，当飞行员目视搜索和跟踪目标时，武器和相关传感器可迅速跟随到目标方位，瞄准后武器能迅速发射，大大改善了人机接口关系，减轻了飞行员的负担。

随着电子技术的发展，在头盔瞄准具的基础上，从单一的光学瞄准，发展成今天的全天候、雷达和夜视瞄准的头盔显示/瞄准系统。这种系统正从飞行器武器瞄准扩大到防空炮火、单兵导弹、地空导弹等火力控制系统。

4. 显示系统发展趋势

随着电子技术、显示技术的发展，飞行器显示系统也向着更高的水平迈进。彩色液晶显示器是正在走向成熟的显示器，其优点是：重量轻、体积小，低功耗、高清晰度和高可靠性。类似于计算机液晶显示器那样，飞行器液晶显示器能减轻 70%的重量，厚度减小 80%，耗电量减少 50%；在阳光下读数比显像管显示清晰得多；所需元器件少，而且多为大规模集成电路，因此可靠性高，平均无故障间隔时间达 2 000～5 000 h，是电子显像管的 10 倍。

随着语音技术、触摸屏技术的成熟，显示器将发展为大屏幕全景显示器。它将整个仪表板集成为一块大的触摸显示屏，飞行员只需触及屏幕某一位置，就可以相应地改变显示格式，调出更多的数据信息，也可以发出指令使系统执行任务。目前飞行员主要是通过视觉和触觉进行飞行，在听觉方面，除通信对话外相对比较轻松。今后，显示系统可以通过语言来通报显示信息，飞行员也可以通过语音进行指令控制；调动飞行员的听觉，也将减轻其视觉负担。

4.1.3　其他机载设备

1. 雷达设备

雷达(Radio detection and ranging，Radar)是无线电探测和测距的简称。随着电子技术的发展，雷达技术从开始单一的防空设备迅速扩展到侦察、火力控制、空中交通管理、遥感、天文、地质等军用和民用领域。雷达在飞行器上的应用也有很多种，如搜索警戒雷达、火控雷达、地形匹配雷达、气象雷达等。

雷达的基本原理是：通过无线电设备向空间发射无线电波，无线电波在不同介质表面会向各个方向散射一定的电波能量，其中一部分由目标反射回天线方向，成为目标回波。雷达接收目标回波后，即可检测出目标的空间位置。雷达仅接收自身发射电波的回波，称为无源回答雷达或一次雷达(如无线电高度表)。如果目标接收电波后主动向雷达发射应答信号,这种称为有源回答雷达,或二次雷达(如DME测距机)。

简单脉冲雷达由定时器、发射机、接收机、天线及馈电设备、显示器等基本设备组成,如图4-34所示。其收发可以使用同一天线,由收发开关进行转换。某些小型雷达也可使用两副天线,如无线电高度表。

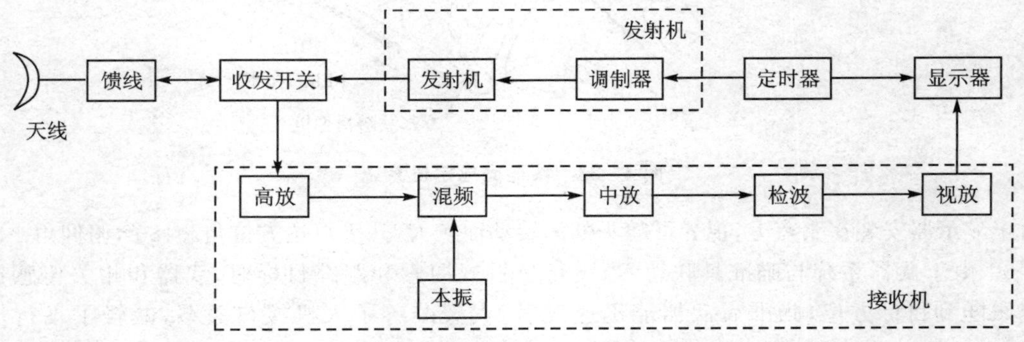

图4-34　简单脉冲雷达的组成框图

雷达测量距离是通过测量天线至目标间无线电波往返的时间来确定的。当两个目标距离很近时,电波返回的信号有可能出现重叠而难以区分,出现这一情况的距离称为雷达的距离分辨力。分辨力的大小在简单脉冲雷达中取决于脉冲宽度。设脉冲宽度为1 μs,当两个目标相距150 m时即可能出现上述情况,因此距离分辨力为150 m。要提高距离分辨力可以减小脉冲宽度或增加发射信号的频谱宽度(信号所包含的各频率分量在频率域中所占的范围),即可利用脉冲压缩技术制成高距离分辨力的雷达。

雷达的角度分辨力是在一定距离内分辨物体大小的能力。角度分辨力取决于雷达发射波束的尖锐程度。雷达波束的尖锐程度主要由天线直径与波长的比值决定。为了提高角度分辨力,可以加大天线口径或减小波长。飞行器受到空间限制,加大天线口径比较困难。如果减小波长,大气对电波的吸收和散射所引起的能量损失随波长的减小而加大。另外,波长越小天线加工精度要求越高,会给生产加工带来困难。

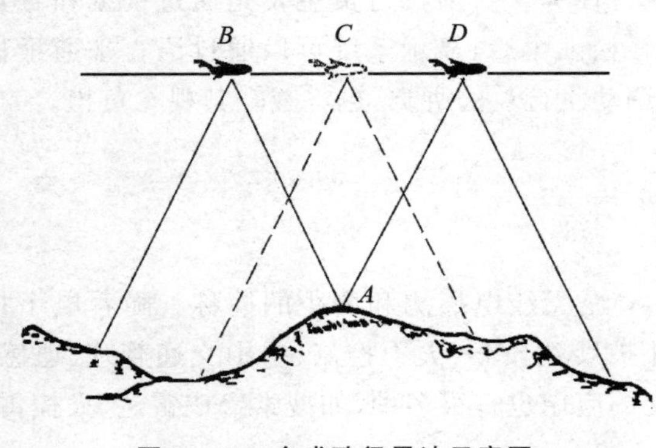

图4-35　合成孔径雷达示意图

要提高角度分辨力,除了加大天线或减小波长外,如果考虑到天线与被测物体间的相对运动,可以通过合成孔径雷达技术来实现。如图4-35所示,在飞机从B点经C点飞到D点的过程中,机载小口径雷达都可以对目标A发射和接受电波,其效果相当于天线口径为BD=d的窄波束雷达。只是这种雷达在由B到D的过程中,信号是在不同时刻发射和接收的,因此需要进行相应的信号处理,将不同时刻同一目标的信号进行合成,因此称为合成孔径雷达。

早期的雷达扫描是利用天线的旋转进行的，雷达波束扫描靠雷达天线的转动使电磁波瓣转动，一个相位一个相位地进行搜索，天线的旋转是依靠机械系统控制的。这种雷达天线扫描速度慢、精度低。现代高速飞行器要求雷达缩短反映时间，提高扫描和跟踪速度，这些要求由机械操纵的天线转动是很难完成的。随着电子技术的发展出现了相控阵雷达。

相控阵雷达是通过电扫描的方式控制雷达波束的指向变动，并发现目标。在相控阵雷达的圆形天线阵上排列着很多个能发射电磁波的辐射器，每个辐射器配有一个“移相器”，每个“移相器”都由电子计算机控制。当雷达工作时，电子计算机就通过控制这些“移相器”来改变每个辐射器向空中发射电磁波的“相位”，使电磁波瓣能像转动的天线一样一个相位一个相位地偏转，从而完成对空域的搜索任务。

相控阵雷达分为无源(被动)相控阵雷达和有源(主动)相控阵雷达两大类。无源相控阵雷达仅有一个中央发射机和一个接收机，发射机产生的高频能量经计算机自动分配给天线阵的各个辐射器，目标反射信号经接收机统一放大。有源相控阵雷达的每个辐射器都配装有一个发射/接收组件，每一个组件都能自己产生、接收电磁波，因此在频宽、信号处理和冗度设计上都比无源相控阵雷达具有较大的优势，目前在先进战机和先进预警机上得到了广泛的应用。图 4-36 所示是典型的有源相控阵雷达结构，雷达上通常装有上千个发射/接收单元，能同时跟踪几十个空中目标并同时攻击多个目标，探测距离达几百千米。

图 4-36　米格-35 战斗机的有源相控阵雷达

2. 通信设备

通信设备主要用于飞行器在飞行过程中空对空或空对地的联络，在大型飞机上还包括机内通话、广播和驾驶舱内话音记录等。

飞机通信设备可分为无线电通信设备、机内通话设备和飞机事故调查设备三大类。

无线电通信设备包括民用通信设备和军用通信设备。民用通信设备主要使用甚高频波段的调幅电台，频率限制在 118～135.975 MHz，且每隔 25 kHz 设一个频道，共有 720 个频道供不同情况选用。甚高频通信主要用于视线距离内通信，通信距离不能超出地平线范围。为进行远距离通信，有些民用飞机上加装了频率在 2～30 MHz 的短波电台，利用电离层对短波无线电信号的反射进行远距离通信，图 4-37 为无线传播示意图。军用通信设备的主要频段在

225～400 MHz 内,每隔 25 kHz 设一个频道,共 7 000 个频道。国际统一规定,空中和海上遇难时的求援频率为 121.500 MHz。

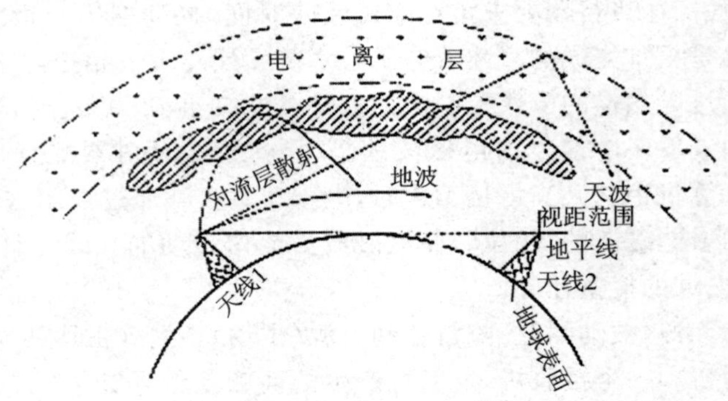

图 4-37 无线电传播示意图

卫星通信也属于无线电通信系统,可以进行全球通信,也可以用于机上乘客的付费电话服务。

机内通话设备用于飞机内部通话,包括内话系统和旅客广播系统,内话系统可以使驾驶舱与飞机其他部位建立通信联络;旅客广播系统用于驾驶员或乘务员向旅客播报通告。

事故调查设备包括驾驶舱话音记录器和紧急定位发射器。驾驶员话音记录器能够记录所有机组人员的通话信号,在意外事故发生后,可以通过语音记录器记录的信息进行事故原因分析,人们常说的飞机上的"黑匣子"就属于事故调查设备。

3. 电气设备

飞机电气设备是供电设备和各种用电设备的总称。

供电系统包括飞机电源系统和飞机配电系统,前者用于产生和调节电能;后者用以传输和分配管理电能。飞机供电系统的作用在于保证可靠地向用电设备,尤其是与安全飞行直接有关的重要用电设备提供符合要求的电能。飞机供电系统的可靠性要求比一般地面供电系统高得多,因此常采用多种措施来满足这些要求,如采用余度技术、故障状态下的负载管理和应急电源等。

飞机上的供电设备包括发电机、蓄电池和电源保护设备。发电机通常靠飞机发动机或专用的内燃机带动,是飞机的基本电源。它除了向用电设备供电外,还可以给蓄电池充电。蓄电池是飞机的辅助能源,当发电机不供电时,则使用蓄电池供电。电源保护设备包括电压调节器、变流器和反流割断器等。发电机由发动机带动时,其转速会随发动机的转速而变化,使输出电压也随之变化,电压调节器可以使发电机输出电压稳定在一定范围内,防止电压太高烧毁设备或电压太低导致供电不足。

用电设备包括飞机飞行操纵、发动机控制、航空电子、电动机械、生命保障、武器操纵、照明与信号、防冰加温和旅客生活服务等系统。

4. 近地警告系统

近地警告系统只是在起飞或进近着陆阶段、且测量低于 750 m 时才起作用。在上述条件下。根据飞机的飞行状态和地形条件,如果接近地面时出现不安全的情况,近地警告系统就会在驾驶舱内发出目视和音响两种报警信号以提醒飞行员采取有效措施,改出当前飞行状态。

近地警告系统还具有风切变警告的能力，当飞机遇到风切变情况时，它能发出风切变警告，提醒飞行员及时从风切变中解脱出来。

近地警告系统的核心是近地警告计算机，它既不像无线电导航系统那样依靠地面导航台才能完成任务，也不像惯性导航系统那样仅依靠自身就能完成任务。它需要从飞机的其他系统接收飞机实际飞行状态的数据，如无线电高度、下降速度、襟翼位置、起落架位置和下滑道偏离情况等信号。计算机将存储的极限数据与飞机实际状态的数据相比较，如果实际状态超越了某种警告方式的极限，则输出相应的音响控制信号到驾驶舱中的警告扬声器，使之发出与警告方式相关的音响警告，并输出相应的目视控制信号到相应的指示灯发出灯光报警，有些还会传输到主飞行显示器上显示有关信息。如果将近地警告系统与自动驾驶系统联合，可使飞行器在进入危险状态时自动改出。图 4－38 所示表示近地警告系统与其他机载系统的关系。

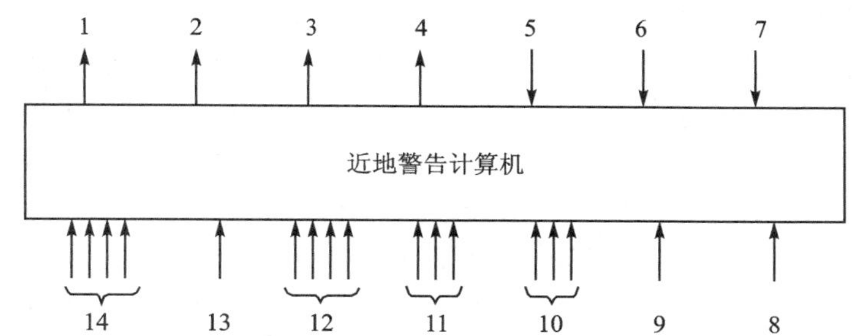

1—警告电子系统，控制主警告灯、语音信号放大；2—发动机指示和机组报警系统，显示系统故障信息；
3—故障概要显示(中央维护计算机)；4—电子姿态指示器或主飞行显示器，显示警告信息；5—起落架手柄位置输入；
6—襟翼位置输入；7—电源；8—失速信号(来自失速警告计算机)；9—测试指令(中央维护计算机)；
10—经纬度和磁航迹(飞行管理计算机)；11—航道偏离(仪表着陆系统或微波着陆系统)；
12—磁航向、经纬度、惯性垂直速度(惯性基准系统)；13—无线电高度输入；14—大气数据计算机

图 4－38　近地警告系统与其他机载系统的关系

应当指出，在某些情况下近地警告系统是不能提供警告的，如飞机飞向垂直陡峭的地形或建筑物，或是慢慢下降至未经平整过的地面时等状况。

5. 防护和救生系统

(1) 座舱环境控制系统

在飞行器飞行的环境中，很大部分不适合人类生存，地球大气随高度增加而变得越来越稀薄，空勤人员要经受气压下降，氧气减少，温度降低等恶劣环境。载人航天器更是在高度真空和寒冷的条件下飞行。因此现代飞行器上都配有较好的座舱环境控制系统和气密座舱。环境控制系统包括氧气供应系统、温度控制系统、气压控制系统等设备。

高空气压下降氧气含量也在减小，一般人在 3 000 m 高度时就有缺氧症状出现，在 10 000 m 高空只要暴露 1 min 便会丧失意识。采用座舱增压系统保证座舱环境的气压维持在一定的水平，同时通过供氧系统增加氧气浓度，以便在周围大气压下降时，使吸入空气中保持必需的氧气含量。也可通过氧气面罩直接向飞行员提供适当压力和氧浓度的呼吸气体。

(2) 飞行员个体防护系统

个体防护系统包括飞行服、抗过载服、氧气面罩、头盔等设备。

座舱环境温度调节能力不足时，飞行员可穿着调温服来获得较舒适的温度环境。在海上

地区应急跳伞落水后体热散失很快,浸泡在5 ℃~10 ℃的海水中,仅有50 %的人可存活1 h。空勤人员的保暖和防水的抗浸服可保证人员在4 ℃水中浸泡1.5~2 h。

战斗机在作大机动飞行时产生的正过载(惯性力方向从头到脚)可达8~9,在这样的过载情况下,人体的血液向脚部流动,造成脑部失血,而引发失明和意识丧失(一般飞行员可承受过载为4.5~5)。现代高性能的战斗机采用抗荷服(飞行员腹部以下穿着可以加压的抗荷裤,阻止血液向下身流动)、代偿加压呼吸系统(增加肺部压力)和后倾座椅(座椅倾斜可使过载在人体从头到脚方向上的分量减小)等综合措施来解决抗过载问题。

(3) 弹射救生系统

飞行器在飞行过程中有可能会出现故障,军用飞机在作战时还可能被武器击中,甚至无法继续飞行,因此必须有一套保证飞行员在起飞、飞行和着陆过程中出现紧急情况时能迅速离开飞行器并安全降落到地面或水面的设备。

目前普遍采用的离机救生装置是弹射救生系统。弹射救生系统是由抛座舱盖装置、座椅解锁装置、座椅弹射装置、自动开伞装置、程序控制器和瞬时供电系统等系统组成。

在高速飞行时飞行员从舱口上部离开飞机,首先要抛掉座舱盖,然后启动弹射火箭把座椅连同飞行员一起发射出去,这样可避免与飞机其他部件(如尾翼)相撞。座椅弹出后打开减速伞减速,然后解开飞行员与座椅的连接(安全带、脚扣等),人椅分离,打开降落伞,飞行员靠降落伞返回地面,如图4-39所示。为避免被超声速气流吹伤,飞行员必须佩戴头盔面具,有些飞机采用分离式座舱,在紧急情况下分离装置使座舱与飞机其他部分脱离,并用减速伞减速,待座舱减速到一定程度后,飞行员再弹射出座舱。现代战斗机的弹射系统要求做到在飞机所有的飞行范围内均可以弹射救生,并且要具备零高度、零速度弹射后安全降落的性能。

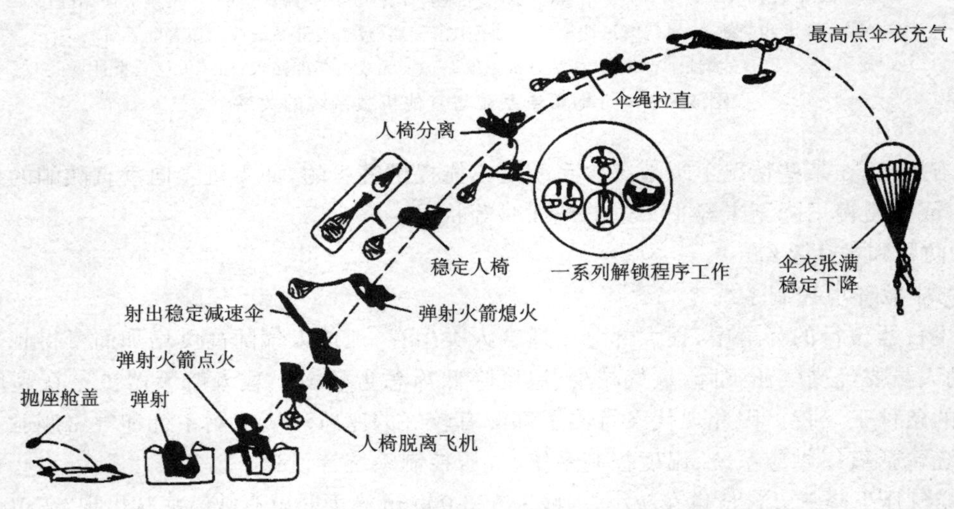

图4-39 飞机弹射座椅的弹射过程

(4) 航天救生设备

载人飞船、空间站和航天飞机等载人航天器,由于工作在非常严酷的环境中,本身就具备完备的生命保障系统,以维持载人航天器密闭舱内空气环境、保障航天员安全、正常生活和工作。航天员离开航天器密闭舱到舱外工作和活动时,需要穿着航天服。航天服是一套由头盔、服装、手套、靴子等组成的装备,可以保护航天员不受外层空间微流星体、太阳辐射的侵害以及空间环境因素(无氧、真空、低压、高低温)的危害。

航天救生比较复杂,在不同的飞行阶段要采取不同的措施。

① 在发射台上和低空状态时常用的救生方式有弹射座椅或逃逸塔。弹射座椅与飞机的弹射座椅基本一样。逃逸塔是在紧急情况时利用逃逸火箭发动机将航天员座舱(返回舱)与运载火箭分离,迅速脱离危险区域,然后分离发动机将座舱与塔架脱开,以便使用返回舱的回收系统安全着陆。

② 在轨道飞行阶段出现故障或危险情况,只能中断飞行计划,提前返回地面。一般情况下航天站的轨道舱发生危险故障,可用指挥舱或服务舱营救轨道舱的航天员返回,若指挥舱和服务舱丧失返回能力或人员无法进入,则需要发射营救飞船或航天飞机进行空间营救。

③ 返回阶段的救生在航天器设计时就进行了周密的考虑,如采用多个并联制动发动机、多降落伞系统、弹射座椅等措施。一套系统出现故障,其余系统仍可保证航天员安全着陆。

4.2　飞行器导航系统

导航是把航空器、航天器、火箭和导弹等运动体从一个地方引导到目的地的过程。目前常用的飞行器导航方式有:无线电导航、惯性导航、卫星导航、图像匹配导航和天文导航等。飞行器在飞行过程中需要测定其位置、距离、航迹、飞行的速度、高度和方向等导航参数。

4.2.1　无线电导航系统

通信、广播、电视等利用无线电波传递信息的技术已得到广泛的应用。无线电导航系统(Radio Navigation System)的任务是由地面导航台发射无线电波,在飞行器上通过接收设备,测定飞行器相对于导航台的方位、距离等参数,以确定飞行器的导航信息,并通过显示系统提供给飞行员作为飞行参考,或通过电气信号提供给自动驾驶系统,完成航向、航线修正、自动着陆等导航任务。

无线电导航使用的无线电波是通过直接传播或通过大气电离层反射传播的,它们很少受气候条件的限制,并且作用距离远、精度高、设备简单可靠,所以是飞行器导航的主要技术手段之一。尤其是在夜间或复杂气象条件下保证飞行器的安全着陆,无线电导航设备是必不可少的导航工具。

根据导航方式的不同无线电导航可分为:测向无线电导航、测距无线电导航、测距差无线电导航和测速无线电导航等几种类型。

1. 测向无线电导航系统

(1) 自动测向器

自动测向器(Automatic Direction Finder,ADF)是在飞行器上用方向性天线接收来自地面导航台发射的无线电波,并确定电波来向相对于飞行器纵轴线的夹角的导航设备。它一般采用两个互相垂直的环状天线,如图 4-40 所示,其中 AA' 与飞行器纵轴线平行,BB' 垂直于纵轴线。当无线电波的来向与天线平面平行时,天线将得到最大感应电势。当无线电波的来向与天线平面垂直时,天线感应电势为零。如果飞行器纵轴线与电波来向有一角度 θ 时,AA' 和 BB' 中的感应电势将分别与 $\cos\theta$ 和 $\sin\theta$ 成正比。把 AA' 和 BB' 中形成的感应电流分别放大,在显示仪表的线圈 aa' 和 bb' 将分别产生磁场,该磁场又在线圈 c 中感应出电势,通过伺服机构转动带有指针的线圈 c,使其中的感应电动势为零,由于 aa' 和 bb' 中的电动势的强弱取决于电波来向角度 θ,因此使线圈 c 中感应电动势为零的指向正好是电波的来向。

ADF 工作的无线电频率在 150 kHz~2 MHz,属于中长波段,作用距离约为 300 km。这一波段的无线电波易受地形、时间和季节等因素的影响,而造成测量误差。此外它只能测定飞行器轴线相对导航台的方位,要想知道飞行器相对地球北极的方位,还需结合其他的导航方法提供航向基准。

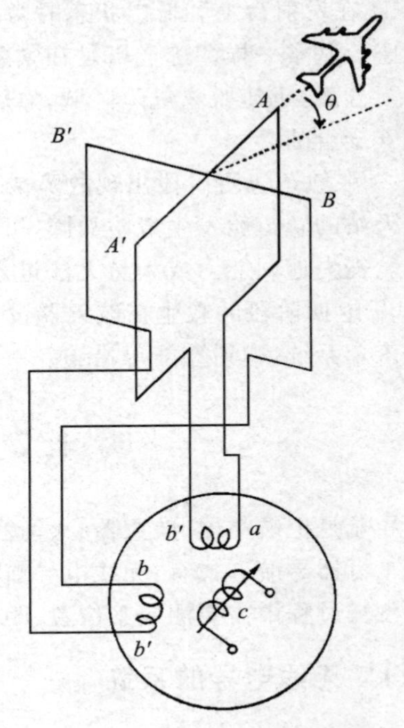

图 4-40 自动测向器原理图

(2) 全向信标系统

全向信标系统(Very High Frequency Omnidirectional Range,VOR)是一种近距甚高频测向导航系统,即由地面导航台向飞行器提供以导航台北向子午线为基准的方位信息,或为飞行器提供一条"空中道路",以引导飞行器沿预定的航道飞行。也可以预先把沿航线的各 VOR 导航台的地理位置、发射频率、应飞的航道等信息输入飞行管理系统和自动驾驶系统,飞行器按输入的数据顺序自动飞向目的地。

VOR 系统的工作频段在 108~118 MHz 之间,各导航台可使用其中某些指定的频率。工作在这一频率的无线电波是以空间波方式直线传播,其传播方向不受气候和季节的影响,但作用距离受到视线距离限制,并与飞行器的飞行高度有关,飞行高度越高,作用距离越远。当飞行器有足够高度时,作用距离可达 480 km。

全向信标系统由全向信标台和机上接收系统组成。由地面全向信标台发射的电波幅度是变化的(称为调幅),幅度的变化规律受两个低频余弦信号控制。其一称为基准相位信号,在所有方向上都同时达到最大值;而另一个称为可变相位信号,在正北方与基准相位信号同时达到最大值(相位差为 0°),而在其他方向,与基准相位信号的相位差与所在的方位角相一致,如图 4-41 所示。飞行器上的接收系统接收来自导航台的信号后,测量出基准相位信号与可变相位信号之间的相位差,就可以确定出飞行器位于地面导航台哪个方位上。

VOR 导航台也经常作为机场自动着陆系统的归航导航台,作引导飞行器接近机场之用。

VOR 导航是一种测向导航,只能确定飞行器相对于导航台的方位,如果要进一步确定飞行器的位置,可以设置两个导航台。每个导航台以一定的间隔重复发射自身的识别码,飞行器可以通过接收两个导航台的信息,根据预先储存在飞行器计算机内的导航台的地理坐标,计算出飞行器的位置。如图 4-42 所示,两个导航台 A 和 B,它们的坐标为(x_a,y_a)和(x_b,y_b),当飞行器测得两个方位角 θ_a 和 θ_b 时,根据三角关系,便可算出飞行器的位置(x,y)。

2. 测距无线电导航系统

频率较高的无线电波在大气或宇宙空间中以光速直线传播,因此只要测量出飞行器发射的无线电波往返于地面导航台所需的时间,就可以确定出飞行器到地面导航台的斜距。这类导航方式称为测距导航。若要确定飞行器到导航台的水平距离,还需根据飞行器的高度进行计算。

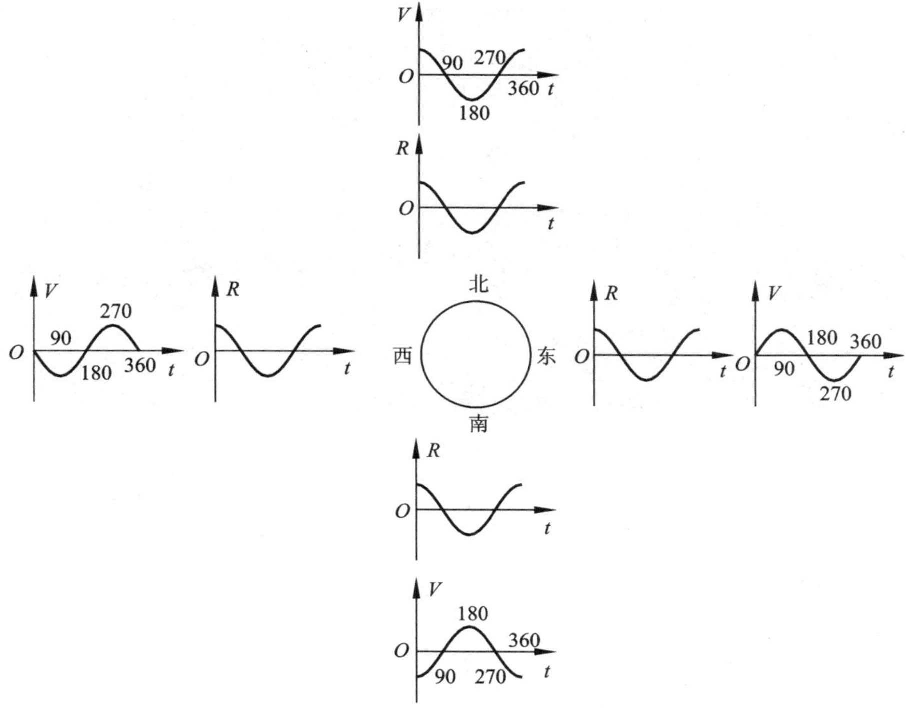

R—基准相位信号；V—可变相位信号

图 4－41　全向信标系统的基准信号和可变相位信号

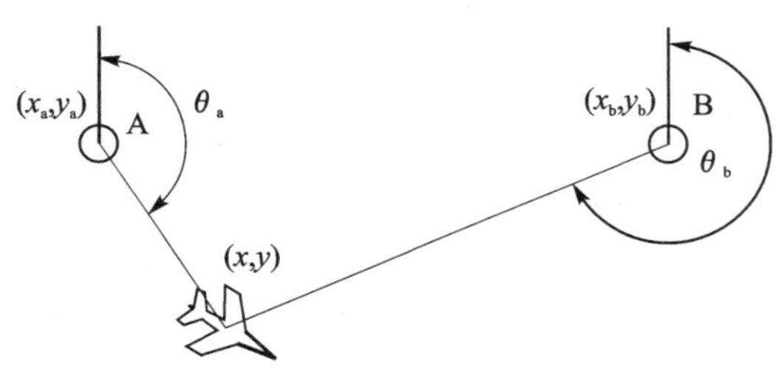

图 4－42　两个测向导航台定位

下面以测距机(Distance Measuring Equipment，DME)系统为例，介绍测距无线电导航的工作原理。

DME 系统工作在 962～1 213 MHz 之间。飞行器上的询问器以某一频率每隔 1/150～1/24 s 发射一次信号(即重复频率为 24～150 Hz 之间)。发射电波的时间很短，而休止时间相对很长，这样的信号称为脉冲信号，即询问脉冲。地面导航台接收到询问器发出的信号，检验后以另一个频率发射脉冲，即应答脉冲。询问器的接收机接收应答脉冲，测量出从发出询问脉冲到应答脉冲之间的时间间隔，即可换算出飞行器到地面导航台的斜距。如果把 VOR 系统和 DME 系统设置在同一个导航台，则飞行员可以根据机上设备的指示，以极坐标的方式确定飞行器相对于导航台的位置。图 4－43 所示为 DVOR(多普勒全向信标)与 DME(测距机信标)合装在同一台站的布置图，图中圆周布置的天线为 DVOR 天线，旁边直立的是 DME 信标天线。

图4-43 DVOR系统和DME系统的设置

如果地面导航台在完成DME应答任务的同时,使应答脉冲的幅度随时间作余弦调制,其相位在各个方位上各不相同,则该系统就可以同时完成测距和测向两种导航参数的测量。这种系统称为"塔康"系统(Tactical air navigation,Tancan)。

3. 测距差无线电导航系统

以上无线电导航系统都属于近程导航系统,当飞行器作远距离飞行时,必须为其提供远程导航系统服务。远程导航系统作用距离在1 000 km以上,它们采用的导航方式多为测距差导航方式,测距差导航系统的原理如下。

① 导航台A、B、C向各个方向发射相同的无线电波,每个导航台发射的脉冲信号的时间间隔始终保持不变(脉冲时间同步),或发射的电波在相位上保持一致(相位同步)。

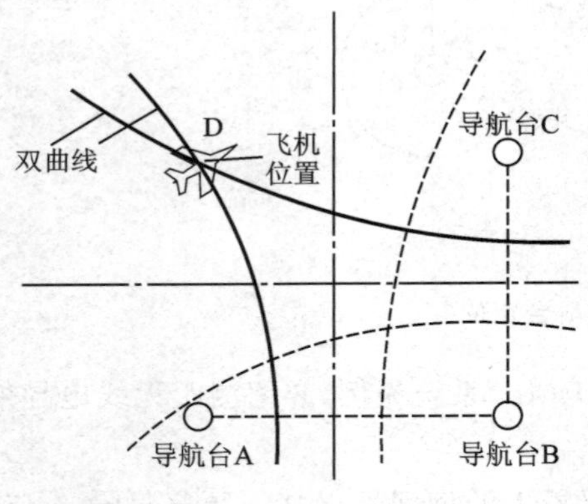

图4-44 测距差导航原理图

② 飞行器接收两个导航台(如A和B)的信号比较它们的时间差或相位差,就可以计算出飞行器到两个导航台的距离差。此时飞行器位于以两个导航台为焦点的双曲线上。如果再测定飞行器与其他两个导航台(如B和C)的距离差,就可通过两条双曲线的焦点确定飞行器的位置D,如图4-44所示。

测距差导航系统按所测定的参数性质可分为测定脉冲时间差(罗兰A系统)、测定连续正弦波相位差(奥米伽系统)和既测时间差又测相位差(罗兰C和罗兰D系统)三种类型。

测距差导航不需要像测距导航那样进行应答,因此没有用户数量限制,机上设备简单、费用低;由于测距差导航系统采用10~14 kHz的甚低频率波段,在此频率上地球可以看成是良导体,地波可传播到很远的距离,因此所需地面导航台相对较少。这种导航系统不仅为飞行器导航,也为船舶等其他运载工具定位,而且是目前唯一能为水下20~30 m处的潜艇导航的技术工具。

4.2.2　惯性导航系统

惯性导航系统(Inertial Navigation System)是通过测量飞行器的加速度,经运算处理得到飞行器当时的速度和位置的一种综合性导航技术。它的主要功能是:自动测量飞行器各种导航参数及飞行控制参数,供飞行员使用或与其他控制系统配合,完成对飞行器的自动控制(驾驶)。

1. 惯性导航的组成和工作原理

惯性导航系统主要由惯性敏感元件(加速度计)、角度测量设备(陀螺仪)、数字计算机和显示设备等组成。

惯性导航需要测量飞行器的加速度,由运动学可知

$$v = at \tag{4-2}$$

当初速度为零时,位移与匀加速度的关系为

$$s = \frac{1}{2}at^2 \tag{4-3}$$

通过加速度计测量加速度,然后对时间积分,就可得到速度和位移。因为速度是矢量,有方向性,若以起始点为原点,则可以得到当时相对于原点的位置。当然也可以实时给出飞行器的速度和航迹,并结合磁航向指示器给出飞行器的地理航向。

图 4-45 是二自由度惯性导航原理图。飞行器上安装有陀螺平台,这个平台始终平行于当地的水平面。陀螺平台上沿南—北方向放置一个加速度计 A_y,沿东—西方向放置另一个加速度计 A_x,飞行的起始点作为原点。飞行器开始飞行后,两个加速度计可以随时测量出飞行器沿南—北方向和东—西方向的直线加速度。加速度经过电子积分器计算得到速度和位移,如图 4-46 所示。

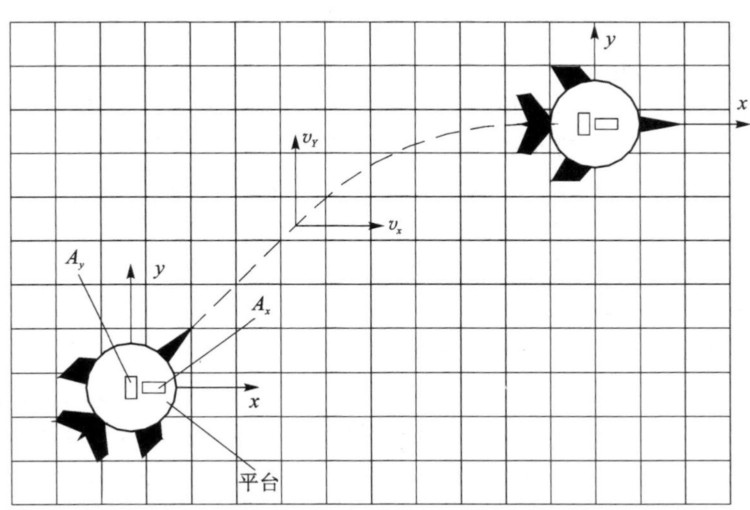

图 4-45　平台式二自由度惯性导航原理图

以上二自由度导航用的是直角坐标系,是假设地球表面是平面得出的结果。实际上地球是一个椭球,飞行器的位置是用经纬度表示的,因此实际的导航系统中经过换算,给出的飞行器位置是经纬度坐标(如东经 116°,北纬 39°)。另外,如果是三轴惯性导航系统,还会给出高度参数信息。

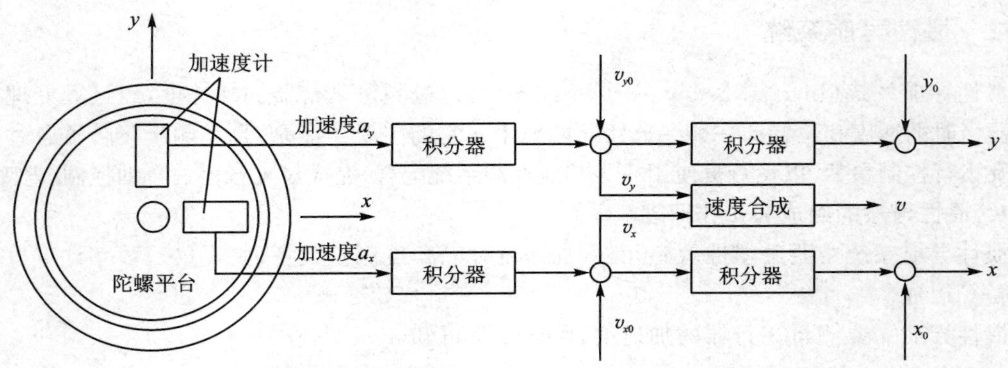

图4-46 平面导航计算示意图

2. 两类惯性导航系统

飞行器的姿态变化,会使加速度计受到的重力发生改变,这样测量的加速度会出现误差和错误(参见4.1.1节)。解决这个问题有两个途径,一是采用将加速度计安装在机电陀螺稳定平台上,不管飞机怎样转动,机电陀螺平台始终保持水平,并有确定的指向,加速度计就可以不受飞行器姿态的影响保持水平和确定的方向。因为有机电陀螺平台,所以这种惯性导航系统称为平台式惯性导航系统。

另一种解决方法是,取消陀螺平台,将三个加速度计直接安装在飞行器上,并与三条机体轴相一致,同时还安装有绕三轴的角速度陀螺。这种导航系统称为捷联式惯性导航系统。没有机电陀螺平台是捷联式惯性导航系统的一大特点,但并非平台的概念在捷联式惯性导航系统中不存在,只是它的"平台"是通过计算机建立的数学平台,代替了机电陀螺平台。

从结构上看,捷联式惯性导航系统没有机电平台,与平台式惯性导航系统比较,它的构造简单,重量轻,性能可靠度高,便于维护。由于加速度计直接安装在机体上,要求它具备更高的抗冲击振动性能;对于歼击机,最大角速度为400 °/s,而最小角速度会小于0.01 °/h。因此对于角速度陀螺的各项指标要求都很高;由于需要计算机建立数学模型代替机电平台,捷联式惯性导航系统的运算量比平台式惯性导航系统大得多,对计算机的字长和运算速度要求也高得多。由于计算机技术的飞速发展,目前的微处理机一般都能满足要求。

现代飞机惯性导航系统,除提供飞行速度和位置外,还能给出三轴姿态角、三轴姿态角速度、磁航向角,风速等信息,如波音-757/767飞机的惯性导航系统能提供多达35个参数。

因为惯性导航系统仅靠安装在飞行器内的设备就可以完成对飞行器的导航,工作时不依赖于外界信息,也不向外界辐射能量,因此不易受到外界干扰,隐蔽性也很强,是一种完全自主的导航方式。惯性导航系统的主要缺点是:由于导航信息通过积分而获得,每次使用之前初始状态的校准非常重要,而且导航定位误差也会随时间的增加而增大,长时间导航会影响导航精度。

提高惯性导航精度的途径主要有两个:一是提高设备元器件的制造精度,这样设备的价格也会大大提高;二是和其他导航技术进行组合导航,当惯性导航工作一段时间后再用其他的导航技术对其进行校正,以进一步提高导航精度。

由于惯性导航技术工作不受时间、空间的限制,可全球、全天候地工作于空中、地球表面甚至水下。惯性导航系统广泛应用于各类飞行器,如军用飞机、民用飞机、弹道导弹、运载火箭等都装有惯性导航系统。

4.2.3　卫星导航系统

卫星导航系统(Satellite Navigation System)发展于 20 世纪 60 年代,是一种特殊的无线电导航系统,它用专用的导航卫星取代地面导航台发射导航信息。因为卫星位置高,信号覆盖面广,因此,可以实现全球导航定位。其基本的导航原理是:利用导航卫星发射的无线电信号,求出飞行器相对卫星的位置,然后再根据已知的卫星相对地面的位置,计算出飞行器在地球上的位置。可提供飞行器的纬度、经度、高度、精确时间、地速等信息。目前世界上性能最好、能够保证全球实时定位,且功能最完备的是美国的卫星全球定位系统(Global Positioning System,GPS)。另外还有俄罗斯的全球导航卫星网(GLONASS),欧洲空间局(ESA)的"伽利略"导航卫星系统和中国的"北斗"导航定位卫星系统等。

1. 美国的 GPS 卫星导航系统

(1) GPS 系统组成

GPS 系统从 20 世纪 70 年代开始研制,1994 年全部完成建设,其组成包括导航卫星、地面站组和用户设备三个部分。

1) 导航卫星

GPS 系统共有 24 颗导航卫星,21 颗主星 3 颗备份。分布在与地球赤道成 55°夹角的六个轨道平面内,轨道高度约 20 000 km,每条轨道上有 4 颗卫星,每颗卫星的运行周期约 12 小时。这样的一个卫星分布,能保证在任一时刻,在地球表面任一位置的地平线上仰角 7.5°的空间范围内,至少有四颗导航卫星。导航卫星的工作频率在 2 200~2 300 MHz,它们每隔 1 s 向地面播发一次卫星星历,星历内容包括:卫星的编号、发射该条星历的时刻、卫星在该时刻的位置(在大地坐标系中的三个坐标值)以及其他修正和加密编码等信息。

2) 地面站组

地面站组由监控站、主控站和上行注入站组成。监控站监测卫星及气象等数据,并经初步处理后送至主控站。主控站汇集所有数据后进行运算处理,计算出卫星运行轨道参数的变化,各卫星原子钟的校正参量、大气层对电波传播的校正参量等,编成导航电文送到注入站。注入站每天一次向各卫星注入导航电文。

3) 用户设备

用户设备包括 GPS 接收机和接收天线。接收机通过天线接收卫星信号,经运算处理,输出导航信息供在导航显示器上显示或为自动驾驶系统提供导航参数。

(2) GPS 导航原理

用户的接收机接收到卫星的星历后,根据自身的时钟确定信号到达的时间。由于卫星发出信号的时刻是已知的,因此根据信号的到达时间,即可确定卫星到用户的距离。由于卫星上是精度很高的原子钟,而接收机中是精度较低的石英钟,接收机的时钟与高精度的导航卫星系统时钟存在着差异,这一差异称为钟差 Δt。由于钟差的存在,以接收机时钟为基准,根据卫星信号到达时间计算出的卫星到用户的距离与实际距离不同,这一距离称为伪距。接收机可在视界内接收所有可见导航卫星的信号,并从中选出信号最佳的四颗,根据信号到达的时间确定用户到四颗卫星的伪距。如图 4-47 所示,在以地心为原点的坐标系中,假设用户的未知坐标为(x,y,z),已知第 i 颗卫星的位置坐标为(x_i,y_i,z_i),其中 $i=1,2,3,4$;用户测定的到卫星

的伪距为 ρ_i;用户到卫星的真实距离为 r_i;钟差为 Δt。则

$$\rho_i = r_i + c\Delta t \tag{4-4}$$

或
$$\sqrt{(x-x_i)^2+(y-y_i)^2+(z-z_i)^2} = \rho_i - c\Delta t \tag{4-5}$$

式中,c 为光速,$c \approx 3\times10^8$ m/s。

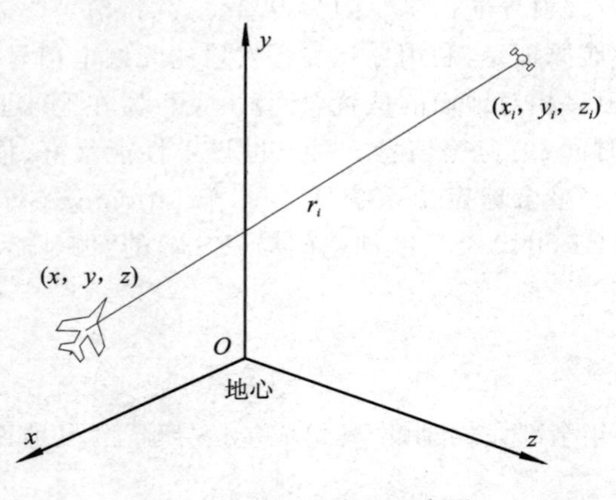

图 4-47 卫星定位示意图

方程(4-5)中共包含 4 个未知量 $x, y, z, \Delta t$,因此需要同时接收 4 颗卫星的信号,令 $i=1,2,3,4$,解上面 4 个方程,即可求出 $x, y, z, \Delta t$ 4 个未知数,从而确定用户的位置。

GPS 系统是一种高精度的导航系统,其定位精度不超过 1 m。如果通过其他一些技术,如在一些已知地点设置 GPS 接收机,根据 GPS 测量结果与已知地点坐标的误差,对该地点附近使用同类 GPS 接收机的用户得到的测量结果进行修正(GPS 差分技术),对于运动速度不大的用户,其定位精度可达厘米级。GPS 系统除提供位置外,还具有时钟校准(授时精度在微秒级),三维速度测量(精度约 0.2 m/s)等功能。GPS 系统可全天候工作,用户数量不受限制,用户设备是被动式工作(只接收不发射),便于隐蔽。

在军用航空中,GPS 系统为保障轰炸机、巡航导弹等攻击的准确性,为特种航空侦察、通信、搜索、救援以及指挥监控等方面,提供了有效的定位手段。

2. 俄罗斯 GLONASS 卫星导航系统

GLONASS 项目是苏联在 1976 年启动的项目,20 世纪 80 年代初开始部署,1995 年投入使用。卫星系统由中轨道的 24 颗卫星组成,可提供高精度的三维空间和速度信息,也可提供授时服务。GLONASS 导航卫星分布在 3 个轨道平面上,轨道倾角为 64.8°,轨道高度 19 100 km,运行周期 11 h15 min。GLONASS 导航系统在发展过程中由于经费不足等原因,曾一度只剩 6 颗卫星运行,目前在轨工作卫星又恢复到 24 颗,从而使 GLONASS 导航系统实现了全球覆盖。GLONASS 导航系统的精度比 GPS 略低,是世界上第二个军民两用的卫星导航系统,目前导航精度为 5~6 m。

GPS 和 GLONASS 两个系统能覆盖全球,能全天候进行定位导航,有些卫星定位接收机能同时接收两个系统的信息,在接收条件不好时互补不足。

3. 欧洲空间局的"伽利略"卫星导航系统

欧洲空间局的"伽利略"卫星导航计划于 2002 年开始启动,卫星系统由 30 颗中高轨道卫星组成,可提供导航、定位、授时服务,原计划 2008 年投入使用。但实际建设过程滞后,2005 年和 2008 年仅有 2 颗试验卫星发射升空,2011 年 10 月具备完整功能的 2 颗卫星首次升空,2021 年完成全部 30 颗卫星的发射,实现全球导航。

伽利略导航系统的卫星轨道比 GPS 略高,离地面约 24 000 km,主要用于民用。其定位误差不超过 1 m,商用服务开通局域增强功能时定位误差为 10 cm。伽利略导航系统如果能顺利建成的话,将和美国的 GPS 系统形成强有力的竞争。

4. 中国的“北斗”卫星导航系统

中国的“北斗”卫星导航系统 1994 年启动建设，2020 年全面建设完成。20 多年间，我国在西昌卫星发射中心共进行了 44 次“北斗”发射任务，先后将 4 颗“北斗”1 号试验卫星、55 颗“北斗”2 号和“北斗”3 号组网卫星送入预定轨道，任务成功率 100%。

“北斗”卫星导航系统的建设分为三大步：

第一步：为试验阶段，从 2000 年到 2007 年共发射了 4 颗“北斗”1 号导航卫星，完成了试验任务。

第二步：从 2007 年到 2012 年共发射了 14 颗“北斗”2 号组网卫星，实现了亚太地区的区域导航。随后又陆续发射多颗卫星，进一步提升了系统的服务能力。

第三步：从 2017 年起，开始发射“北斗”3 号卫星，到 2020 年“北斗”卫星导航系统完成全球星座部署，形成全球覆盖导航能力。

“北斗”卫星导航系统具有以下特点：

① “北斗”系统空间段采用了中圆地球轨道卫星(MEO)、倾斜地球同步轨道卫星(IGSO)和地球同步轨道卫星(GEO)三种轨道卫星组成的混合星座，如图 4-48 所示，与其他卫星导航系统相比高轨卫星更多，抗遮挡能力更强。

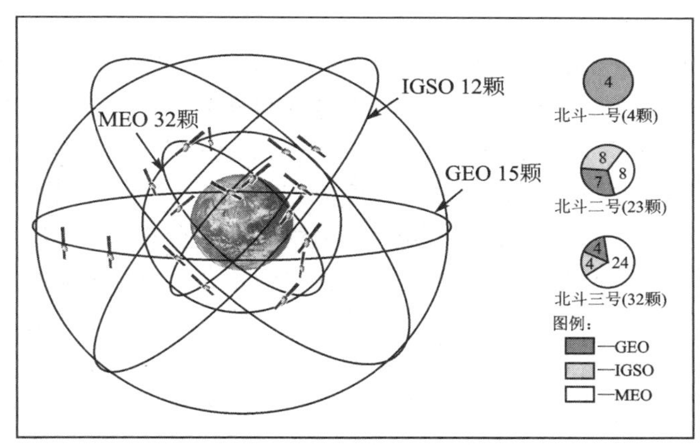

图 4-48　“北斗”导航卫星轨道分布

② “北斗”导航系统提供了多个频点的导航信号，可通过多频信号组合使用进一步提高服务精度。

③ “北斗”导航系统创新融合了导航与通信能力，具备定位导航授时、星基增强、地基增强、精密单点定位、短报文通信和国际搜救等多种服务能力。短报文通信功能是其他卫星导航系统所不具备的独特功能，使用这个功能，用户不但可以向系统传送短报文信息，还可传输语音和图片，具备返向链路确认能力，在特殊情况下可以起到非常重要的作用。

“北斗”3 号卫星导航系统可以提供开放服务和授权服务两种服务方式。开放服务是在服务区中免费提供定位、测速和授时服务，定位精度为 10 m，授时精度为 50 ns，测速精度0.2 m/s。授权服务是向授权用户提供更安全的定位、测速、授时和通信服务及系统完好性信息。

4.2.4　图像匹配导航系统

地球表面的山川、平原、森林、河流、海湾、建筑物等构成了地表特征形状，这些信息一般不随时间和气候的变化而改变,也难以伪装和隐藏。利用这些地表特征信息进行的导航方式称为图像匹配导航系统(Image Matching Navigation System)。

1. 导航原理

预先将飞行器经过的地域,通过大地测量、航空摄影、卫星摄影或已有的地形图等方法将地形数据(主要是地形位置和高度数据)制作成数字化地图,存储在飞行器的计算机中,这种地图称为原图。飞行器在飞越已经数字化的预定空域时,其上的探测设备再次对该区域进行测量,取得实际的地表特征图像,将实时图与预先存储的原图进行比较,由此可以确定飞行器实际飞行的地理位置与标准位置的偏差,用以对飞行器进行导航。

图像匹配导航可分为地形匹配导航和景象匹配导航两种。

地形匹配导航是以地形高度轮廓为匹配特征,通常用无线电高度表测量沿航迹的高度数据,与预先获得的航道上的区域地形数据比较,若不一致,表明偏离了预定的飞行航迹。这种方式是一维匹配导航,适合于山丘地形的飞行。

景象匹配导航是以一定区域的地表特征,采用摄像等图像成像装置录取飞行轨迹周围或目标附近地区地貌,与存储在飞行器上的原图比较,进行匹配导航。景象匹配属于二维匹配导航,可以确定飞行器两个坐标的偏差,适合于平坦地区导航。

2. 数字地图

数字地图是地形匹配导航和景象匹配导航的关键数据原图,地形匹配时由计划飞行航线的地形轮廓高度形成,景象匹配时由计划飞行航迹或目标附近的二维网格地图形成。

图4-49是将实际地形转化为数字地图的示意图。图中A层是实际的地形图,把它分成若干个小方块,称为网格划分。通常按照经纬度方向划分成等间隔网格,网格越小精度越高,同时数据量也越大,对计算机的要求也越高。但网格不能划分得太大,至少能分辨出地表的地物或自然起伏,如公路、小河、房屋等。网格的位置包含了(x,y)两个坐标,网格中的数字表示这一格中的地面高度的平均值,这样每一个格就表示了(x,y,z)三维坐标,B层为地表数字化地图,存储在计算机中的是格中的数字和每个数字对应的(x,y)坐标。地形匹配用的航线地形轮廓,是从这样的数字地图中沿航线提取一组数据组成的。图4-50所示是网格化的数字地图,其中粗线画出了一组航线轮廓高度数据。

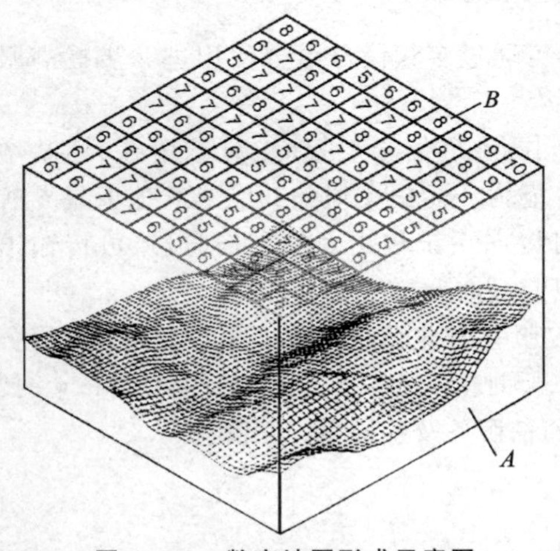

图4-49 数字地图形成示意图

8	6	6	5	6	6	8	9	9	10
6	7	6	6	7	7	8	8	8	9
5	7	7	7	7	8	9	7	6	6
6	6	8	7	6	7	9	7	5	5
7	7	7	7	5	6	9	8	6	5
7	6	6	6	5	6	8	8	6	5
6	6	6	6	6	5	8	8	6	6
6	6	7	6	6	5	8	7	5	7
6	7	7	7	6	5	7	6	5	8
6	6	7	7	6	5	6	5	6	8

图4-50 网格化的数字地图

3. 地形匹配导航

单纯的地形数据不能提供地理坐标位置，地形匹配导航必须与其他导航方式进行组合，如地形/惯性组合导航，就是由惯性导航系统提供地理位置信息，利用地形匹配修正惯性导航的误差，以提高定位精度。

地形匹配导航辅助导航系统主要由以下硬件设备组成：

① 惯性导航系统，提供全部导航信息；

② 无线电高度表，提供真实高度；

③ 气压式高度表或大气数据系统，提供绝对高度；

④ 导航计算机和大容量存储器，进行匹配计算和存放数字地图。

其中高度表、大气数据系统等仪表系统为导航系统提供所需的数据，而并非在导航系统中另采用一套。

在一维的地形匹配导航中，地形跟踪是主要的飞行方式，它由大气数据系统提供绝对高度，由无线电高度表探测航路上的真实高度，绝对高度减真实高度得到地形高度，沿飞行航迹的地形高度序列数据组成了高度实时图。将实时图与存储的数字地图按一定的算法进行数据处理，找出原图中与实时图最为接近的区域，则这个区域就是飞行器估计的地理位置，地形/惯性组合导航系统根据这个估计值去修正惯性导航系统的指示误差。匹配算法是相当复杂的，它对计算机有很高的要求。一般讲，实时图与原图几乎找不到完全一致的区域，通常是以一定的误差范围来判断匹配的接近程度，满足所要求的误差精度，就认为达到了匹配，原图中的相应位置即飞行器当时的地理位置。

利用地形匹配导航可以使飞行器进行地形跟踪，保持一定的真实高度，如图 4－51(a)所示。也可利用数字地图中相同地形高度进行地形回避飞行，绕过高山，在山谷中穿行，如图 4－51(b)所示。地形跟踪和地形回避是军用飞机低空突防的隐蔽飞行方式，并可保证低空飞行的安全高度。

图 4－51　地形跟踪飞行和地形回避飞行

4. 景象匹配导航

景象匹配原理与地形匹配是类似的，两者的差别在于，景象匹配是在一定范围内，将实时图与网格化的数字地图逐格进行匹配，找出原图与实时图相似度最大的部分区域，来估计飞行器的地理位置。

景象匹配导航通常用在导弹的制导中。巡航导弹和弹道导弹在经过远距离飞行，到达目标区后，采用景象匹配技术进行末制导，修正飞行轨迹的偏差。

图像匹配导航需要在使用前预先制作大量数字化地图。对于导弹这样的武器系统，在出厂时是无法预先知道在哪里使用的，必须在使用前临时安装航线和目标附近的数字化地图。图 4－52 为“战斧”巡航导弹制导飞行示意图。导弹可以从水面舰艇发射，也可以从潜艇发射。

导弹在海面上采用惯性制导系统,按程序控制飞行。进入陆地后巡航高度在60 m以下,在崎岖山区可增至150 m,这时采用地形匹配导航,进行航线修正和地形回避。进入目标区后,采用景象匹配进行目标末制导,精确修正飞行轨迹,使命中精度达几米。“战斧”巡航导弹的不足之处在于制订攻击计划后临时改变比较困难,过程复杂,时效性差。由于它单纯地使用图像匹配制导技术,使得“战斧”巡航导弹只能攻击已知的固定目标,而无拦截和搜索目标的能力。

1—潜艇发射;2—保护箱抛入海底;3—冲出水面;4—水面舰艇发射;5—低弹道巡航飞行;
6—高弹道巡航飞行;7—地形匹配首次位置修正;8—中途位置修正;9—GPS卫星导航系统;
10—地形回避飞行;11—末段景象匹配位置修正;12—防空系统;13—目标

图4-52 战斧巡航导弹制导飞行示意图

4.2.5 天文导航系统

天文导航系统(Celestial Navigation System)是通过观测天体来确定飞行器的位置和航向的导航技术。

生活中人们白天可以看太阳来大致知道方位,晴朗的夜晚,北半球的人们可以通过北极星来确定哪边是北方。这些都是最简单的天文导航。很早以前,航海者就依据观测太阳、月亮、星体来测量船舶的航向、并在汪洋大海中确定船的位置。航空和航天的天文导航都是在航海天文导航基础上发展起来的,它继承了天文航海的基本方法,又考虑了现代飞行要求设备自动化、高精度、体积小等特点。

随着航空航天技术的发展,出现了高精度的自动天体跟踪器(习惯称星体跟踪器),它白天能观测到3等星,夜晚能观测到7等星,并有自动搜索、跟踪和解算的功能;观测和跟踪的精度可达角秒级水平。

一个星体就是一个能源,太阳是等级很高的能源。天文学上为区分天体的亮度和强弱,采用“星等”来表示天体的相对亮度,例如北极星为2.1星等。用正常视力能看到的星属6等星,1等星比6等星亮度大100倍。星越亮,星等数愈小。亮度大于1等星的为0等星,甚至负等星,例如天狼星为-1.6星等,月亮满月时为-12.7星等,太阳为-26.8星等。星体跟踪器在夜晚要求能探测并跟踪到7等星。

夜晚观看天空,所有天体似乎都嵌在一个巨大圆球的内壁上,它们没有远近之分,只有明暗的不同,观测者好像是站在这个圆球的中心。实际上这个圆球是不存在的,各天体离地球的距离也并不相等。利用天体来测定飞行器地理位置和航向并不需要了解天体离地球的实际距离,所需要的是天体与观测者之间的角度关系,于是人们把星空想象成一个以观测者为中心,任意长为半径的球体，这个球称为天球；不论天体离地球远近如何，它们都投影在天球的球面上。由于地球半径比起天体离地球的距离来说是微不足道的，所以，研究天体在天球上的投影位置的时候，也可以不考虑地球的大小，认为地球中心就是天球中心，观测者就位于球心处。

下面从几何关系上简单介绍天文定位和测向原理。

图 4-53 所示为观测者、星体、天球等之间的几何关系。图中表示的大圆是天球，观测者在球心 O 处，B 为天球上某一天体。观测者与星体间的连线称为观测线，观测线与地平面间的夹角是这颗天体的仰角，通过观测线有一个垂直面，垂直面的方位角就是这颗星体的方位角（垂直面与正北方向的夹角）。由天文学知道，天体在任一时刻的方位角是已知的，在飞行中只要测量出飞行器纵轴线与天体间的天体航向角，用天体方位角减去天体航向角即可得到真实航向角，如图 4-54 所示。同时观测两颗星体，通过几何计算（几何关系较为复杂，这里不再介绍）就可以确定飞行器的位置。

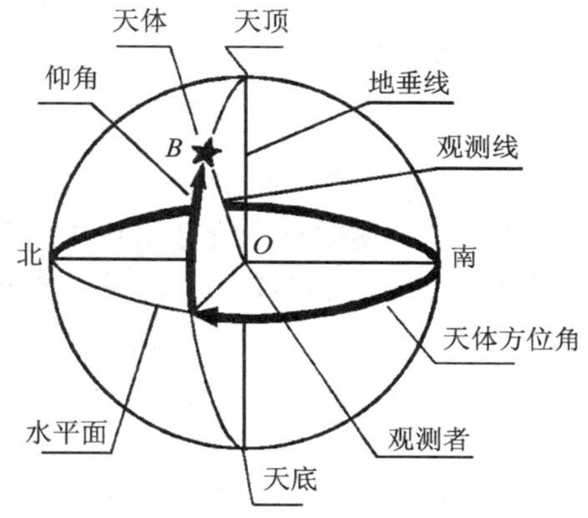

图 4-53　观测者、天球、天体间的几何关系

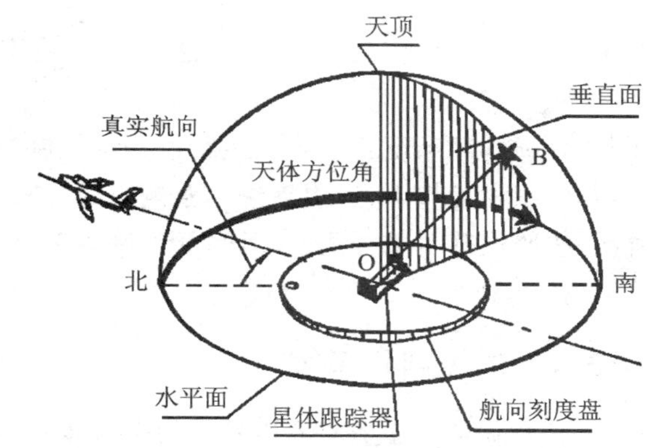

图 4-54　真实航向与天体方位角的关系

自动星体跟踪器是天文导航系统的一个重要仪器。它能从天空背景中搜索和跟踪天体，并测出观测线相对于参考方向（如飞行器轴线）的角度。它由一个折射式光学系统和一个能将光能转换为电能的探测元件组成。探测元件将星空影像与已知的星空图比较，找到有利于跟踪的天体，进行跟踪并测量出天体的仰角和航向角。

天文导航根据天体的辐射能（可见光、红外线等）进行工作，它不像无线电导航那样易被发现和干扰，也不像惯性导航那样有积累误差，是一种自主导航技术。但是对于航空器来说，天文导航易受天气条件的影响。因此天文导航比较适合于在高空飞行的飞机、在大气层外飞行的宇宙飞船、航天飞机和弹道导弹等飞行器。

4.2.6　组合导航系统

随着航空航天技术的发展，导航技术应用越来越广泛，人们对飞行器的导航精度要求也越来越高。现有的无线电导航、惯性导航、卫星导航、图像匹配导航和天文导航等不同的导航技术，都有各自的优点，但在使用上也都存在各种误差，并且会受到外界条件的干扰和影响。于是出现了组合导航系统（Combined Navigation System）。

惯性导航是一种完全自主导航系统，它不受飞行器以外的环境条件影响，也无法对它进行干扰。但定位误差会随时间积累，导航精度随时间增加而降低。

无线电导航一般不受气象条件影响,没有积累误差,但易被发现和干扰,而且需要导航台的支持才可以工作。

图像匹配导航和天文导航同样易受天气状况和昼夜因素的影响,严重时甚至无法工作。

卫星导航技术目前是较为完备的导航技术,它没有积累误差,天气影响较小,能进行全球、全天候导航,在使用实时差分技术后,定位精度可提高很多。但也有整个导航系统比较复杂,导航信号较弱,易受人为干扰等缺点。

在实际飞行器导航中,通过采用两种或两种以上的组合导航方式,弥补不同导航技术的不足,发挥各种导航技术的优点,互相取长补短,使得组合后的系统能提高导航精度,增加导航系统工作的可靠性。

常见的组合导航方式有:惯性/无线电导航系统、惯性/卫星导航系统、惯性/天文导航系统、惯性/图像匹配导航系统、惯性/天文/无线电导航系统等。

4.3 导弹制导系统

导弹制导系统是导弹在飞行过程中控制导弹按一定规律并引导其战斗部准确飞向目标的系统。制导过程中,导引系统不断测定导弹与目标的相对位置关系,发出制导信息控制导弹飞行。按照控制引导方式的不同,导弹制导系统可分为遥控制导、寻的制导、自主制导和复合制导4种类型。

4.3.1 遥控制导系统

遥控制导依靠地面或飞机上的发射装置测定导弹与目标的相对位置,然后向导弹发出遥控信号,控制导弹飞向目标。遥控制导的指挥设备可以安装在地面上,也可以安置在飞机上或军舰上。导弹发射后可以在指挥站的控制下随时更改飞行轨迹。这种制导方式比较灵活,机动性强,既可引导导弹攻击固定目标,又可以引导导弹攻击活动目标,广泛用于空对空、空对地、地对空等导弹上。遥控制导可分为瞄准线指令制导、非瞄准线指令制导和驾束制导三种类型。

1. 瞄准线指令制导

瞄准线指令制导是让导弹在飞行过程中,保持在发射器的瞄准线附近一个很小的范围内。瞄准线可以看成是发射器或者是发射控制系统和目标之间一条看不见的直线,当目标移动时,发射器的瞄准线会持续跟随目标,导弹也不停地修正与瞄准线之间的相对位置。如果导弹的位置与瞄准线之间有较大的角度差距,就需要将导弹修正到瞄准线的位置上。瞄准线指令制导系统组成较简单,体积较小,成本较低。

图4-55(a)为手控瞄准线指令制导原理图,导弹飞行过程中,操作手必须一直将发射筒指向目标,因此只适合攻击低速低空飞行器,命中率也很低。图4-55(b)为半自动瞄准线指令制导原理图,相比手控瞄准线指令制导,导弹发射后操作员只需要把瞄准具的十字线对准目标即可完成目标跟踪任务,导弹根据安装于发射装置上的传感器发出的指令飞行。这种传感器可以感知导弹相对瞄准线的偏差,然后由计算机计算和发出修正指令信号使导弹返回瞄准线,导弹就可沿瞄准线飞向目标,从而大大降低了操作手的负担。

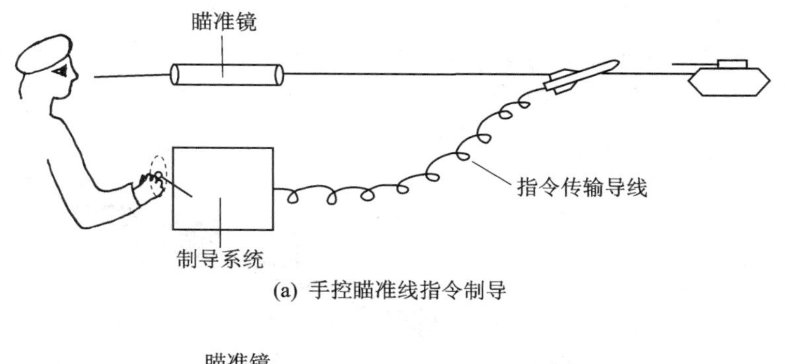

(a) 手控瞄准线指令制导

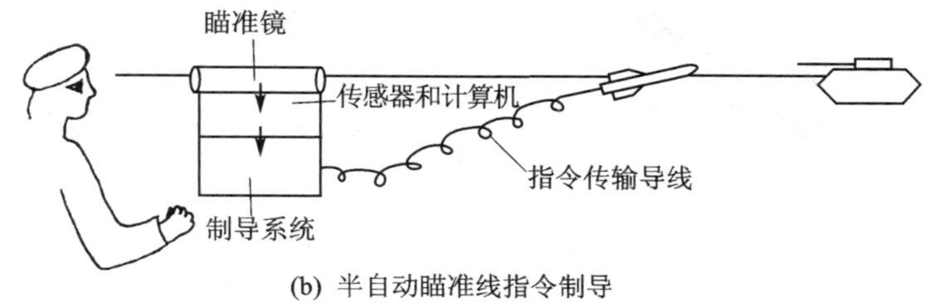

(b) 半自动瞄准线指令制导

图 4-55　瞄准线指令制导原理图

2. 非瞄准线指令制导

与瞄准线指令制导相比，非瞄准线指令制导的导弹可以不用处在发射器和目标之间的瞄准线上，从而可以从更优的截击路线攻击目标，并可同时引导多枚导弹攻击一个活动目标，提高了杀伤概率，多用于防空导弹的中段制导。图 4-56 为非瞄准线指令制导原理图。导弹和目标(飞机)分别用单独的跟踪装置跟踪，两套跟踪装置不断将有关导弹与飞机的信息输入一台制导计算机，制导计算机借助导弹跟踪装置不断向导弹发出一连串的指令，直到导弹与目标飞机的飞行路线重合，并引导导弹命中目标。

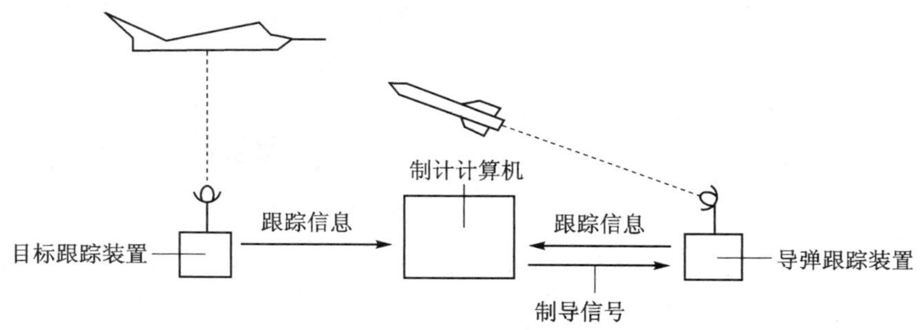

图 4-56　非瞄准线指令制导

3. 驾束制导

驾束制导属于自动瞄准线指令制导。自动瞄准线指令制导是指跟踪装置已锁定敌机并发射导弹之后，操作手不再干预系统的制导工作，跟踪装置同时跟踪飞机和导弹的航迹，制导计算机发出指令使导弹沿瞄准线飞抵目标。

在驾束制导系统中，导弹自身可以感知是否偏离制导波束，如有偏离即产生指令使导弹自动返回制导波束中心。过去只使用雷达波束，现在也可使用激光波束制导。波束制导实现起来比较简单,但对载机机动有很大限制,雷达必须时刻照射目标,不能跟踪机动性强的目标;而且随着射程增加,波束发散使瞄准精度下降,因此射程不能太远,多用于早期的防空导弹和反坦克导弹。图4-57为驾束制导示意图。

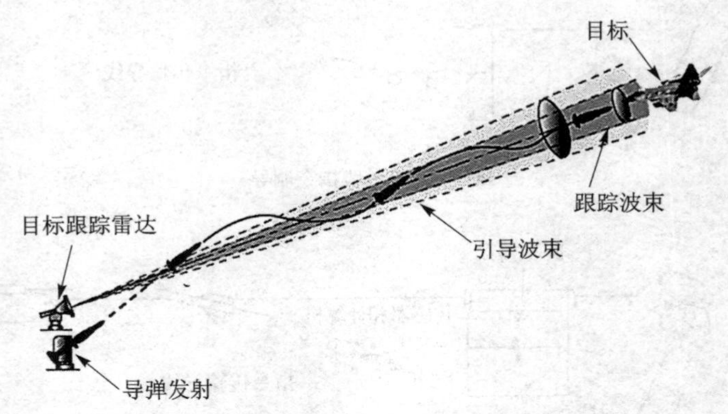

图4-57 驾束制导示意图

4.3.2 寻的制导系统

寻的制导是通过弹体上的设备,通过追寻目标反射或辐射的信号(雷达波、红外线、可见光等)信息,确定目标位置,并引导导弹自动飞向目标。这种制导方式可用于攻击活动目标,通常在空对空、地对空导弹上使用。寻的制导根据寻的原理的不同分为被动寻的制导、主动寻的制导、半主动寻的制导和TVM制导(经由导弹的制导)四种类型。

1. 被动寻的制导

被动寻的制导时导弹不主动发射信号,而是通过被动地接收目标辐射的电磁波、红外线或可见光,引导导弹飞行目标,图4-58为被动寻的制导示意图。被动寻的制导根据辐射信息的不同可分为被动雷达寻的制导、被动红外寻的制导和可见光寻的制导三大类。

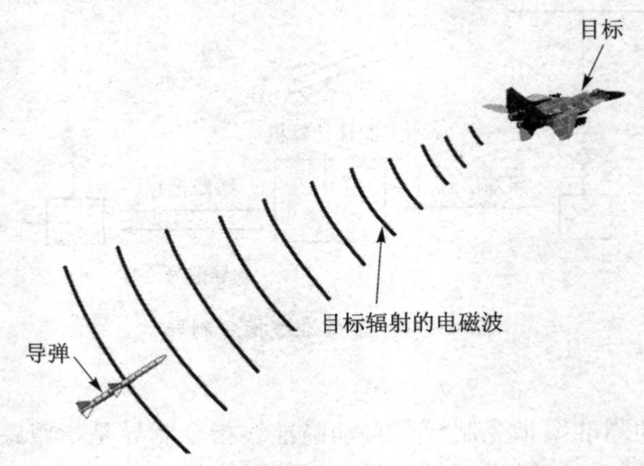

图4-58 被动寻的制导示意图

被动雷达寻的制导是在导弹头部安装雷达天线,依靠目标辐射的雷达信号来跟踪目标,一般用于攻击电磁辐射大的目标,如地面雷达站、预警机等,但如果对方采取一定反制手段,如敌方雷达关机，命中率就会受到很大影响，因此单独使用效果差，需结合其他制导方式。

被动红外寻的制导多用于中程空对空导弹的末制导、近距格斗空对空导弹和反坦克导弹等。它是利用导弹上的探测设备，探测被跟踪物体自身的红外辐射来判断和追踪目标。发展较早的红外制导只是利用目标的红外辐射强度，把目标作为点光源处理，称为红外非成像制导。将红外信号在空间上强度分布和频率分布等进行分析处理，进而识别和跟踪目标的制导方式称为红外成像制导。红外制导导弹隐蔽性好，精度高，在夜间视线不好的情况下使用效果也很好，但红外制导距离受天气影响较大。

可见光寻的制导又称电视制导，可通过导弹上的高清 CCD 摄像机寻找目标，并利用目标反射的可见光信息进行跟踪和控制导弹飞行。它有较高的分辨率和制导精度，抗电磁波干扰能力强，但只能在白天和能见度较好的条件下使用，在夜间和恶劣天气下不能使用，射程也较近。

2. 主动寻的制导

主动雷达寻的制导的导弹自带雷达和天线，导弹持续向目标发射雷达波并接受目标反射的雷达波，从而测定目标的方位、距离、轨迹等信息，修正导弹飞行路线直至命中目标，图 4-59 为主动寻的制导示意图。该制导方式的优点是精度高，可全天候工作，抗干扰能力强。由于导弹本身安装了雷达，不依赖于载机雷达跟踪目标，具备独立搜索、跟踪目标的能力，因此对载机限制少、具有发射后不管的能力，可有效提高载机的生存率。缺点是导弹装载的雷达尺寸较小、功率较低，因此制导距离有限，一般用于导弹的末段制导。

图 4-59　主动寻的制导示意图

3. 半主动寻的制导

半主动寻的制导用机载或地面雷达（或激光照射器）持续跟踪并照射目标，导弹上的接收机接收目标反射的雷达波（或激光），导弹上的计算机运算得到目标的位置和运动参数，引导导弹飞向目标，图 4-60 为半主动寻的制导示意图。半主动寻的制导主要有两种：半主动雷达寻的制导和半主动激光寻的制导。

半主动雷达寻的制导主要用于对空导弹，与主动雷达寻的制导相比，由于发射平台（飞机、舰船、防空阵地）装载的雷达功率更高，因此制导距离更远。其缺点是飞机发射导弹后载机不能做大的机动，要用雷达一直跟踪目标直至命中目标，不具备“发射后不管”的能力，因此降低了载机在空战中的生存率。

半主动激光寻的制导主要用于反坦克导弹和近程对地攻击导弹，飞机或地面人员用激光照射器照射目标，导弹接收反射的激光信号进行制导。半主动激光寻的制导的制导精度很高，夜间也可以使用，但发射后也需要持续照射目标，不具备“发射后不管”的能力。

4. TVM 制导

经由导弹的制导（Track Via Missile，TVM）是介于指令制导和半主动雷达制导之间的一种制导方式，如图 4-61 所示。火控雷达照射目标导致回波反射，导弹接收到反射的回波后，把接收到的回波信号发给地面（或军舰）上的控制站，由控制站解算制导轨迹，并用无线电发送回去，引导导弹拦截目标。该制导类型的优点是导弹不向目标发射雷达波，导弹不需要进行复

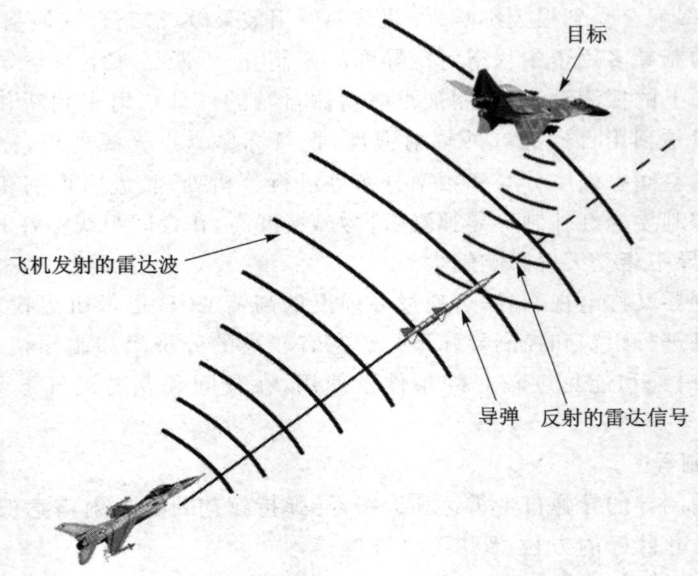

图 4-60　半主动寻的制导示意图

杂的计算,降低了成本和重量,而且导弹的抗干扰性能好。缺点是不具备"发射后不管"的能力,一旦数据链被干扰中断则会导致制导失败。

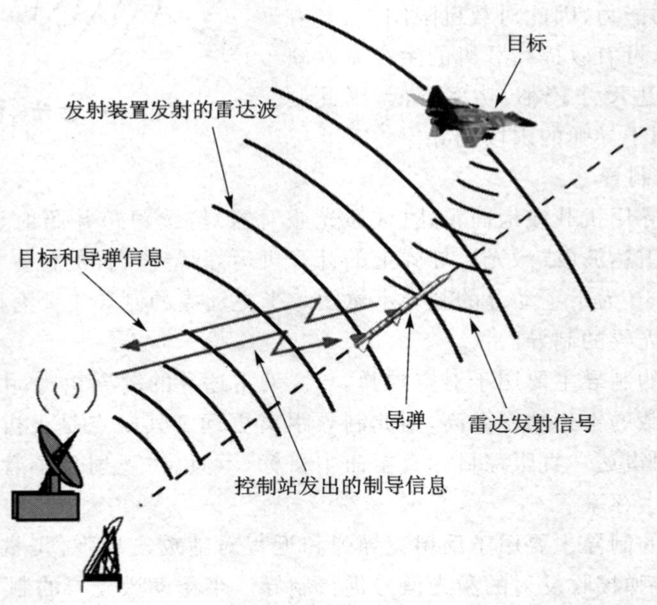

图 4-61　TVM 制导示意图

4.3.3　自主制导系统

自主制导是指由导弹的制导系统按照预先拟订的飞行方案,控制导弹飞向目标。这种制导方式隐蔽性好,不易受到干扰,比较可靠。但由于制导程序预先确定,因而只能用以攻击既定目标，不便机动。常用的制导技术包括天文制导、图像匹配制导、卫星制导和惯性制导等，关于这些导航技术可参考 4.2 节的内容。

4.3.4　复合制导系统

采用两种或两种以上的制导方法引导导弹飞向目标的制导系统称为复合制导系统。复合制导系统可以弥补某一单独制导系统的不足，例如，惯性制导系统随着导弹射程的增加制导精度会变差；寻的制导系统只在距目标不太远时才能使用；天文制导系统受气象条件的制约等。为了提高制导精度和达到其他给定的制导要求，有时需要采用复合制导系统。复合制导分为串联复合制导、并联复合制导和串并联复合制导三种方式。

串联复合制导是在导弹飞行的不同阶段采用不同的制导系统。如远程地地巡航导弹在导弹飞行的初始阶段可采用波束制导，弹道中段水平飞行时可采用天文制导，末段可以用寻的制导或图像匹配制导，以提高制导准确度。

并联复合制导是在导弹的整个飞行过程中或弹道的某一阶段上，同时采用几种制导方式。如巡航导弹在其整个飞行过程中可采用天文/惯性制导系统等，但并用时总是以一种制导系统为主，以其余的制导系统为辅。

串并联复合制导是在导弹飞行过程中，既有串联又有并联的复合制导方式。

复合制导系统比较复杂，弹上设备体积大，成本较高，元器件多，导致系统的可靠性降低。随着惯性器件、光电器件、微型计算机、微波技术、信息处理和传输技术的发展，以上问题正逐步得到解决，复合制导技术将得到愈来愈广泛的应用。

4.4　航天测控系统

在航天飞行过程中，需要通过航天测控技术对运载火箭和各类航天器进行跟踪、测量、监视和控制，以便地面工作人员随时掌握航天器的飞行情况，并通过对飞行情况的分析对航天器进行控制，从而保障航天器完成各个阶段的飞行任务。

4.4.1　航天测控网的分类

航天测控系统根据测控对象的不同可以分为卫星测控系统、载人航天测控系统和深空测控系统三大类。

1. 卫星测控系统

卫星测控系统是最常见的一类航天测控系统，测控作用的距离一般在几万公里，按测控轨道高度的不同又可分为近地卫星测控系统、中高度卫星测控系统和地球同步卫星测控系统。

2. 载人航天测控系统

载人航天测控系统相对于卫星测控系统而言，最突出的特点就是测控和通信的覆盖率要求更高，除了要有一般的跟踪、测量、遥测、遥控设备以外，还要配备和航天员进行天地通话和传递图像、视频的相应设备。

3. 深空测控系统

深空测控系统是为地球以外的月球、行星和行星际空间的探测器进行服务的系统，它最突出特点就是要保证能够达到超远程的测控和通信服务,因此,必须要装备大口径的天线和高灵敏度的接收系统。

4.4.2 航天测控网

航天测控网是"航天测量控制与数据采集网"的简称,其主要任务包括跟踪测量和监视航天器的飞行轨道及工作状态、实时完成对航天器轨道和姿态的控制、接收和处理航天器发送的各种信息、对出现故障并可能造成危害的航天器实施安全的自毁控制、向航天器用户提供航天器的相关信息。航天测控网利用测量跟踪技术、遥测遥控技术、通信技术和计算机技术,完成对航天器的轨道测量和控制。

航天测控网由测控中心和测控站组成。航天测控中心是信息收集、交换、处理和控制的中枢,主要由计算机系统、指挥监控系统和通信系统等组成,任务是实时指挥和控制测控站,收集、处理和发送各种测量数据,确定航天器的轨道要素,发布轨道预报,监视航天器的轨道、姿态和工作状态等。测控站的分布较广,有陆上测控站、海上测量船、空中测量飞机和天基数据中继卫星四大类,任务是根据测控中心的指示与航天器通信,直接接收测量信息和向航天器发送控制指令,可配合或单独对航天器进行控制。

以中国的航天测控系统为例,地面控制中心由北京航天飞行控制中心、西安卫星测控中心和酒泉发射指挥控制中心三大中心组成。陆上测控站包括东风站、和田站、渭南站、厦门站、青岛站、喀什站以及国外站和机动站等多个测控站,主要任务是直接对航天器进行跟踪、测量、遥测、遥控和通信,测控站把接收到的测量、遥测信息传送给航天控制中心,然后,根据航天控制中心的指示和航天器进行通信,并配合控制中心完成对航天器的控制任务。

海上测量船由"远望"1号至"远望"7号测量船组成,分别分布在太平洋、印度洋和大西洋海等不同的海域。海上测量船的主要任务是在航天控制中心的指挥下跟踪和测量航天器的运行轨迹,接收遥测信息,发送遥控指令,同时还要和航天员保持通信联系,如果航天器溅落在海上,还要负责营救返回的航天员。海上测量船可以大大提高对航天器的测控通信覆盖率,对载人航天任务的顺利完成起着非常重要的作用。

中国的天基数据中继卫星由"天链"1号和"天链"2号系列卫星组成。中继卫星系统是为航天器和地面测控站之间提供实时测控和数据中继服务的系统,一般都布置在离地球表面大约36 000 km的地球静止轨道上。作为中继站,中继卫星既能测控到中低轨道上的航天器,又能和地面进行联系,是航天器和地面测控站之间信息沟通的桥梁。

由于"站得高、看得远",中继卫星系统对中低轨道航天器的测控覆盖率很高,一般来说,地基系统的一个地面站的轨道覆盖率大概只有2%~3%,而一颗中继卫星的轨道覆盖率可以达到40%~50%左右。因此,如果仅用地基系统对中、低轨道的航天器进行测控的话,要达到100%的轨道覆盖率就需要布置几十个甚至上百个地基测控站,而利用中继卫星,2颗卫星组网就可以将覆盖率提高到70%,3颗卫星组网就可以将覆盖率提高到100%。

例如,2011年11月3日,中国"神舟"8号飞船与"天宫"1号目标飞行器成功交会对接,就使用了陆、海、天基一体化的测控通信网,通信网包括15个国内外陆基测控站、3艘测量船和"天链"1号01、02中继卫星,测控覆盖率提高到约70%,确保了交会对接关键事件的顺利完成,图4-62为"神舟"8号与"天宫"1号对接天地一体航天测控网示意图。2013年6月20日,"神舟"10号飞船升空后,航天员王亚平在太空进行了长达50 min的太空授课,其中流畅的直播画面就得益于“天链”1 号 01、02 和 03 星的组网，如图 4-63 所示。在 50 min 的直播时间内，“天宫”1 号已经绕地球飞行超过了大半圈，如果没有天基中继卫星服务，如此连续和清晰的画面质量是很难达到的。

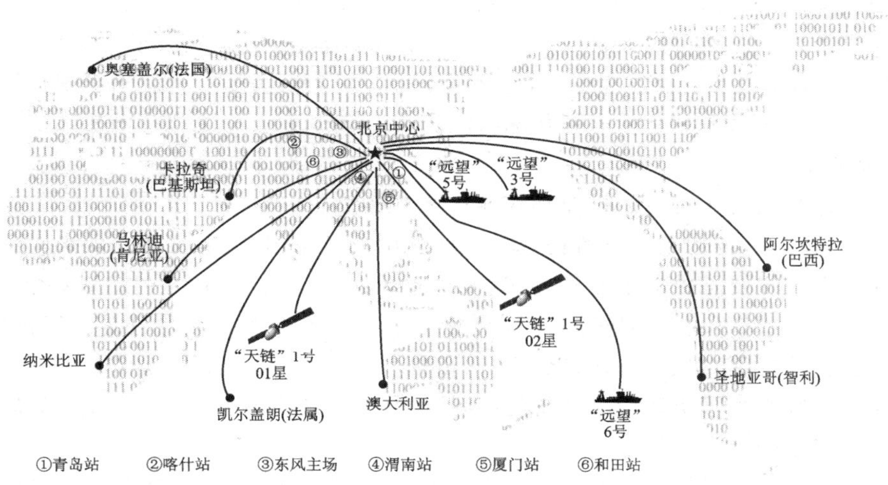

图 4-62　“神舟”8 号与“天宫”1 号对接航天测控网示意图

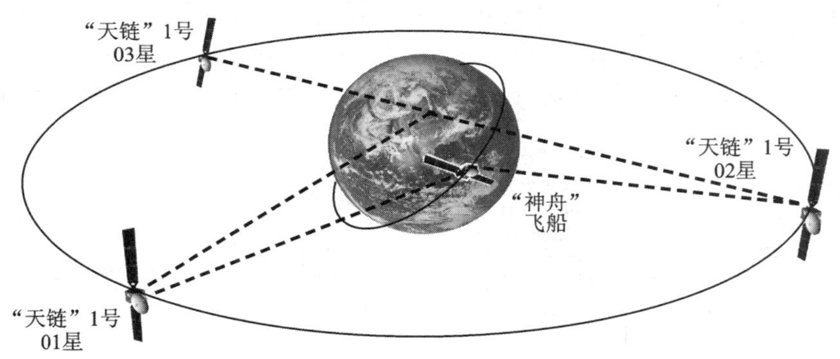

图 4-63　“天链”1 号 01、02 和 03 卫星组网示意图

4.5　飞行器飞行控制系统

飞行器的飞行操纵系统可分为人工操纵和自动控制两类。人工操纵是指驾驶员通过操纵装置操纵气动舵面、发动机油门杆或阀门开关等方式控制飞行器的飞行。自动控制是指通过飞行自动控制系统，自动完成对气动舵面和发动机油门杆的操纵，驾驶员只进行监控。

4.5.1　飞行器飞行操纵系统

飞行操纵系统是将飞行员的操纵动作指令传达给气动舵面或其他操纵机构的系统。飞行器操纵系统经历了由机械操纵系统、助力操纵系统、增稳控制操纵系统到电传操纵系统的发展过程。

1. 机械和助力操纵系统

机械操纵系统随着飞机的诞生就同时出现了,是由连杆、摇臂、支座、钢索、滑轮等零部件组成的。机械操纵系统不能列入机载设备中,而属于飞行器结构部分。

由于飞行速度的提高,气动舵面的载荷越来越大,以致使飞行员仅凭借个人的力量不能完成必要的操纵动作。虽然可以通过加大力臂等方法减小操纵力,但需要满足足够的操纵量,而增大操纵量意味着增大飞行器内部空间,这并不是一个好的解决途径。后来出现的液压助力操纵系统后,飞行员只需将操纵的位移量传输给液压系统,较大的操纵力可由液压系统来承担。

2. 电传操纵系统

电传操纵系统是将飞行员的操纵动作通过微型操纵杆转变为电指令信号,由电缆传输到信号处理系统处理后,再控制执行机构(如舵机)输出力和位移,操纵气动舵面来操纵飞行器飞行。电传操纵系统主要是由电子器件构成,因此属于机载设备范畴。电传操纵系统主要包括微型驾驶杆、杆力(或杆位移)传感器、信号放大器、信号综合处理和余度管理计算机、飞行参数传感器(如高度、速度等)、执行机构、助力器等部件。

电传操纵系统克服了机械操纵系统的间隙、摩擦和变形等缺点,改善了操纵品质。同时大大减轻了操纵系统的重量和尺寸。

电传操纵系统由于操纵指令要通过许多元器件,相对机械操纵系统而言,故障概率要高一些。目前主要采用余度技术提高电传操纵系统的可靠性。余度技术就是指在同一架飞行器上并列着三套(或四套)相同(或相似)的电传操纵装置,通过计算机软件把它们组合在一起,形成几个操纵通道。几套装置同时工作,互相监测,发现故障自动隔离有故障的通道,其余通道继续正常工作,仍能保持原有的操纵性能,提高了系统的可靠性。图4-64为四余度电传操纵系统组成框图。

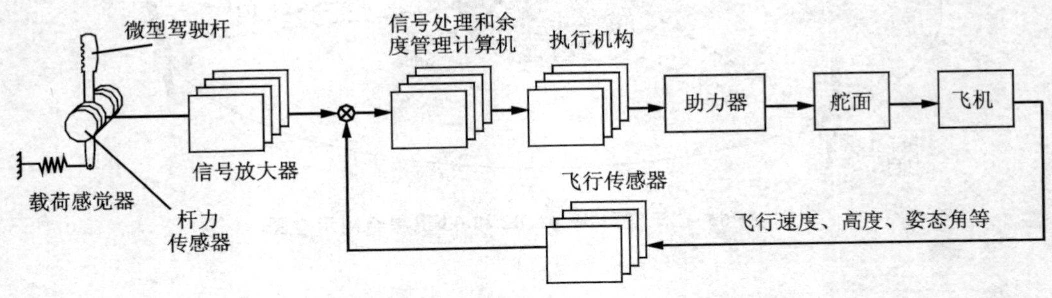

图4-64 四余度电传操纵系统组成框图

4.5.2 飞行器自动控制系统

1. 自动驾驶仪

自动驾驶系统是现代飞行器的主要机载设备,军用歼击机、轰炸机、民用旅客机、运输机、航天飞机、宇宙飞船等飞行器均采用各种自动驾驶系统,代替飞行员完成一定的飞行任务,而无人驾驶飞机完全是由自动驾驶系统根据预先给定的程序进行飞行的。自动驾驶系统能够帮助飞行员完成预定的航线飞行;完成复杂气象条件下的自动起飞、着陆;还可以在其他导航系统的协助下,完成如地形跟踪等难度较大的特殊飞行任务。

下面以等速直线飞行为例,说明飞行员操纵飞机俯仰运动的过程。如图4-65所示,飞行

员通过眼睛观察地平仪或座舱外景物来判断飞机俯仰姿态的变化。如果飞机偏离水平状态，飞行员通过手操纵驾驶杆，由传动系统将驾驶杆的运动传递到升降舵，升降舵的偏转引起飞机俯仰力矩变化，使飞机回到水平状态上来。在这个操纵过程中，飞行员根据姿态角的变化情况不断改变驾驶杆的操纵量，调整升降舵，使飞机保持水平飞行状态。

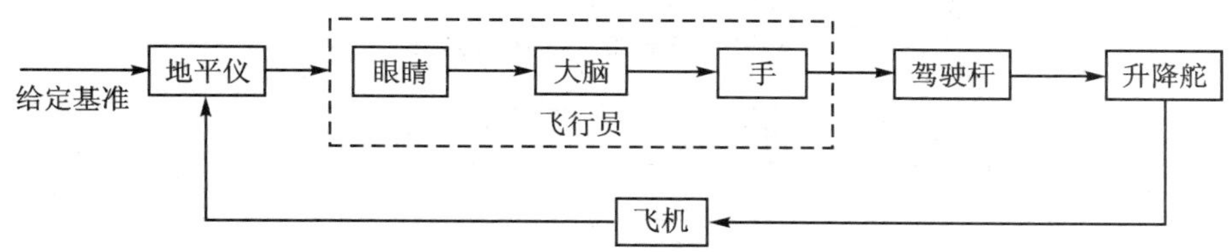

图 4－65　飞行员驾驶飞机的过程

当采用自动驾驶仪代替飞行员时，自动驾驶仪模仿飞行员的驾驶过程，用测量姿态角的敏感元件代替飞行员的眼睛，判断飞机偏离给定姿态角的情况；然后传输给综合放大装置（代替飞行员的大脑）进行运算处理，并结合飞机此时的其他飞行参数（如速度、高度等）给出合理的操纵指令；再将操纵指令传达给执行装置（代替飞行员的手和脚）直接操纵舵面，使飞机回到给定的飞行姿态。图 4－66 是自动驾驶仪操纵飞机飞行的过程框图。

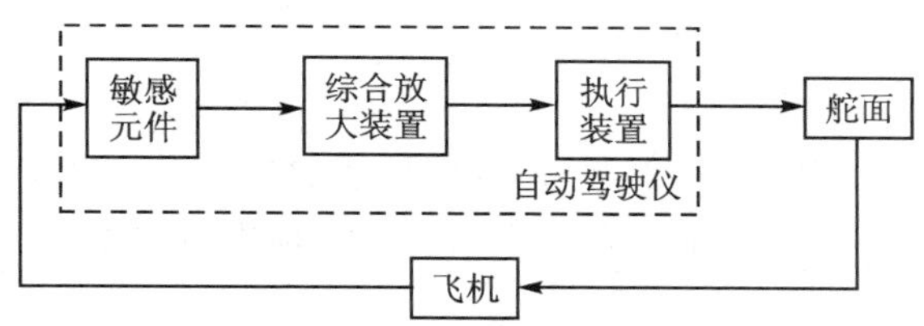

图 4－66　自动驾驶仪操纵飞机的过程

自动驾驶仪包括敏感元件、综合放大装置、执行装置三个部分。另外自动驾驶系统还包括人工操纵指令输入装置，在自动驾驶仪工作过程中，驾驶员可以输入飞行参数（如速度、高度、航向等），以便自动驾驶仪按照给定的参数操纵飞机飞行。飞行员也可以随时中断自动驾驶仪的操纵，接管操纵系统进行人工操纵飞行，如图 4－67 所示。

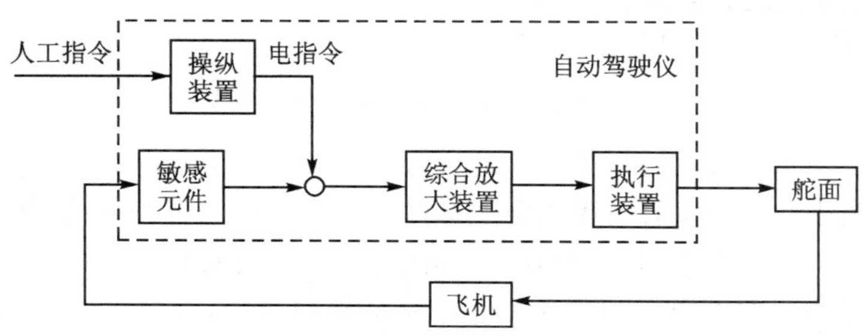

图 4－67　自动驾驶仪控制飞机的过程

2. 自动着陆系统

着陆是飞机航行中一个非常重要的阶段。着陆时飞行员必须在很短的时间内完成许多要求很高的操作，特别是在机场区域能见度不良的情况下，如云层低、雾、雨及夜间等目视识别困难或完全不能识别时,必须由着陆控制系统提供正确的着陆航道信息以及偏差情况,保证飞机安全着陆。

国际民航组织(ICAO)按照跑道上的能见度水平,把气象条件分为三类,并除第三类气象条件外,规定了决断高度(决断高度是指终止着陆,恢复飞行的最低高度),如表 4-1 所列。

表 4-1　着陆条件与决断高度

类　别	水平能见度/m	决断高度/m
Ⅰ	>800	>60
Ⅱ	400～800	30～60
$Ⅲ_a$	200～400	0～30
$Ⅲ_b$	50～200	0～15
$Ⅲ_c$	50 以内	0

目前民航机场主要采用的着陆导航系统有仪表着陆系统(Instrument Landing System, ILS)、微波着陆系统(Microwave Landing System, MLS)和差分全球定位自动着陆系统三种方式。前者可引导飞机在Ⅰ类或Ⅱ类气象条件下着陆,后两种可引导飞机在Ⅲ类气象条件下着陆。

(1) 仪表着陆系统

仪表着陆系统由飞机上的航向、下滑、指点信标接收机和指示器以及地面航向台、下滑台和指点信标台组成,如图 4-68 所示。它们可以为飞机提供航向道、下滑道和距跑道着陆端的距离信息。

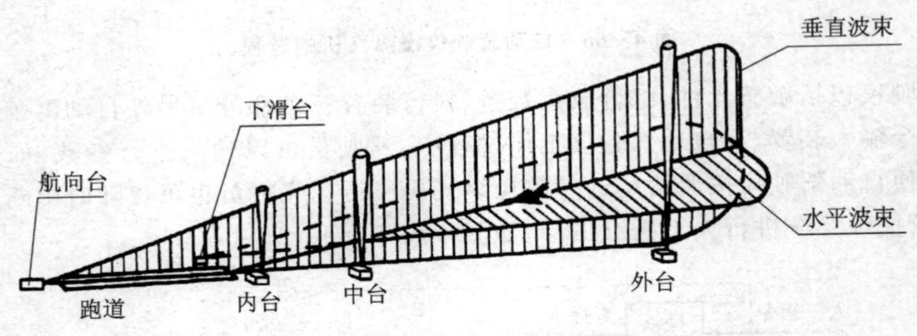

图 4-68　仪表着陆系统的地面设施

航向台的天线通常设置在跑道中心线的延长线上,距离跑道端头 250～400 m,航向台的任务是提供与跑道中心线相垂直的无线电航道信号。航向台的覆盖区要求在航向道左右 10°的扇形范围内有效导航距离达到 45 km,在航向道左右 35°的扇形范围内达到 30 km。

航向台沿跑道中心线两侧发射两束水平交叉的辐射波瓣,跑道左边的辐射波瓣被 90 Hz 的低频信号调幅,右边的被 150 Hz 的低频信号调幅,如图 4-69 所示。当飞机飞行在跑道中心线所在的垂直平面内时,这两种信号的调制系数相同,飞机上的仪表指示在中心位置,即飞机在一条“等信号区”内飞行。当飞机偏离航向时,一边的调制系数将大于另一边的调制系数,飞机上的仪表指针偏离中心位置,这就要求飞行员操纵飞机,使其在正确的航道上飞行。

下滑台通常设置在跑道着陆端内的一侧,距离跑道中心线 120 m 左右,距跑道入口的纵向距离 300 m 左右，功用是为飞机提供一个倾斜度在 2°～4°之间适当的着陆下滑道。下滑台的覆盖区为下滑道左右 8°以内、仰角 1°～7°之间的有效导航距离不小于 18 km。

下滑台辐射上下两个交叉的波瓣，上波瓣的载波被 90Hz 的低频信号调幅，下波瓣被 150Hz 的低频信号调幅，两者调制系数相等的区域即为下滑“等信号区”，飞机应该沿此下滑道下滑。当飞机偏离（高于或低于）下滑道时，飞机上的接收机收到两个低频信号不同的调制系数，并在指示器上给出相应的指示，飞行员根据下滑指示，操纵飞机调整下滑角。

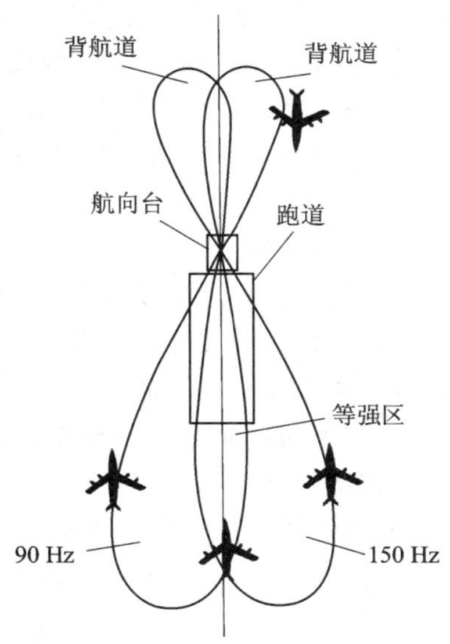

图 4-69　航向台的辐射波束

机场地面导航台的航向信标和下滑信标形成了一条由无线电信号组成的下滑航道。飞机在预定的下滑道下滑时，飞机上的着陆接收设备输出为零，显示设备的指示如图 4-70(a)所示。当飞机偏离下滑道时，接收机则输出相应极性和幅值的信号。例如：当飞机向上、向右偏离下滑道，显示设备的指示如图 4-70(b)所示；当飞机向下、向左偏离下滑道，显示设备的指示如图 4-70(c)所示。

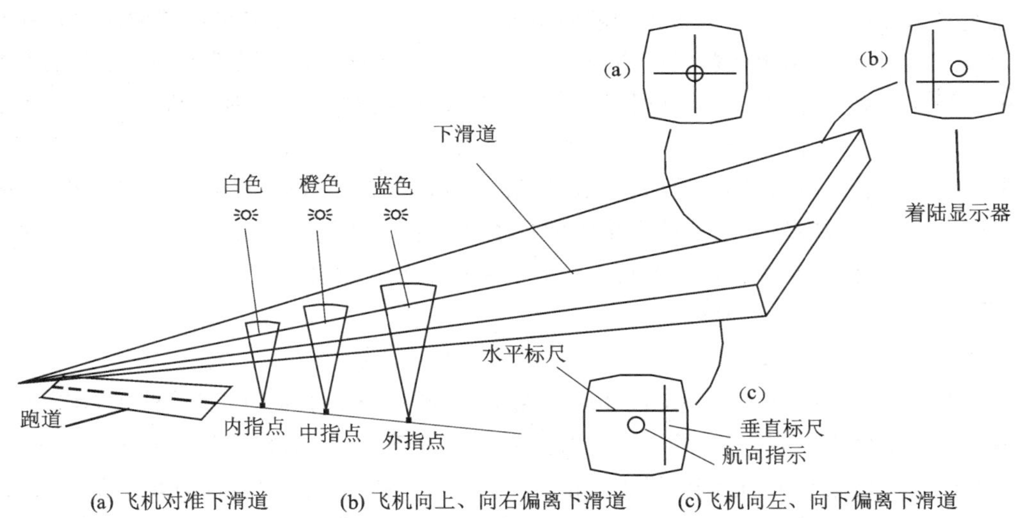

图 4-70　着陆显示设备

指点信标分内、中、外三个信标台，均架设在跑道中心线的延长线上。内指点信标台在离跑道端头 75～450m 的范围内架设，中指点信标台架设位置离跑道端头 1 050 m 左右，外指点信标台则在离跑道端 6 500～11 100 m 之间架设，最佳位置为 7 200 m 处。

所有指点信标台均向上辐射一个锥形波束，发射功率为 12 W。由于发射功率小，只有当飞机在信标台上空一定的范围内飞行时，机上的接收机才能接收到信号。三个信标台的发射频率均为 75 MHz，但不同信标台发射的载波受到不同频率的信号调幅，这样接收机收到信号后就可以分辨出是哪个信标台发出的,并通过机上显示设备以不同的灯光信号发出指示,同时配有声音信号输出告知飞行员,使他知道飞机离跑道端头的距离还有多远,如图4-70所示。

飞机在着陆过程中飞行员根据导航台提供的下滑道信息和指点信标信息操纵飞机,调整飞机高度和航向,保持飞机在给定的下滑道内,并以一定的速度逐渐降低高度,直至着陆在机场跑道上。

如果把着陆接收设备的信息输给自动驾驶仪,则组成了自动着陆系统。自动驾驶仪根据着陆接收设备的信号,操纵飞机的气动舵面和发动机油门,保持飞机在下滑道上以给定的速度下滑,实现飞机自动着陆。自动着陆的实现不仅需要飞机上的自动飞行控制系统控制飞机的三轴运动,还要控制飞机的推力。一般在机场跑道的两端都安装有自动着陆系统的地面设备,以供飞机在不同风向时从不同方向着陆使用。

(2) 微波着陆系统

微波着陆系统是一种为飞机在进近(进场)和着陆阶段提供位置信息的微波引导系统。与仪表着陆系统对应,微波着陆系统在地面设置了方位台、反方位台和仰角台。这些导航台都发射同一频率的信号,频率在C波段的5 031~5 090.7 MHz范围内,共有200个频道,可选范围远大于仪表着陆系统。为了区分同一频率上发射的不同信息,微波着陆系统采用时分多路体制,即每个导航台在规定的不同时间发射信号。为保证飞机拉平阶段的飞行和使飞机实现软着陆,微波着陆系统还设置了拉平台,提供飞机在跑道上空的高度信息。

方位台及其天线安装在跑道端头外的中心线延长线上,沿跑道中心线向飞机进近的扇区内发射左右扫描的窄波束,为飞机提供航向引导。仰角台及其天线装在跑道侧面飞机接地点附近,在进近扇区内发射上下扫描的窄波束,为飞机提供下滑引导。飞机上的电子设备从接收信号中分解并计算出飞机的方位角和仰角信息以及其他数据,实现对飞机的复杂气象着陆引导。

微波着陆系统还可装备数据分析系统,实现地面和空中的数据传输,传送当地气象条件、跑道长度等信息。微波着陆系统的测量精度高于仪表着陆系统,也更适合于用自动驾驶仪进行自动精确,国际民航组织曾经推荐用微波着陆系统取代仪表着陆系统,但由于微波着陆系统的设备价格较高而使使用受到限制。

(3) 差分全球定位自动着陆系统

差分全球定位系统(Differential Global Position System,简称DGPS),是在GPS的基础上利用差分技术使用户能够从GPS系统中获得更高的精度。DGPS实际上是把一台GPS接收机放在位置已精确测定的点上,组成基准台。基准台接收机通过接收GPS卫星信号,测得并计算出到卫星的伪距,将伪距和已知的精确距离相比较,求得该点在GPS系统中的伪距测量误差,再将这些误差作为修正值以标准数据格式通过播发台向周围空间播发。附近的DGPS用户接收到来自基准台的误差修正信息,并以此来修正自身的GPS测量值,从而大大提高其定位精度。

基于差分的GPS导航系统具有全球、全天候定位的能力,系统设备简单,工作覆盖区大,能引导飞机沿曲线、分段和全方位进场,可提供多种下滑轨迹,适合各种机型以不同的下滑角度着陆,并可同时导引多架飞机着陆。

4.5.3 无人机的操纵与控制

1. 无人机地面控制站

无人机地面控制站也称遥控站或者任务规划与控制站，主要由飞行操纵、任务载荷控制、数据链路控制和通信指挥等组成，可完成对无人机机载任务载荷等的操纵控制。一个无人机控制站可以指挥控制一架无人机，也可以同时控制多架无人机；一架无人机可以由一个控制站完成全部的指挥控制工作，也可以由多个控制站来协同完成指挥控制工作。

无人机的控制是一种“人在回路”的控制，无人机没有驾驶员在机上操纵，需要地面人员进行操控。由于是无人驾驶飞行，在飞行前需要事先规划和设定它的飞行任务和航路，在飞行过程中，地面人员还要随时了解无人机的飞行情况，根据需要操控飞机的调整姿态和航路，及时处理飞行中遇到的特殊情况，以保证飞行安全和飞行任务的完成。另外，地面操控人员还要通过数据链路操控机上任务载荷的工作状态，以确保遥感或侦察监视等任务的圆满完成。地面人员要完成这些指挥控制与操作功能，除了需要数据链路的支持以传输数据和指令外，还需要能够提供状态监控、任务规划与指挥控制等相应功能的设备和系统。

图 4-71 所示为“死神”无人机的地面控制站，“死神”无人机于 2007 年首先派往阿富汗进行作战部署，接着于 2008 年派往伊拉克，它的作战行动完全由 11 000 千米外的内华达州地面控制站负责，由一位飞行员和一位传感器控制人员组成的两人小组负责无人飞行器的操控和图像显示；驻内华达州克里克空军基地的一个类似小组，则负责飞经伊拉克领空的长途飞行控制。控制人员通过卫星传递信号给无人机的导航和作战系统，可随时对目标发动攻击，并同时与驻伊拉克的无人机部队进行实时卫星图像联络。

图 4-71　“死神”无人机的地面控制站

2. 无人机的数据链路

在无人机的飞行过程中，无人机与地面站之间的信息交互和控制完全是依赖无线链路进行的，失去链路的无人机就像断了线的风筝，会完全失去控制。

(1) 数据链路的基本组成

无人机数据链路基本组成如图4-72所示。系统由机载设备和地面设备组成。机载设备也称机载数据终端,包括机载天线、遥控接收机、遥测发射机、视频发射机和终端处理机等。地面设备包括由天线、遥控发射机、遥测接收机、视频接收机和终端处理机构成的测控站数据终端,以及操纵和监视设备。其中,测控站的终端处理机完成遥控指令的编码和基带调制,遥测数据的基带解调和解码,以及测距信号的形成和距离数据的产生。机载终端处理机完成遥控数据的基带解调和解码,遥测数据的编码和基带调制,以及测距信号的同步。

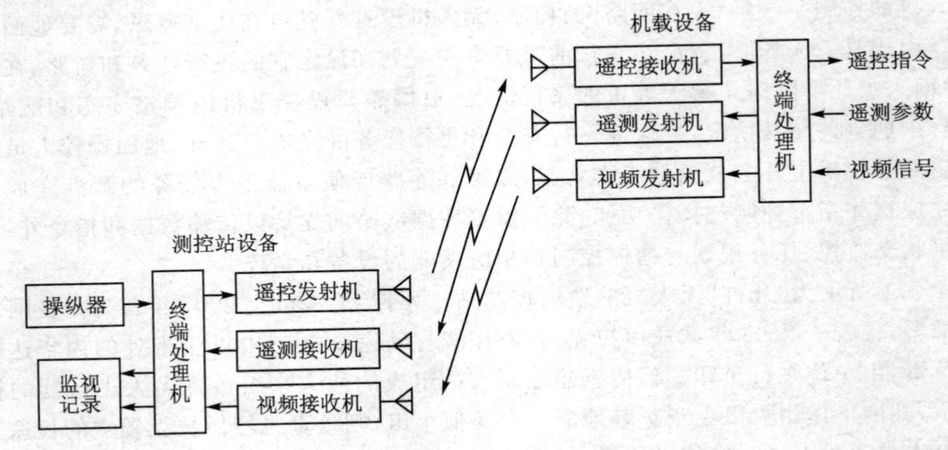

图4-72 无人机数据链路基本组成

视距内的无人机数据链路的通信传播示意图如图4-73所示。

(2) 数据中继链路

对于长航时无人机而言,为克服地形阻挡、地球曲率和大气吸收等因素的影响,延伸链路的作用距离,可以在无人机和地面测控站之间增加一个或几个中继站。中继站包括地面中继站、空中中继站和卫星中继站几种形式,如图4-74所示。

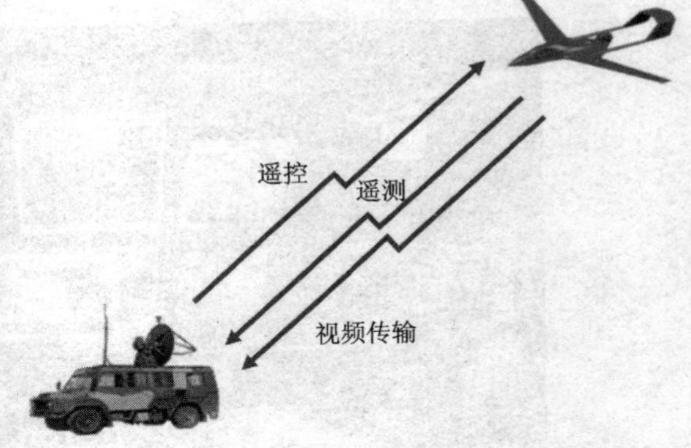

图4-73 通信传播示意图

地面中继无人机数据链路由机载设备、地面中继设备和地面测控站设备组成。地面中继方式主要用于克服地形阻挡,当地面测控站与无人机之间由于地形阻挡而不能实现无线电通视时,可在与无人机和地面测控站都能通视的地方设置一个地面中继站,实现地面中继测控与信息传输,如图4-74(a)所示。

空中中继无人机数据链路由机载设备、空中中继设备和测控站设备组成。空中中继方式也可以用于克服地形阻挡,但更多的是用于延伸作用距离。当地面测控站与无人机之间由于地形阻挡或距离太远而不能实现无线电通视时,可在与无人机和地面测控站都能通视的空中平台上设置一个中继站,实现空中中继测控与信息传输,如图4-74(b)所示。

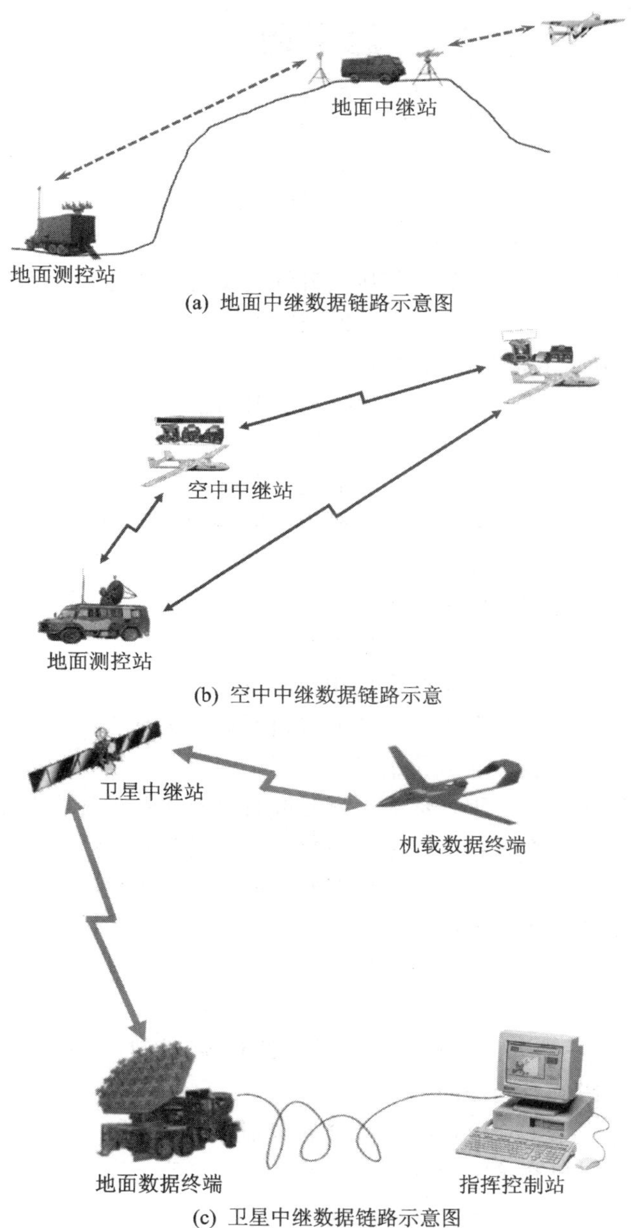

(a) 地面中继数据链路示意图

(b) 空中中继数据链路示意

(c) 卫星中继数据链路示意图

图 4－74　数据中继链路

卫星中继无人机数据链路由机载设备、卫星转发设备、测控站设备组成，如图 4－74(c)所示。卫星中继是延伸作用距离，实现对无人机超视距远距离测控与信息传输的最有效方式。卫星中继无人机数据链的作用距离取决于卫星上转发天线波束的覆盖范围。当一次中继不能满足要求时，可考虑采用多级中继。

思考题

1. 飞行器机载设备的主要作用是什么?
2. 飞行器飞行时需要测量哪些参数?
3. 飞行高度分哪几种?它们分别在什么情况下使用?
4. 叙述气压式空速表的测量原理。
5. 气压式高度表、气压式空速表和气压式升降速度表在构造原理上的主要区别是什么?
6. 陀螺仪的两个重要特性是什么?有什么作用?
7. 陀螺地平仪如何测量俯仰角和滚转角?
8. 测量飞行器的航向有哪些方法?试比较它们的优缺点。
9. 试述大气数据系统的工作原理。
10. 与机械仪表显示相比电子综合显示的优点是什么?
11. 什么是雷达的距离分辨力?距离分辨力受哪些因素影响?
12. 机载通信设备的功用是什么?
13. 机载电气设备的功用是什么?
14. 飞行员具有哪些保证安全的防护措施?
15. 自动测向器与全向信标系统有哪些相同和不同之处?
16. 测距系统与测距差系统在作用距离上有何不同?为什么?
17. 惯性导航系统的导航原理是什么?
18. 全球定位系统(GPS)为什么要用4颗卫星的信号才能对飞行器定位?
19. "北斗"导航系统的卫星轨道是怎样布置的?有何特点?
20. 什么是地形匹配导航?什么是景象匹配导航?它们的区别是什么?
21. 导弹制导系统的类型有哪些?
22. 什么是遥控制导?
23. 什么是寻的制导?
24. 被动寻的制导、主动寻的制导和半主动寻的制导区别是什么?
25. 航天测控网的组成及其作用?
26. 飞机机械式操纵系统和电传操纵系统的区别是什么?
27. 自动驾驶仪的组成和工作原理是什么?
28. 仪表着陆系统是怎样引导飞机着陆的?
29. 无人机地面控制站的作用是什么?
30. 无人机数据链路包括哪些组成部分?

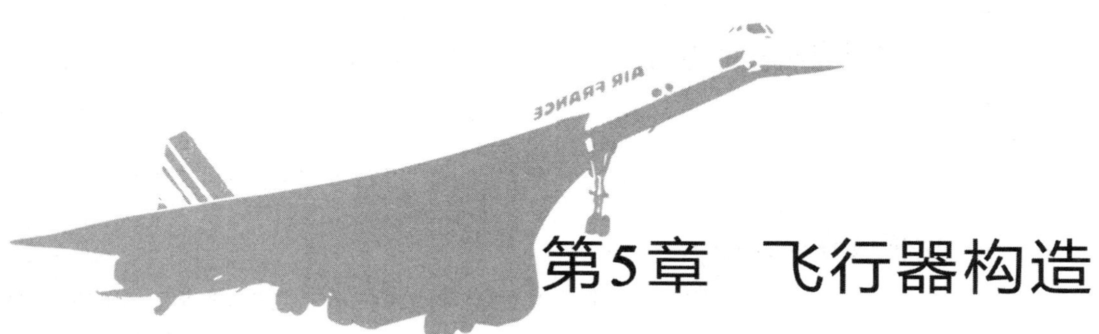

第5章　飞行器构造

飞行器的构造非常复杂，除了常见的承力结构外，还包括操纵系统、液压系统、推进系统、座舱环境系统、电源电气系统、防冰除冰系统等。本章所指的飞行器构造，不涉及复杂的系统及相关设备，主要介绍飞行器的结构组成及其功能系统。不同的飞行器构造也不同：对于飞机和直升机来说，主要包括机身、机翼（旋翼）、尾翼、起落架等主要承力结构；对于火箭来说，主要包括箭体结构、级间组合方式和分离型式等；对于导弹来说，主要包括弹身、弹翼、舵面等部件；对于卫星、飞船和空间站等航天器来说，主要包括用来执行和完成航天任务的各功能系统。

5.1　飞行器结构的一般要求和常用材料

5.1.1　飞行器结构的一般要求

所谓飞行器结构就是飞行器各受力部件和支撑构件的总称。结构要承受内部载重、动力装置和外部空气动力引起的载荷，装载内部人员和设备，并提供人员和设备的工作空间。

不同的飞行器根据使用要求的不同，结构也有较大的差别，但它们的作用是相同的。结构组成了飞行器各个组成部分的支撑构架，又将飞行器各个部分连成一个整体。作为一种需要在空中飞行的飞行器械，飞行器的结构应该满足以下基本要求。

1. 空气动力要求

飞行器结构应满足飞行性能所要求的气动外形和表面质量。飞行器的气动外形主要是根据飞行性能要求和飞行品质要求决定的。如果飞行器结构达不到必要的空气动力要求，将导致飞行阻力增加，升力减小，飞行品质变坏。不仅航空器要满足空气动力要求，而且穿过大气层飞行的导弹和航天器（如弹道导弹、运载火箭、返回式卫星和航天飞机等）也要满足空气动力要求。

2. 重量和强度、刚度要求

在满足一定的强度、刚度和寿命的条件下，要求飞行器的结构重量越轻越好。强度是指结构承受载荷时抵抗破坏的能力。刚度是指结构在载荷作用下抵抗变形的能力。强度不够会引起结构破坏；刚度不足不仅会因变形过大，破坏气动外形的准确性，还会在一定速度条件下发生危险的颤振现象。寿命是指从开始使用到报废的时间。增加强度、刚度和寿命都会增加结构重量，在总重量不变的情况下，结构重量增加就意味着有效载重的减少，或飞行性能的下降。

3. 使用维护要求

飞行器结构要求使用方便,便于检查、维护和修理,使用过程中要安全可靠,易于运输、储存和保管。

4. 工艺和经济性要求

在一定的生产条件下,飞行器结构要求工艺简单,制造方便,生产周期短,成本低。

5.1.2 飞行器结构的常用材料

飞行器设计过程中为了减轻结构重量,除了采用合理的结构形式之外,非常有效的方法是选用强度、刚度大而重量轻的材料。通常用相对参数表示材料的强度和刚度,即比强度和比刚度。

$$比强度=抗拉强度(\sigma_b)/密度(\rho)$$

$$比刚度=弹性模量(E)/密度(\rho)$$

在选用结构材料时,应尽量采用比强度和比刚度大的材料。其次,根据不同的飞行和环境条件,要求材料具有一定的耐高温和耐低温性能,要具有良好的抗老化和耐腐蚀能力,要具有足够的断裂韧性和良好的抗疲劳性能。另外材料还要具有良好的加工性能,资源丰富,价格低廉。常用于航空航天领域的结构材料有如下几类。

1. 铝镁合金类

有色金属中铝合金在航空航天中应用最为广泛,主要是铝合金有较高的比强度和比刚度(密度约 2.8 g/cm^3 约为钢的 1/3,强度约为普通钢的 1/2),具有良好的耐腐蚀性和低温性能,并且价格低廉。镁合金密度更小(1.75～1.9 g/cm^3),其比强度和比刚度与铝合金和合金钢相当。镁合金的机械加工性能优良,但耐腐蚀性较差,适合用于制造承力较小,壁厚较大的零件。

2. 合金钢类

合金钢主要包括高强度的结构钢和耐高温耐腐蚀的不锈钢。高强度合金钢具有较高的比强度、工艺简单、性能稳定、价格低廉,适合制造承受大载荷的接头、起落架和机翼大梁等构件。不锈钢具有良好的耐腐蚀性和耐低温性,可以制造存放液氢、液氧的容器。耐高温的不锈钢还是制造发动机的主要材料。由于不锈钢中合金含量较高,因此价格也比结构钢高得多。

3. 钛合金

钛合金的密度较小(4.5 g/cm^3)强度接近于合金钢,因此具有较高的比强度。钛合金具有较高的耐热性,工作温度可达 400～550 ℃,在该温度下的比强度明显优于耐热不锈钢。另外它在潮湿的大气和海水中的耐腐蚀性也优于不锈钢。钛合金的主要问题是加工成型困难,目前价格比较昂贵。

4. 复合材料

复合材料是由两种或多种材料复合而成的多相材料。复合材料中起增强作用的材料称增强体,起黏接作用的材料称为基体。一般增强体为高强度的纤维材料,主要有玻璃纤维、芳纶纤维、硼纤维、碳纤维和石墨纤维等;基体材料则是具有一定韧性的树脂,主要有环氧树脂、聚酰亚胺树脂以及铝合金、钛合金和陶瓷等。

复合材料的密度低,比强度、比刚度很高,抗疲劳性能、减震性能和工艺成型性能都很好。不同基体材料的复合材料耐热性能有所不同,采用钛合金基体材料,使用温度可达 500～600 ℃。

玻璃纤维增强塑料(俗称“玻璃钢”)是在民用方面使用较为普遍的复合材料,其比强度约为铝合金的 3 倍,但相对刚度较低,约为铝合金的 50 %,因此在航空航天领域的应用受到了限制。凯芙拉(Kevlar)- 49 复合材料,是以凯芙拉- 49 纤维(一种芳纶纤维)作为增强体,树脂作为基体的复合材料,其比强度约为强度较高的玻璃钢的 1.8 倍,刚度约为玻璃钢的 2 倍,用它制造的固体火箭发动机壳体比玻璃钢轻 35 %以上。石墨环氧复合材料,是以石墨纤维作增强体以环氧树脂作基体的复合材料。它的比强度超过凯芙拉- 49,刚度约为凯芙拉的 2 倍,用它制造固体火箭发动机壳体又比凯芙拉- 49 复合材料轻 20 %～30 %。

陶瓷基复合材料是以陶瓷为基体的复合材料。常用的增强材料有碳化硅、氮化硅、氧化铝纤维等。基体与增强材料均有低密度、高强度、高刚度、耐腐蚀、耐高温等特性。陶瓷基复合材料在 800～1 650 ℃有良好的力学性能。

碳/碳复合材料是以碳纤维增强碳基体的复合材料。将碳纤维预制件反复浸渍合成树脂后,经高温碳化制成,或用碳氧化合物化学沉积制成。在 1 000 ℃～2 000 ℃的高温下碳/碳复合材料仍有相当高的强度和韧性,其耐热性远高于其他任何高温合金。此外,它的热膨胀系数低(只有金属的 1/10～1/5),导热性能良好,摩擦特性优异。可用于制造再入大气层的头锥及飞机刹车盘等,其寿命是钢烧结材料刹车盘的 6～7 倍。

由于复合材料有着非常优越的性能,航空、航天飞行器的结构将越来越多地采用复合材料,21 世纪会是复合材料大显身手的时代。

5.2　航空器的构造

5.2.1　气球和飞艇的基本构造

气球和飞艇都属于轻于空气的飞行器,又分为载人和不载人两种。从航空器的发展来看,是先有气球、飞艇,而后出现了飞机。真正作为飞行器的气球,目前主要有两类:一是氢气球,它是不载人的,主要作为高空探测使用,如大气环境监测、γ 射线探测等;另一种是热气球,主要用于体育运动、广告庆典等活动,大多数热气球是载人的。另外还有少量的载人充氦动力气球。

飞艇是在气球的基础上增加了动力装置和气动舵面,可以进行有动力飞行和方向控制。早期的飞艇采用氢气作为浮力气体,因为氢气具有易燃易爆的特点,非常危险,出于安全的原因,现已被惰性气体——氦气所取代。氦气飞艇主要用于运输、吊装、观光、环境监测、空中预警等用途。在运输方面它有运输成本低,安全可靠等优点。在军事应用方面,由于气囊材料是非金属的,雷达反射很小,所以作为空中预警有其独到之处。与热气球类似也有采用热空气作为浮力气体的飞艇——热气飞艇,主要用于飞行运动和广告宣传。

1. 气球的构造

氢气球的构造如图 5 - 1 所示。球面材料是由塑料薄膜制成,气球下面连有吊篮,用于装载探测设备和仪器,吊篮内有压舱物,作为控制气球升降之用;气球顶部有放气装置。在地面时由于大气的压力,气球体积较小,如图 5 - 1(a)所示。随着高度的升高,大气压力逐渐减小,气球的体积逐渐增大,如图 5 - 1(b)所示,当氢气体积膨胀到超过球体体积时,氢气从下部放气口溢出,直至达到平衡高度。这种气球称为零压差式气球。氢气球一般飞行高度在 30～

40 km,其升限体积可达$10^5 \sim 3\times10^5$ m^3,甚至更大。在某一高度上浮力和重力达到平衡,则气球维持高度不变,并利用高空大气环流飞行。在高空不同的高度的大气风向是不同的,通过放出氢气或抛掉压舱物使气球下降或上升,气球可按照预先计划的飞行路线飞行。任务完成后,通过遥控切割器将气球与吊篮的连接缆绳切断,气球上升后破裂,掉落地面。吊篮用降落伞回收,取回实验探测设备和试验仪器。

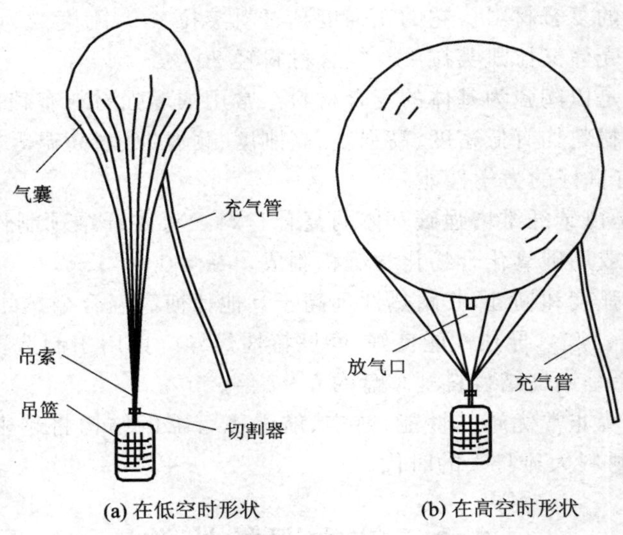

图 5-1　探空氢气球

热气球的构造如图 5-2 所示。现代热气球球面材料是由高强度尼龙绸经涂敷气密涂料制成。气球下面系有吊篮,装载人员、加热燃料和加热设备。热气球顾名思义是利用热空气比空气轻的原理,在大气中产生浮力飞行的。热空气是通过装在吊篮上部的丙烷燃烧器加热产生的。热气球的下部是敞开的,燃烧器打开空气被加热,使热气球内平均温度增加,热气球上升。球内相对冷却的空气和燃烧的废气由下部排出。在气球顶部有放气窗口,可由人力拉动操纵绳打开窗口,放出热气,使热气球下降。由于气球要向外散热,因此要维持飞行高度,必须进行间歇式加热。热气球飞行员利用不同高度风向的差别或不同地形对气流的影响,操纵控制气球飞行,但总的飞行方向是顺风飞行。

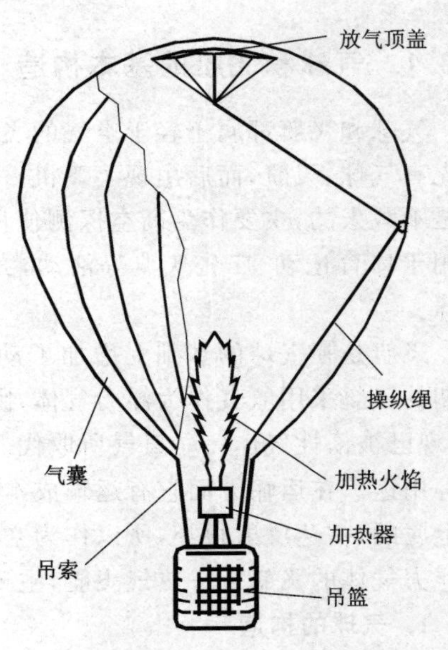

图 5-2　热气球

2. 飞艇的构造

气球只能依靠自然界的风力顺风飞行,而飞艇是由发动机提供前进动力的轻于空气的航空器。飞艇根据构形不同可分为纯浮力式和混合式飞艇两大类。

纯浮力式飞艇的全部浮力由其上部充入氦气的气囊产生。气囊下部带有吊舱,吊舱上装有使飞艇前进的发动机。气囊尾部装有硬式的呈十字形分布的水平安定面和垂直安定面，安定面后有升降舵和方向舵，如图 5－3 所示。

图 5－3　纯浮力式飞艇

混合式飞艇包括浮力—气动升力混合式飞艇与浮力—旋翼混合式飞艇。浮力—气动升力混合式，除了气囊产生浮力外，飞艇还带有类似机翼的升力面，如图 5－4(a)所示。在飞行中依靠前进速度产生部分升力。通常这类飞艇可以允许载荷有较大的变化。

浮力—旋翼混合式飞艇是将气囊和类似于直升机的旋翼组合起来产生升力，或直接在气囊下装几架直升机，如图 5－4(b)所示。这种飞艇有非常大的载重量，可以用来吊装重物，其起吊重量可达上百吨。

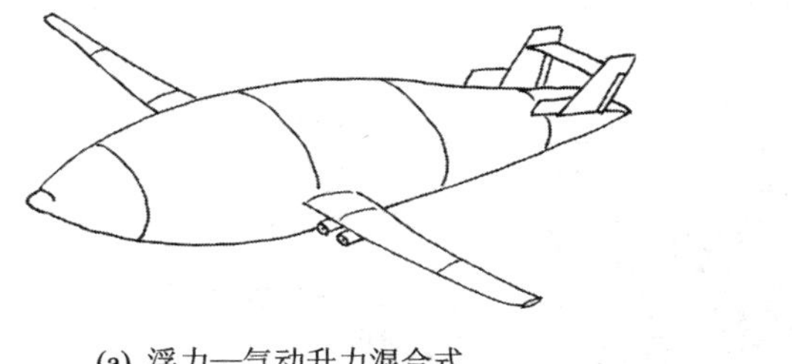

(a) 浮力—气动升力混合式

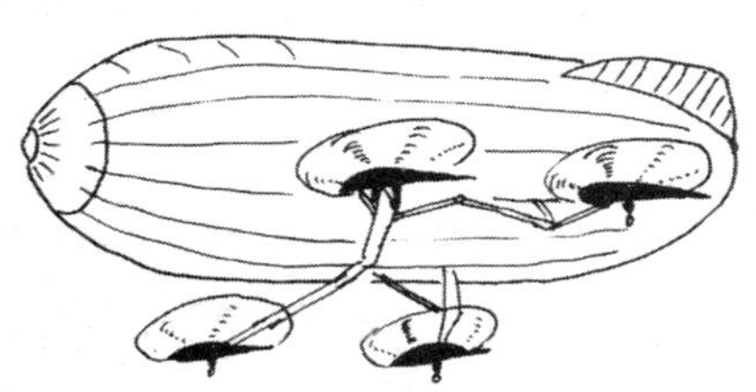

(b) 浮力—旋翼混合式

图 5－4　混合式飞艇

从结构形式上看，飞艇有软式、半硬式和硬式三种。三种形式的差别主要在于气囊的构造。

硬式飞艇是在金属骨架上蒙以气密型的织物（如由气密层、防渗层和承力层构成的复合膜）构成气囊。这种飞艇气囊外形维持好，头部承压大，飞行速度较高，气囊重量大，体积大。例如 1931 年 9 月 23 日首飞的由美国海军建造的大型硬式飞艇阿克伦号（Akron），其气囊长度 239 m，容积达 184 080 m^3。如图 5－5 所示英国的“巨型起重机”混合式氦气飞艇方案就是一个庞然大物，在载 180 t 货物后，能以 330 km/h 的速度飞行 16 000 km。图 5－5 中表示了它与航天飞机大小的比较。

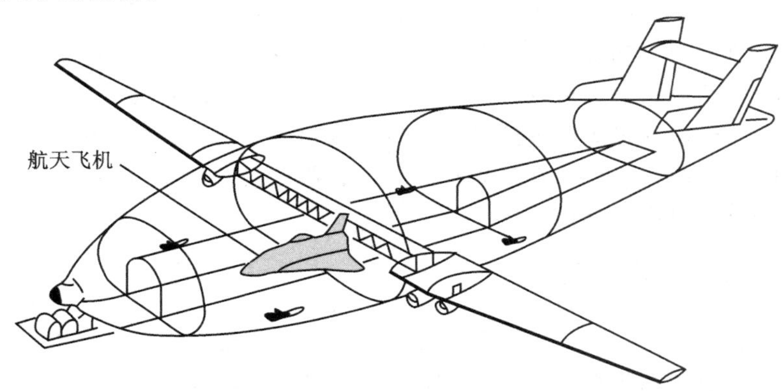

图 5－5　巨型飞艇和航天飞机

软式飞艇没有金属骨架,全部用织物制成气囊,用绳索连接吊舱。这种形式的飞艇一般体积较小,飞行速度较高时需要有较大的内外压差。有些飞艇为提高气囊抗风能力,增加飞行速度,在气囊头部装有锥形支撑件。有些软式飞艇的材料是透明的,在其内部安装灯光,夜间飞行时色彩鲜艳,通体透亮,是很好的广告载体。

在氦气飞艇的气囊内,前后有两个充入空气的副气囊,如图5-6所示,当改变前后副气囊的体积时,浮力中心改变,就可以进行飞艇的俯仰姿态控制。将前副气囊中空气抽向后气囊时,氦气被挤向前部,使前部浮力增加,飞艇抬头。反之将后副气囊的空气抽向前副气囊则飞艇低头。同时增大或减小副气囊的体积可使氦气部分减小或增大,整个气囊的浮力就会减小或增大,用以操纵飞艇升降。也有一些飞艇没有前后副气囊,升降操纵是利用升降舵操纵的。当然也可以同时操纵副气囊和升降舵,操纵效果更好。副气囊操纵缓慢,设备复杂,但操纵力矩大,通常用于大型硬式飞艇。而升降舵操纵灵敏,但操纵力矩小,这种类型多用于小型飞艇。氦气飞艇的航向操纵与飞机相同,是利用尾部的方向舵操纵的。

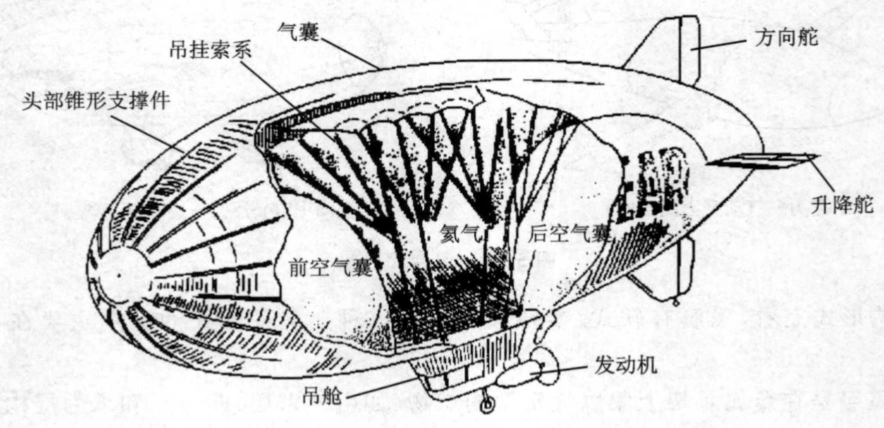

图5-6 软式氦气飞艇构造

热气飞艇都是软式飞艇,气囊材料与热气球相同,加热系统也与热气球相同。由于热气飞艇是软式飞艇,要维持气囊的流线型,必须有一定的内压。它不像热气球那样下部是开敞的,吊舱与气囊的连接是密封的,吊舱顶部有增压风扇给气囊增压并补充新鲜空气。热气飞艇的内压比软式氦气飞艇小,飞行速度也小,最大只有30~40 km/h。一般热气飞艇的安定面和舵面都是软式的,并且只有方向舵而没有升降舵。升降操纵是通过控制热空气的加热程度实现的。加热多则上升,下降可以等待气体冷却或操纵顶部的放气口放气。

作为一项体育运动,在世界各地经常举办热气球和热气飞艇世界锦标赛。

半硬式介于软式和硬式之间,在气囊头部气动载荷较大部位和气囊尾部安装舵面部位采用硬式骨架,其余部分是软式气囊。

5.2.2 飞机的基本构造

飞机是飞行器家族的大家庭,数量和种类都居首位。常规型飞机结构由机身、机翼、尾翼、起落架、动力装置等五大部件组成,并通过机载设备、燃油系统、液压冷气系统、人机环境系统、电气系统、操纵系统等必要的系统构成飞机的全部,如图5-7所示。对于一些特殊的飞机会省略某些部件，如滑翔机没有动力装置，无尾布局的歼击机没有水平尾翼，一些无人驾驶飞机没有起落架等。

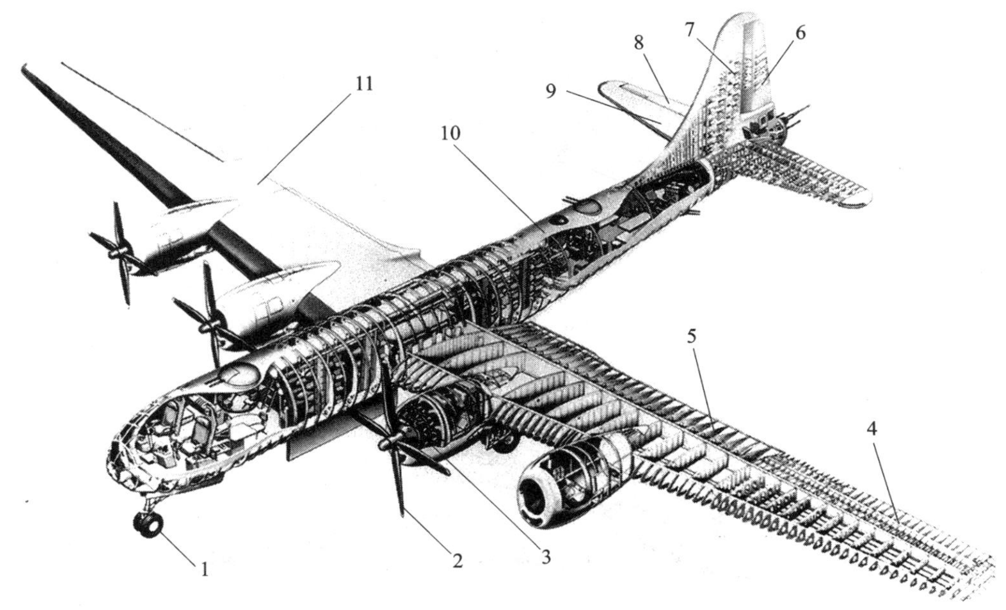

1—起落架；2—螺旋桨；3—发动机；4—副翼；5—襟翼 6—方向舵；
7—垂直安定面；8—升降舵；9—水平安定面；10—机身；11—机翼

图 5－7　飞机的组成部分

飞机动力装置在本书第 3 章已经介绍过了，下面介绍机翼、尾翼、机身和起落装置。

1. 机翼和尾翼的基本构造

机翼的功用主要是提供升力，与尾翼一起形成良好的稳定性和操纵性。另外在机翼内部可以装载燃油、设备、武器，在机翼上可以安装起落架、发动机、悬挂导弹、副油箱及其他外挂设备。

(1) 作用在机翼上的外载荷

作用在机翼上的外载荷可以分成两大类，一类是分布载荷，一类是集中载荷。

① 分布载荷：比如作用在机翼上的空气动力和其自身质量力（重力和惯性力）等都是分布载荷。如图 5－8 所示，q_1 为沿翼展方向分布的气动力，q_2 为沿翼展方向分布的质量力。

② 集中载荷：它们是由其他部件通过接头传给机翼结构的，因其一般集中作用在个别的连接点上而称为集中载荷。比如图 5－8 中所示的发动机传给机翼的质量力 G 和拉力 P，都属于集中载荷。

机翼在外载荷的作用下会产生弯曲和扭转变形，使机翼各截面及承力构件产生剪力、弯矩、扭矩、拉力、压力等不同形式的力。图 5－9 所示为机翼上受到的弯矩 M、剪力 Q 和扭矩 T。

(2) 机翼的主要受力构件

为了承担所受到的载荷，就要设计相应的承力构件。机翼的基本受力构件包括纵向（沿翼展方向）骨架、横向（沿气流方向或垂直于翼梁方向）骨架、蒙皮和接头等。纵向骨架有翼梁、纵墙和桁条，横向骨架有普通翼肋和加强翼肋，其整体布置见“机翼的典型构造形式”。

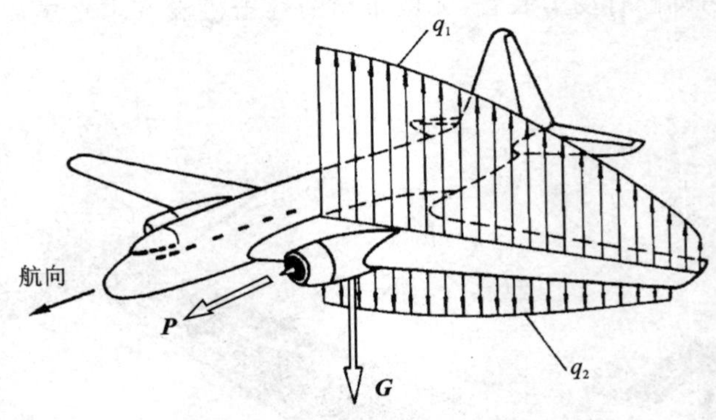

图 5-8 机翼上的外载荷

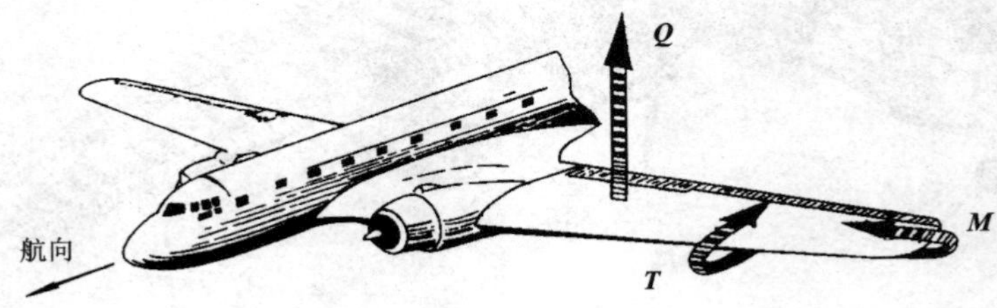

图 5-9 机翼上弯矩、剪力和扭矩

① 翼梁:最强有力的纵向构件,它承受大部分弯矩和剪力,在机翼根部与机身用固定连接接头连接。图 5-10 所示是一种组合式工字形翼梁,它由较大的上下凸缘和腹板三部分组成,上下凸缘以拉压形式承受弯矩,机翼越厚上下凸缘的距离越远,凸缘中的轴向拉压力就越小;腹板用来承受垂直于梁的剪力,为了提高承受载荷的能力,用一些立柱来加强腹板。也有用铝合金或合金钢整体锻造而成的整体翼梁,如图 5-11 所示。

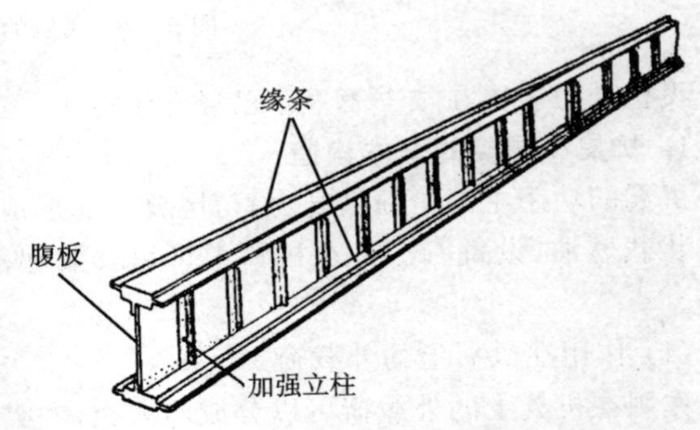

图 5-10 组合式翼梁

② 纵墙:结构与翼梁差不多,它主要承受剪力,相对翼梁而言承受弯矩很小或根本不承受弯矩。它的凸缘较小,在机翼根部与机身用较弱的固定接头或用铰链接头连接。

③ 桁条:主要用于支撑蒙皮,提高蒙皮的承载能力,将蒙皮的气动力传递给翼肋。桁条顺展向布置,固定在翼肋上。桁条用板材弯制或是用挤压型材。为了便于与蒙皮连接,而制成如图 5-12 所示的各种剖面形状。

④ 普通翼肋和加强翼肋。翼肋是横向受力骨架,用来支撑蒙皮,维持机翼的剖面形状。在有集中载荷的地方(如安装发动机、起落架等),普通翼肋得到加强而成为加强翼肋。为了减轻重量和内部零件通过,翼肋上开有减轻孔。为了与蒙皮连接及自身受力,翼肋上下有类似翼

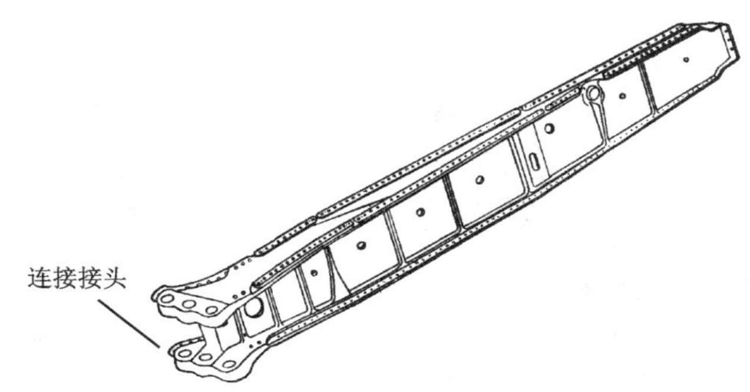

图 5-11　整体锻造式翼梁

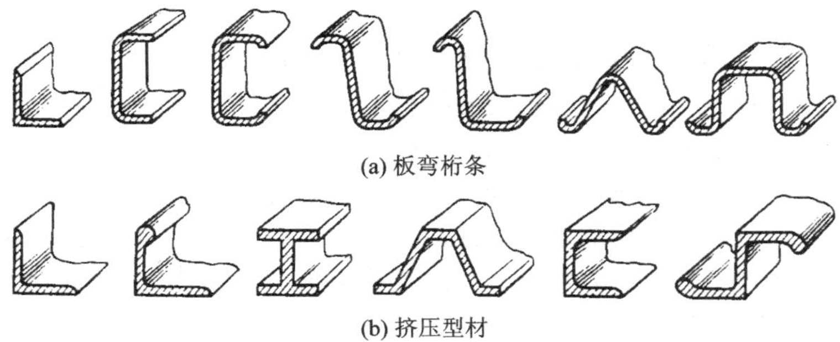

(a) 板弯桁条

(b) 挤压型材

图 5-12　各种桁条

梁的凸缘的缘边。翼肋可以是由板材弯制而成的腹板式翼肋，如图 5-13 所示；也可以是组合式的桁架式翼肋，如图 5-14 所示。

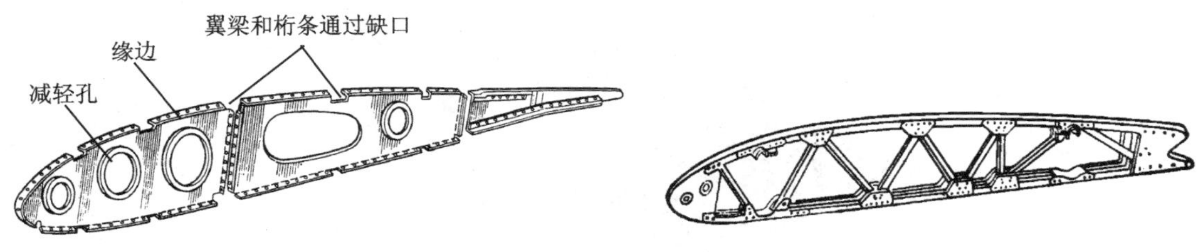

图 5-13　腹板式翼肋

图 5-14　桁架式翼肋

⑤ 蒙皮：主要功用是承受局部气动载荷，形成和维持机翼的气动外形，同时参与承受机翼的剪力、弯矩和扭矩。蒙皮与翼梁及纵墙的腹板形成盒状封闭剖面，以承受扭矩。为了理解封闭剖面为何能更好地承受扭矩，可以作一个简单的试验，取两个完全相同的硬纸筒，将其中一个沿纵向剪开一个长缝，如图 5-15 所示。用两手握住筒的两端，各施加方向相反的扭矩，就会发现未开缝的纸筒扭不动，而开缝的纸筒很容易就可扭动，这说明封闭的剖面具有较大的扭转刚度。同样，机翼也是利用上下蒙皮和翼梁及纵墙的腹板形成的封闭盒段，有着很大的扭转刚度，来承受外载荷引起的扭矩，如图 5-16 所示。

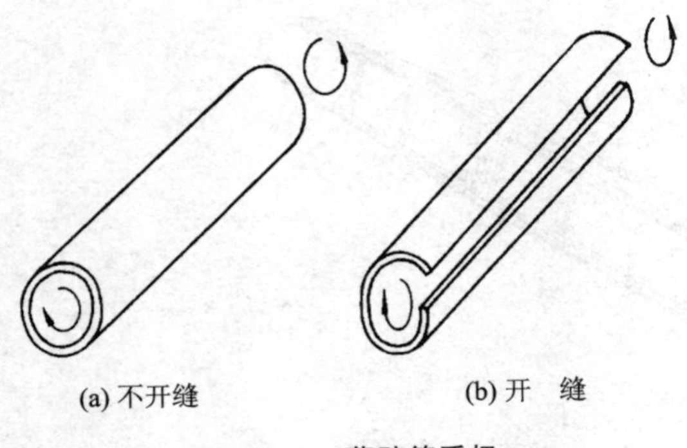

图 5-15　薄壁筒受扭

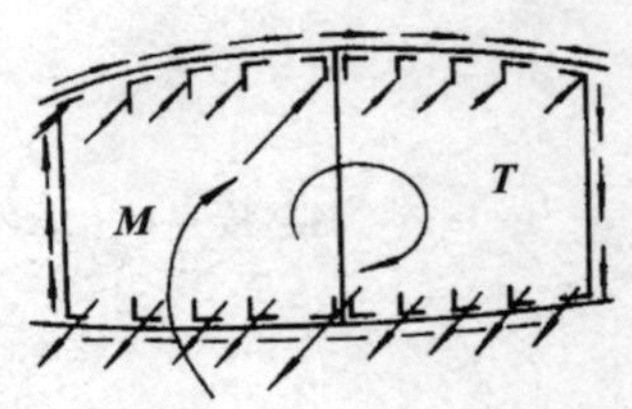

图 5-16　机翼受力盒段示意图

(3) 机翼的典型构造形式

机翼构造形式很多,它的发展是随着飞行速度的提高而变化的,主要有蒙皮骨架式、整体壁板式和夹层式三种典型类型。实际飞机的机翼构造形式可以是以上三种典型形式,也可以是几种类型的组合或介于典型形式之间的过渡形式。

① 蒙皮骨架式机翼又称薄壁构造机翼,它可按翼梁的数目不同分为单梁式、双梁式和多梁式机翼。图 5-17 所示是一个单梁式机翼,双梁式和多梁式机翼的构造与之类似。梁式机翼的特点是蒙皮较薄,桁条较少,弯矩主要是由翼梁来承受。随着飞行速度的提高,局部气动载荷加大,为保持蒙皮的强度和刚度,需要增加蒙皮厚度和桁条数量。由厚蒙皮和桁条组成的壁板已经能够承担大部分弯矩,因而梁的凸缘可以减弱,直至变为纵墙,于是发展成单块式机翼。

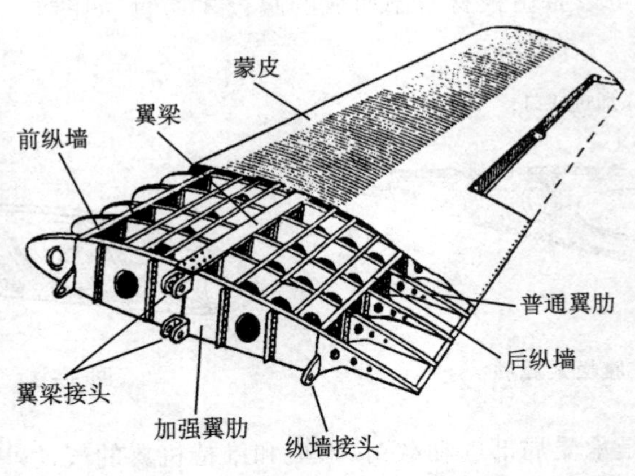

图 5-17　蒙皮骨架式机翼的构造

② 整体壁板式机翼是将蒙皮与纵向骨架、横向骨架合并成上下两块整体壁板,如图 5-18 所示,然后用铆接或螺接连接起来。上下壁板一般是用整体材料,用锻造或化学加工等方法制造而成的。这种机翼的特点是强度大,刚性好,接缝少,表面光滑,气动外形好,零件少,装配容易。这种形式对使用机翼整体油箱有利,它能有效地利用机翼内部空间。整体壁板结构除了用金属材料外,也很适合于用复合材料制造。

③ 夹层式机翼主要是以夹层壁板做蒙皮,甚至纵墙和翼肋也是用夹层材料制造,如图 5-19(a)所示。夹层壁板依靠内外层面板承受载荷,很轻的夹芯对它们起支持作用。与同

样重量的单层蒙皮相比，夹芯蒙皮的强度大、刚度大，能承受较大的局部气动载荷，并有良好的气动外形。上下面板可用金属材料，也可用复合材料制造。内部一般采用蜂窝夹层或泡沫塑料夹层，如图 5－19(b)所示。夹层材料中充满空气和绝热材料，可以起到良好的隔热作用，能较好地保护其内部设备。

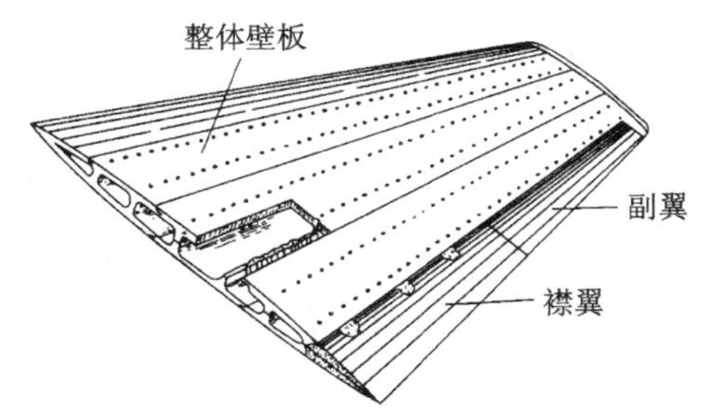

图 5－18　整体壁板式机翼

图 5－20 所示为蜂窝夹层机翼的构造，它的纵墙和翼肋都是用蜂窝夹芯板制成。当翼面高度较小时可采用全高度填充的实心夹层结构。图 5－21 所示为泡沫实心夹层机翼的构造，这种结构的受力构件少，构造简单，通常用在较小的机翼、尾翼或舵面等部件上。

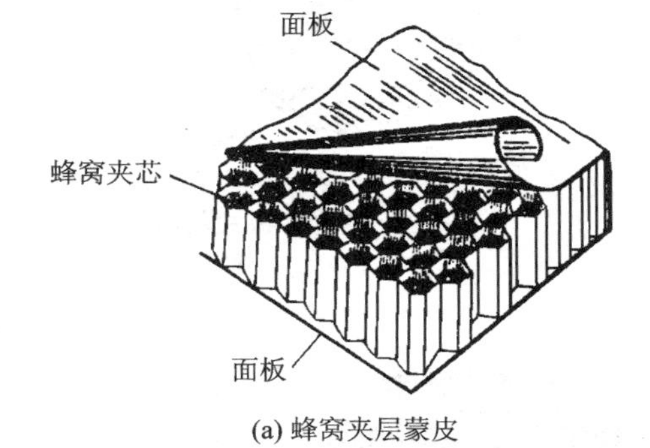

(a) 蜂窝夹层蒙皮

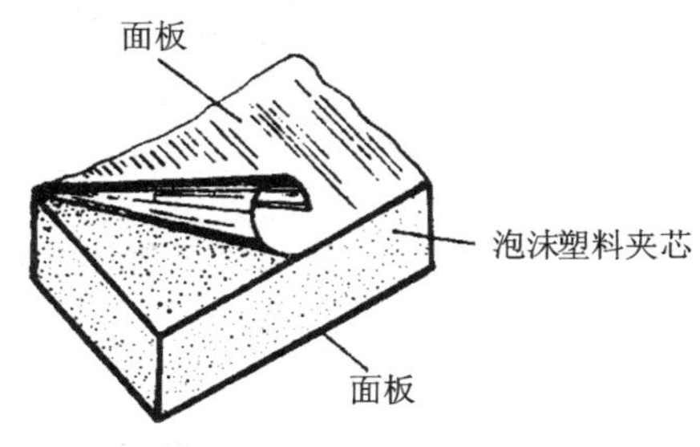

(b) 泡沫塑料夹层蒙皮

图 5－19　夹层式蒙皮

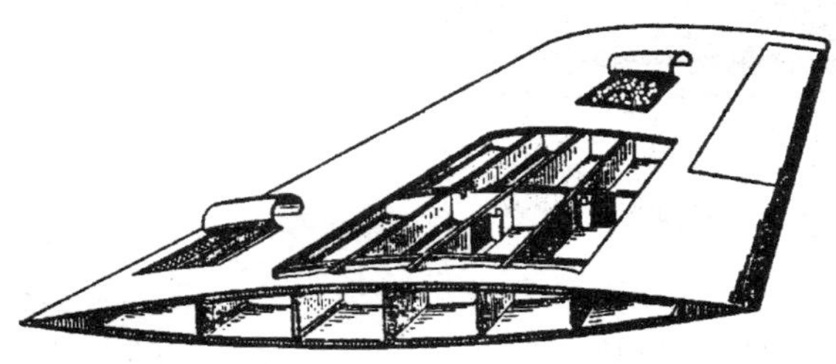

图 5－20　蜂窝夹层机翼的构造

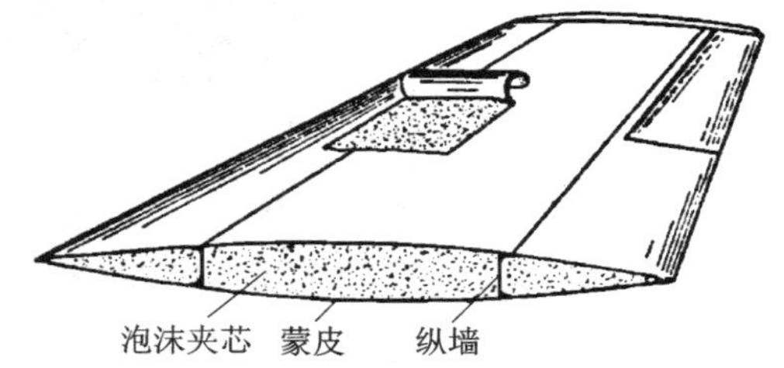

图 5－21　实心夹层式机翼的构造

飞机的尾翼与舵面的构造与机翼相似，只是尺寸和受力都较小而已，这里不再叙述。某些机翼和尾翼根据需要会采用两种结构形式。如美国的 U－2 高空无人侦察机的机翼，该机翼分内外两段，为了便于维修更换，内外段之间采用可拆卸方式连接；其内段采用蒙皮骨架式类型中的单块式，并作为机翼整体油箱；外段由于厚度较小，而采用铝合金蜂窝实心夹层结构。又如中国的歼 8 飞机的全动平尾，其前缘部分采用整体壁板式的结构，而后缘部分则是铝合金蜂窝实心夹层结构。

2. 机身的基本构造

机身的作用是装载人员、货物、设备、燃油等物品，同时固定机翼、尾翼、起落架等部件使之连成一个整体。机身横截面以圆形为最好。但为满足其他要求(如安装发动机、保证良好的视界、隐身等),往往不得不采用椭圆形、卵形以及其他各种各样的形状。一架飞机的机身可分为若干段,根据需要每段的横截面形状可以不相同,一段的形状逐渐过渡到另一段。

机身的结构形式与机翼类似,也可分为蒙皮骨架式、整体壁板式和夹层式三种形式,如图5-22,5-23,5-24所示。与机翼相比,其区别主要是:梁式机身的梁本身没有腹板,它是利用机身蒙皮当作它的腹板来承受载荷的,因其又像桁条而称为桁梁,只是比桁条粗大许多;维持横截面形状的称为隔框(机翼中称翼肋);其他构件的名称和受力作用与机翼基本相同,这里不再重复。

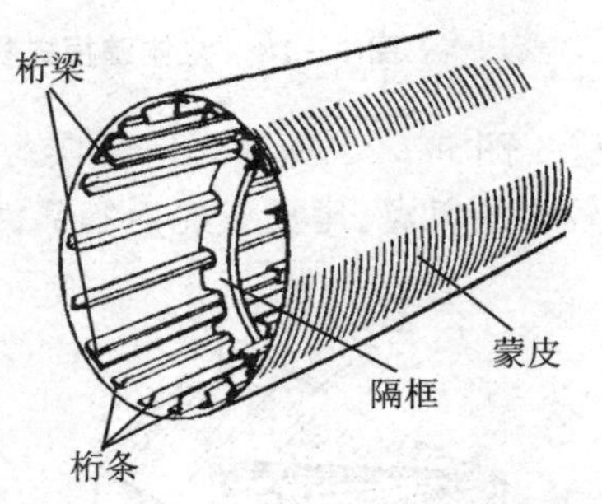

图5-22 蒙皮骨架式机身

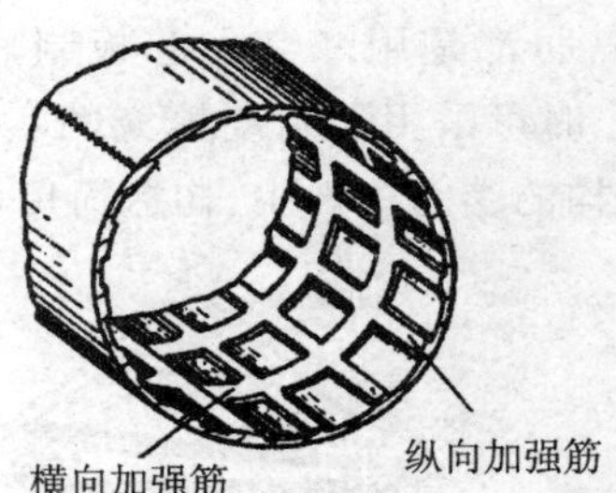

图5-23 整体壁板式机身

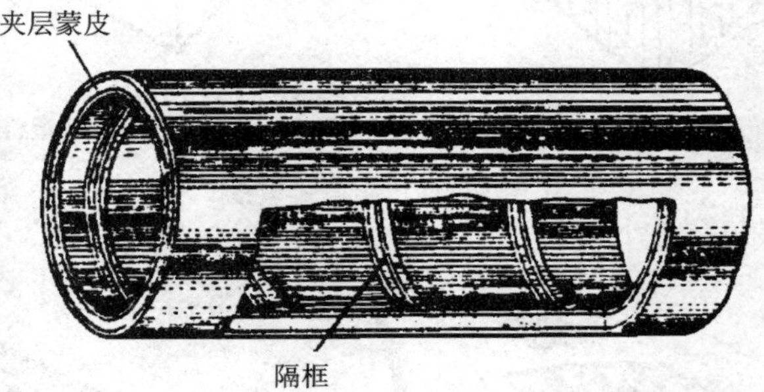

图5-24 夹层式机身

3. 起落装置

飞机起落装置的功用是提供飞机起飞、着陆和地面停放之用。它可以吸收飞机的着陆冲击能量,减小冲击载荷,改善滑行性能。

飞机的起落装置多种多样,如许多飞机使用的机轮式起落架如图5-25(a)所示,直升机和供飞机在雪地起降用的滑橇式起落架如图5-25(b)所示,水上飞机使用的浮筒式起落架如图5-25(c)所示,另外还有一些特殊飞机使用的起落装置,如无人驾驶飞机的滑轨弹射器等。有些飞机带有两种起落装置,如水陆两用飞机既有在水上起降的浮筒,也有在陆地上使用的轮式起落架;有些飞机的起飞装置和着陆装置是不同的,如有些无人驾驶飞机用滑轨弹射起飞,但使用降落伞降落。本节介绍使用最广泛的轮式起落架。

(1) 起落架组成

典型的起落架由减震器、支柱、机轮和刹车装置以及收放机构等部件组成,如图5-26所示。

① 减震器:作用是吸收着陆和滑跑时的冲击能量,减小冲击载荷。减小载荷有利于减轻

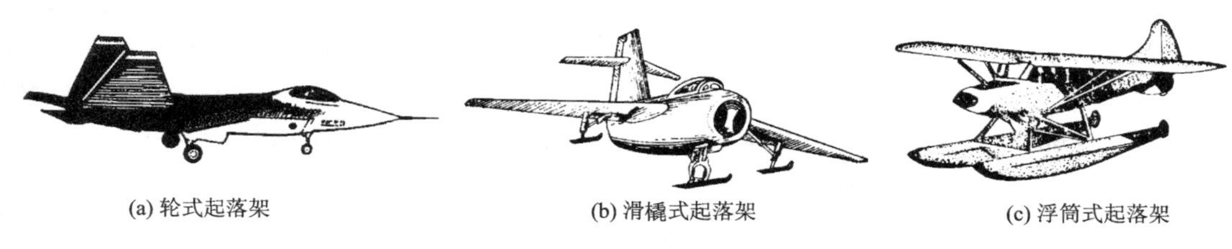

图 5－25　起落架的种类

结构重量，改善乘坐品质。

② 支柱：是用来承受地面各个方向的载荷并作为安装机轮的支撑部件。为了充分利用构件，减轻重量，减震器和支柱可以合二为一。

③ 机轮：用于满足地面运动，并有一定的减震作用。刹车装置安装在机轮上，以减小着陆滑跑距离，同时利用左右机轮不同的刹车力可以使飞机在地面转弯，提高地面机动性。

现代大型飞机的起飞质量达 300 t 以上，为了减小机轮对跑道的压力，也为了减小收藏起落架的空间，通常在一个起落架上安装两个以上的机轮，机轮数量通常为 2～6 个。

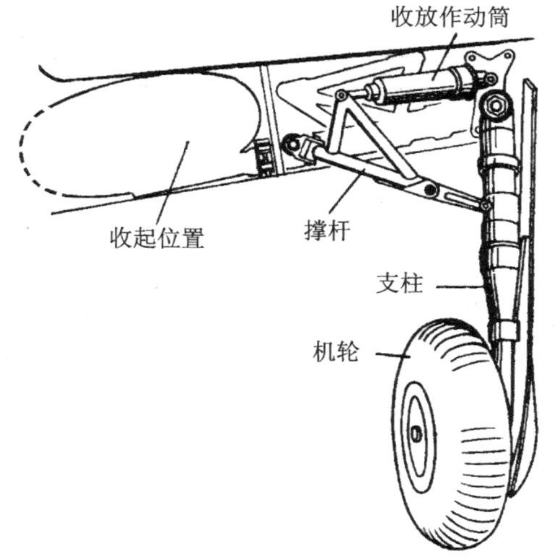

图 5－26　起落架的组成

④ 收放机构：用于起落架的收起和放下。飞行时收起起落架以减小阻力，着陆前放下起落架，收放机构同时也用于固定支柱，使支柱与机体成为一个整体受力的构件，来承受飞机着陆和滑跑中的载荷。

(2) 起落架的布置形式

根据主起落架相对于飞机重心位置的不同，起落架在飞机上的布置有以下几种形式。

① 后三点式：在飞机重心前并排安置两个主轮，在飞机尾部有一个较小的尾轮，如图 5－27(a)所示。20 世纪 40 年代中期以前，后三点式起落架在装有活塞发动机的飞机上曾得到广泛应用。它的优点是：在飞机上易于安装尾轮，结构简单，尺寸、重量都较小；着陆滑跑时迎角大，可利用较大的阻力来进行减速，缩短滑跑距离。其缺点是在大速度滑跑时，遇到前方撞击或强力刹车时，容易发生倒立；速度较大时着陆容易跳起，造成低空失速；滑跑过程中方向稳定性差；起飞滑跑时机身仰起，飞行员视界不好。

② 前三点式：在飞机重心后并排安置两个主轮，在飞机前部有一个前轮，如图 5－27(b)所示。20 世纪 40 年代后，前三点式起落架得到广泛应用。它的主要优点是：前轮远离飞机重心，允许强力制动而无倒立危险，因此能有效地缩短着陆滑跑距离；飞机滑跑方向稳定性好，起飞着陆容易操纵；机身轴线与地面基本水平，可避免喷气发动机的燃气烧坏跑道；飞行员视界好。其缺点是：前起落架承受的载荷大，构造复杂，尺寸大，重量大；前轮会产生摆振现象，因此要有防止摆振的措施。

③ 自行车式：两个主轮分别布置在机身下重心前后，为防止地面停放时倾倒，另有两个辅

助小轮对称安装在机翼下面,如图 5-27(c)所示。自行车式起落架主要用于不宜布置三点式起落架的飞机上,如上单翼的轰炸机,起落架无法安装在机翼上,而机身中部有炸弹舱口,起落架不能布置在重心附近,因而采用自行车式。自行车式起落架由于没有左右主轮,因此不能采用主轮刹车方式转弯,在前轮需加装转弯操纵装置,使得结构重量加大。由于前轮离重心相对较近,承受载荷较大,起飞时不易离地,常采用伸长前起落架支柱或缩短后起落架支柱的方法来增大迎角帮助起飞。

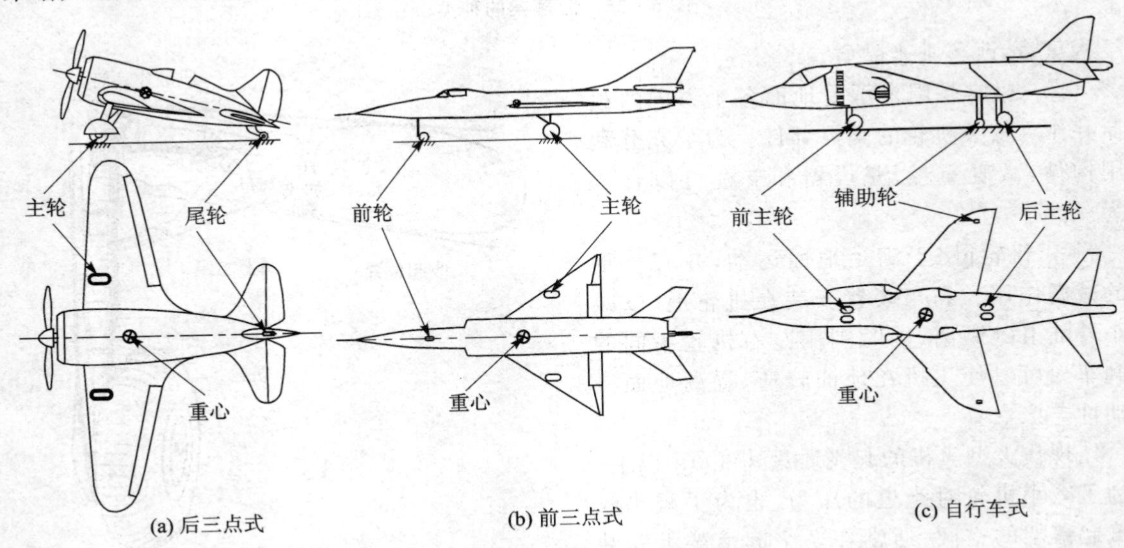

图 5-27 飞机起落架的布置形式

④ 多轮多支柱式起落架:对于重型飞机,为了减小对跑道的压力,同时也为了分散对机体过大的集中载荷,在前三点式的基础上采用多轮多支柱式起落架。图 5-28 所示为美国 C-5A 运输机的支柱布置和机轮安排方式,它共有四个主起落架,每个主起落架上有 6 个机轮如图 5-29 所示,与前起落架一起共有 28 个机轮。

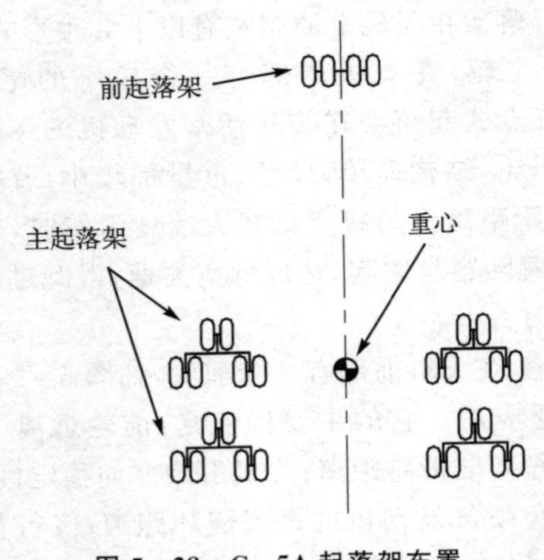

图 5-28 C-5A 起落架布置

图 5-29 C-5A 主起落架

5.2.3 直升机的基本构造

目前使用最广泛的直升机是单旋翼直升机，其结构如图 5－30 所示。这种直升机主要由旋翼、尾桨、操纵系统、传动系统、机身、起降装置和动力装置等组成。与飞机相比，其机身、起降装置和动力装置与飞机类似，操纵系统与飞机不同（参见本书 2.6.3 节），而旋翼、尾桨和传动系统则是直升机所特有的。

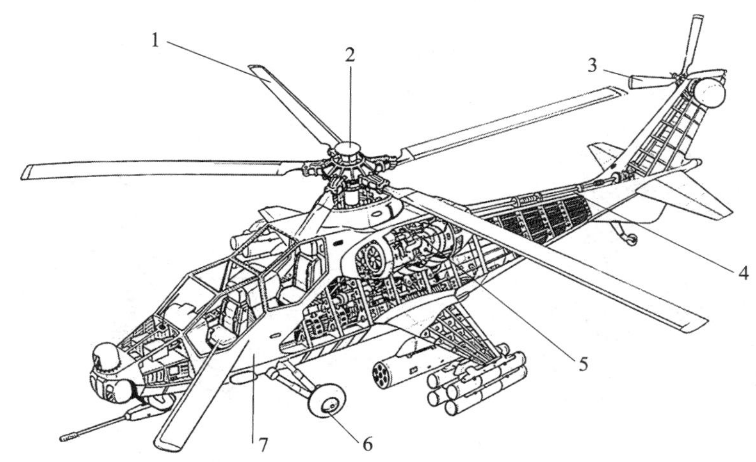

1—旋翼；2—桨毂；3—尾翼；4—传动系统；5—发动机；6—起落架；7—机身

图 5－30 直升机的结构

1. 机　体

机体是直升机的重要部件，用来支持和固定直升机的部件和系统，并用来装载人员、物资和设备，机体外形对直升机飞行性能、操纵性和稳定性有重要影响。直升机机体一般从前至后分为驾驶舱、人员/货物/设备舱、过渡段、尾梁和尾斜梁等。一般在机翼中段上方安装旋翼，在尾梁后部或尾斜梁上安装尾桨和水平安定面。

机体除承受各种装载的载荷外，还承受动部件、武器发射和货物吊装等动载荷，这些载荷通过接头传给机体。旋翼、尾桨传给机体的交变载荷，会引起机身结构振动，影响乘员的舒适性及结构的疲劳寿命。因此，在设计机身结构时，必须采取措施降低直升机机体的振动水平。

2. 旋　翼

直升机的旋翼主要由桨叶和桨毂组成。

桨叶的设计除了要考虑气动方面的要求外，还要考虑动力学和疲劳方面的要求。所设计桨叶的固有频率不能与气动激振力发生共振，桨叶承力结构要有高的疲劳性能或采用破损安全设计。旋翼桨叶一般有 2～8 片，按其材料的构成可分为混合式桨叶、金属桨叶和复合材料桨叶三种形式。图 5－31 所示为某直升机的复合材料桨叶结构，其主要承力件“C”形大梁主要承受离心力并提供了大部分挥舞弯曲刚度。翼型前部和后部各布置了一个“Z”形梁，前后“Z”形梁与蒙皮胶接在一起，使桨叶剖面形成多闭室结构，提高了桨叶的扭转刚度。桨叶采用泡沫塑料作为内部支承件，前缘包有不锈钢片防止磨蚀。

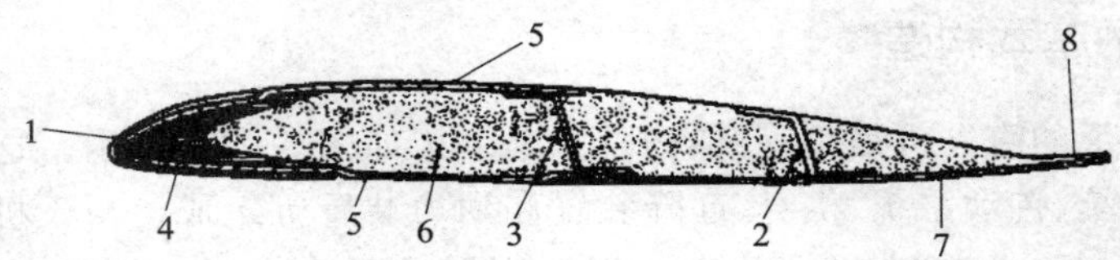

1—前缘包皮;2,3—Z形梁;4—大梁;5,7—蒙皮;6—泡沫塑料;8—后缘条

图5-31　复合材料桨叶结构

按桨叶与桨毂连接方式的不同,旋翼大体上可分为铰接式、无铰式、半无铰式和无轴承式等几种类型,如图5-32所示。

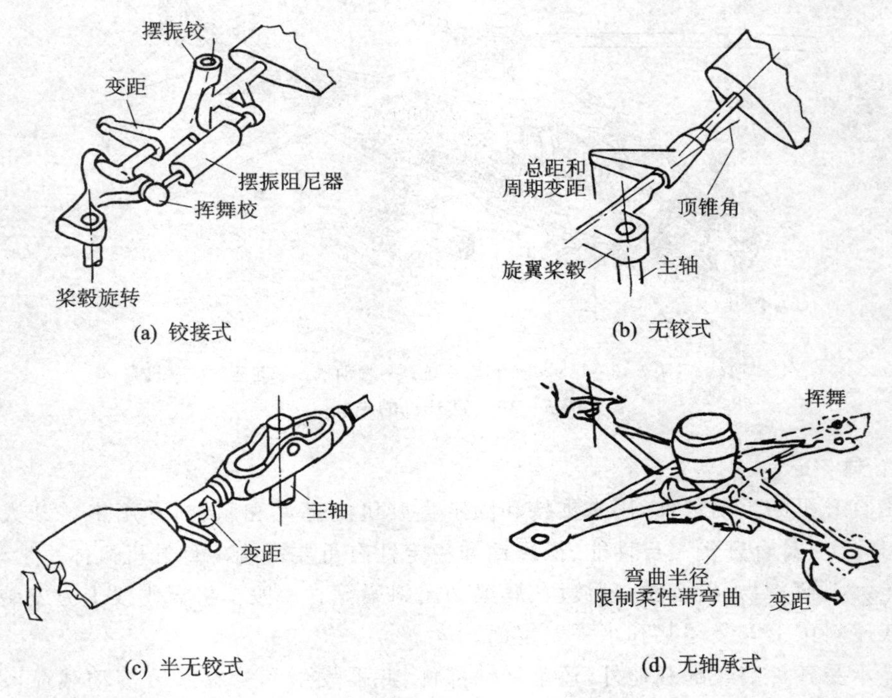

(a) 铰接式　(b) 无铰式

(c) 半无铰式　(d) 无轴承式

图5-32　旋翼的类型

铰接式又称全铰接式,桨叶通过挥舞铰、摆振铰与桨毂相连。在一般情况下,桨叶除旋转运动外,还有绕挥舞铰的上下挥舞运动,绕摆振铰的前后摆动(摆振运动)及通过操纵变距铰的变距运动。这种形式的旋翼桨叶根部的弯曲载荷较小,但结构复杂,维护不便。铰接式旋翼在摆振铰上都带有摆振阻尼器,为桨叶绕摆振铰的摆振运动提供阻尼,阻尼器对于防止出现"地面共振",保证其有足够的稳定裕度是非常必要的,如图5-32(a)所示。

无铰式旋翼取消了挥舞铰和摆振铰,但仍有总距和变距铰,如图5-32(b)所示。桨叶在挥舞方向和摆振方向相对于桨毂是固支的。桨叶的挥舞运动和摆振运动表现为桨叶根部(或桨毂支臂)的弯曲变形。与铰接式相比,其结构简单,但桨叶和桨毂的弯曲载荷较大。

半无铰式旋翼(也称跷跷板式旋翼)的主要特点是只有两片桨叶,彼此连成整体,共用一个中心水平铰(跷跷板铰链),没有摆振铰,但仍有变距铰,如图5-32(c)所示。这种形式旋翼的结构也比较简单，但操纵性较差。

无轴承式旋翼不仅没有挥舞铰和摆振铰，连变距铰也取消了，桨叶的挥舞、摆振和变距运动都是通过桨叶根部的柔性元件来完成，如图 5－32(d)所示。这种旋翼形式结构简单，但要求桨叶根部的材料既有很高的弯曲强度和刚度，又要有很低的扭转刚度。随着先进复合材料在旋翼上的应用，无轴承式旋翼也逐渐发展起来。

3. 自动倾斜器

自动倾斜器是将经直升机飞行操纵系统传递过来的驾驶员或自动驾驶仪的操纵指令转换为旋翼桨叶运动的装置。自动倾斜器主要由不旋转环（又称不动环）、旋转环（又称动环）和轴承等组成。不旋转环通常位于外侧，安装在旋翼轴上，并通过一系列推拉杆与周期变距杆（驾驶杆）和总距操纵杆相连，它可以向任意方向倾斜，也能垂直上下移动。旋转环通常位于内侧，通过轴承安装在不旋转环上，旋转环通过拉杆与变距摇臂相连，并可以同旋翼轴一起转动，如图 5－33 所示。

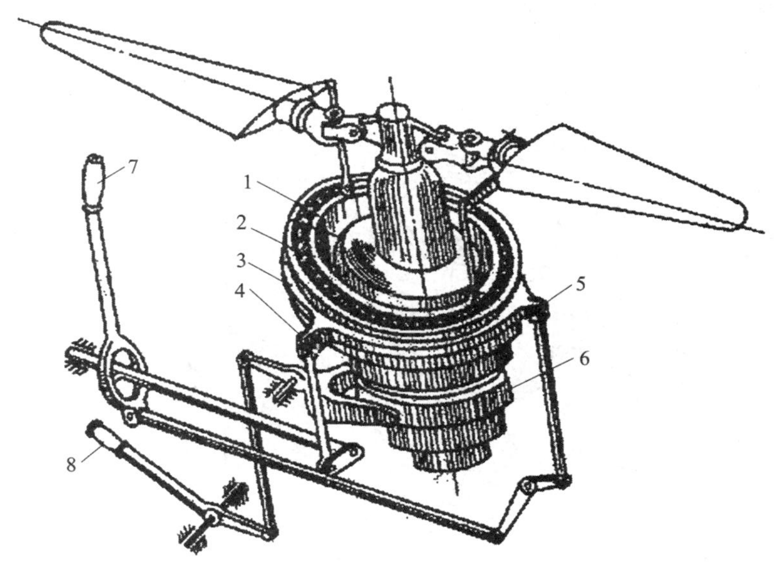

1—旋转环；2—轴承；3—不旋转环；4，5—操纵拉杆；6—滑筒；7—驾驶杆；8—油门总距杆

图 5－33　自动倾斜器的组成

为了操纵旋翼桨叶的总距，驾驶员通过操纵油门总距杆，在液压助力器的作用下，使自动倾斜器实现沿旋翼轴向上或向下的移动，并保证不改变周期变距操纵的方向，从而同时增大或减小所有桨叶的桨距，实现直升机的上下运动。

直升机的横向和纵向操纵，是通过驾驶员操纵驾驶杆，操纵液压助力装置使自动倾斜器向相应的方向倾斜。由于旋转环同桨叶的变距摇臂之间有固定长度的拉杆相连，所以自动倾斜器的倾斜会导致每片桨叶的桨距发生周期性变化，使旋翼产生的空气动力不对称，因此桨叶的旋转平面将向所需方向倾斜，旋翼的拉力矢量方向因此发生改变，这样就可以操纵直升机的横向（左右）和纵向（前后）飞行。

4. 尾 桨

尾桨的作用主要包括以下两个方面:

① 尾桨产生的拉力(或推力)通过力臂形成偏转力矩,用于平衡旋翼的反作用力矩。

② 尾桨相当于一个直升机的垂直安定面,可以改善直升机的方向稳定性,而且还可以通过加大或减小尾桨的拉力(推力)来实现直升机的航向操纵。

尾桨的构造与旋翼相似,不过比旋翼要简单得多,尾桨操纵没有自动倾斜器,也不存在周期变距问题。尾桨的操纵靠蹬脚蹬改变尾桨的总距,并根据脚蹬蹬出方向和动作量大小来增大或减小桨距。尾桨和旋翼的动力均来源于发动机,发动机产生的功率通过传动系统,按需要传给旋翼和尾桨。由于尾桨转速很高,工作时会产生很大的离心力。

尾桨通常包括常规尾桨、涵道尾桨和无尾桨系统三种类型。

① 常规尾桨:这种尾桨的构造与旋翼类似,由桨叶和桨毂组成。

② 涵道尾桨:这种尾桨由置于尾斜梁中的涵道和位于涵道中央的转子组成,其特点是尾桨直径小、叶片数目多。涵道尾桨的构造如图5-34所示。

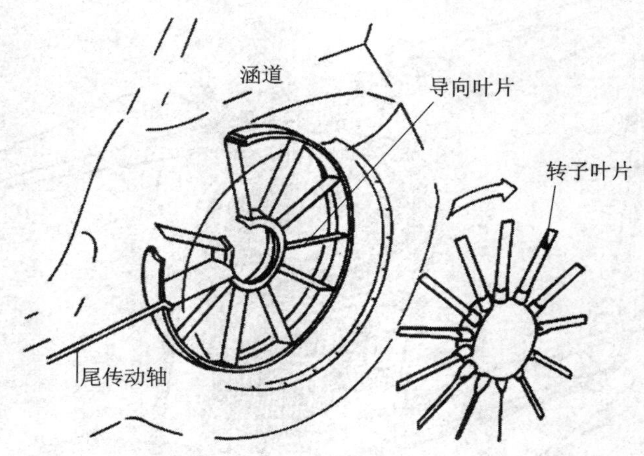

图5-34 涵道尾桨

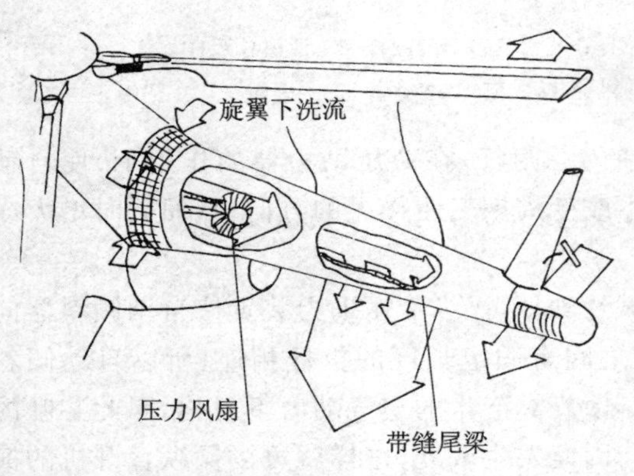

图5-35 无尾桨系统

③ 无尾桨系统:无层桨系统主要是用一个空气系统代替常规尾桨,该系统由进气口、喷气口、压力风扇、带缝尾梁等几部分组成,如图5-35所示。压力风扇位于主减速器后面,由尾传动轴带动,风扇叶片的角度可调,与油门总距杆联动。尾梁后部有一可转动的排气罩与脚蹬联动。工作时风扇使空气增压并沿空心的尾梁向后流动。飞行中,一部分压缩空气从尾梁侧面的两道细长缝中排出,和旋翼下洗流一起形成不对称气流,使尾梁一侧产生吸力,相当于在直升机尾部产生了一个侧向推力来平衡旋翼的反作用力矩。另一部分压缩空气由尾部的喷口喷出,产生侧向力,

实现直升机的航向操纵，喷气口面积通过驾驶员脚蹬操纵由排气罩的转动控制。

5. 起落装置

直升机起落装置的主要作用是吸收着陆时的冲击能量，减小着陆时由撞击引起的过载，保证在整个使用过程中不发生“地面共振”。此外，起落装置还用来使直升机具有在地面运动的能力，减少滑行时由于地面不平而产生的撞击与颠簸。

在陆地上使用的直升机起落装置有轮式起落架和滑橇式起落架。如果要求直升机具备在水面起降或应急着水迫降能力，还要有水密封机身和保证横侧稳定性的浮筒或应急迫降浮筒。对于舰载直升机，还需要装备特殊着舰装置。

直升机轮式起落架的结构与飞机类似，下面主要对直升机常用的滑橇式起落架构造进行介绍。

(1) 滑橇式起落架的类型

滑橇式起落架可分为低滑橇式和高滑橇式两种。大多数直升机都采用低滑橇式起落架，直升机在没有坚实路基的区域起降则需要采用高滑橇式起落架。高滑橇式起落架在滑橇底部可安装附加板，附加板可以防止滑橇陷入松软的地面。高滑橇式起落架还可以使机身保持较高的高度，降低尾桨打地的危险，如图 5-36 所示。

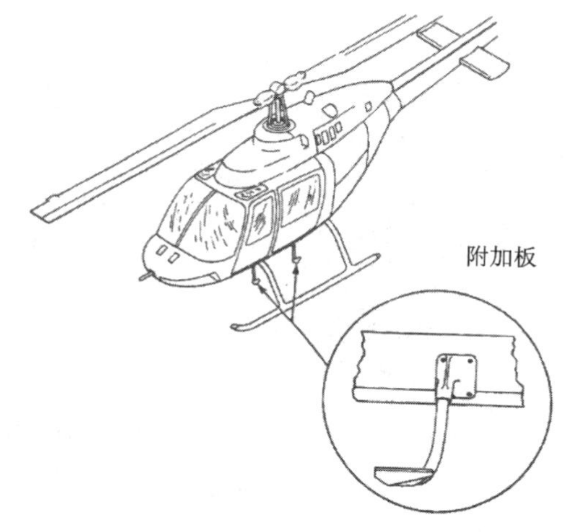

图 5-36　高滑橇式起落架

(2) 滑橇式起落架的构造

典型的滑橇式起落架装置一般由两个橇管和两个弯曲的弓形梁构成。在前后弓形梁上可选择安装翼形整流罩，用以减小直升机前进时的阻力，如图 5-37(a)所示。滑橇式起落架的弓形梁是直升机的主要缓冲和支撑结构，着陆时主要通过弓形梁的变形来吸收地面冲击载荷。橇管上可安装可更换的不锈钢橇靴，着陆时由橇管或者橇靴接触地面，承受正常接地时的载荷和磨损。因此，弓形梁和橇管是滑橇式起落架的主要承力构件。滑橇式起落架不能进行滑跑起飞或着陆，也很难在地面滑行移动。为了地面运动方便，滑橇上一般装有地面辅助机轮或供地面拖曳用的拖环，如图 5-37(b)所示。

滑橇式起落装架一般都不能收放，飞行阻力相对较大。因为滑橇式起落架主要依靠弓形梁的弹塑性变形来吸收能量，结构阻尼很小，减震效果也有限。因此，有些滑橇式起落架安装了阻尼减振装置，用来进一步增强直升机降落和坠落时的缓冲，减小冲击载荷，如图 5-38 所示。此外，阻尼装置还可以增大系统阻尼，缓解直升机“地面共振”的发生。

滑橇式起落架质量轻，结构简单可靠，成本低，制造维护方便，不易损坏，地形适应性好，便于捆绑外载荷(如侦察设备等任务载荷)，一般用于 4 t 以下的轻型直升机和超轻型直升机的起落装置，中型以上的直升机应用较少。

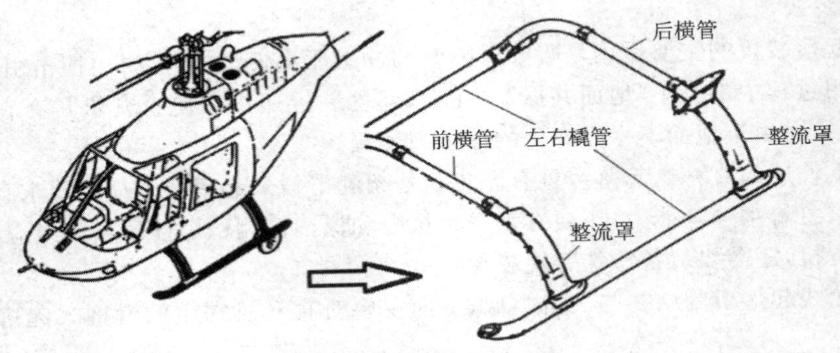

(a) 滑橇式起落架结构

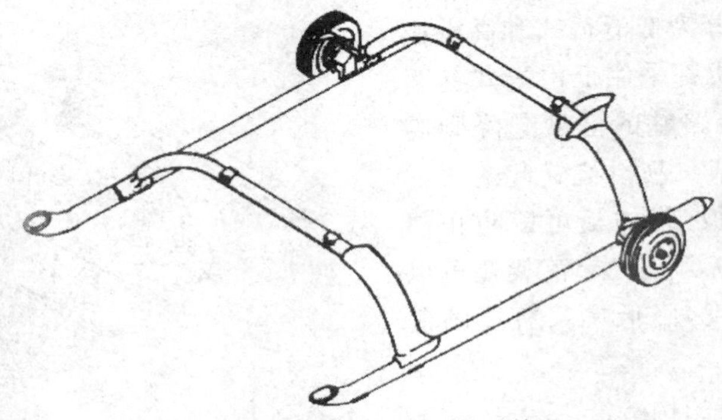

(b) 滑橇式起落架地面辅助轮

图 5-37　典型滑橇式起落架结构示意图

图 5-38　装有阻尼减振装置的滑橇式起落架

5.3　航天器的构造

由于航天器的使用环境和飞行方式与航空器有很大不同，所以航天器的构造与航空器也有较大的不同。航天器主要从功能的角度划分为若干个分系统，一般可分为两大类：专用系统和保障系统。前者用于直接执行特定的航天任务，后者则用于保障专用系统的正常工作。

专用系统随航天器的任务而异，例如通信卫星的通信天线和转发器；侦察卫星的可见光照相机和电视摄像机；天文卫星的天文望远镜、光谱仪；遥感卫星的微波发射和接受设备；空间站上供航天员进行各种试验和观测用的各种专用设备等都属于航天器专用系统。

保障系统在一般航天器上是类似的，通常包括如下几个分系统。

① 结构系统：即航天器的骨架结构和外壳，用于支撑、固定和保护各种仪器和设备，使航天器构成一个密封、屏蔽和保温的整体，承受地面运输、发射和空间运行时的各种载荷，为航天员提供必要的工作生活空间。

② 温度控制系统：保证各种仪器、设备处于允许的温度环境中。由于宇宙空间没有空气，所以温度控制主要是以热传导和辐射方式，而无对流方式传热。

③ 生命保障系统：载人航天器上维持航天员正常工作和生活所必需的设备和条件，其中包括温度、湿度调节，供水、供氧和空气净化，废物处理，食品制作、保管和水的再生，人员生理状态的监测等。

④ 电源系统：为航天器上所有仪器设备提供电能。人造地球卫星多采用蓄电池和太阳能电池阵组合电源系统，空间探测器采用太阳能电池阵电源或空间核电源系统，载人航天器大多采用氢氧燃料电池和太阳能电池阵组合电源系统。

⑤ 姿态稳定控制系统：用来保持和改变航天器的运行姿态。如通信卫星要求转发天线指向地面，需要姿态稳定系统保持其指向；经过一定时间的运行卫星的姿态会受到各种干扰而发生变化，用姿态控制系统来进行调整。

⑥ 轨道控制系统：用来保持和改变航天器的运行轨道。由发动机提供动力，通过程序控制或地面测控站遥控控制。如高轨道的地球同步卫星，先由运载火箭发射到低轨道上，然后由轨道控制系统向高轨道转移。

⑦ 返回着陆系统：对于可返回的航天器，需要返回着陆系统保障返回部分可以安全着陆。它一般由制动火箭、降落伞、着陆装置、标位装置和控制装置等组成。

5.3.1　卫星的基本结构

卫星的结构形式因其具体用途而有较大差别，但从功能上看主要都是由承力结构、外壳、安装部件、天线结构、太阳能电池阵结构、防热结构、分离连接装置等组成。

① 承力结构：承力结构与运载火箭相连接，承受发射时火箭的推力，因而需要有很高的强度和刚度，一般由铝合金、钛合金或纤维增强复合材料的薄壁结构或蜂窝夹层结构制成的壳体或杆件组成。

② 外壳：外壳构成卫星本体的外形，也承受一部分外力，起承力构件的作用。外壳的形状可以是球形、多面柱形、锥形或不规则多面体等。除维持外形外，外壳还应满足容积、热控制、防辐射等功能要求。其结构形式有半硬壳式、蜂窝结构和夹层结构、整体结构和柔性张力表面

结构等。

③ 安装部件:安装部件是安装仪器设备,并保证安装精度和防震、防磁、密封等要求的结构,它可以是仪器舱式或安装盘式。

④ 天线结构:天线结构为抛物面形或平板形,有固定式和展开式。由于发射的要求,大的天线在发射时是折叠起来的,进入太空后再展开。为防止热变形影响天线的电性能,通常用线膨胀系数很小的石墨纤维复合材料制成。可展开式天线有伞式、花瓣式、渔网式和桁架式。

⑤ 太阳能电池阵:它可以是一组粘贴在外壳表面的太阳能电池片,为了增大太阳能电池的面积,也可以是太阳能电池帆板。电池帆板是在进入太空后展开成翼状,所以也称太阳能电池翼。在空间不必考虑空气阻力的问题,因此太阳能电池帆板可以是非对称的。

⑥ 卫星稳定结构:卫星功能的实现对其姿态都有一定的要求,如通信卫星要求转发天线始终朝向地面的接收地点,太阳观测卫星要求其射线探测仪始终对准太阳等。卫星通过姿态控制系统稳定自己的姿态,卫星的姿态稳定与控制方式参见 2.7.5 节航天器姿态稳定与控制的相关内容。

图 5-39(a)所示是中国的"实践"1 号实验卫星,是典型的球形对称结构,采用的是自旋稳定方式。图 5-39(b)所示是"东方红"2 号通信卫星,它是圆柱形结构,并且圆柱的直径大于高度,这是为了使自旋轴与最大转动惯量轴重合,有利于稳定。卫星本体绕圆柱轴线旋转,天线部分则反向等速旋转,构成双自旋稳定结构。

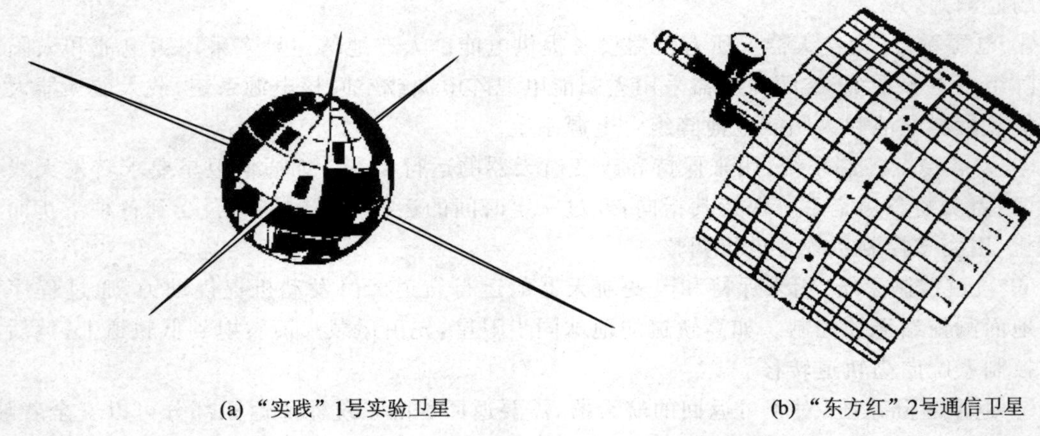

(a)"实践"1号实验卫星　　(b)"东方红"2号通信卫星

图 5-39　具有轴对称结构的自旋稳定卫星

三轴稳定控制对外形的要求比较自由,它是通过姿态敏感器、姿态控制器和姿态控制发动机组成的姿态控制系统控制姿态。另外还有以三轴惯性飞轮为主,姿态控制发动机为辅的三轴姿态控制方式。对于用三轴控制稳定方式的卫星,其结构不需要是对称的,如中国和巴西合作的中巴资源卫星,由于其冷却系统要求一面不能朝向太阳,而设计成单太阳能电池帆板式结构如图 5-40 所示。图 5-41 所示为日本地球资源卫星,它除了有单太阳能电池帆板的特点外,还有很大的合成孔径雷达天线。

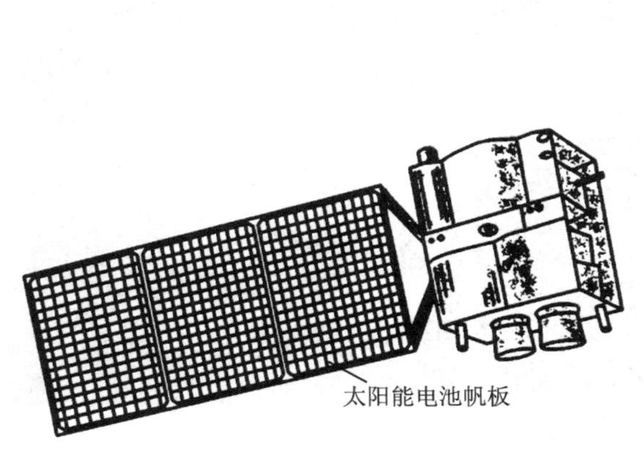

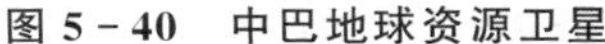

图 5－40　中巴地球资源卫星

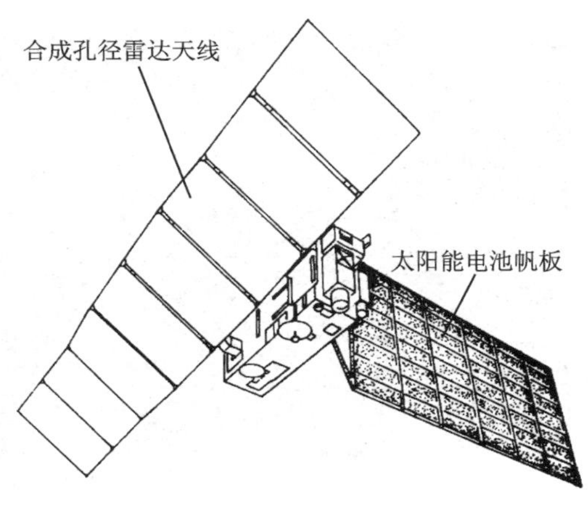

图 5－41　日本地球资源卫星

5.3.2　空间探测器的基本构造

空间探测器包括月球探测器以及行星和行星际探测器。探测的主要方式包括：从月球或行星近旁飞过，进行近距离观测；成为月球或行星的人造卫星，在环绕轨道上进行长期的反复观测；在月球或行星表面硬着陆，利用坠毁之前的短暂时机进行探测；在月球或行星表面软着陆，进行实地考察，还可以将取得的样品送回地球进行研究等几种方式。目前使用最广泛的是环绕轨道探测和软着陆实地考察，比如中国的"嫦娥"1 号卫星就属于环绕月球飞行进行环绕轨道探测的探测器，而"嫦娥"3 号探测器则是属于软着陆到月球，进行实地考察的探测器。

空间探测器的结构和卫星类似，但由于空间探测器的飞行距离更远、飞行环境更加复杂，因此在控制、导航、通信和电源等方面都要比卫星要求更高。尤其是对于需要在星球上软着陆的探测器，保障探测器安全着陆的软着陆装置是其必不可少的组成部分。

目前，探测器的软着陆方式主要有三种形式：气囊弹跳式、着陆腿式和空中吊车式。

1. 气囊弹跳式

图 5－42(a)所示是美国"勇气号"火星车在火星表面弹跳着陆的过程，图 5－42(b)所示是火星车软着陆后气囊的展开图。它主要优点是质量较小，结构简单，包装容积小，成本低，性能可调，技术成熟度高，稳定性也比较好，能够适应星球表面的各种变化，对小块岩石和斜坡等降落条件适应性比较好。但由于气囊弹跳式软着陆过程是通过气囊在星面上的多次弹跳来吸收和消耗能量的，因此，着陆点范围比较大，不容易实现精确点着陆，而且，在弹跳过程中还存在被刺破而损坏的危险。因此气囊弹跳式软着陆方式比较适于着陆速度较大、体积较小，而且着陆后不再返回的着陆器上。

2. 着陆腿式

着陆腿式缓冲器是靠着陆缓冲支腿来进行缓冲着陆的，缓冲支腿里面有缓冲装置，通过缓冲装置来吸收着陆时的冲击能量，降低峰值载荷，着陆腿软着陆和气囊式软着陆相比，最大的优势就是着陆点精准，并且可以以良好的姿态保证着陆器安全平稳地软着陆。其主要缺点是在不平坦的着陆表面可能会发生倾覆，环境适应性受到一定限制。着陆腿式软着陆的应用比较广，除了一般的应用外，还可以用在较大型或者着陆后需要返回的着陆器上。比如，我国的

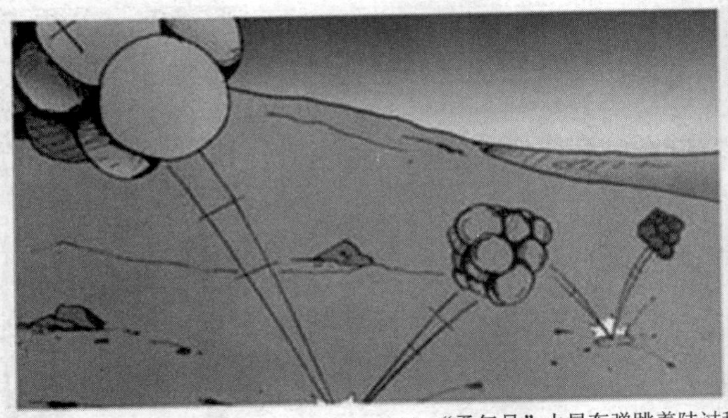

(a) “勇气号”火星车弹跳着陆过程

(b) “勇气号”火星车软着陆后气囊展开图

图 5-42 “勇气号”火星车软着陆过程

“嫦娥”3号月球探测器和“天问”1号火星探测器都采用的是着陆腿着陆的方式。图5-43所示是“天问”1号着陆器着陆后的状态。

图 5-43 “天问”1号着陆器安全软着陆

3. 空中吊车式

2012年,美国的"好奇号"火星探测器采用了一种特殊的软着陆方式,这种软着陆方式就是用一个"空中吊车"轻轻地把航天器放在着陆星球表面。"好奇号"的着陆过程如下:探测器进入火星大气层后,首先通过大头端朝下的方式利用火星大气层减速,然后再打开降落伞进行减速;当探测器继续下降到离火星表面1.6公里左右的时候,背部的整流罩分离,反冲发动机启动,并利用反冲发动机的反推力慢慢地让火星车下降;当离火星表面大约20米的时候,"空中吊车"和"好奇号"分离,"空中吊车"利用电缆把"好奇号"悬吊在正下方,然后轻轻地放在火星表面;最后,吊车飞离,并在一定的距离外坠毁。

空中吊车式软着陆方式的最大优点是着陆速度低,着陆冲击小,但在着陆过程中控制复杂,难度大、风险高。图5-44所示是"好奇号"的软着陆过程。

图5-44 "好奇号"软着陆过程

探测器软着陆后便开始对星球进行实地探测,星球表面的实地勘测可分为定点探测和巡视探测两种方式。

美国的"凤凰号"探测器属于定点探测器,着陆后不能移动,只能在原地开展探测。"凤凰号"探测器的主要任务是探测火星北极地区冰冻层的真实情况和挖掘火星土壤样本并分析冻土中的有机化合物,以推断火星是否适宜生命生存。"凤凰号"探测器除了包含各种保障设备外,探测器上还装有7种探测设备:机械挖掘臂、机械照相机、热量和释出气体分析仪、显微镜以及电化学和传导性分析仪、立体照相机、气象站和火星降落成像仪等,图5-45所示是"凤凰号"的结构组成。

图5-45 "凤凰号"结构组成

我国的"嫦娥"3号探测器属于月面巡视探测器,着陆器着陆以后,需要把"玉兔"号月球车从着陆器里面释放出来。为了完成"观天、看地、测月"的三大探测任务,"嫦娥"3号上携带了天文月基望远镜、极紫外相机和测月雷达等相关的任务载荷。其中的"观天"是利用着陆器上的月基天文望远镜进行天文观测,"看地"是利用极紫外相机从38万千米的月球观测地球周围等离子层的全貌,"测月"是利用"玉兔"上的测月雷达探测月球表面以下30 m深的土壤层结构和100 m深的次表层结构,这在世界上还是第一次。为了减轻结构重量,"玉兔"号月球车的机轮采用的是特殊的"筛网轮"的结构,一个直径300 mm、宽度150 mm的机轮总重只有735 g,图5-46是月球车的结构图。

图5-46 "玉兔"号月球车结构组成

5.3.3 载人飞船的基本构造

载人飞船是用于提供航天员在外层空间生活、工作以及执行预定的航天任务并返回地面的航天器。

载人飞船一般主要由乘员返回舱、轨道舱和服务舱组成。

返回舱也叫指令舱,是飞船的核心部分,也是飞船的控制中心,它是飞船起飞上升、轨道转移、对接和返回地球的时候航天员乘坐的一个密封舱段。根据再入大气层的空气动力学要求,返回舱一般设计成钟形的外形,钟形返回舱的小端直接和轨道舱相连,航天员在飞行期间可以通过它们之间的通道在两个舱之间进行活动。返回舱内部装有控制飞船的主要设备、显示仪器、减震座椅、生命保障系统、回收控制系统、降落伞和着陆反推火箭等。钟形返回舱的大端和服务舱相连,外形一般是外凸的椭球体,再入大气层的时候大端朝前,这样,有利于返回舱在气动力的作用下尽快减速,减小气动加热现象,而且还可以降低制动过载,提高着陆精度。

轨道舱的外形一般是圆柱形或球形,内部可以分成工作区和生活区两部分,里面有各种实验仪器设备,是航天员在轨道上工作和生活的场所。轨道舱的前端有一个与空间站或其他航天器对接用的对接口,可以实现牢固密封的机械连接,对接完成以后,航天员就可以通过这个对接口进入到和它对接的航天器。

服务舱也叫设备舱,用来安装推进系统、电源、气源等设备,对飞船起服务保障作用。服务舱的外面安装有天线、太阳电池阵和热控系统的散热器。服务舱本身又被分为前后两段:前段是密封舱,安装有电气控制、姿态控制和稳定系统、通信系统以及推进系统的大部分电子设备;后段为非密封舱,装载了供机动飞行和返回地球时用的推进剂、发动机和辅助电源等设备。

图 5－47 所示是苏联的“联盟”号卫星式载人飞船的基本组成。

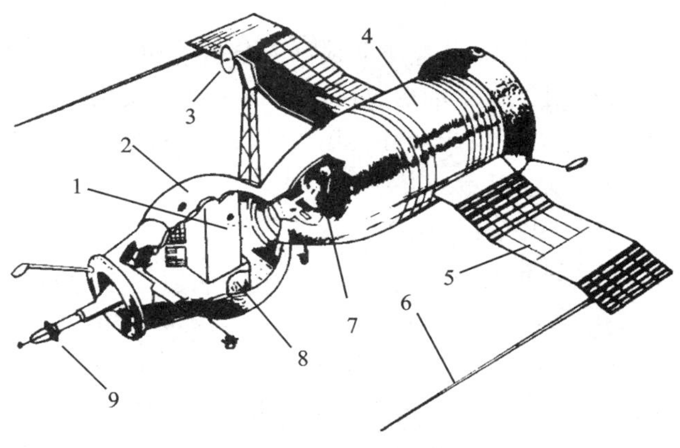

1—仪器舱；2—轨道舱；3—会合雷达；4—服务舱；5—太阳能电池翼；

6—通用天线；7—返回舱；8—出口舱门；9—对接装置

图 5－47　“联盟”号载人飞船

登月载人飞船主要由指挥舱、服务舱和登月舱三部分组成，图 5－48 所示为美国“阿波罗”登月飞船的基本组成。其中指挥舱是飞船的控制中心，也是航天员飞行中生活和工作的座舱。服务舱采用轻质的金属蜂窝结构，周围分为 6 个隔舱，装有主发动机、推进剂储箱和增压系统、姿态控制系统和电气设备等，前段与指挥舱对接，后端是主发动机喷管。登月舱由下降级和上升级组成。下降级由下降发动机、4 条着陆腿和 4 个仪器舱组成，用于从月球轨道降落到月面，能把 2 名航天员送到月球上。上升级为登月舱的主体，由航天员座舱、返回发动机、推进剂贮箱、仪器舱和控制系统组成，在登月过程中，2 名航天员在这里生活和工作，完成任务后，航天员乘上升级返回环月轨道与指挥舱会合。

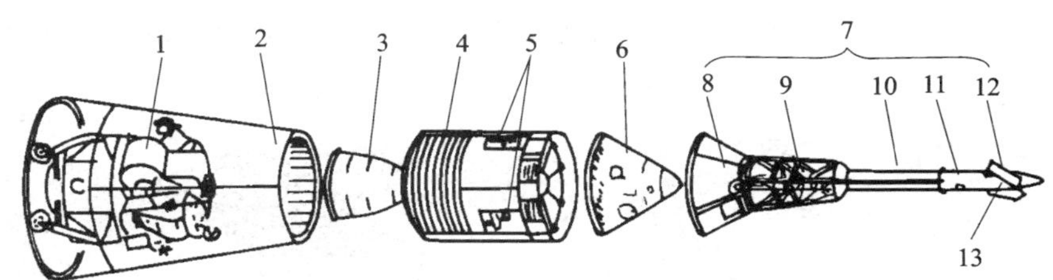

1—登月舱；2—登月舱的过渡段；3—服务舱主发动机；4—服务舱；5—姿态控制和稳定系统的发动机组；6—指挥舱；

7—发射逃逸系统；8—防热罩；9—发射逃逸塔；10—逃逸发动机；11—分离用火箭发动机；12—空气舵；13—辅助发动机

图 5－48　“阿波罗”登月飞船

图 5－48 中的发射逃逸系统，能够保障航天员一旦在发射过程中出现任何情况，都可以迅速通过安装在它上面的火箭发动机把航天员带离危险区域，并安全地落回地面。

5.3.4　空间站的基本构造

载人飞船、航天飞机在轨运行时间一般较短，通常仅 1～2 个星期。对于需要在空间做长时间逗留的工作任务，则需要载人空间站来完成。空间站的用途主要有以下几个方面。

① 对地观测:通过长焦距可见光相机、微波综合雷达等探测设备可以对大气、地面、海洋和地下进行资源调查、污染检测、灾害预测等工作。

② 科学研究:在微重力和空间辐射条件下进行生命科学和生物科学研究。空间条件与地面有很大差别,在微重力和辐射条件下动植物的生长出现许多变化,在空间实验室培育的种子可以大幅度提高产量。失重条件下人的新陈代谢发生变化,对空间人体科学和空间医学的研究,为今后人类在宇宙空间长期生活提供依据。

③ 微重力材料加工及药品制造:在地面重力的作用下,流体中密度不同的成分会产生沉淀和对流,阻碍了精确的分离和充分的混合,晶体的结晶会产生缺陷。在空间失重条件下,可以大大提高电泳法制造生物药品的效率和纯度,可生产出组织和成分非常均匀的合金和复合材料。液态金属在失重条件下的表面张力能使金属自然形成圆球,制造出理想的球形滚珠。在空间冶炼金属不必使用容器,用很微弱的静电力或电磁力即可左右它的位置。冶炼材料可以加热到极高的温度,而不受容器的耐热能力限制。对于高熔点金属,由于冶炼材料不与任何容器接触,可以做到一尘不染,具有极高的纯度。

④ 天文观测:与地面天文台相比空间站不受大气的影响,能够观测到非常清晰的图像、精确测定天体的运动和方位。太阳的辐射、离子流、太阳风等对地球环境、通信等有很大影响,因此在空间站上对太阳的研究具有十分重要的意义。

⑤ 在轨服务基地:空间站可以作为维修生产基地,为各种航天器提供更换仪器设备、加注推进剂、定期维修,建造空间工厂和大型空间设施等服务。实际上目前的大型空间站也是分别发射,在空间组合建造的。

空间站可以作为其他小型航天器的停泊和起飞基地,比起从地面发射可以节省许多能量,也没有空气动力载荷,可大大减小航天器的结构质量。

空间站一般由若干个功能舱组成,各功能舱分别发射升空之后,再在空间组装。其基本组成包括核心舱、科学实验舱、对接过渡舱、太阳能电池阵、姿态控制系统及通信系统等。

最典型的空间站是苏联的"和平"号空间站,图5-49为"和平"号空间站组成图。其中核

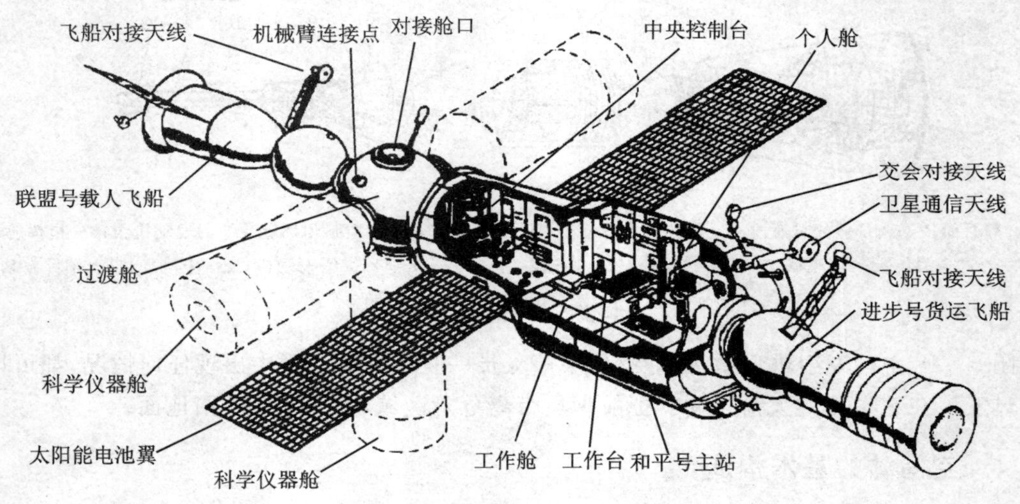

图5-49 "和平"号空间站

心舱是航天员在太空工作和生活的主要场所，设有环境控制、生命保障系统、供配电系统、数据管理系统、通信系统、飞行控制系统等多个系统，在居住场所还设置有航天员卧室、厕所、卫生设施、厨房、桌椅和运动设施等。科学实验舱包括量子 1 号舱、量子 2 号舱、晶体号舱、光谱舱和自然舱共 5 个舱室，主要功能是开展微重力科学、材料科学、生命科学和空间科学等各种科学研究与应用实验。对接过渡舱结构外形是球体加圆台体，通常有多个对接接口，装有连接可靠的对接机构，可以与科学实验舱、载人飞船和货运飞船及其他航天器进行对接，空间站还可以通过过渡舱进行改建和扩建，扩大建设规模。

国际空间站是目前世界上在轨运行的规模最大、结构最复杂的空间站，图 5－50 为国际空间站结构示意图。国际空间站总体设计采用桁架挂舱式结构，即以桁架为基本结构，增压舱和其他各种服务设施挂靠在桁架上，形成桁架挂舱式空间站。大体上看，国际空间站可视为由两大部分立体交叉组合而成：一部分是以俄罗斯的多功能舱为基础，通过对接舱段及节点舱，与服务舱、实验舱、生命保障舱等对接，形成空间站的核心部分；另一部分是在美国的桁架结构上，装有加拿大的遥操作机械臂服务系统和空间站舱外设备，在桁架的两端安装四对大型太阳能电池帆板。这两大部分垂直交叉构成“龙骨架”，不仅加强了空间站的刚度，而且有利于各分系统和科学实验设备、仪器工作性能的正常发挥，有利于航天员出舱装配与维修等。

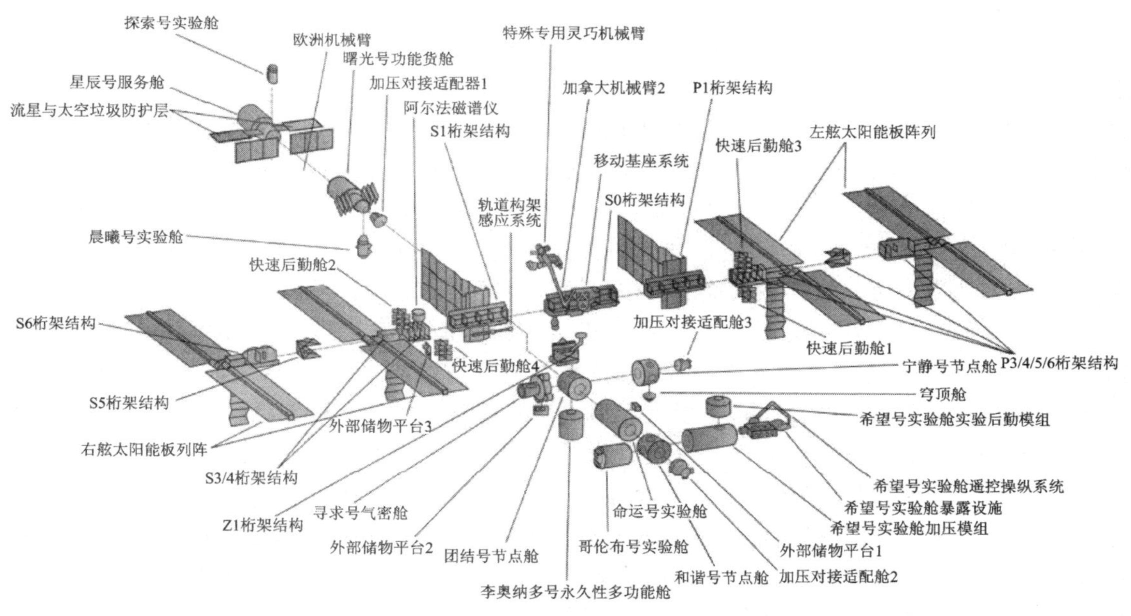

图 5－50 国际空间站结构示意图

国际空间站的各种部件是由合作国家分别研制，其中美国和俄罗斯提供的部件最多，其次是欧空局、日本、加拿大和意大利。这些部件中核心的部件包括多功能舱、服务舱、实验舱和遥控操作机械臂等。俄罗斯的多功能舱具有推进、导航、通信、发电、防热、居住、贮存燃料和对接等多种功能，在国际空间站初期装配过程中提供电力、轨道高度控制及计算机指令；在国际空间站运行期间，可提供轨道机动能力和贮存推进剂。俄罗斯的服务舱作为国际空间站组装期间的控制中心，用于整个国际空间站的姿态控制和再推进；它带有卫生间、睡袋、冰箱等生保设施,可容纳3名航天员居住;它还带有一对太阳能电池板,可向俄罗斯部件提供电源。实验舱是国际空间站进行科学研究的主要场所,包括美国实验舱、俄罗斯实验舱、欧空局的"哥伦布"实验舱和日本实验舱。加拿大研制的遥控操作机械臂长17.6 m,能搬动重量为20 t左右、尺寸为18.3 m×4.6 m的有效载荷,可用于空间站的装配与维修、轨道器的对接与分离、有效载荷操作以及协助出舱活动等,在国际空间站的装配和维护中发挥关键作用。

5.3.5 航天飞机的基本构造

1. 航天飞机的功用

航天飞机是可以重复使用的、往返于地球表面和近地轨道之间运送有效载荷的航天运载器,又是可以进入近地轨道完成多种任务的航天器。航天飞机进入近地轨道的部分称为轨道器,它能完成包括人造地球卫星、货运飞船、载人飞船甚至小型空间站的许多功能,例如向近地轨道释放卫星、从轨道上捕捉、维修和回收卫星、向空间站运送人员和物资等。

2. 航天飞机的构造

目前世界上只有美国和苏联有航天飞机,美国共制造了五架航天飞机,有两架已先后失事("挑战者"号和"哥伦比亚"号)。苏联的航天飞机名为"暴风雪"号,至今仅进行过一次不载人的试验飞行,而没有正式投入使用。

图5-51是美国和苏联航天飞机的比较图。两种航天飞机的外形尺寸相当,美国的"挑战者"号机长56 m、翼展23.8 m、机高23.2 m;"暴风雪"号比前者稍大,机长58.76 m、翼展23.9 m、机高24.52 m。从结构上看两种航天飞机有许多相同之处:它们都是由轨道器、外挂燃料储箱和火箭助推器组成;其中轨道器均为无尾曲边三角翼布局。飞行方式上也都采用垂直发射,水平滑翔着陆。它们的主要差别有三点:第一,美国采用固体火箭作为第一级,轨道器充当第二级;而"暴风雪"号采用的是"能源"号运载火箭作为第一、二级,轨道器是挂接在第二级上的,进入轨道后第二级运载火箭脱落坠入海洋。第二,"能源"号运载火箭的第一级采用液体燃料,在任何一个主发动机失灵的情况下,航天飞机仍能继续飞行,而采用固体火箭的美国航天飞机却不能做到这一点。第三,"暴风雪"号采用自动着陆系统,实现无人驾驶飞行,而美国航天飞机虽然有类似的着陆系统,但迄今为止均采用有人驾驶的半自动返航着陆。

以美国航天飞机为例,它起飞是垂直发射,轨道器上的主发动机与助推器一起工作,到达一定高度后助推器熄火并分离,由降落伞在海上回收,以便再次使用。当飞行接近入轨速度时,主发动机关闭,外挂储箱与轨道器分离。外挂储箱重返大气层烧毁,是一次性使用的。之后,轨道器利用主发动机调整飞行速度和轨道参数,它可在轨道上工作30天左右。轨道器返回进入大气层后,依靠大迎角飞行(30°~40°),并利用大迎角降低下降速度,这样可以降低过载和气动加热。轨道器是无动力滑翔水平着陆,因此只能一次成功。

轨道器的结构与飞机类似,包括机身、机翼、垂直尾翼、起落架等,结构形式大多采用铝合金蒙皮骨架组成的薄壁结构,升降副翼采用铝合金蜂窝结构。

轨道器的机身结构由前段、中段和后段三部分组成。机身前段包括头锥和乘员舱,头锥位于航天飞机的最前端,呈锥体外形。乘员舱分为上、中、下三层,容积为71.54 m^3,上层是飞行操作控制室;中层是乘员生活舱;下层是仪器设备舱,装有环境控制和生命保障系统。乘员舱正常情况下可以乘载7名航天员,紧急状态下可以增加到10个人。机身中段的有效载荷舱有近300 m^3的容积,为便于大型的卫星或航天站组件出入,在背部布置有两个很大的有效载荷

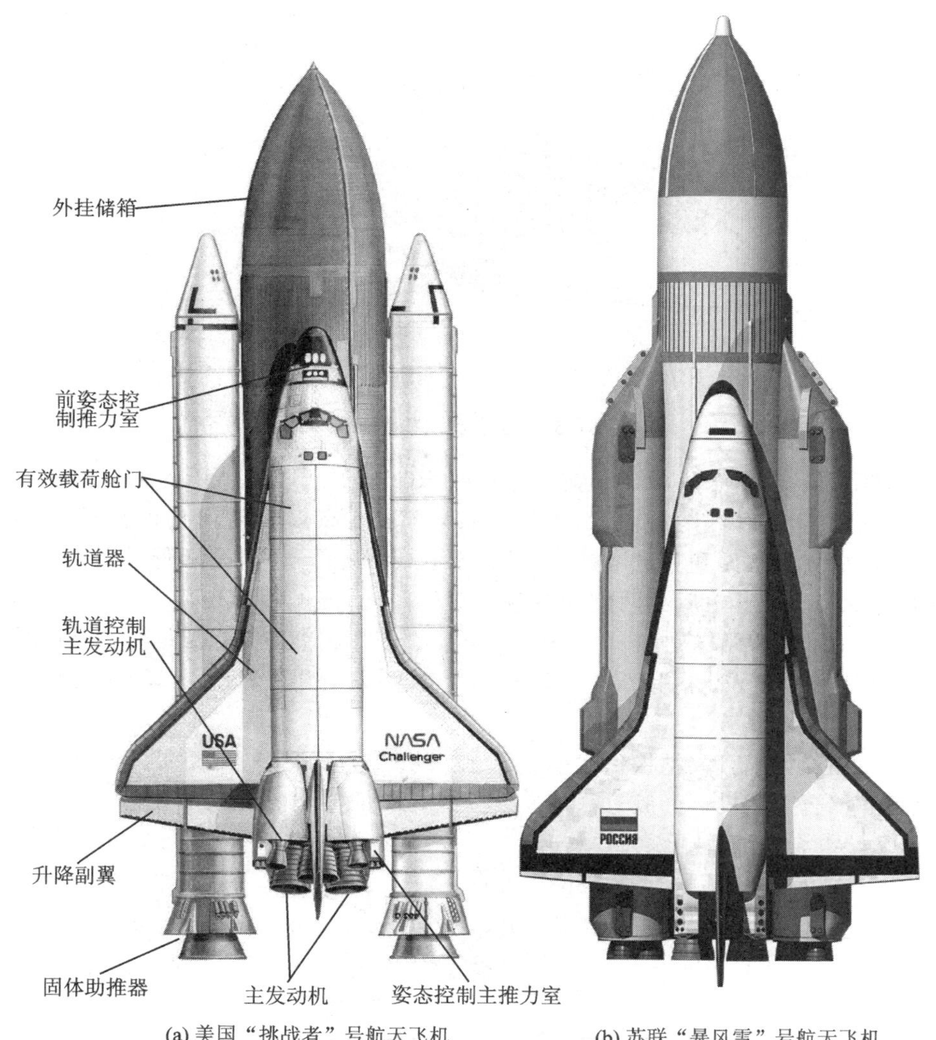

(a) 美国“挑战者”号航天飞机　　(b) 苏联“暴风雪”号航天飞机

图 5-51　美国航天飞机和苏联的航天飞机

舱门,它采用石墨环氧非金属蜂窝夹层结构。为了在轨道上布放和回收有效载荷,舱内设有可遥控的机械臂。它是总长 15 m 多的三节细长杆,在地面上几乎不能承受自身的质量(410 kg),但在太空失重条件下,却可以迅速而灵活地装卸 10 t 多的有效载荷。轨道器的后段比较复杂,主要装有 3 台主发动机,尾段还装有 2 台轨道机动发动机和 2 个反作用控制推力系统。除此之外,尾段还有升降副翼、襟翼、垂直尾翼、方向舵和减速板等气动控制部件。美国航天飞机的轨道器如图 5-52 所示。

航天飞机在重返大气层时,气动加热现象使轨道器的表面温度很高,因此必须进行热防护。因为航天飞机是多次重复使用的,防热材料也要能够多次重复使用,因此不能用烧蚀法来防热。航天飞机表面的温度分布如图 5-53(a)所示。根据表面温度的不同,可以分成四个区域,不同的区域可以采用相应的可以重复使用的防热材料,如图 5-53(b)所示。如机身头部

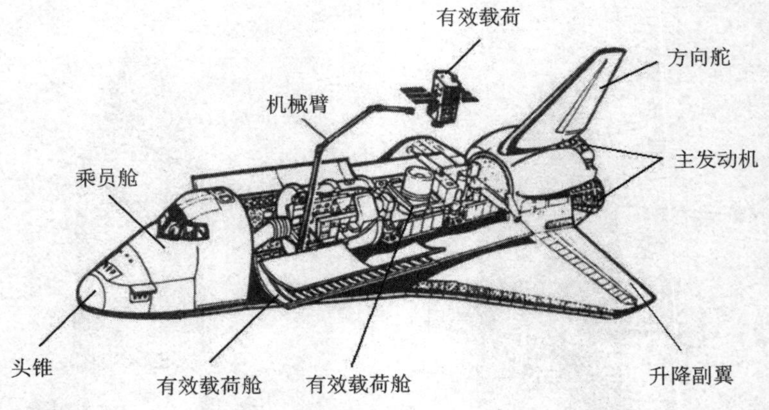

图 5-52 轨道器结构示意图

和机翼前缘,温度最高,可采用增强碳碳复合材料(RCC),其可重复使用的温度达 1 593 ℃;机身、机翼下表面前部和垂直尾翼前缘,温度较高,可采用高温重复使用的防热隔热陶瓷瓦(HRSI);机身、机翼上表面和垂直尾翼,气动加热不是特别严重,可采用低温重复使用的防热隔热陶瓷瓦(LRSI);机身中后部两侧和有效载荷舱门处,温度相对较低(约 350 ℃),可采用柔性的、重复使用的表面隔热材料(FRSI)。为了有效地解决防热问题,对于温度最高的区域还要采取其他的措施,如采用热管冷却和强制循环冷却和发汗冷却等,以确保航天飞机的安全。

陶瓷材料很脆,如果直接粘接到蒙皮上,在受热和受力情况下,陶瓷瓦会破裂,为避免这种现象,陶瓷瓦和铝合金蒙皮之间胶有一层厚度为 4 mm 的变形隔离垫,如图 5-53(c)所示,是由尼龙纤维毡垫缝合而成。

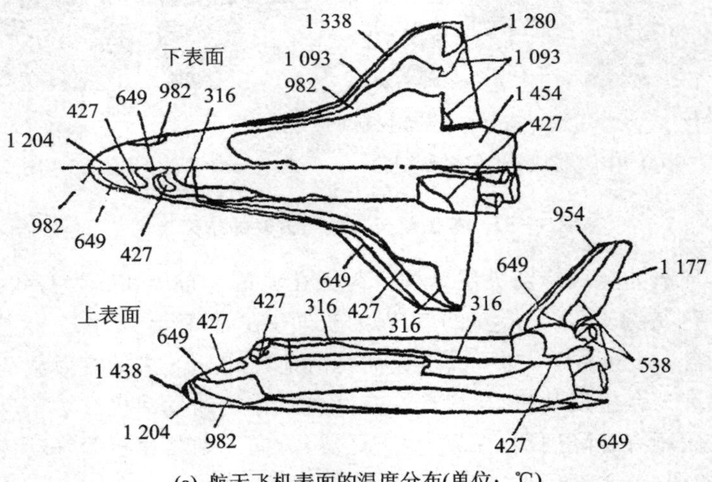

(a) 航天飞机表面的温度分布(单位:℃)

图 5-53 航天飞机的防热及防热材料

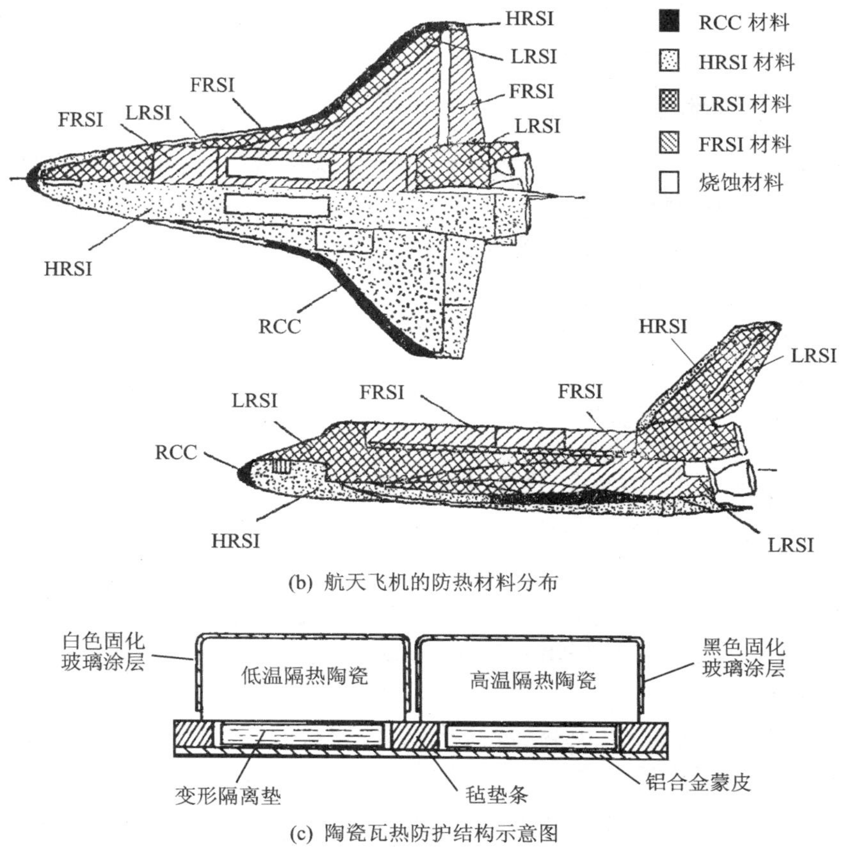

(b) 航天飞机的防热材料分布

(c) 陶瓷瓦热防护结构示意图

图 5－53　航天飞机的防热与防热材料(续)

3. 轨道机动系统和姿态控制系统

轨道机动系统主要是为航天飞机提供入轨机动、轨道修正、变轨、与其他航天器交会和脱离轨道所需的推力。该系统有两台液体火箭发动机，分别装在后机身两侧的两个外吊舱内，如图 5－51 所示，其所用推进剂为 N_2O_4 和一甲基肼，属于可存储的自燃推进剂，以便长期在空间多次启动。两台发动机共可提供 305 m/s 的速度增量。

姿态控制系统的功用是为轨道器精确的姿态控制和 3 个轴向移动及转动提供所需的推力。该系统共有 38 个推力室(每个推力为 3 885 N)和 6 个游动推力室(每个推力 108 N)。前舱有 14 个主推力室和两个游动推力室，布置在机头上部。尾部布置在轨道机动发动机旁，左右外吊舱各有 12 个主推力室和两个游动推力室，如图 5－51 所示。游动推力室的作用是更精确的姿态控制。一般说来控制航天器的 3 个姿态角和 3 个轴向移动而不发生干扰，仅需 12 个推力室，而采用 38 个推力室主要是为了提高控制灵活性和备份可靠性。

5.4　火箭和导弹的构造

火箭是依靠火箭发动机推进的飞行器，它的应用范围十分广泛，从节日焰火用的小火箭到将人运上月球的巨型运载火箭；从火箭炮到洲际弹道导弹等都是以火箭作为动力。而这里所说的火箭是指探空火箭和运载火箭,而其他以火箭发动机为动力飞行的飞行器往往不用火箭命名。

5.4.1 火箭的基本构造

1. 探空火箭

探空火箭是对近地空间进行环境探测、科学研究和技术试验的火箭,按研究对象的不同可分为气象火箭、地球物理火箭、生物火箭和防冰雹火箭等。它一般是无控制的,具有结构简单、成本低、发射灵活方便等优点。探空火箭比探空气球飞得高,比低轨道运行的人造卫星飞得低,其飞行高度在30~200 km,是目前这一高度范围唯一的探测工具。

2. 运载火箭

运载火箭是把人造地球卫星、载人宇宙飞船、航天站、空间探测器或航天飞机等有效载荷送入预定轨道的火箭。运载火箭是在洲际弹道导弹的基础上发展起来的,运载火箭的要求与弹道导弹不同,它更强调可靠性、各轨道的运载能力、通用性和经济性。它可以采用储存性差、能量高的冷冻推进剂(如液氢和液氧等)和廉价的烃类燃烧剂(如煤油、甲烷和丙烷等)。目前用单级火箭很难使航天器入轨,一般采用多级火箭,但级数多,结构就复杂、可靠性降低,同时级数过多对减小火箭的起飞质量并不显著。因此,当速度能满足要求时,应尽量减少级数。目前,很少采用多于四级的火箭,图5-54为"长征"3号甲三级串联式运载火箭的结构示意图。

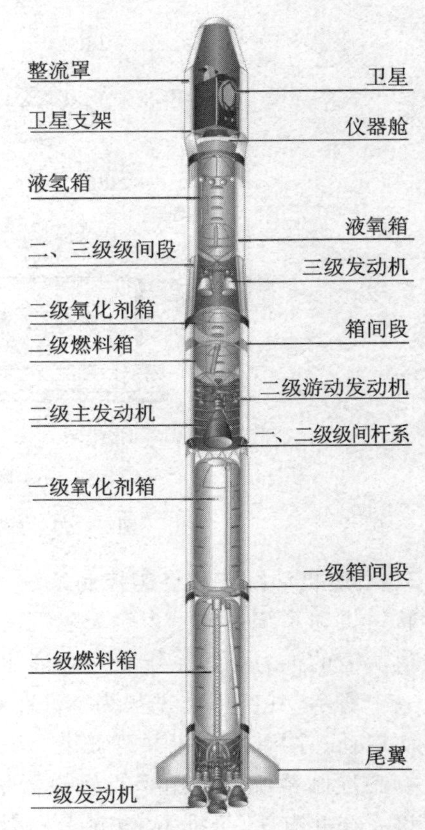

图5-54 "长征"3号甲运载火箭结构示意图

(1) 运载火箭的组合方式和级间分离

多级火箭一般有串联型、并联型和混合型三种组合方式。

① 串联型是火箭各子级之间依次同轴相连,如图5-55(a)所示,各子级发动机顺序工作。其优点是气动阻力小;级间连接简单,分离时干扰小,分离故障少;发射装置比较简单。缺点是:火箭长度大,弯曲刚度差;火箭的运输、储存和发射前起竖等不便。

② 并联型在中间有一个芯级,各子级(助推级)围绕芯级周围,捆绑式连接,子级的轴线与芯级平行或有一小的夹角,子级与芯级发动机同时开始工作,如图5-55(b)所示。这种多级火箭可以利用已有的单级火箭组合在一起,因而加快了研制过程;火箭的长度短,在发射台上稳定性好。缺点是:横截面大,飞行阻力大;级间连接较复杂,分离时干扰大。目前较少采用并联型火箭。

③ 混合型是具有串联型的芯级，并且在芯级周围还捆绑有助推子级，如图 5－55(c)所示。

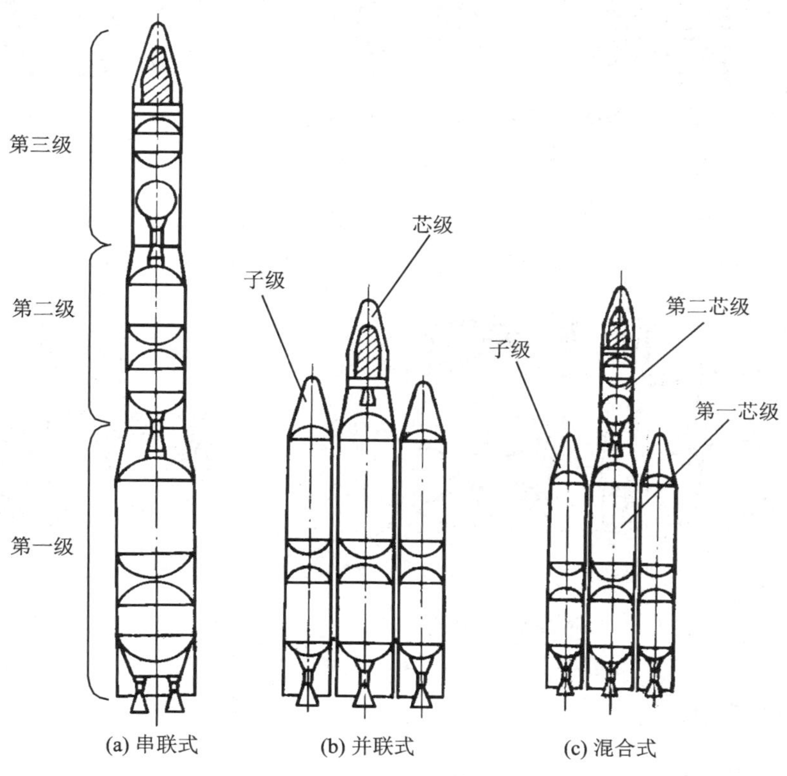

图 5－55　运载火箭的组合方式

对于不同的组合方式，火箭的级间分离会有所不同。串联式火箭的分离主要有冷分离和热分离两种。

① 热分离是指在下面级发动机推力尚未消失，上面级的发动机即点火工作，连接解锁装置解锁，上面级依靠发动机推力加速，下面级在上面级发动机燃气推力和空气阻力作用下减速，两级分离。

② 冷分离是相对热分离而言。它是在下面级推力已基本消失，上面级发动机尚未启动时，连接解锁装置解锁，依靠分离冲量装置（如弹簧分离装置）使两级分离。对于大型并联火箭，一般采用专门的分离固体火箭，将子级推离芯级。

(2) 运载火箭的构造

图 5－56 为典型的液体运载火箭第一级结构示意图，其他各级的构造与其类似。其中的储箱除储存推进剂外也是火箭的承力结构。箭体主要承受轴向载荷、弯矩和内压。轴向载荷使储箱筒壁受压，而内压在筒壁内产生轴向拉力，两者有互相抵消作用。

储箱筒壁一般用化学铣切方法加工成网格状加筋结构，如图 5－57 所示。为提高储箱承受内压的能力，一般将储箱底做成外凸形状，有半球形、椭球形和环锥底等。两个储箱间是一个短筒，它没有内压，但要承受全部的轴向力，通常也制成网格状加筋结构。箭体的其他部分，如级间段，后过渡段、尾段和仪器舱等，都没有内压，但同样要承受较大的轴向压力，一般将它们设计成半硬壳式结构。对于采用级间热分离的火箭，级间段设计成杆系结构，如图 5－58 所

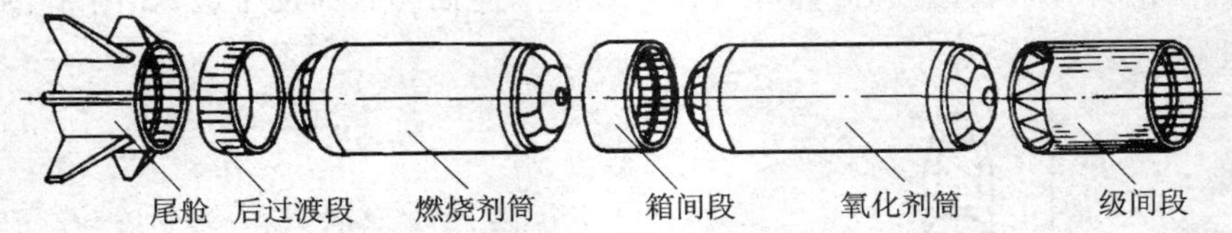

图 5-56 火箭第一级结构示意图

示,这样便于分离时燃气排出。运载火箭大部分在稠密大气层之外飞行,因此对气动外形要求不很严格,为了生产工艺上的方便,有时将上述各段的桁条安排在外表面。

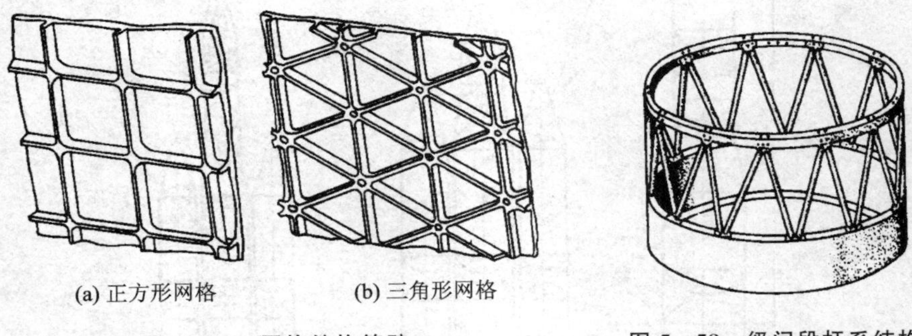

图 5-57 网格结构筒壁

图 5-58 级间段杆系结构

5.4.2 导弹的基本构造

导弹是依靠制导系统来控制飞行轨迹的飞行武器,它的任务是把炸药弹头或核弹头运送到目标附近引爆并摧毁目标。导弹有很多分类方法:从气动外形和飞行弹道方式可分为有翼导弹和弹道导弹,有翼导弹又可分为巡航导弹和高机动飞行导弹;按发射地点和目标所在地可分为地对地导弹、地对空导弹、空对空导弹和空对地导弹等;按作战使命分为战略导弹(打击大型、固定的目标)和战术导弹(打击小型、运动的目标);按发射地分为岸基导弹、舰基导弹和潜射导弹等;按目标类型分反舰导弹、反坦克导弹、反辐射导弹和反弹道导弹等。

1. 有翼导弹

(1) 有翼导弹的特点

与炮弹相比导弹的射程远,威力大,准确度高,对目标的摧毁概率高得多。飞行原理和构造形式都与飞机接近,某些巡航导弹与飞机相差无几,不同之处在于导弹是一次性使用、无人驾驶的飞行武器。有翼导弹有以下四个特点。

① 有复杂的制导系统,而气动外形和构造比较简单。由于弹上无人,就不需要生命保障和服务等设施。又是一次性使用,也不要降落装置。

② 导弹作为一种武器,其系统概念较强,必须在一个完整的系统下,才能很好地工作和发挥战斗威力。如需要发射系统帮助发射,外部制导引导等。

③ 可以发挥飞行器大速度、大迎角和大机动性的潜力。目前的战斗机最大 Ma 约为 2.5~3.0,使用过载不大于10(飞行员限制);而导弹无此限制,格斗导弹的法向过载可达 30~50。

④ 导弹是一次性使用的武器,但要长期保存;保存期间不像飞机那样可以开车检查,所以

对保存环境和监测手段有特殊要求。

(2) 有翼导弹的基本组成及各部分的功用

如图 5－59 所示，有翼导弹有战斗部系统、动力系统、制导系统和弹体几部分组成。

① 战斗部系统：由战斗部、引信和保险装置组成。战斗部的功用是摧毁目标；引信的功用是保证在恰当的时机引爆战斗部；保险装置是防止保存、运输和装卸过程中爆炸。

② 动力系统：为导弹提供飞行动力。它由发动机、燃料储存和输送装置组成。在导弹上使用最多的是固体火箭发动机，巡航导弹上一般采用涡轮喷气发动机或冲压发动机。

③ 制导系统：引导控制导弹以一定的准确度飞向目标。巡航导弹多用惯性导航、卫星导航和图像匹配导航系统或者它们的组合，高机动性导弹常使用无线电制导和红外制导，射程较大的地空导弹常由其他地面引导系统提供无线电制导指令。

④ 弹体：包括弹身、弹翼和操纵面三部分。它们的功用与飞机类似，结构形式比较简单，一般为圆形截面。但在飞行过程中弹身提供升力的比例比飞机机身大。

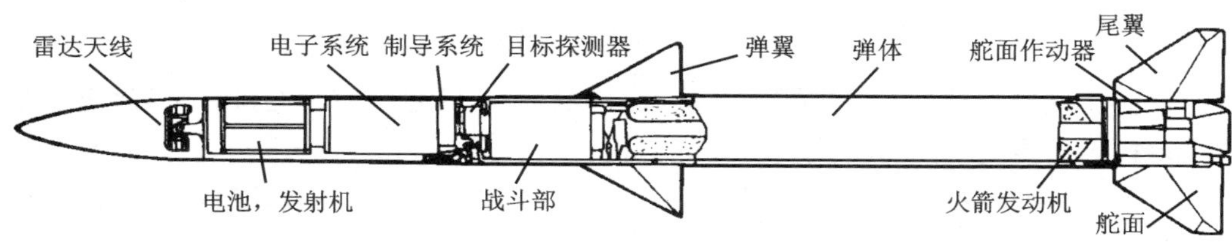

图 5－59　有翼导弹的组成

(3) 导弹的气动外形

导弹的气动布局与飞机类似，分为正常式、鸭式、无尾式和可偏弹翼式四种，如图 5－60 所示。

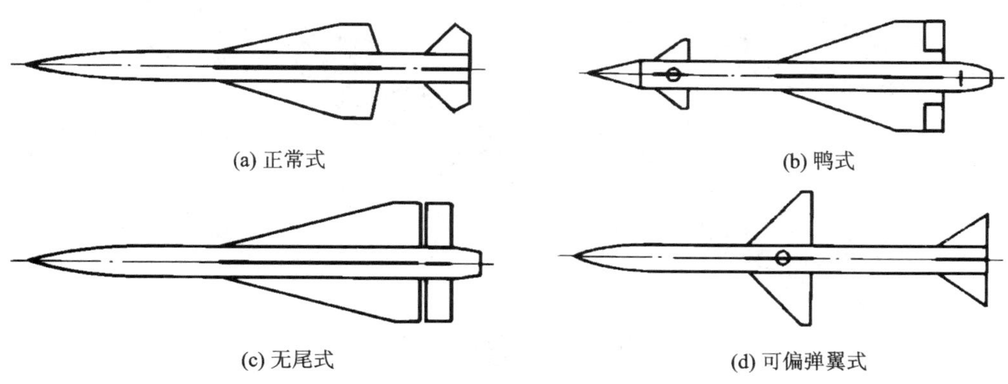

图 5－60　有翼导弹的气动布局形式

① 正常式布局：弹翼在前，操纵面在尾部。除有方向舵和升降舵外，它们的差动可进行滚转操纵，如图 5－60(a)所示。

② 鸭式布局：弹翼在后，操纵面在前。通常不能靠鸭翼差动进行滚转操纵，因为差动时鸭翼的尾迹在弹翼上的作用会降低差动效果，甚至会反向操纵。可在弹翼后面安装副翼进行滚转操纵与稳定，如图 5－60(b)所示。

③ 无尾式：弹翼在后部，操纵面在弹翼后缘，如图 5－60(c)所示。

④ 可偏弹翼式:弹翼在前,它同时又是操纵面;固定尾翼在后,起稳定作用,如图5-60(d)所示。

大多数导弹的弹体都是细长的圆形截面,弹翼是对称布置。按照弹翼在圆周方向的布置可分为平面型(多为巡航导弹)、X型和十字型,如图5-61所示。平面形用于巡航导弹,弹翼有较好的升力。后两种形式用于高机动型导弹,它们在转弯时都不必像飞机那样倾斜,只是正常飞行时的姿态是X形或十字形的差别。

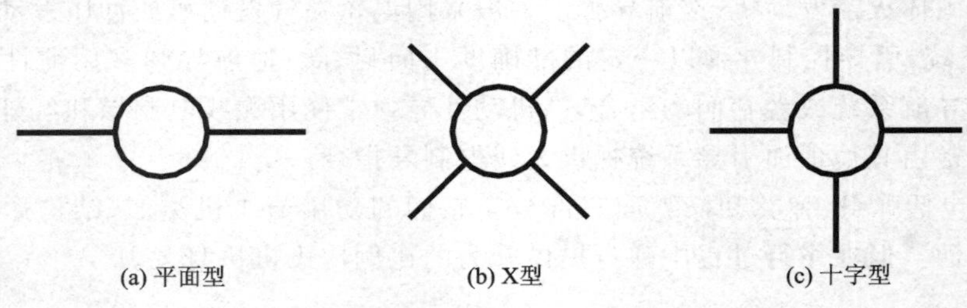

图5-61　弹翼沿弹身周向布置

不同的气动布局形式各有优缺点,主要从部位安排、发动机进气、操纵性和稳定性等因素考虑。

2. 现代巡航导弹

大部分航迹处于“巡航”状态的导弹称为巡航导弹。它的外形与飞机相近,一般采用空气喷气发动机。这里介绍的巡航导弹主要是指战略巡航导弹。

图5-62为美国的“战斧”巡航导弹的部位安排示意图。该导弹的弹体为模块式设计,除其战斗部、发动机和制导系统可按作战任务不同而改变外,其余部分如动力系统、弹翼、尾翼等

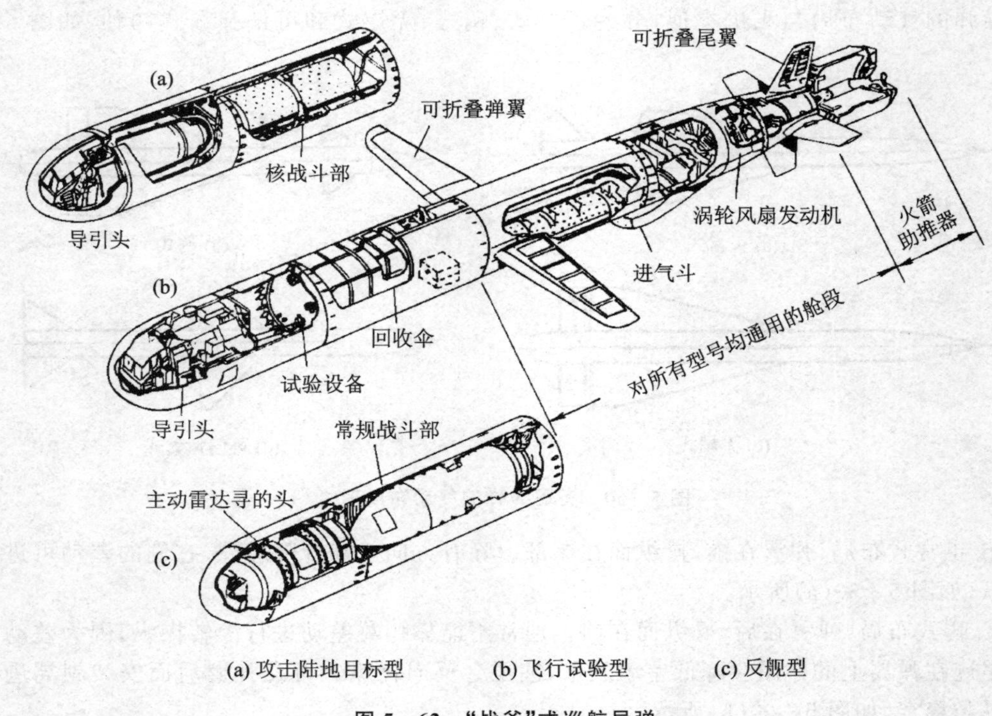

图5-62　“战斧”式巡航导弹

的内部尺寸和部位安排均相同。该弹是圆柱形弹身，在尾段串接一个固体助推器，弹身中部装有一对窄梯形可折叠直弹翼，弹身腹部装有一台涡轮风扇发动机和收放式进气口，尾部装有十字形可折叠尾翼。平时，弹翼顺航向向后折叠在弹身纵向储翼槽中，尾翼从根部沿周向折叠，进气口收在弹身内。这样不仅便于收藏在轰炸机的炸弹舱内或放入舰艇的发射管内，还减小了助推器工作时的阻力。导弹发射后尾翼靠弹簧机构展开并进行滚动控制；助推器熄火后抛掉，弹翼由作动器打开，进气口也放出，涡扇发动机启动并开始工作。

现代巡航导弹的特点如下。

① 起飞质量小。由于采用新型发动机、高能燃料、小型增强型弹头，以及采用复合材料等新技术，大大减轻了结构重量。

② 一般采用 GPS 定位导航，并结合雷达或红外成像以及景象匹配末制导，具有很高的命中精度。

③ 突防能力强。导弹尺寸小，采用复合材料和吸波材料等隐身技术，缩小了雷达反射面积；采用地形跟踪和地形回避，进行超低空飞行，避开防空武器的拦截。

④ 通用性好，能选择不同的战斗部，能攻击不同的目标。

⑤ 成本低廉，能大量使用。

目前巡航导弹的弱点是飞行速度低，如射程 2 000～3 000 km 的导弹要飞行几个小时；数字式景象匹配导航需要较多前期的制图工作，并受到气象条件的限制；重新装定临时发现目标并予以攻击的能力相对较差。

3. 弹道导弹

(1) 飞行方式

弹道导弹的飞行开始阶段靠发动机推力前进，此阶段称为主动段。发动机停止工作后，靠惯性飞行（此阶段称为被动段），其飞行轨迹像炮弹一样，因此得名弹道式导弹，如图 5-63 所示。弹道导弹一般以射程远近区分，小于 1 000 km 的为战术弹道导弹；大于 1 000 km 的称战略弹道导弹。战略弹道导弹又分为近程（1 000～2 000 km）、中程（2 000～5 000 km）、远程（5 000～8 000 km）和洲际（8 000～16 000 km）弹道导弹四类。

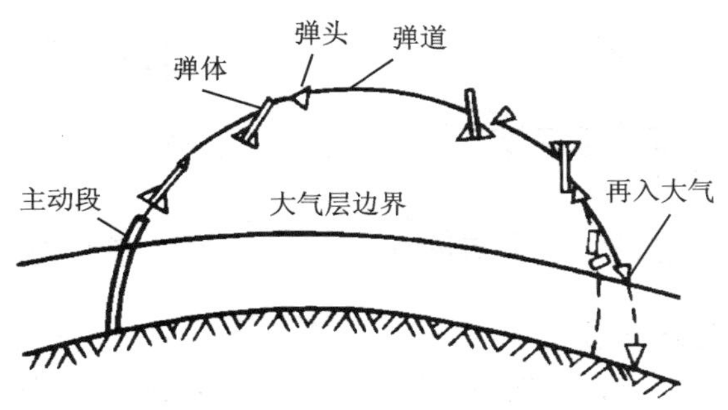

图 5-63　弹道导弹飞行方式

弹道导弹为了能飞得更远，发射后很快就离开稠密大气层，因此弹道导弹都是使用火箭发动机，其射程由火箭发动机停止工作点（主动段终点）的速度决定。图 5-64 所示为射程 L 与主动段终点速度 V_b 的关系曲线。可以看出，L 与 V_b 并非线性关系。由火箭理论可知，V_b 的理论速度（即不考虑克服空气阻力所做的功和重力势能变化）可表示为

$$V_{\mathrm{b}}=I_{\mathrm{s}}\ln\frac{1}{\mu_{\mathrm{b}}} \tag{5-1}$$

式中,I_S 为火箭发动机的比冲,μ_b 为导弹的质量比(导弹空载质量/充满推进剂时的质量)。由上式可知,要增大射程只有增大火箭发动机的比冲或减小导弹的质量比,但两者都是有限度的。所以用单级火箭推进的弹道导弹的射程是较小的,难以达到洲际导弹的要求,目前主要是采用多级火箭推进的方法。前级工作完成后,抛掉发动机和空燃料箱,减小导弹的质量,使剩余部分具有更高的质量比,进而增加射程。

(2) 弹头和级间分离方式

弹道导弹采用弹头可分离技术,在主动段终点时弹头与弹体自动分离,再入大气层时弹头上有安定翼,可保证稳定飞行。弹体在重入大气层时烧毁。因为再入大气层时的载荷很大并且温度很高,弹头分离就使弹体不必考虑再入大气层的问题,使结构重量减轻,增加了导弹的质量比,进而增加射程。

导弹多级之间的分离与运载火箭相同,有热分离和冷分离两种方式。热分离是在下一级火箭将要关闭前,先启动上一级发动机,随后解脱级间连接件,再关闭下一级发动机;上一级喷出的燃气流将下一级弹体推开,在级间段上设有排气口,保证分离前热气流能排除,如图5-65所示。这种分离方式的分离机构简单,分离速度快,上一级发动机启动可靠。但对上一级的扰动较大,增加了上一级燃料的消耗。冷分离是先将级间连接脱开,上一级发动机再点火启动。为避免在脱开时发生碰撞,可以采用下一级制动或利用空气阻力减速使上下级间分开一定距离。这种分离方式干扰小,但分离的控制程序比较复杂。固体火箭一般等前级推进剂燃尽后再启动后级发动机,因此往往采用冷分离方式。

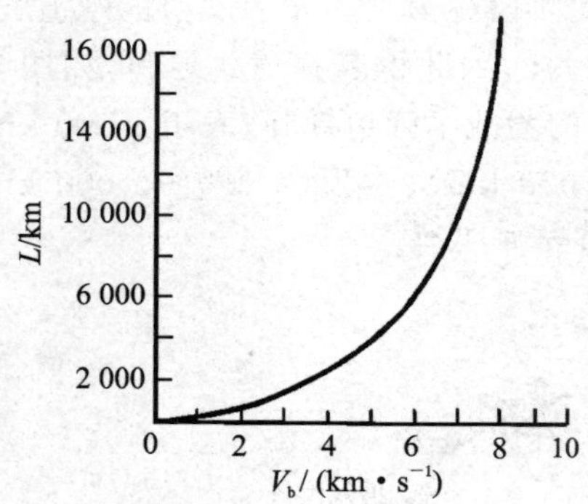

图5-64 射程与主动终点速度的关系

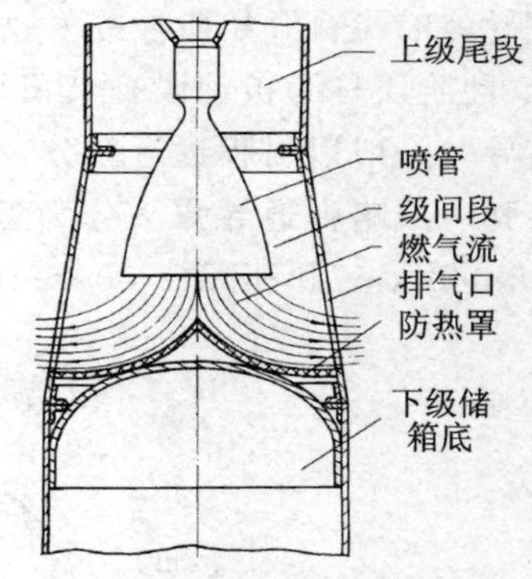

图5-65 级间热分离

(3) 弹道导弹的控制方式

由于弹道导弹是要离开稠密大气层飞行的,因此它不能像有翼导弹那样使用气动舵面来操纵和稳定导弹姿态。必须利用发动机的燃气来进行操纵。操纵的方法有以下几种。

① 燃气舵:将舵面置于燃气喷流内,它的作用与舵面在空气中的作用相同。一般燃气舵用耐高温的石墨材料制成。这种控制方式结构简单,操纵方便,但会造成推力损失。

② 摆动发动机:将液体火箭主发动机安装在万向轴承上,可以在俯仰和偏航进行控制。另外两个小的辅助发动机的差动控制导弹的滚转运动,如图5-66所示。对于由四个液体火箭发动机并联组成的主发动机,只要每个发动机绕一个轴切向摆动,就可以对导弹进行三轴姿

态控制，如图 5－67 所示。

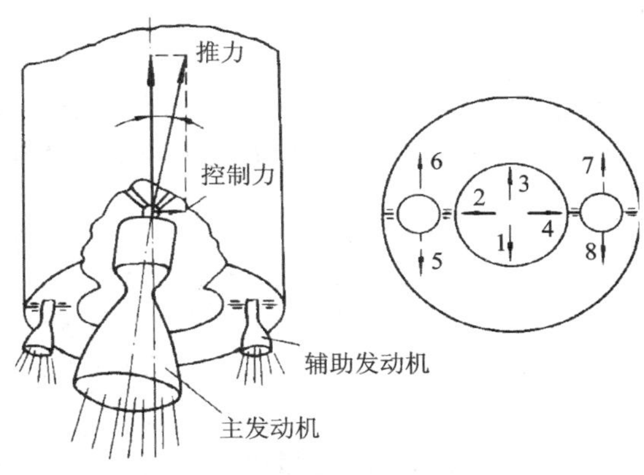

1,3—控制俯仰；2,4—控制偏航；5,7；6,8—控制滚转

图 5－66　单个主发动机摆动

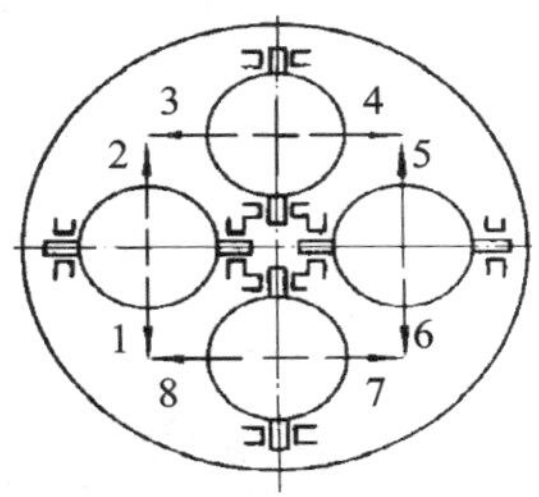

1,6；2,5—控制俯仰；3,8；4,7—控制偏航；
3,7；4,8—控制滚转

图 5－67　四个发动机切向摆动

③ 摆动喷管：固体火箭发动机不能整个摆动，可将发动机的喷管装在球形关节上，通过作动筒操纵偏转，使推力产生俯仰和偏航力矩分量，如图 5－68 所示。但对滚转的控制，还要增加另外的控制措施。对于具有四个喷管的发动机组，可以像摆动发动机那样对导弹进行三轴姿态控制。

④ 固定式姿态控制发动机：将推力室固定在弹体上，每个推力室可以根据需要断续工作，产生推力，对导弹的三个姿态进行控制，如图 5－69 所示。为了能不断的多次快速点火，采用氧化剂和燃烧剂相遇即可自燃的推进剂，如 N_2O_4 和一甲基肼和偏二甲肼。这种控制方式结构简单，不需要转动机构和作动器，仅需要对推进剂的喷和停进行控制。但由于控制推力较小，适用于大推力的主发动机停车后，对导弹的被动段进行控制，或对分离后的弹头进行控制。

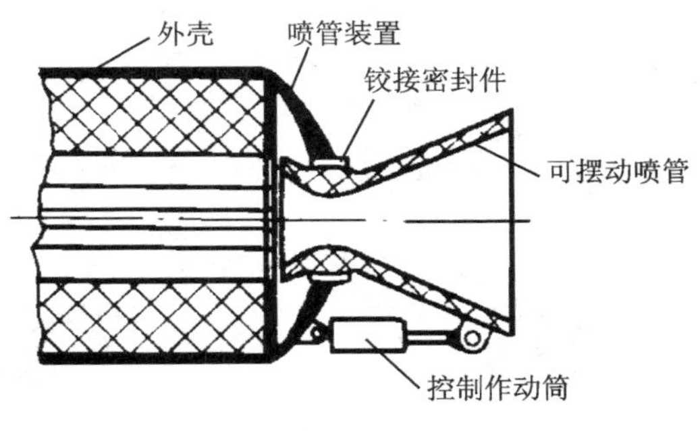

图 5－68　摆动喷管

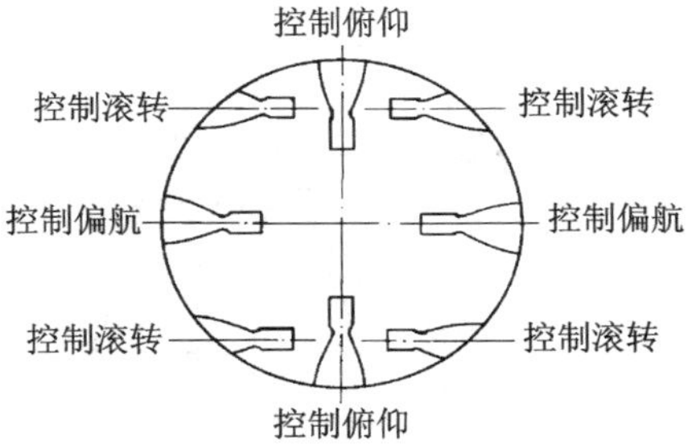

控制俯仰
控制滚转　控制滚转
控制偏航　控制偏航
控制滚转　控制滚转
控制俯仰

图 5－69　固定姿态控制发动机

⑤ 二次喷射技术：二次喷射技术如图 5－70 所示，利用另外储存的气体或液体向喷管内喷射，或从燃烧室引出一股燃气到喷管，使喷管喷出的燃气流的方向发生改变，产生控制力矩。这种操纵方式所产生的控制力矩比较小，所以实际应用较少。

(4) 多弹头弹道导弹的弹头控制方式

采用多弹头技术可以提高弹道导弹的攻击效率和命中率，是突防的有效措施。多弹头可以采用真假混装，而减小被拦截的概率。多弹头是由母弹头（既母弹舱）和其内部的多个子弹

头组成,根据弹头的控制方式的不同,多弹头可分为三种形式:

① 集束式多弹头:集束式多弹头又称“霰弹式”多弹头,一个母弹头内集中捆绑几个子弹头,当它们与弹体分离后,抛掉母弹头上的整流罩,将子弹头释放出来。子弹头按惯性飞行,它们的轨迹比较接近,弹着点形成一个几公里到几十公里的散布面,如图 5-71 所示。集束式多弹头的命中精度差,只适合打击大城市那样的面目标,对于摧毁导弹发射井一类的单点硬目标却无能为力。

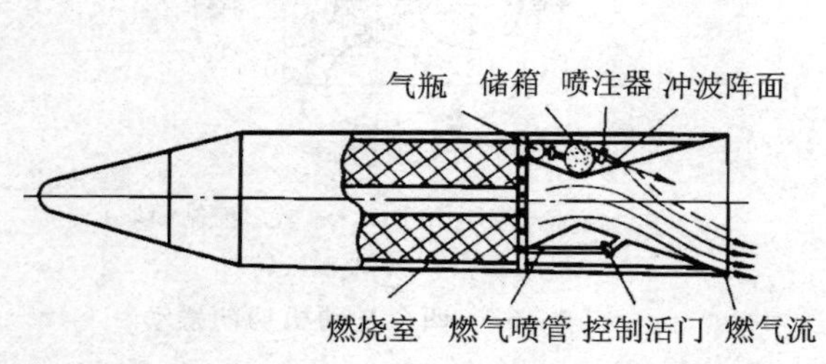

图 5-70　二次喷射技术

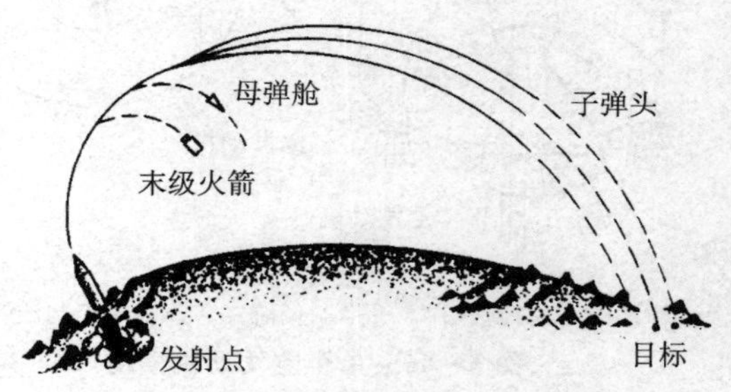

图 5-71　集束式多弹头飞行弹道

② 分导式多弹头:分导式多弹头是集束式多弹头的发展,其母弹头装有推进系统和制导系统,而子弹头上没有。图 5-72 为母弹头的结构示意图。母弹头与弹体分离后,可以作机动飞行,在不同的速度、高度和方向上逐个释放子弹头。各子弹头可以分别攻击不同的目标,也可以沿不同方向攻击同一目标如图 5-73 所示。分导式多弹头的特点是:子弹头分布面积大,两个弹头间的距离可达几百公里甚至上千公里,同时可以释放诱饵弹头,突防能力较强;由于每次投放子弹头都要进行速度和方向的调整,可以修正误差,因此命中精度较高。但是,子弹头被释放后仍按惯性弹道飞向目标,易被敌方拦截。

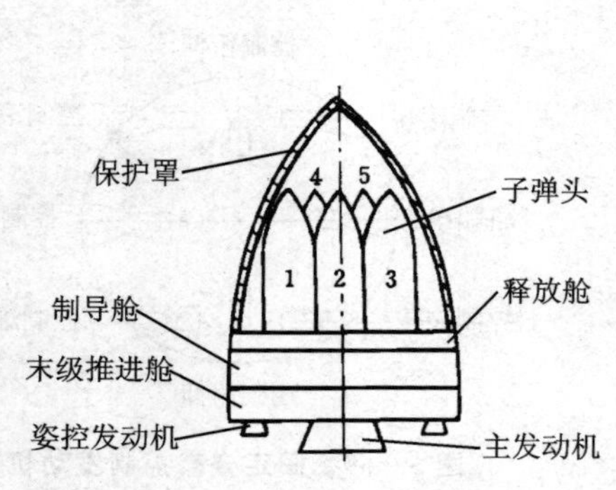

图 5-72　分导式多弹头结构示意

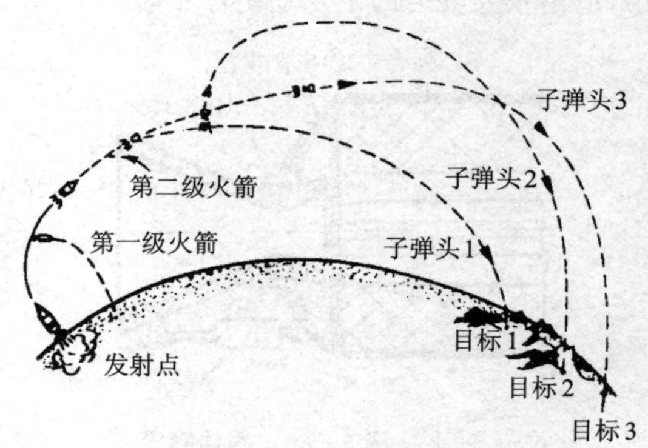

图 5-73　分导式多弹头飞行弹道

③ 机动式多弹头:机动式多弹头又称全导式多弹头,它的母弹头和子弹头都装有推进系统和制导系统,都可以进行机动飞行。子弹头可以像分导式多弹头那样,在不同的时间分别发射出去,也可以同时发射。子弹头机动飞行的轨迹可以是弹道式,也可以是平飞攻击,还可以是突然跃起再俯冲飞行目标,如图 5-74 所示。在多个子弹头中间可以有假弹头,这种突防方式使敌方的反导系统很难对它进行拦截;此外由于子弹头上加上了精确的末制导系统,能够自

动寻找和瞄准目标，使命中精度大大提高。

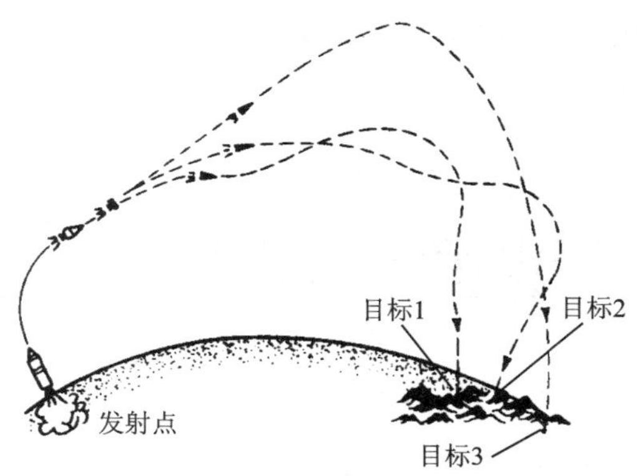

图 5－74　机动式多弹头飞行弹道

多弹头技术在民用上也有重要的使用价值。如用一枚火箭发射多颗民用卫星就是利用了分导式多弹头技术。这种发射方式可以提高火箭发射效率，节约发射成本。

思考题

1. 对飞行器结构的一般要求有哪些？
2. 什么是复合材料？它们有哪些特点？
3. 飞艇在飞行操纵上与飞机有什么不同？
4. 飞机的组成有哪几大部件和哪些系统？
5. 飞机结构中翼梁、翼肋、桁条和蒙皮分别起什么作用？
6. 前三点式起落架与后三点式起落架相比有哪些优缺点？
7. 直升机旋翼的种类有哪些，各有何特点？
8. 直升机自动倾斜盘是如何工作的？
9. 直升机尾翼的种类有哪些，各有何特点？
10. 举例说明什么是航天器的专用系统。航天器的保障系统包括哪些分系统？
11. 空间探测器的软着陆方式主要有哪几种形式，各有何特点？
12. 空间站由哪些部分组成，各有什么作用？
13. 航天飞机由哪些部分组成，其飞行方式与普通飞机有什么不同？
14. 运载火箭的组合方式有哪几种？各有什么优缺点？
15. “长征”3 号甲是几级运载火箭？火箭的级间分离方式有哪几种，各有何特点？
16. 有翼导弹由哪些部分组成？各部分的功用是什么？
17. 导弹的制导方式主要有哪几种？它们的主要区别是什么？
18. 弹道导弹的多弹头控制方式有哪几种？它们的特点是什么？

第6章 地面试验与地面保障设施

飞行器试验是飞行器研制过程中用以辅助和验证设计、鉴定性能和检验工艺质量的实践手段。航空、航天各个工程领域都广泛应用各种试验技术和设备来验证所选取的方案和设计参数是否正确，检查各个分系统的协调性、可靠性和工艺质量，鉴定飞行器的性能，并为进一步改进飞行器提供依据。飞行器试验是任何飞行器的设计、鉴定和验收不可缺少的重要环节。飞行器试验包括地面试验和飞行试验，本章主要对一些典型的地面试验及其试验设备加以介绍。

飞行器飞行过程中，起飞与着陆、发射与回收阶段操作流程最为复杂，飞行员或操作员需要在短时间内完成多个动作，同时还会受到地面或周边环境因素的影响和约束，因此事故率和危险性都比较高。为了保障飞行器的飞行安全和有效运行，飞机机场、航天器发射场和着陆场、导弹发射装置等都需要配备专门的飞行活动场地和维护保障设施。

6.1 飞行器地面试验及试验设备

飞行器的研制程序和特点不同，需要开展的地面试验项目也有所不同。对于大多数飞行器而言，地面试验项目主要包括风洞实验、结构试验、发动机地面台架试验、系统模拟试验和环境模拟试验等。

6.1.1 风洞实验及实验设备

在大气层内飞行的飞行器需要有良好的气动外形和气动特性，几乎所有飞行器在初步选定外形以后都要在风洞中进行空气动力试验，从而获得良好的空气动力性能。例如，在第2章中提到的飞机的升力和阻力及其相应关系，对于飞机的飞行特性有很大影响。要提高飞机飞行性能，就应使飞机在飞行过程中产生的升力大，而阻力小。要想得到准确的升力和阻力变化情况，除了必要的计算外，还要通过实验的方法获得必要的数据，目前应用最广泛的实验技术就是风洞实验技术。

1. 风洞实验的基本相似准则

风洞是一种利用人造气流来进行空气动力实验的设备，可以对飞机的某个部件（如机翼）或整架飞机进行吹风实验，试件多用缩比模型，有时也用全尺寸模型。早期的风洞尺寸小，风速也较低。飞机模型或机翼模型一般只有原型飞机的1/10左右。为了使实验结果更接近于真实情况，就要将模型的尺寸加大，因此风洞的尺寸也随着增大，现在的巨型低速风洞可以容纳整架 1∶1 比例的飞机作吹风实验。随着飞机飞行速度的不断提高，风洞的风速也由最初的每小时几十千米，逐渐增大到亚声速和超声速。因此出现了超声速风洞。

为了保证在风洞试验中模型上产生的空气动力的大小和变化尽可能与飞行实际情况相符，必须做到以下几点。

① 必须把实验模型和真飞机的形状做得尽可能相似，即把模型各部分的几何尺寸按真飞机的尺寸，以同一比例缩小。保证飞机和模型之间的“几何相似”。

② 必须使真飞机同模型的各对应部分的气流速度大小成同一比例，而且流速方向也要相同。也就是说二者在气流中的相对位置必须相同。此外，实验时风洞中的气流扰动情况，也要与实际飞行时的气流扰动情况相同。即应保证“运动相似”。

③ 必须使作用于模型上的空气动力——升力和阻力，同作用于真飞机上的空气动力的大小成比例，而且方向相同。即应保证“动力相似”。

要做到“动力相似”主要困难在于阻力的变化。因为随着速度的增大，阻力中的压差阻力增加得较快，而摩擦阻力增加得较慢。实验时，模型的尺寸一般比真飞机小得多，而且风洞中的风速也比真正的飞行速度小得多。因此在实验时摩擦阻力在总阻力中所占的比例就必然大得多。为了保证“动力相似”，必须使模型的摩擦阻力在总阻力中所占的比例与真飞机中所占的比例一样。为此，就必须使模型实验时的雷诺数，同真飞机飞行时的雷诺数一样。

通常的风洞实验只是一种部分相似的模拟实验。除了以上三个主要的相似准则外，有时也需要考虑“质量相似”（在两个“几何相似”的流动中，对应点上的密度之比为常数）和“热力相似”（在两个“几何相似”的流动中，对应点上的温度之比为常数）等相似条件。比如，动态模型实验和传热实验就需要特别强调“质量相似”和“热力相似”对实验结果的影响。

2. 雷诺数

雷诺数（Reynolds Number，用 Re 表示）是用来表明摩擦阻力在模型或真飞机的总阻力中所占比例大小的一个系数。雷诺数与摩擦阻力在总阻力中所占的比例大小成反比。

雷诺数的定义为

$$Re = \rho \frac{vl}{\mu} \tag{6-1}$$

式中，ρ 为空气密度；v 为风洞中的风速或飞行速度；l 为飞机或模型的一个特征尺寸，如机翼弦长（因为飞机各部分的几何尺寸之间有一定的比例，从任何一部分的长度可以看出其他部分以至整个飞机或模型尺寸的大小）；μ 为空气的黏性系数（或内摩擦系数）。

因此，如果用风洞实验数据计算真飞机的空气动力，必须选用雷诺数相近、最好是相等的数据，才能获得比较准确的结果，否则就会产生很大的误差。

3. 风洞实验设备

风洞中的气流速度一般用实验气流的马赫数来衡量。风洞根据流速的范围不同可分为四大类：马赫数 $Ma \leqslant 0.3$ 为低声速风洞，范围在 $0.3 < Ma \leqslant 0.8$ 为亚声速风洞，$0.8 < Ma \leqslant 1.2$ 为跨声速风洞，$1.2 < Ma \leqslant 5.0$ 为超声速风洞，$Ma > 5$ 为高超声速风洞。风洞类型要根据飞行器的飞行速度范围来选定，一般都要找出在整个设计速度范围内各种马赫数与飞行器的空气动力特性参数的关系，往往还要求气流有不同的密度和温度，甚至有较高的雷诺数。不同类型飞行器的飞行特征不同，选用的风洞和风洞实验的内容也不同。

（1）烟风洞

烟风洞是一种低速风洞，主要用于形象地显示出环绕实验模型的气流流动的情况，使观察者可以清晰地看出模型的流线谱,或拍摄出流线谱的照片。

烟风洞一般由风洞本体、发烟器、风扇电动机和照明设备等组成,如图6-1所示。风洞的剖面呈矩形,为闭口直流式。烟从发烟器1产生,沿管道2流向梳状管3(很多并列的细管),烟雾通过梳状管形成一条条细的流线,流线流过实验段4时,就可以观察气流流过模型时的流动情况。烟雾流过实验段后流入沉淀槽5,最后流到风洞的外面。发烟器底部装有电加热器,把注入的矿油点燃而发烟。为了看得更清楚或方便于摄影,风洞实验段后壁常漆成黑色,并用管状的电灯来照明,以便清晰地观察气流在实验过程中的流动情况。

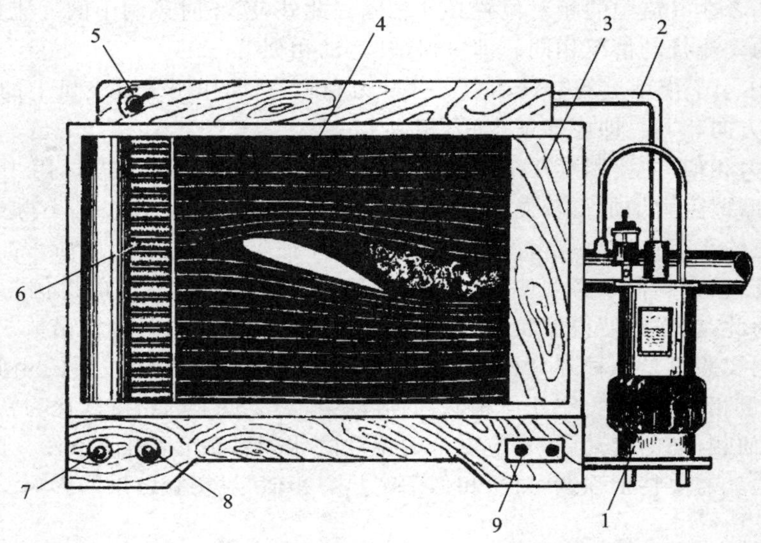

1—发烟器;2—管道;3—沉淀槽;4—实验段;5—烟量开关;6—梳状管;
7—烟速调整钮;8—模型迎角调整钮;9—发烟器及照明开关

图6-1 烟风洞构造示意图

(2) 低速风洞

图6-2所示是一种简单的直流式风洞的构造。风洞的人造风是由风扇旋转时产生的。风扇由电动机带动,调整电动机的转速,就可以改变风洞中气流的流速。

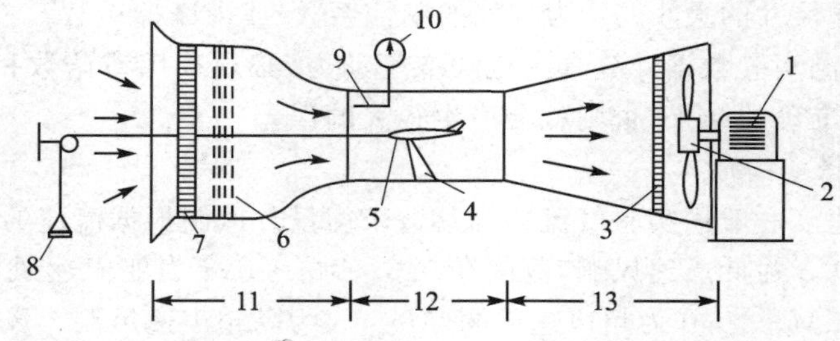

1—电动机;2—风扇;3—防护网;4—支架;5—模型;6—铜丝网;7—整流格;
8—天平;9—空速管;10—空速表;11—收敛段;12—实验段;13—扩散段

图6-2 直流式低速风洞

风洞工作过程如下:电动机1驱动风扇2转动产生人造风,人造风首先通过收敛段11,使气流收缩，速度增大。气流通过整流格，使涡流减小，并在实验段的进口处达到希望的流速，然后再以平稳的速度通过实验段 12。飞机或机翼模型就放在实验段的支架 4 上进行实验。气流从实验段流过扩散段 13，使流速降低，能量的损失减小。最后气流通过防护网 3 流出风洞之外。防护网的作用是保护风扇的叶片不被偶尔从实验段中散落的物件撞击破坏。做风洞实验需要不少精密的仪器设备，例如测量模型上的空气动力大小的天平 8。天平可以测出作用在模型上的升力、阻力和俯仰力矩。此外，还要有测量气流速度的空速表 10 和空速管 9，以及温度计、气压计和湿度计。另外，还需要模型表面压力分布的压力计、数据采集和处理设备以及控制风洞运行的其他设备等。

(3) 高速风洞

高速风洞包括亚、跨、超以及高超声速风洞。这里主要介绍超声速风洞。

超声速风洞的特点是，人造风的速度是超声速的。超声速气流由超声速喷管产生。超声速喷管(又叫"拉瓦尔喷管")是一个先收缩后扩张的管道，把它装在实验段之前可以产生超声速气流。

图 6-3 是一座直流"暂冲式"超声速风洞的示意图。这种风洞是靠高压空气和大气之间的压力差来工作的。电动机 1 带动空气压缩机 2 工作，把空气加压，储存在储气罐 3 中备用。风洞开始工作时，打开快速阀门 9，使气流迅速地通过整流格 4，冲入超声速喷管 5，产生超声速气流，接着流过实验段 6，然后再通过扩散段 8 降低气流速度，最后流出风洞。在进行超声速实验时，把模型 7 放在实验段 6 内就可进行实验了。

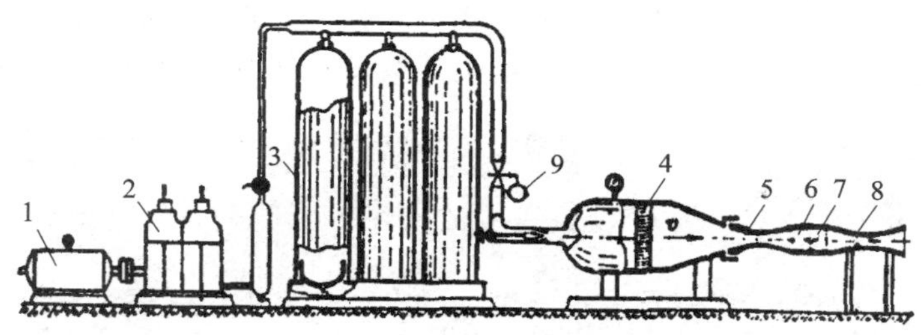

1—电动机；2—压缩机；3—储气罐；4—整流格；5—超声速喷管；
6—实验段；7—模型；8—扩散段；9—快速阀门

图 6-3　暂冲式超声速风洞

暂冲式超声速风洞的最大优点是降低了电动机的功率。但其工作时间很短，一般只有几分钟。在这么短的时间内进行实验和记录数据，就必须有一套自动化的仪器设备。如果要延长它的工作时间，就要采用很大的储气罐，并且还要加长增压储气的时间。

目前超声速风洞的气流速度可超过声速好几倍。如把气流速度增加到更高，就需要高超声速风洞。高超声速风洞在构造上和超声速风洞差不多。只是多了几种特别的设备而已。

风洞实验毕竟与真飞机的飞行不同，所以风洞实验所得的结果，必须加以校正才能应用。除了采用风洞进行实验外，还应采用飞行实验的方法，即用真的飞机进行试飞，在飞机上安装必要的仪器设备，以获得所需要的实验数据。

6.1.2　结构试验及试验设备

飞行器结构试验是用来观测、研究和验证飞行器结构或构件在载荷和环境条件下的性态和耐受能力的试验,又称强度试验。

飞行器的结构和环境条件复杂,飞行器整体结构的动特性参数往往难以准确计算,而且为了减轻重量,飞行器结构设计的安全系数一般都取得较小,强度和刚度都富余不大。因此,为了保证结构在使用过程中的安全性、可靠性以及结构形式的合理性,须进行结构试验。结构试验是飞行器结构设计中最基本的验证手段,包括静力试验、动力试验、疲劳试验、热强度试验和其他环境试验,这些试验能精确地确定飞行器结构的动力特性和结构、构件在各种环境条件和载荷作用下的承载能力,验证结构设计的准确性。飞机的静力、动力试验和疲劳试验一般用全尺寸进行;全尺寸试验有困难时,可以采用分段试验和缩比模型试验,如火箭一般不做全尺寸静力试验,而是分段开展试验,其动特性试验通常用全尺寸结构或缩比模型来完成。

1. 静力试验

静力试验是用来观察和研究飞行器结构或构件在静载荷作用下的强度、刚度以及应力、变形分布情况,是验证飞行器结构强度和静力分析正确性的重要手段。全尺寸结构静力试验的加载系统比较复杂,通常采用计算机控制的电动液压伺服自动闭合回路协调加载系统,有上百个加载器、几百个加载点、几百个测量通道、几千个应变片,并自动进行数据采集和处理。

静力试验的常规程序是:先用20%～30%的使用载荷拉紧试件,消除间隙,进行预加载荷试验,随即卸载;然后逐级加载至使用载荷,此时结构变形不应妨碍飞行器正常工作,并在卸载后无显著残余变形。在再次加载到使用载荷后,继续对应变、挠度进行监控测量,逐级加载至设计载荷,要求保持一段时间(如不少于3 s),结构不破坏。最后选各种设计情况中最严重的一种进行破坏试验,确定结构剩余强度系数。在某些验证试验中,也可能仅加载到使用载荷或验证载荷而不进行破坏性试验。图6-4所示是某型飞机静力试验加载情况及试验现场。

图6-4　某型飞机静力试验加载情况及试验现场

2. 动力试验

动力试验是观察和研究飞行器结构或构件的基本动力特性以及在各种环境下的动态稳定性和耐受能力,是验证飞行器动态性能和动力分析正确性的重要手段。动力试验的具体项目较多,主要项目有颤振试验、起落架动力试验、结构动力特性试验和振动冲击环境试验。

颤振试验主要采用模型试验方法,相对飞行速度可借助风洞、高速携带装置、飞机投放等办法实现。

起落架动力试验主要包括落震试验和摆振试验。落震试验是用落震试验台模拟着陆冲击条件，以验证起落架吸收飞行器着陆冲击能量的性能。模拟条件包括机翼升力（仿升装置）、机轮带转、着陆姿态、侧向撞击、起落架收放过程等因素。摆振试验主要采用实物试验方法，可借助摆振台、以大飞轮模拟跑道实现相对滑跑速度，或用试验车、真实飞机等在机场跑道上滑跑实现。图 6 - 5 所示为某型飞机起落架动力试验装置。

图 6 - 5　某型飞机起落架动力试验装置

结构动力特性试验主要测试全机或部件的固有频率、固有模态、广义阻尼、广义质量等动力特性。试验过程中用激振器和振动台等激振设备使试件产生所需要的振动，然后用振动测量传感器对结构的振动进行测量，并通过对数据进行采集、分析、处理，获得结构各点的振动位移。在大型结构试验中，为了模拟飞行状态须将试件用柔软的悬挂系统（如橡皮绳、拉伸弹簧）或支垫系统（如空气弹簧、气垫、低气压轮胎）加以支持。

振动冲击环境试验是验证飞行器部件或附件在规定的振动或冲击环境下的耐振强度、工作稳定性，试验通常在振动台或冲击试验台上进行。

3. 疲劳试验

疲劳试验是研究和验证飞行器结构或构件的疲劳与断裂性能的重要手段。零、构件的小型疲劳试验可以借助通用的疲劳试验机和裂纹检测设备进行。由于大型全尺寸部件或全机疲劳试验技术比较复杂，需要有多点协调加载装置。

疲劳试验过程包括耐久性试验和损伤容限试验。耐久性试验的目的是发现在预定使用寿命内结构可能发生疲劳破坏的部位和确定各危险部位的疲劳寿命；损伤容限试验的目的是测定裂纹扩展的速率和结构残余强度，从而为确定飞机的使用寿命和制定检查维护条例提供依据。全尺寸结构疲劳试验通常按简化的试验载荷谱加载，目的是减少载荷级数并截去过低和过高的载荷，试验过程中需要对试件进行连续的观测并定期进行检测。图 6 - 6 所示是 ARJ - 21 飞机的全机疲劳试验及试验设备。

飞机飞行的每个起落都要经历从地面大气压和高空大气压的循环变化，因此，也需要做机身气密座舱加压疲劳试验。机身气密座舱的加压可以在大型水槽中进行，也可以在试验大厅

图 6-6 ARJ-21 全机疲劳试验及试验设备

中对气密座舱充压加载,为了减少增压气体容积,节省加压能量和减少结构断裂时的爆破能量,可以在座舱内填充硬泡沫塑料块或乒乓球等轻质材料。

4. 热强度试验

热强度试验也是结构试验的内容之一,用于观察和研究飞行器结构或构件在热环境中的力学性态和抵抗破坏的能力。热强度试验需要在地面造成与实际飞行过程等效的热和载荷的环境。除了在热环境中进行静力、动力、疲劳试验外,还包括结构传热特性的传热试验、防热隔热试验、烧蚀地面模拟试验和蠕变试验等。

6.1.3 发动机地面试车及试验设备

航空发动机试验是指利用专门的试验和测试设备检验发动机的性能、可靠性和耐久性的试验,全台发动机的试验又称发动机试车。航空发动机的工作条件非常苛刻,处于高温、高压和高速转动的工作状态,为了提升发动机的性能、可靠性以及寿命等,要充分掌握航空发动机在不同工况下的温度、压力、腐蚀、间隙以及应力等情况。

试车台主要由安装发动机的测力台架和进、排气系统组成。图 6-7 所示为罗尔斯·罗伊斯 80 号发动机试车台,是目前全球最大的智能航空试车台。发动机地面试车试验的内容主要包括结构完整性、性能稳定性和控制系统软件的可靠性设计等。结构完整性保障推进系统结构设计足以满足强度、振动、耐久性、损伤容限、包容性等要求;性能稳定性要求能够持续且可靠地起动,平稳而又灵敏地加、减速,在给定功率状态下保持稳定的推力以及无失速、熄火和燃烧不稳定等。

除了上面的发动机地面试车内容外,航空发动机还要进行模拟航空发动机在空中工作环境条件下发动机高空性能和工作特性的试验,即航空发动机高空模拟试车试验。航空发动机的高空模拟试验是在地面设备高空模拟试车台(简称"高空台")上进行的。"高空台"主要包括供气系统、试验舱、排气冷却系统、抽气系统和其他附属装置,其结构如图 6-8 所示。高空舱内装有被试验的发动机及附属系统,试验舱前舱保持发动机压气机截面上的气流条件,而后舱则模拟飞行高度的大气压和温度,图 6-9 所示为美国 NASA 的航空发动机高空模拟试车台实验舱。"高空台"不仅要在地面模拟飞机在高空飞行的高度、速度等环境条件,还要模拟飞机

图 6-7　航空发动机试车台

平稳状态和在机动飞行中所形成的发动机进口各种畸变流动状态，人为建立发动机在全飞行包线内的空中各种工作环境，从而考核、鉴定发动机的设计指标与工作性能。

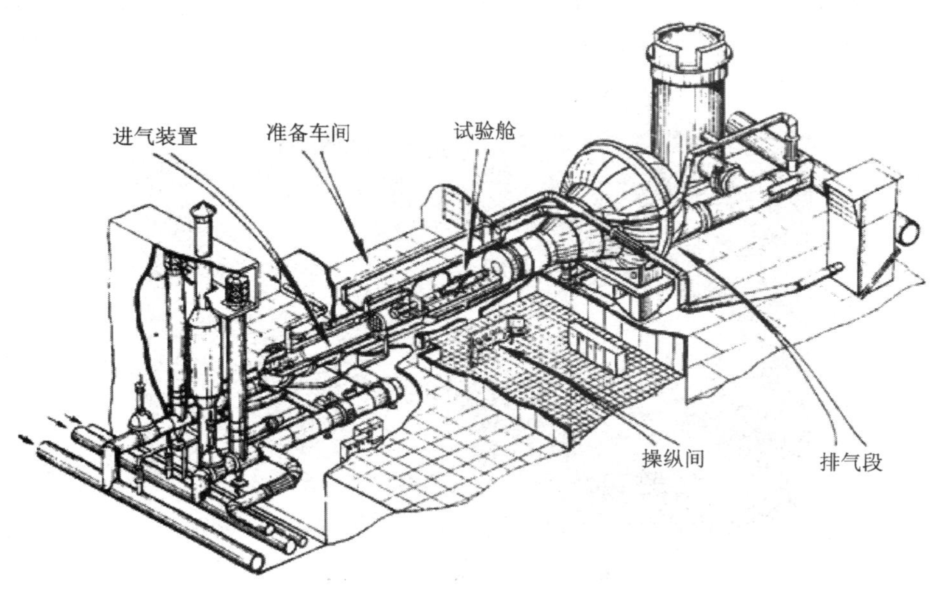

图 6-8　“高空台”结构示意图

图 6-9 航空发动机高空模拟试车台试验舱

6.1.4 系统地面模拟试验

飞机液压系统、飞控系统和燃油系统的地面模拟试验一般包括功能和性能试验、故障试验、寿命试验和环境试验等。试验过程一般先用部分实物参加试验,然后逐步以真实的系统和附件按实际情况布置安排,并通过计算机控制进行系统或局部的模拟试验。这类试验通常按实际使用的飞行剖面、某种操纵、某一飞行状态或人-机关系等模拟验证系统的设计原理、理论计算和系统布局的正确性,综合检查系统的工作性能,试验应在全尺寸模拟试验装置上进行。

图 6-10 所示是开展飞控液压系统综合试验的“铁鸟台”。“铁鸟台”的飞控、液压、起落架系统的机械安装接口、部附件安装位置、液压管路布置走向及安装方式都与真实飞机一致。试验项目主要包括主飞控系统通信接口检查、升降舵系统试验、方向舵系统试验、副翼系统试验、扰流板系统试验等,为飞机系统集成、试飞安全、试飞故障排查、后续型号改进等提供重要保障。

图 6-10 C919 大飞机“铁鸟台”

6.1.5　环境模拟试验

环境模拟试验是检查飞机、发动机和各种附件、设备在各种使用条件下的工作性能。飞机环境试验项目繁多，包括在寒冷和炎热地带、高原地区、海上空域的试飞，发动机在低温和高温下的启动试验，结冰、防冰和冰击试验，腐蚀敏感性试验，外物吞咽试验，排气污染试验，噪声试验，侧风、阵风和尾风试验，燃油泵和调节器的高、低温试验，振动冲击过载试验，高、低温与振动的综合试验，霉菌试验，抗腐蚀试验等，对电子装置和设备还须进行抗干扰能力的试验。航天器还要进行空间环境试验，如热真空试验、磁环境试验等。这些严酷的环境条件经常综合地作用于飞行器，从而形成飞行器的组合环境。环境试验已成为考验飞行器对环境的适应性和提高可靠性的一个重要手段。

图 6－11 所示是美国麦金利(McKinley)气候实验室，它是世界上最大的气候测试设施，操作空间约 5 100 m^2，可以进行多种气候环境的模拟试验。

图 6－11　美国 McKinley 气候实验室

图 6－12 所示是开展飞机结冰评价的试验设备，飞机前方与地面平行摆放的是一个由 3 个巨型圆筒堆叠而成的大型吹风装置，这 3 个圆筒内共装有 9 个涵道风扇，并通过前方的六角形通道吹出大量的空气，在通道前面装有一个能够产生各种大小水滴的喷射棒，水滴喷向飞机并在接触点处凝结，从而模拟飞机在飞行过程中的结冰情况。图 6－13 所示是飞机结冰试验时机头的结冰状况。

图 6－14 和 6－15 所示分别是飞机的热环境试验和风暴试验，图 6－16 和 6－17 所示分别是航天员进行失重训练的中性浮力水槽和水下失重模拟训练。飞行器所遇到的环境中，有一些是在地面难以同时模拟的，例如作用于再入大气层的洲际导弹弹头的环境条件，既有几千到上万摄氏度的高温和每平方米近十万千瓦的热流密度，又有大于 20 倍声速的高速气流冲刷和近十兆帕的局部外压，几十倍于自重的过载和气流引起的强烈振动，以及可能遇到云、雨、雪、核辐射、电磁脉冲和冲击波等，这些环境的考验只能通过飞行试验进行检验。

图 6-12 飞机结冰试验设备

图 6-13 飞机结冰试验时机头结冰状况

图 6-14 飞机的热环境试验

图 6－15　飞机风暴环境试验

图 6－16　航天员进行失重训练的中性浮力水槽

图 6－17　航天员在水槽中进行失重模拟训练

6.2 飞机地面设施和保障系统

除少数小型无人机可通过弹射装置弹射起飞和伞降着陆、直升机应急情况下的着陆与起飞外,大部分航空器的起飞与着陆都需要专门的机场、着陆引导系统和其他保障设施。飞机飞行过程中也需要地面引导并进行空中交通管制。

6.2.1 机场

机场是供飞机起飞、着陆、停放、维护,并有专门设施保障飞机飞行活动的场所。根据机场的用途可分为军用机场、民用机场和专用机场;按照跑道和其他设施条件及使用特点,机场可分为永久性机场和临时机场;根据机场所在的海拔高度,还有平原机场和高原机场之分;按照机场跑道的长度和承载能力、地面设施的完善程度以及机场区域的大小等特点,还可将机场分为若干个等级。比如中国将机场分为一～四级,其中四级机场只供初级教练机和小型通用运输机等轻型飞机使用。

机场区域由地面和空中两部分组成,地面部分包括飞行场地、技术和生活服务区;空中部分包括起落航线和其他飞行空域。

飞行场地通常包括跑道、滑行道、保险道、迫降场和停机坪等。跑道直接供飞机起飞滑跑和着陆滑跑用。机场一般应至少有一条跑道,保证飞机可以从两个相反的方向起飞和降落,主跑道通常沿机场所在地区的常年风向修建。根据机场的用途和机场所在地区的海拔高度不同,跑道长度也不一样,但大多在1 000～5 000 m范围内,宽度为45～100 m不等。跑道道面分为土质、草皮、碎石、沥青和水泥等类别。水泥跑道为硬式道面,供大、中型飞机使用,它将飞机的载荷分布到一个较大的面积上去。其他道面抗弯曲能力差,一般为小型和轻型飞机使用。在跑道的两端和两侧都有安全地带,分别称为端保险道和侧保险道。保险道为坚实土质道面,其作用为防止或减缓飞机在起飞、着陆时因中断起飞等原因冲出跑道,提前接地,或偏离跑道造成的事故。停机坪是为停放、维护飞机和进行飞行准备而铺筑的场地。滑行道连接跑道与停机坪,供飞机滑行或牵引之用,一般把与主跑道平行的滑行道叫主滑行道,其他的叫联络道。机场还设有迫降场,位于主跑道一侧,一般为经过平整和碾压的土质场地,长度与跑道相同,供飞机在放不下起落架或其他紧急情况下强迫着陆用。滑行道、停机坪的道面要求与跑道相同。为保障飞机在夜间和白天能见度低的条件下安全起飞和着陆,机场的飞行场地设置有各种灯标和灯光。图6-18为北京首都国际机场T3航站楼图片。

T3航站楼技术和生活服务区包括为保证飞机持续和安全飞行而必需的各种设施和建筑物,如维修厂房、机库、油库、航空器材库、气象台、塔台及其相应的通信、导航、雷达设施,还有为旅客服务的候机楼、登机廊或登机车、行李分拣和传送系统以及保证机场工作人员和旅客的日常生活所需的各种设施。图6-19为民用机场的平面示意图。

机场起落航线的空中进入区是沿起飞、着陆方向紧靠跑道两侧的空域。为保证飞机在复杂气象条件下安全准确地进场着陆,现在的民用机场广泛使用自动着陆系统。机场飞行空域包括机场地面向上垂直延伸的空域和只有一定空中范围的空域。在机场两端宽度在一定范围内规定高度上无障碍的空间叫作机场净空。

图 6-18　中国北京首都国际机场

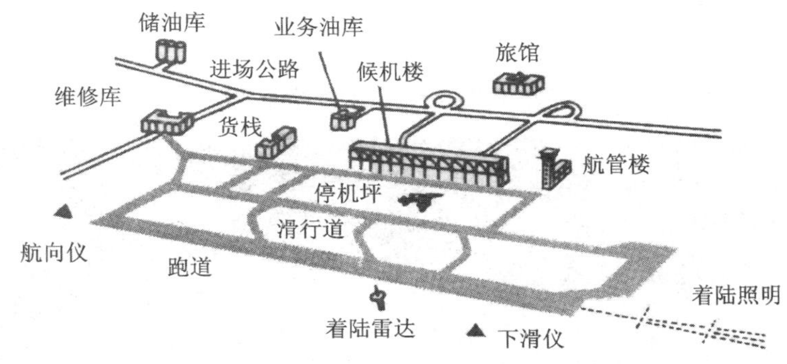

图 6-19　机场平面示意图

(1) 军用机场

专门供军用飞机使用的机场称为军用机场。按照机场设备的齐全程度和不同用途，可分为永备机场和野战机场；根据所处的战略位置，军用机场又分为一线机场、二线机场和纵深机场，一线机场也称前沿机场。军用机场的配置应符合国家的战略方针和作战意图，以便形成机场网。

机场网是空军战场准备的主体，是航空兵部署和执行作战任务的依托，对于提高空军部队的机动作战能力和生存能力具有重要作用。根据国家军事战略及航空兵作战任务、兵力构成、飞机作战性能和地理条件，在保证集中于主要方向使用兵力和发挥航空兵高速机动能力的前提下，进行军用机场布局或配置机场网。通常前沿机场供歼击机和强击机使用，其他机场供轰炸机和运输机使用。在现代高技术战争条件下，野战机场、公路跑道、直升机用垂直起降机场以及具备多功能保障能力的大型机场，在机场网中的地位将日益提高。

军用机场一般由飞行区、保障设施、办公居住区和交通网线组成。军用机场的保障设施包括指挥塔、导航台、雷达站、气象站、各种机库、靶场、航空器材库、通信设施、军械设备、油料设施和乘务设施等。交通网线包括铁路支线、场外公路和场内道路网等。

一些军用机场是军民合用的。图 6-20 所示为卫星拍摄的某军用机场照片，该机场的主跑道长度为3 600 m。

图6-20　某军用机场的卫星照片

(2) 民用机场

民航机场有国际机场、干线机场和支线机场之分，其中国际机场设有海关、边防检查、卫生检疫、动植物检疫和商品检验等联检机构。民用机场通常由飞行区、候机楼、货运站和交通网组成。有些民用机场设有为航空公司服务的地面设施和维修基地。设在机场区的空中交通管制、航空公司业务机构等一般不归机场管辖。大型民用机场也称“航空港”，过去把小型机场称为“航站”。图6-21所示是具有世界上规模最大单体航站楼的北京大兴国际机场。

图6-21　北京大兴国际机场

(3) 专用机场

专用机场是指军民用飞机制造厂、科研机构、专门的飞行试验研究机构和有关院校等单位专属的机场。为某种特殊需要而专门设立的机场也属于专门机场，如体育俱乐部、农业、森林防火和航空救护等专用机场。

(4) 机场地面保障设备

机场地面保障设备是保障飞行用的各种机场设备。根据飞行需要，机场的地面设备包括机械、电气、液压和特种气体设备。为给飞机加油，机场有固定加油装置和机动加油车。机场停机坪一般都设有交、直流电源，不同功率的电源车供飞机通电检查和发动机启动用，还设有充电站。液压油车用于给飞机液压系统加油或进行地面检查，如收放起落架、襟翼和减速板等。从机场的制冷站和制氧站出来的冷气(压缩空气)和氧气由冷气车和氧气车向飞机填充。

为处理可能发生的飞行事故，机场配有消防车、抢救车、救护车和各种便携式消防器材。图 6－22 所示为大型民航客机所需的地面保障设备。

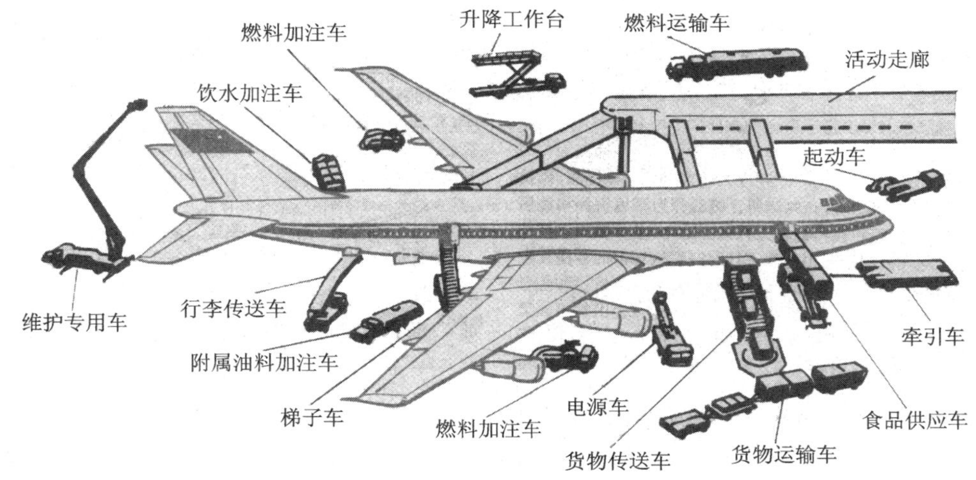

图 6－22　机场地面保障设备

6.2.2　空中交通管理

空中交通管理主要是针对民用航空器的空中交通管制和空中交通服务，其目的是为所有用户提供空域利用上的最大灵活性，组织不同用户之间分享空域，在最小限制和不危及安全的条件下，尽可能使用户自己选择飞行剖面，从而实现最有效地利用空域和组织空中交通活动。空中交通管理任务包括空域管理、空中交通流量管理和空中交通管制。

空域管理指的是根据空域内大多数用户的合理要求最有效地开发空域资源，保证总的交通在任何给定区域都能和空中交通管制系统的容量相适应而进行的计划和组织工作。这些工作包括合理划分空域，明确危险区、管制区和禁航区的区域限制，提出保留区域和特定区域的时分制使用方法，建立和调整空中交通服务航路网及其运行要求，协调各类用户在利用空域资源时可能发生的矛盾等。

空中交通流量管理是在空中交通超出或可能超出空中交通管制系统可利用的容量时，为保持到达或通过该空域的空中交通为最佳容量所进行的管理工作。

空中交通管制是利用各种技术手段对飞行活动进行监视和控制，保证安全而有序的飞行。空中交通管制的主要任务包括：监督飞机严格按照批准的计划飞行，禁止未经批准的飞机擅自飞行，维护飞行秩序；禁止未经批准的飞机飞进空中禁区、临时禁飞区或飞出、飞入国境或边境；防止飞机之间、飞机与地面障碍物之间相撞；防止地面对空兵器或者对空装置误射空中正常飞行的飞机。

空中交通管制利用航路监视雷达、二次监视雷达、机场面监视雷达和精密进场雷达，各种导航设备和各种通信设备，以及地面指挥组成空中交管系统，完成对飞机的监视、识别和引导，并提供安全保障。作为空中交通管制依据的飞行信息来自三个方面：第一，不断监视本区飞机飞行航迹的雷达和二次雷达（接收目标上发射机转发的辐射信号）所监测到的信息；第二，本区域气象部门发布的气象信息；第三，飞机起飞进入航路、飞机从其他区域管制中心进入本区的飞行计划信息。这些信息经计算机处理后通过显示器显示,管制人员依此对飞行进行管制。

为实行空中交通管制,需要在飞行航线上划定不同的管制区域,如航路、空中走廊、航站管制区、塔台管制区和等待空域管制区等。

航路:航路是可航行空域中的标志性通道,连接机场与空中交通管制交点。航路通常在飞行频繁的大城市之间划设。沿航路一定距离及转弯点都有导航设施,连接各个导航设施的直线就构成航路中心线。航路规定有上限高度、下限高度和宽度,宽度取决于导航设施配置的间距和性能,一般不是固定的,中国除沈阳到长春和无锡到合肥等少数航路较窄外,其余航路的宽度均为距中心线两侧各10 km。沿航线飞行的飞机都要在航路内飞行,并接受管制。

空中走廊:空中走廊是为飞机进出某地区而划定的具有一定宽度的空中通道,通常设在飞行频繁的城市附近上空以及国际航线通过的边境地带上空,与航路相连接。走廊宽度一般为8~10 km,长度离机场100 km左右。飞机在走廊内飞行必须保持规定的航向和高度,严格遵守管理员的指挥。

管制区:为确定各空中交通管制中心管辖的范围,将航路通过的区域又划分管制区。在管制区飞行的飞机,必须服从这一区域空中交通管制中心的管制。管制区的下限高度一般高于地面200 m。

航站管制区:航站管制区通常为以机场为中心、半径50~100 km范围内的空域,但不包括机场塔台所管的范围。该管制区主要对进场和离场的飞机进行管制。

塔台管制区:塔台管制区是以机场为中心、半径9 km左右由地面向上延伸的圆柱形空间。该管制区的职能是维持机场秩序,指挥飞机滑行、起飞和着陆,防止飞机发生碰撞。

等待空域管制区:由于机场起降航线拥挤或气象原因,飞机不能立即着陆时,为这些飞机划定的一个飞行区域叫等待空域。等待着陆的飞机可在该空域内盘旋飞行,然后按由低到高的顺序逐层下降着陆。等待空域一般设在全向信标台附近。

图6-23为空中交通管制体系中的飞机飞行示意图。

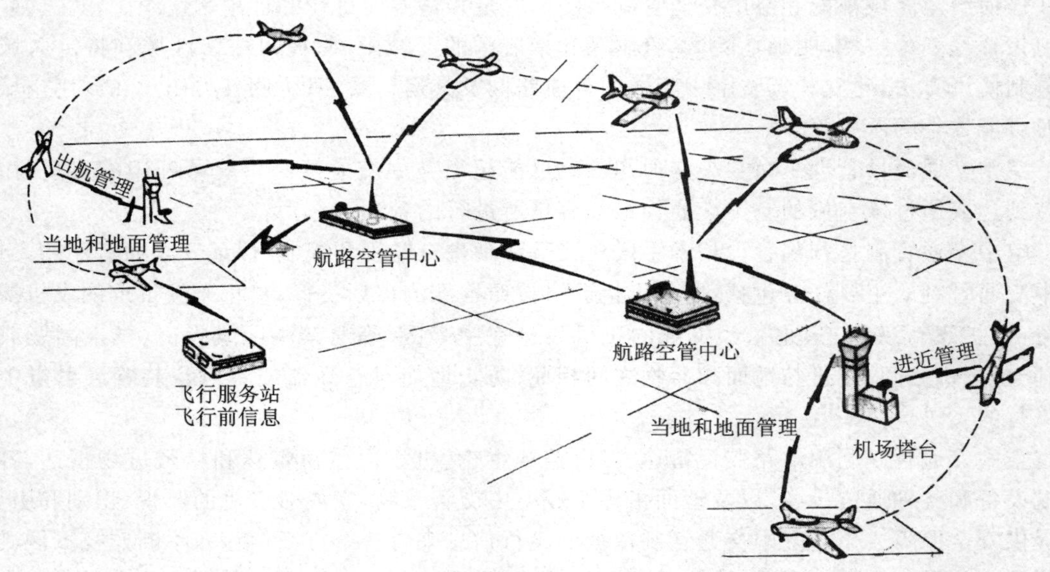

图6-23　空中交通管制体系中的飞机飞行示意图

6.3　航天器地面设施和保障系统

6.3.1　航天发射场

航天发射场是发射运载火箭将各种航天器送入太空的地方。它的别名很多，如航天中心、卫星发射场、卫星发射基地、卫星发射中心和火箭发射场等。虽然目前世界上有超过 60 个国家从事航天活动，但建有航天发射场的国家只有美国、俄罗斯、法国、中国、日本、印度、意大利和以色列。以前的航天发射场都是极其保密的，随着航天活动与经济发展之间关系的日益密切以及航天技术国际交流与合作的日益频繁，加上天上的侦察卫星能将宽阔的发射场一览无余，航天发射场的神秘面纱已经被揭开。

(1) 航天发射场概况

航天发射场的功能主要是为了保证把航天器成功地送入预定的轨道，要对运载工具和航天器进行发射前的各种准备，并实施发射。另外，还要对火箭发动机等系统进行单项试验、对各种设备进行检验和培训科技人员等，航天发射场也是一个科学试验中心。

选择航天发射场的场址，要综合考虑多方面的因素。

首先要根据本国所在的地域，尽可能把发射场建在低纬度地区，越接近赤道越好，这样可以充分利用地球自转的附加速度(赤道为 465 m/s)，降低运载工具的能量消耗，同时还有利于地球静止轨道航天器入轨。如法国的库鲁航天发射场就建在南美洲地处赤道的法属圭亚那境内。

其次应该有良好的自然条件。发射区和回收区均应该是人烟稀少的地方，地势平坦，地质结构稳定，具有较好的气象条件，有良好的水质、供水条件和丰富的水源。

另外，要有良好的航区。“航区”是指航天器起飞至入轨这一段的飞行路线以下的地面区域。航区应避开人口稠密区、重要工业区和军事区，应具备布设测控站的有利地理位置和工作环境、方便的交通运输条件、良好的供电和通信设施等。航天发射场场址的选择还应有利于环境保护和具备未来发展的适应性，同时还不能因航天发射带来外交问题。

由于所承担的发射任务不同，地理和环境条件也有区别，所以航天发射场没有一个最佳的典型方案。不过，一个航天发射场应该由技术区、发射区、测控系统和其他保障系统等四部分组成，如图 6 - 24 所示。航天器的回收区和着陆场一般不属于航天发射场。

1) 技术区

技术区是航天发射场的重要组成部分，建筑设施配有各种通用和专用设备，可对运载火箭和航天器进行验收、存放、组装、测试和定期检查。一个发射场可设一个或几个技术区，如可分运载工具和航天器两个技术区。在确保安全的条件下，技术区与发射区之间相隔的距离要尽可能短，以节省修路和运输费用。

影响技术区组成和结构的主要因素是运载工具和航天器的类型、组装和发射准备方式。俄罗斯采用水平组装、对接、测试和水平状态整体运往发射区的方案，这种方案不需要高大厂房，可在室内进行作业，有利于提高工作质量，还可提高发射台的利用率；但必须在发射台上进行垂直综合测试，起竖比较困难，容易受到气候的影响。

美国、欧洲空间局和日本均采用垂直组装、对接、测试和垂直整体运往发射区的方案，

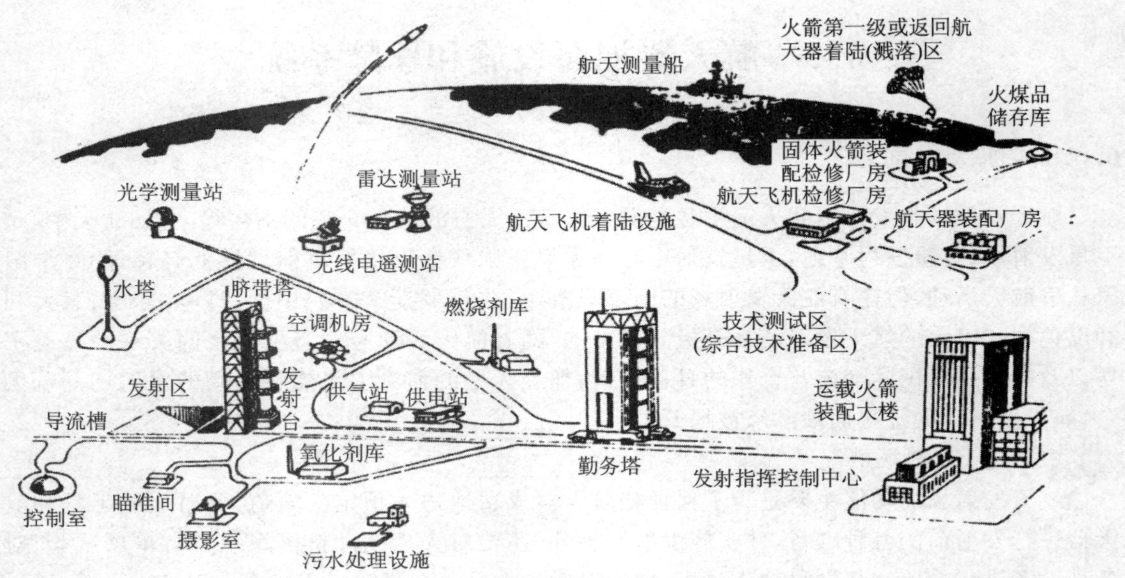

图6-24 航天发射场的典型组成

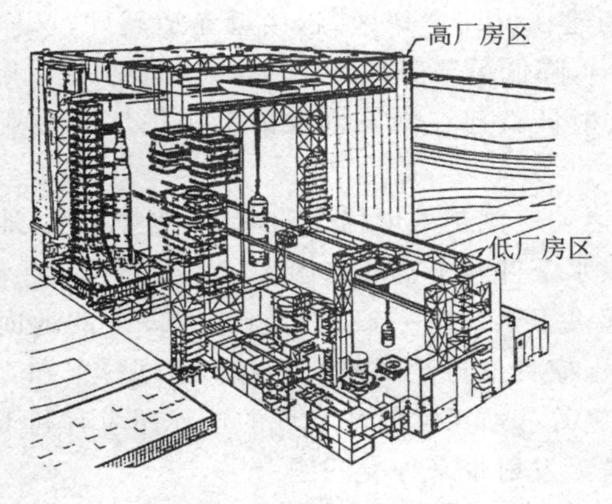

图6-25 垂直测试厂房

如图6-25所示,采用这种方案可以在技术区完成发射前的技术准备工作,到发射区后只进行推进剂的加注和实施发射;但需要建造高大厂房,需要专用运输车辆和专用运输道路,建设成本高。为最大限度地保证发射成功率,美国采用了技术区和发射区合二为一的发射前准备工艺技术方案,该方案在发射区建一个可移动的垂直测试厂房,工作时,厂房沿铁道线移动,将发射台围在里面,把运载工具和航天器的组件、部件直接运到发射区,在发射台上进行垂直组装、对接和测试,发射前将厂房移开。

2)发射区

发射区是对航天器实施发射的场所,配备有一整套为发射服务的专用和通用设备和建筑。发射区接纳来自技术区的运载工具和航天器,并将它们起竖到发射台上,进行发射前的最后测试(垂直组装和运输的不需要测试),然后加注推进剂和充填压缩气体,最后完成发射。一个发射场也可设置多个发射区,发射区之间有一定的间距要求。

发射区的发射设施根据其结构可分为地面、半地下和高台式三种。地面发射区的发射台和发动机喷焰导流槽等主要设备布置在地面,用于发射中、小型运载火箭。半地下和高台式发射设施则用于大型和超大型运载工具的发射。图6-26为美国"大力神"运载火箭发射区的布局图。

3)测控系统

测控系统是设置在发射区和航区上的一系列地面测控站和海上专用测量船,用来测量航

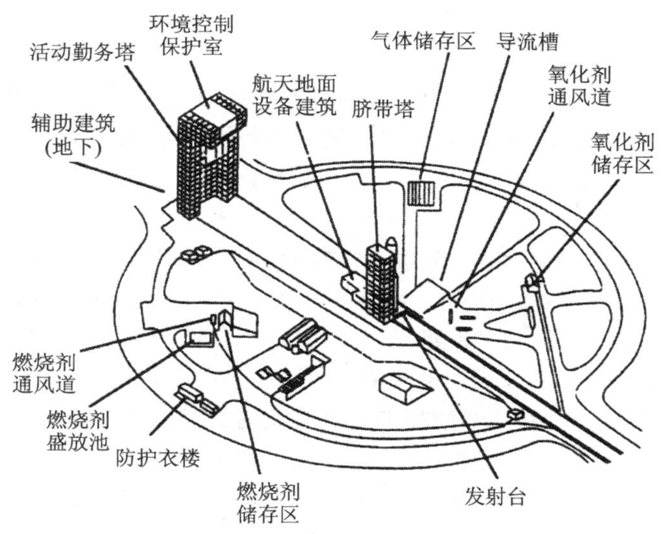

图 6－26　“大力神”运载火箭的发射区布局

迹、发送指令、接收和处理运载工具和航天器发出的遥测信息等。位于发射区的测控系统除了对运载工具起飞和飞行的初始阶段跟踪测量外，更重要的是为了确保发射区安全，提供安全控制信息。

4）其他保障系统

技术保障系统是为进行技术准备和事后处理服务的，它是发射场开展工作的神经中枢。后勤保障系统通常包括供水、供电和通信系统，机场、码头、铁路和公路交通运输系统，推进剂的生产和贮存区，物质和生活用品的供应集散区以及工作人员的居住区等。气象保障是航天发射场的一个关键，所以气象台、站也是重要的保障设施。

（2）世界主要航天发射场

肯尼迪航天中心是美国最大的航天器发射基地，占地面积 560 km^2，成立于 1962 年 7 月，位于美国佛罗里达州东海岸的梅里特岛上，南与卡纳维拉尔角毗邻，中心坐标为西经 80°20′，北纬 28°30′。美国的“阿波罗”登月飞船就是用“土星”5 号运载火箭从该中心发射成功的。在肯尼迪航天中心成立前，美国第一颗人造地球卫星也是从这里发射成功的。现在该中心主要是航天飞机的发射和着陆场。

拜科努尔航天发射场是俄罗斯最大的航天器发射基地，东西长约 80 km，南北长约 30 km，苏联于 1955 年开始建造，坐落在哈萨克斯坦境内的锡尔河畔，中心坐标是东经63°20′，北纬 46°。该发射场可发射各种用途的卫星、载人和不载人飞船、月球探测器、星际探测器和空间站等航天器和进行运载火箭飞行试验。苏联的第一颗人造地球卫星、第一艘载人飞船和第一个女航天员所乘坐的飞船都是从这里发射上天的。该发射场还可进行洲际导弹的各种试验。

库鲁航天中心是在法国国家航天研究中心的领导下，于 1966 年开工修建的。库鲁航天中心位于南美洲北部的圭亚那，中心纬度为北纬 5°14′，地理位置非常好，1968 年 4 月起用，主要用于发射欧洲的“阿丽亚娜”运载火箭。

日本种子岛航天中心位于日本南部，由竹崎、大崎和吉信三个发射场组成。这些发射场均处于北纬 30°以北附近。1975 年，日本第一枚 N1 火箭从这里发射升空，并把“菊花号”卫星送入轨道。日本的 H 系列运载火箭也在该中心发射。

(3) 中国的航天发射场

从 1956 年开始,经过 40 多年的建设,中国已经建成酒泉、西昌、太原和文昌四个卫星发射中心。这三座洋溢着中华民族豪气的航天城,使中国各种用途、各种轨道和各种重量的卫星发射各得其所,各种运载火箭有其优良可靠的腾飞之地。

1) 酒泉卫星发射中心

酒泉卫星发射中心位于中国甘肃省境内,中心纬度为北纬 41°。北面是居延海盆地、东边东南部是巴丹吉林沙漠,西临马宗山脉,南面即为酒泉地区。酒泉卫星发射中心是中国建立最早,试验次数最多的发射场。1958 年动工兴建,1960 年交付使用。整个发射场东西长 300 km,南北宽 50 km,海拔在 1 000 m 左右,绝大部分是罕见人烟的戈壁滩。这里具有丰富的地下水资源,全年大部分时间的气候都满足航天发射要求。早期的酒泉卫星发射中心主要用于导弹的综合试验,从 1970 年开始,已经完成了几十次卫星发射。

该中心主要承担大倾角、中低轨道的各种试验卫星和应用卫星的发射任务,还可进行中、远程导弹的发射试验。这里发射使用的运载火箭主要是“长征”1 号和“长征”2 号系列。该中心已完成的主要任务有:中国第一颗近程导弹发射试验,中国第一颗人造地球卫星“东方红”1 号,中国首先从这里向太平洋发射远程运载火箭,首先从这里发射一箭三星,从 1975 年开始的所有返回式卫星全部在此发射,以及所有“神舟”号试验和载人飞船。

为实施载人航天工程,酒泉卫星发射中心专门建设了垂直总装发射工位。

2) 西昌卫星发射中心

西昌卫星发射中心位于四川省西南部的凉山彝族自治州境内,中心纬度为北纬 28°,周围青山环抱,景色优美,气候宜人,平均海拔 1 500 m,距西昌市约 60 km。该中心于 1970 年开始建设,1983 年竣工交付使用,并于 1990 年新建了发射功能更加齐全的发射台。

该卫星发射中心拥有两个自成系统的发射工位,一个主要利用“长征”3 号运载火箭发射地球同步轨道通信卫星和气象卫星;另一个主要使用“长二捆”和大推力的“长征”3 号系列火箭,将重量更大的有效载荷送入地球轨道。该中心发射了中国第一颗试验通信卫星、实用通信广播卫星和实用通信卫星。而且首次将美国制造的“亚洲”1 号通信卫星送入地球同步转移轨道。

3) 太原卫星发射中心

太原卫星发射中心位于中国山西省太原市西北的高原地区,北纬 39°,海拔 1 500 m,这里群山环绕,气候干燥。该中心 1966 年 3 月动工兴建,两年后建成并投入使用,1968 年 12 月 8 日,中国第一代中程火箭的全程飞行试验在这里成功进行。

太原卫星发射中心具有多轨道、多射向和远射程发射能力,担负太阳同步轨道气象和资源卫星以及运载火箭的发射任务,这里使用的运载火箭为“长征”2 号丙改进型和“长征”4 号系列。中国的“风云”系列太阳同步轨道气象卫星从这里发射升空,从 1997 年到 1998 年,4 次一箭二星发射了国外的 8 颗“铱”星。

4) 文昌卫星发射中心

文昌卫星发射中心位于海南省文昌市,北纬 19°,以前是一个发射亚轨道火箭的测试基地,现正已经建成为中国第四个卫星发射中心,用于发射中国的“长征”7 号和“长征”5 号系列运载火箭,承担地球同步轨道卫星、大质量极轨卫星、空间站和深空探测卫星等航天器的发射任务。

6.3.2　航天器回收区和着陆场

航天器的回收区可设在陆上，也可设在海上。陆上回收区应选择地势平坦、开阔、视野好、人烟稀少、交通较方便并且位于现有测控站附近的地方；海上回收区应选择海况较好，在附近岛屿上有测控站的海域。美国载人飞船回收区设在太平洋夏威夷群岛的南北两侧海域，航天飞机助推火箭的回收区设在离发射场 260 km 的大西洋海面上。俄罗斯的回收区设在陆地上。中国“神舟”系列飞船的回收区设在内蒙古中部的草原上。

美国航天飞机返回地面时需要着陆场。美国肯尼迪航天中心有专门的航天飞机着陆场，着陆跑道长 4 800 m、宽 91 m、两端各有 305 m 的安全超越滑行道。美国爱德华空军基地是航天飞机的紧急着陆场。

6.4　导弹发射装置和地面设备

导弹发射装置是用来支承导弹、进行发射前准备、测试、瞄准并发射导弹的专用设备。为提高导弹武器系统的机动化，许多现代导弹的发射装置同时也是导弹的运输装备。地面设备是指发射装置之外的其他辅助设备，其主要任务是完成导弹贮存、防护、运输、转载、弹头弹体对接、起竖、供气、供电、液体推进剂加注、测试、瞄准、发射、发射控制等各项作业。

导弹的种类很多，其发射装置和地面设备的差异也很大。一般地讲，战术导弹的发射装置和地面设备要简单一些，战略弹道导弹的发射则比较复杂，下面将重点介绍战略弹道导弹的发射设施。

6.4.1　战略弹道导弹的发射方式

导弹的发射方式实际上是指与导弹发射相关的诸要素的组合方式。这些要素包括发射地点、发射动力、发射姿态和发射装置等。战略弹道导弹通常从其发射装置上垂直发射。发射动力有热发射和冷发射之分，热发射就是直接利用导弹主发动机点火发射；冷发射则是借助辅助动力把导弹从发射筒内弹射出去，在导弹到达一定高度时再点燃导弹的主发动机。发射地点有陆基和海基两种形式，陆基又有固定发射和机动发射之分，海基主要是在导弹核潜艇上发射。美国的所谓“三位一体”核威慑战略既包含了陆基和海基的战略弹道导弹，还包括空基的核力量，但空中发射的不是弹道导弹。空基核力量主要包括利用战略轰炸机投放核装置和从空中发射战略巡航导弹，即带有核弹头的巡航导弹。

弹道导弹发射方式的演变主要取决于不断提高的战略武器系统的生存力要求。过去绝大多数弹道导弹部署在地下发射井和核潜艇上，少数部署在陆地发射车和铁路列车上。

地下井发射方式的发射点固定，具有较好的发射环境，导弹的安全性好，有一定的抗核打击能力，具有较高的命中精度。随着战略武器精度的不断提高和核打击能力的增强，地下发射井也不断地进行加固，使其具有抗超压的能力。冷战结束后，东西方两大阵营的对抗已不复存在，美俄开始了艰苦的核裁军谈判，并取得重大成果，双方的战略核弹头均已经削减了一半左右，并将继续削减到双方各保留 2 000 枚左右。到现在，美国和俄罗斯的第一、二代战略弹道导弹均已销毁，但双方仍保留突防能力更强、命中精度更高、毁伤力更大的先进战略弹道导弹。图 6 - 27 所示为美国“民兵”2 号洲际导弹发射井的玻璃顶盖，图 6 - 28 所示为地下发射井中的

"民兵"2号洲际导弹。

图6-27　美国洲际导弹发射井的玻璃顶盖

图6-28　地下发射井的"民兵"2号洲际导弹

随着侦察和探测手段的日益改善,地下井很容易被敌方发现并被摧毁,而且从地下井发射的导弹也容易被对方的弹道导弹防御系统拦截。为保持一定的核报复能力,各国在不断对地下发射井进行加固的同时,都着力发展和部署陆基机动发射的固体战略弹道导弹,同时加强海基导弹的部署,以提高导弹的隐蔽性、机动性和灵活性。

6.4.2　陆基战略导弹发射装置和地面设备

陆基发射方式主要有三种:导弹可转移的地下井发射、多掩体多发射点公路机动发射和不定点的铁路列车机动发射。

(1) 地下井发射

高抗力隐蔽式地下井发射方式适用于大型液体推进剂导弹。图6-29所示为美国"大力

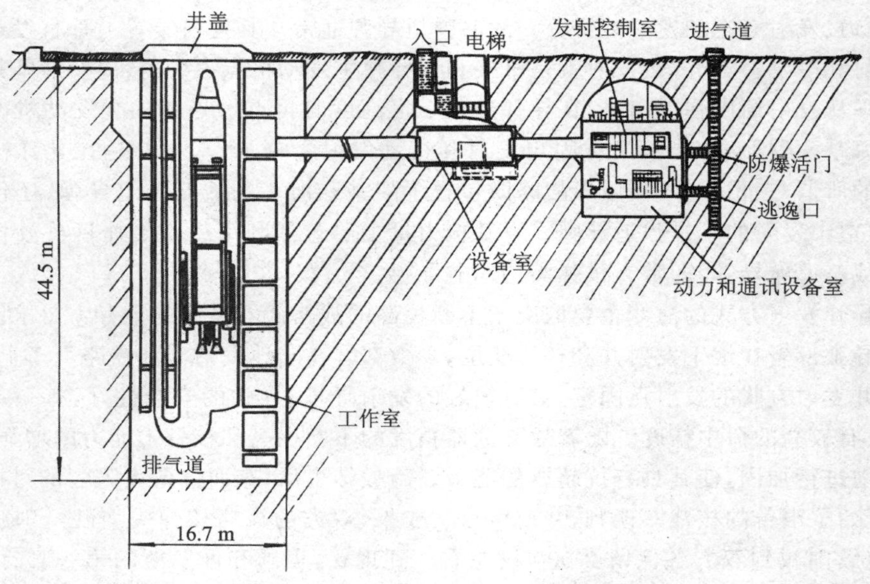

图6-29　"大力神"2号导弹发射井

神”2 号导弹的发射井，该导弹采用井下热发射方式，发动机工作时产生的燃气由排气道排出。地下发射井发射方式的弱点是井的位置是固定不变的，一旦发射导弹后，发射井就暴露了。

提高导弹的生存力和作战效能，除对地下井进行抗核加固外，还可采用冷发射技术和导弹快速转移技术。冷发射时，井体不受导弹发动机高温燃气的热冲击，发射井不需要设置排气通道，井的尺寸可以缩小，发射后不需要修复井体，可迅速实现再装弹发射；即使核打击造成井体倾斜和移位，但由于导弹不与井体接触，仍然可从冷发射的发射筒中弹射出去。利用“运输—起竖—装弹”多用车，可实现导弹在地下井之间的转移，快速地从地下发射井取出或装入。

(2) 公路机动发射

实际上简单的区域公路机动发射方式是战略弹道导弹最初的发射方式，不过现在的公路机动发射具有多掩体、多发射点、公路网快速机动等特征。

为了扩大车载机动导弹的机动范围和缩短机动过程中对空暴露时间，导弹的尺寸和质量应越小越好，所以采用这种发射方式的只能是固体推进剂导弹。另外还要在机动地区设置大量的掩体，作为待机隐蔽点，并利用掩体进行发射前准备，以实现可靠的快速发射。公路机动的发射装置要求较高，一般采用多用途运输车，即除了具备运输、起竖和发射导弹的功能外，还要具有保温、调温、发射筒调直与万向回转，水平装填和贮存导弹等多种功能。

公路机动一般分三种发射方式。第一种发射方式是在一定的区域建立掩体群，掩体之间用公路相连，导弹装于发射车内，平时在掩体内待机或不定期转移，接到命令即迅速驶向应急发射点起竖发射，这种方式适用于重型的固体洲际导弹。第二种是掩体式公路机动发射，加固的掩体比较分散，相互之间公路相连，发射车在掩体间作较长距离的机动转移，运输车可装假弹机动，真弹在掩体隐藏，这种方式适合于中型固体导弹。第三种方式是越野机动不定点发射，导弹发射车可在各种等级的公路上机动作战，在临时选定的发射点发射导弹，小型弹道导弹一般采用这种机动方式。

(3) 铁路机动发射

由于铁路的承载能力比公路高，这种方式对导弹的尺寸和质量限制较小。列车在机动过程中，比较容易解决导弹的保温和检测问题。但一旦铁路被破坏，就很难实现机动。

6.4.3　海基战略弹道导弹的发射装置

海基导弹的发射方式包括潜艇发射和水下发射阵地发射，潜艇水下发射受到更广泛的重视，因为这种方式的隐蔽性好，导弹生存力强。

图 6-30 为潜艇发射管的结构示意图。发射筒内壁装有泡沫塑料衬垫，用以减轻导弹在潜艇运动时所受的横向过载，并支撑导弹。发射时，在打开发射筒筒盖之前，需要先向导弹外壳与发射筒壁之间的空隙充灌压缩空气，使这里的压力与潜艇外面的水压相等，然后打开发射筒盖进行发射。潜艇发射也分冷、热两种方式，冷发射方式可采用辅助动力系统或助推发动机完成。

巡航导弹也可在潜艇上发射，早期的潜射巡航导弹直接利用鱼雷发射管发射，后来发展了技术性很强的核潜艇巡航导弹垂直发射装置。

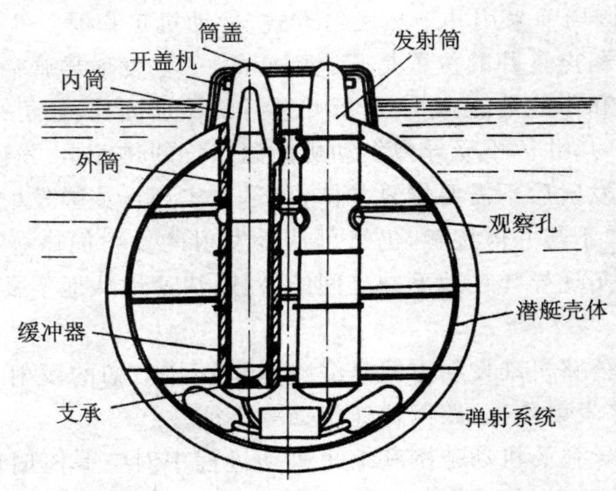

图 6-30　潜艇发射管结构示意图

思考题

1. 风洞实验的基本相似准则有哪些？
2. 结构静力试验、动力试验和疲劳试验的目的是什么？
3. 为什么要进行发动机地面高空模拟试验？
4. 什么是“铁鸟台”？“铁鸟台”试验项目主要包括哪些？
5. 为什么要做环境模拟试验？以某一具体试验为例详细说明环境模拟试验的过程。
6. 机场地面保障设施一般包括哪些内容？
7. 什么是空中交通管理？空中交通管制的空域是如何划分的？
8. 选择航天发射场的场址一般要考虑哪些因素？
9. 简述航天发射场的组成。
10. 中国有哪几个卫星发射中心？它们的用途分别是用什么运载工具发射什么样的航天器？
11. 航天测控网的由哪几部分组成？功用是什么？
12. 简要说明战略弹道导弹的发射方式。
13. 陆基战略弹道导弹有哪几种发射方式？各有什么特点？

附 录

附录1 世界航空大事记

序 号	事件名称	时 间	特 点	代表机种
1	热气球升空	1783.6.5	法国蒙哥尔费兄弟用麻布制成的热气球升空	
2	热气球载人升空	1783.11.21	法国人罗齐尔和达尔朗德乘蒙哥尔费兄弟发明的热气球第一次升上天空,开创了人类航空的新时代	
3	氢气球升空	1783.12.1	法国人查尔斯和罗伯特首次乘氢气球升空	
4	第一艘软式飞艇	1852.09.24	法国人吉法尔制成第一艘软式飞艇	
5	第一艘硬式飞艇	1900.07.2	德国齐伯林LZ-1号硬式飞艇首次在博登湖上空试飞成功	
6	世界第一架飞机	1903.12.17	留空59 s; 飞行距离260 m; 飞行速度16km/h; 木制结构,布制蒙皮; 1台活塞式发动机	美国:“飞行者”1号
7	第一次世界大战时期的飞机	1914—1918	飞行速度为80～220 km/h; 飞行高度可达8 000 m; 飞行距离可达400 km; 飞机大部分是双翼机或三翼机	德国:福克E 英国:“骆驼”F.1 德国:福克Dr.1
8	第一次环球飞行	1929.8.8—1929.8.29	德国“齐伯林伯爵”号飞艇环球飞行成功	德国:“齐伯林伯爵”号
9	飞艇的衰落	1937.05.06	世界上最大的飞艇,德国的“兴登堡”号着火爆炸,36人牺牲,从而导致了飞艇的衰落	德国:“兴登堡号”

续表

序　号	事件名称	时　间	特　点	代表机种
10	第二次世界大战时期的飞机	1939—1945	主要是螺旋桨飞机； 飞行速度小于780 km/h； 单翼机布局； 金属骨架； 密闭式座舱； 可收放起落架	美国:P-51 美国:P-61 日本:“零式”
11	突破“声障”	1947.10.14	美国B-29飞机投放的X-1试验机首次突破声速飞行,驾驶员为美国的查尔斯·耶格尔。	美国:X-1
12	第一代超声速战斗机	20世纪50年代初—60年代初	低超声速到超声速； 大多采用后掠翼布局； 一般的机动飞行； 有效载荷小； 中空突防； 尾追攻击	美国:F-100 苏联:米格-19
13	第二代超声速战斗机	20世纪60年代初—70年代中期	高空高速； 速度大于2倍声速； 高空突防； 全天候飞行； 涡轮喷气发动机； 机动性较差	美国:F-4,F-5 苏联:米格-21
14	第三代超声速战斗机	20世纪70年代中期—90年代末	采用边条翼、翼身融合体、近距鸭式布局； 高机动性； 涡轮风扇发动机； 先进电子设备和武器装备； 高综合技术水平	美国:F-15,F-16 俄罗斯:米格-29,苏-27,苏-30 欧洲:EF2000 法国:阵风,幻影2000
15	第四代超声速战斗机	20世纪90年代后	超声速巡航； 隐身性能； 过失速机动； 推力矢量； 超视距作战,多目标攻击,发射后不管； 先进机载电子综合能力和先进武器装备	美国:F-22 美国:F-35 中国:歼-20 中国:歼-31 俄罗斯:苏-57

附录 2　世界航天大事记

序　号	事件名称	时　间	事件内容
1	第一颗人造地球卫星	1957.10.4	1957 年 10 月 4 日苏联成功发射世界上第一颗人造地球卫星，开创了人类航天新纪元
2	第一个撞月航天器	1959.9.12	1959 年 9 月 12 日苏联发射“月球”2 号探测器，为世界上第一个撞击月球表面的航天器
3	人类第一次进入太空	1961.4.12	1961 年 4 月 12 日苏联成功发射世界上第一艘载人飞船“东方”1 号。航天员加加林在绕地飞行 1 圈、历时 108 分钟后安全返回地面，开始了载人航天的新时代
4	人类第一次太空行走	1965.3.18	1965 年 3 月 18 日苏联航天员列昂诺夫走出“上升”2 号宇宙飞船，第一次在太空自由行走了 10 min
5	第一次太空对接	1966.3.16	1966 年 3 月 16 日载有航天员阿姆斯特朗和斯科特的美国“双子星座”8 号在飞行中与一个名叫“阿金纳”的对接舱体对接，这是世界航天史上第一次太空对接
6	首次太空“串门”	1969.1.14—17	1969 年 1 月 14 — 17 日，苏联的联盟 4 号和 5 号飞船在太空首次实现交会对接，并交换了航天员
7	人类首次登月成功	1969.7.20	1969 年 7 月 20 日美国发射的“阿波罗”11 号飞船完成了第一次登月，航天员阿姆斯特朗走出飞船的登月舱，在月球表面停留了 21 h 18 min，成为人类踏上月球的第一人
8	首次金星着陆	1970.12.15	1970 年 12 月 15 日苏联“金星”7 号探测器首次在金星上着陆
9	世界第一个载人空间站	1971.4.19	1971 年 4 月 19 日苏联用“质子”号火箭发射世界上第一个载人空间站“礼炮”1 号
10	美国发射的第一个载人空间站	1973.5.14	1973 年 5 月 14 日美国用“土星”V 火箭发射名为“天空实验室”的空间站，后与多艘“阿波罗”飞船对接，先后有 3 批 9 名航天员到空间站工作。这是美国发射的第一个载人空间站
11	世界第一架航天飞机	1981.4.12	1981 年 4 月 12 日美国发射了世界上第一架航天飞机“哥伦比亚”号
12	“挑战者”号航天飞机爆炸	1986.1.28	1986 年 1 月 28 日美国的“挑战者”号航天飞机在发射后 73 秒爆炸，7 名航天员全部遇难，其中包括 2 名女航天员
13	“和平”号空间站	1986.2.20	1986 年 2 月 20 日苏联发射了长期载人空间站——“和平”号空间站。“和平”号空间站服役 15 年后，于 2001 年 3 月 23 日坠毁在太平洋预定海域。“和平”号是世界上第一个长期载人空间站，也是 20 世纪质量最大、载人最多和寿命最长的航天器

续表

序号	事件名称	时间	事件内容
14	国际空间站	1998.11.20	1998年11月20日，美国、俄罗斯、欧洲航天局、日本、加拿大和巴西共16个国家开始建立国际空间站，国际空间站代表了当代空间站技术的最高水平
15	“哥伦比亚”号航天飞机解体	2003.2.1	2003年2月1日美国“哥伦比亚”号航天飞机在返航途中解体，机上7名航天员遇难
16	航天飞机退役	2011.7.21	2011年7月21日，“亚特兰蒂斯”号航天飞机返回美国佛罗里达州肯尼迪航天中心，结束了美国航天飞机编队的最后一次飞行，为历时30年零3个月的“航天飞机时代”画上了句号
17	“好奇号”火星车成功登陆火星	2012.8	美国“好奇号”火星车于2011年11月从美国佛罗里达州发射，2012年8月成功登陆火星表面，主要任务是探索火星的盖尔撞击坑
18	第一个飞离太阳系的航天器	2013.9.12	2013年9月12日，“旅行者”1号探测器历经36年的旅行，飞越187亿千米
19	“猎鹰”9号火箭首次成功回收	2015.12	2015年12月，美国SpaceX公司首次在陆地上成功回收“猎鹰”9号火箭一子级；2016年4月，首次成功利用海上平台回收一子级；2017年3月，首次成功利用回收的一子级再次发射，实现了运载火箭的重复使用
20	可重复使用的载人“龙”飞船发射升空	2020.5.30	2020年5月30日，两名航天员乘坐美国SpaceX公司的“龙”飞船，由“猎鹰”9号运载火箭发射升空。5月31日“龙”飞船与国际空间站对接成功，8月2日，在国际空间站工作的另外两名航天员搭乘“龙”飞船返回地球
21	“毅力号”火星探测器成功登陆火星	2021.2.18	“毅力号”火星探测器于美国东部时间2020年7月30日发射升空，2021年2月18日登陆火星，此次任务携带了一台名为“机智号”的共轴双旋翼无人直升机软着陆到火星表面
22	“机智号”共轴双旋翼无人直升机在火星表面试飞成功	2021.4.19	2021年4月19日“机智号”共轴双旋翼无人直升机在火星表面试飞成功，成为人类首架在其他行星上飞行的可控飞行器。4月20日，“毅力号”成功将火星大气的二氧化碳转化成氧，完成了人类地球以外的首次制氧，实现了人类航天史上的又一次突破。

附录3 中国航空大事记

序 号	事件名称	时 间	事件内容
1	中国人的第一架飞机	1909.9.21	1909年9月21日,由中国人冯如制造的第一架飞机“冯如”1号在美国奥克兰市郊区试飞成功
2	新中国制造的第一架飞机	1954.7.3	1954年7月3日,由南昌飞机厂试制的初教5初级教练机首飞成功,该机是新中国制造的第一架飞机,标志着中国已具有生产制造飞机的能力
3	第一种喷气式飞机歼5首飞成功	1956.7.19	1956年7月19日,沈阳飞机厂仿制的米格-17Φ(歼5)喷气式歼击机首飞成功,这是中国试制并生产的第一种喷气式飞机
4	运5飞机首飞成功	1957.12.10	1957年12月10日,中国南昌飞机厂试制的运5双翼多用途轻型活塞式飞机试飞成功
5	第一架喷气式教练机歼教1首飞成功	1958.7.26	1958年7月26日,中国自行设计制造的第一架歼教1喷气式教练机在沈阳首飞成功
6	初教6飞机首飞成功	1958.8.27	1958年8月27日,中国自行设计的第一架初教6飞机首飞成功。该机由沈阳飞机设计室设计,南昌飞机厂试制
7	直5直升机首飞成功	1958.12.14	1958年12月14日,哈尔滨飞机制造厂试制的直5直升机首飞成功。1963年投入生产并在中国海军、空军中服役
8	歼6超声速歼击机首飞成功	1958.12.17	1958年12月17日,由沈阳飞机厂制造的米格-19(歼6)超声速歼击机首飞成功,1959年服役,成为中国和亚洲最早出现的超声速飞机
9	沈阳飞机设计研究所成立	1961.8.3	1961年8月3日,中国沈阳飞机设计研究所成立。该所培育了大批科技人才,被誉为“中国飞机设计师的摇篮”
10	西安飞机设计研究所成立	1961.11.13	1961年11月13日,中国西安飞机设计研究所成立。先后完成了轰6、运7系列、“空警”一号、“飞豹”歼击轰炸机等10多种飞机的仿制、改进改型设计和自行设计任务
11	强5飞机首飞成功	1965.6.4	1965年6月4日,中国第一种自行设计制造的、第一种选用两侧进气布局的实用型军用机——强5飞机首飞成功,这是国产第一架喷气式对地攻击机
12	歼7型飞机首飞成功	1966.1.17	1966年1月17日,国产歼7型飞机首飞成功,并于12月28日定型投入批生产

续表

序　号	事件名称	时　间	事件内容
13	轰5飞机首飞成功	1966.9.25	1966年9月25日,中国制造的轰5型飞机首飞成功。这是哈尔滨飞机制造厂参考苏联伊尔-28飞机之后改进设计试制的中国第一种双发喷气亚声速轻型轰炸机。该机的试制成功,标志着中国拥有生产喷气轰炸机的能力。1967年4月正式投入成批量生产
14	轰6甲飞机首飞成功	1968.12.24	1968年12月24日,由中国西安飞机设计研究所国产化设计、西安飞机制造厂试制的轰6甲飞机首飞成功,第二年转入成批生产,该机总重76 t,是当时中国生产的最大吨位的飞机
15	歼8歼击机首飞成功	1969.7.5	1969年7月5日,中国自行研制的超声速高空高速歼8歼击机首飞成功
16	成都飞机设计研究所成立	1970.12.18	1970年12月18日,中国成都飞机设计研究所成立。先后承担多项国家重点型号研究、研制任务,改型设计、自行设计了歼7Ⅲ、歼7C、歼7D、"枭龙"FC-1等飞机和其他新型飞机
17	运7型飞机首飞成功	1970.12.25	1970年12月25日,西安飞机设计研究所设计、西安飞机制造厂试制的运7型飞机首飞成功,1982年7月30日定型投入批生产
18	"空警一号"预警机首飞成功	1971.6.10	1971年6月10日,中国第一种自行改装成功的"空警一号"空中雷达预警飞机首飞成功
19	运8飞机首飞成功	1974.12.25	1974年12月25日,西安飞机厂试制的运8型飞机首飞成功
20	歼8Ⅱ飞机首飞成功	1984.6.12	1984年6月12日,沈阳飞机公司试制的全天候超声速双发单座高性能歼击机歼8Ⅱ型飞机首飞成功
21	"飞豹"歼击轰炸机首飞成功	1988.12.14	1988年12月14日,由西安飞机设计研究所自行设计、西安飞机工业公司研制的"飞豹"歼击轰炸机首飞成功
22	直9直升机首飞成功	1992.1.16	1992年1月16日,国产直9型直升机首飞成功
23	歼10飞机首次飞行成功	1998.3.23	1998年3月23日,国产歼10型飞机首次飞行成功,2007年1月5日正式亮相,歼10战斗机的研制成功,标志着中国军机从第二代向第三代的历史性跨越
24	歼11A飞机首飞成功	1999.12	1999年12月,国产歼11A型飞机首次飞行成功
25	"枭龙"FC-1战斗机首飞成功	2003.9.2	2003年9月2日,由成都飞机设计研究所设计、成都飞机工业(集团)有限公司、中国航空技术进出口总公司等单位联合研制,巴基斯坦空军参与开发的"枭龙"FC-1战斗机首飞成功

续表

序　号	事件名称	时　间	事件内容
26	空警 2000 首飞成功	2003.11	空警 2000 以俄罗斯伊尔-76 运输机为载机平台，改加装中国自主研发的相控阵雷达、电子系统、碟形天线，超级计算机、控制台及软件而成，2007 年底装备部队
27	"山鹰"高级教练机首飞成功	2003.12.13	2003 年 12 月 13 日，由贵航集团自主研制的新一代高级教练机"山鹰"首飞成功
28	L15 高级教练机首飞成功	2006.3.13	2006 年 3 月 13 日，L15 高级教练机首飞成功
29	大飞机立项	2007.2.26	2007 年 2 月 26 日，国务院总理温家宝主持召开国务院常务会议，原则批准大型飞机研制重大科技专项正式立项
30	歼 15 首飞成功	2009.8.31	2009 年 8 月 31 日首飞成功，2012 年 11 月 23 日在"辽宁"号航空母舰上首降成功。歼 15 是以国产歼 11 战斗机为基础研发的中国首架单座双发舰载战斗机，由中航工业沈阳飞机工业集团研制
31	AC313 首飞成功	2010.3.18	2010 年 3 月 18 日，中国第一个完全按照适航条例规定和程序自行研制的大型运输直升机首飞成功，可一次搭载 27 名乘客或运送 15 名伤员
32	歼 16 首飞成功	2011.10.17	歼 16 是一款双座双发多用途战斗机，装备了国产有源电扫描相控阵雷达和国产涡扇发动机，具备同时识别攻击多个目标、远距离超视距空战能力和强大的对地、对海打击能力，2013 年正式公开亮相
33	歼 20 首飞成功	2011.1.11	2011 年 1 月 11 日，中国第四代隐形战机歼 20 首次试飞成功，2017 年正式服役
34	歼 31 首飞成功	2012.10.31	歼 31 是中国自主研发的另一款新一代先进隐身战斗机，采用单座、双发、常规气动布局形式，具有典型高作战生存力特征
35	运 20 首飞成功	2013.1.26	2013 年 1 月 26 日，中国自主研发的新一代喷气式重型军用大型运输机运 20 首飞成功，运 20 由中航工业第一飞机设计研究院设计、西安飞机工业集团(西飞)为主制造
36	直 20 首飞成功	2013.12	直 20 是我国研制的战术通用直升机，2013 年 12 首飞成功，2019 年服役，将在高原地区运输、抢险救灾、空中突袭等行动中发挥重要作用
37	C919 大飞机首飞成功	2017.5.5	2017 年 5 月 5 日，由中国商用飞机有限责任公司制造的 C919 单通道 150 座级大型客机首飞成功
38	空警 600 首飞成功	2020.8	空警 600 是以运 7 飞机为载机平台，装载有源相控阵数字阵列雷达，2020 年 8 月首飞成功，将作为舰载预警机使用

附录4 中国航天大事记

序 号	事件名称	时 间	事件内容
1	中国航天技术的开端	1956.3	国务院制订《一九五六年至一九六七年科学技术发展远景规划纲要(草案)》,提出要在12年内使中国喷气和火箭技术走上独立发展的道路
2	中国第一个火箭导弹研制机构成立	1956.10	中国第一个火箭导弹研制机构——国防部第五研究院,钱学森任院长
3	中国第一个运载火箭发射场	1958.4	开始兴建我国第一个运载火箭发射场
4	中国探空火箭首次发射成功	1960.2.19	中国自行设计制造的试验型液体燃料探空火箭首次发射成功。这是中国研制航天运载火箭征程上的一次重大突破
5	中国空间技术研究院成立	1968.2.20	中国空间技术研究院成立,专门负责研制各类人造卫星
6	第一枚"长征"号火箭飞行试验成功	1970.1.30	中国研制的第一枚"长征"号中远程火箭飞行试验首次成功,使中国具备了发射中低轨人造卫星的发射能力
7	"东方红"1号人造地球卫星发射成功	1970.4.24	中国第一颗人造地球卫星"东方红"1号在酒泉发射成功,使中国成为世界上继苏联、美国、法国和日本之后第5个自主发射人造卫星的国家
8	中国第一颗科学试验卫星"实践"1号发射成功	1971.3.3	中国发射了科学实验卫星"实践"1号。这是中国发射的第一颗科学试验卫星,卫星在预定轨道上工作了8年
9	中国首颗返回式卫星发射成功	1975.11.26	首颗返回式卫星发射成功,3天后顺利返回,我国成为世界上第3个掌握卫星返回技术的国家
10	"远望"1号航天测量船建成并投入使用	1977.8.31	"远望"1号航天测量船建成并投入使用,使中国成为世界上第4个拥有远洋航天测量船的国家。此后又先后建成了"远望"2号、"远望"3号和"远望"4号—"远望"7号航天测量船
11	中国首次"一箭多星"发射成功	1981.9.20	中国用一枚运载火箭发射了3颗科学实验卫星,这是中国第一次"一箭多星"发射,使中国成为世界上第3个掌握"一箭多星"发射技术的国家
12	中国第一颗地球静止轨道试验通信卫星发射成功	1984.4.8	"长征"3号运载火箭成功发射"东方红"2号试验通信卫星,标志着中国掌握了地球静止轨道卫星发射、测控和准确定点等技术
13	中国第一颗实用地球静止轨道卫星发射成功	1986.2.1	中国发射了第一颗实用地球静止轨道通信广播卫星,标志着中国卫星通信技术由试验阶段进入了实用阶段

续表

序　号	事件名称	时　间	事件内容
14	中国第一颗试验气象卫星“风云”1号发射成功	1988.9.7	中国发射了第一颗试验性气象卫星“风云”1号，这是中国自行研制和发射的第一颗极地轨道气象卫星
15	中国航天发射服务走向国际市场	1990.4.7	中国自行研制的“长征”3号运载火箭在西昌卫星发射基地，把美国制造的“亚洲1号”通信卫星送入预定的轨道，标志着中国航天发射服务开始走向国际市场
16	“长征”2号捆绑式火箭发射成功	1990.7.16	“长征”2号捆绑式火箭首次在西昌发射成功，其低轨道运载能力达9.2吨，为发射中国载人航天器打下了基础
17	中国载人航天工程的开端——921工程	1992.9.21	我国载人飞船正式列入国家计划进行研制，这项工程后来被定名为“神舟”号飞船载人航天工程
18	“神舟”1号飞船发射成功	1999.11.20	“神舟”1号飞船由“长征”2F火箭在酒泉航天发射场发射升空，是中国载人航天计划中发射的第一艘无人实验飞船
19	“神舟”2号飞船发射成功	2001.1.10	“神舟”2号飞船在酒泉卫星发射中心发射升空
20	“神舟”3号飞船发射成功	2002.3.25	“神舟”3号飞船在酒泉卫星发射中心发射升空
21	“神舟”4号飞船发射成功	2002.12.30	“神舟”4号飞船在酒泉卫星发射中心发射升空
22	“神舟”5号飞船发射成功	2003.10.15	“神舟”5号飞船是我国成功发射的第一艘载人飞船，并首次将航天员杨利伟送入太空。这次发射标志着中国成为继俄罗斯和美国之后第3个有能力独自将人送入太空的国家
23	“神舟”6号飞船发射成功	2005.10.12	“神舟”6号飞船是我国发射的第二艘载人飞船，并将航天员费俊龙和聂海胜送入太空，是中国第一艘执行“多人多天”任务的载人飞船
24	“嫦娥”1号月球探测卫星发射成功	2007.10.24	“嫦娥”1号月球探测卫星于2007年10月24日从西昌卫星发射中心发射成功，在轨飞行1年半后，于2009年3月1日在地面控制下成功撞击月球
25	“神舟”7号飞船发射成功	2008.9.25	“神舟”7号载人飞船顺利升空，并将航天员翟志刚、刘伯明、景海鹏送入太空。航天员翟志刚成功实现了中国首次太空出舱
26	“嫦娥”2号月球探测卫星发射成功	2010.10.1	“嫦娥”2号于2010年10月1日在西昌卫星发射中心发射升空，目前正在飞往更远的深空
27	“天宫”1号发射成功	2011.9.29	中国第一个目标飞行器“天宫”1号发射成功，随后将和“神舟”8号、“神舟”9号和“神舟”10号飞船进行对接

续表

序　号	事件名称	时　间	事件内容
28	"神舟"8号飞船发射成功	2011.11.1	"神舟"8号无人飞船升空,升空后2天,"神舟"8号与此前发射的"天宫"1号目标飞行器进行了空间交会对接
29	"神舟"9号飞船发射成功	2012.6.16	"神舟"9号飞船在酒泉卫星发射中心发射升空,并与"天宫"1号进行了自动和手动对接。"神舟"9号飞船将第一名女航天员刘洋送入太空,并和航天员景海鹏和刘旺一起首次入驻"天宫"
30	"神舟"10号飞船发射成功	2013.6.11	"神舟"10号飞船升空后和"天宫"1号目标飞行器分别进行了自动和手动对接,飞行乘组由聂海胜、张晓光和王亚平组成,在轨飞行15天,航天员王亚平首次在太空进行了50 min的太空授课
31	"嫦娥"3号月球探测器发射成功	2013.12.2	"嫦娥"3号月球探测器在中国西昌卫星发射中心由"长征"3号乙运载火箭发射升空,是中国第一个在月球软着陆的无人登月探测器,由软着陆器和月面巡视器两部分组成
32	"长征"6号火箭发射成功	2015.9.20	"长征"6号运载火箭在太原卫星发射中心首次成功发射,可将1 000 kg有效载荷送入太阳同步轨道
33	"长征"11号火箭发射成功	2015.9.25	"长征"11号运载火箭是小型全固体燃料运载火箭,起飞推力120 t,可将400 kg有效载荷送入太阳同步轨道,在酒泉卫星发射中心首发成功
34	"长征"7号火箭发射成功	2016.6.25	由中国运载火箭技术研究院研制的中型液体运载火箭"长征"7号在文昌航天发射中心首飞成功,有效载荷介于"长征"5号和"长征"6号之间,低地球轨道运载能力为13.5 t,是发射新一代载人飞船的新型运载火箭
35	"天宫"2号空间实验室发射成功	2016.9.15	"天宫"2号空间实验室在酒泉卫星发射中心发射升空,并与"神舟"11号飞船成功对接。"天宫"2号是中国第一个真正意义上的空间实验室,主要用于验证空间交会对接技术及空间试验
36	"神舟"11号飞船发射成功	2016.10.17	"神舟"11号飞船升空后和"天宫"2号空间实验室进行了交会对接,航天员景海鹏、陈冬在太空进行了长达30天的中期驻留试验
37	"长征"5号火箭发射成功	2016.11.3	2016年11月3日,"长征"5号运载火箭在文昌航天发射中心首飞成功。"长征"5号运载火箭是目前中国运载能力最大的火箭,主要承担大质量载荷、空间站建设和深空探测等发射任务,由中国运载火箭技术研究院研制

续表

序　号	事件名称	时　间	事件内容
38	“风云”4 号发射成功	2016.12.11	2016 年 12 月 11 日，“风云”4 号 A 星在西昌卫星发射中心用长征三号乙运载火箭成功发射，将对中国及周边地区的大气、云层和空间环境进行高时间、高空间、高光谱分辨率的观测，大幅提高了天气预报和气候预测能力
39	“天舟”1 号货运飞船发射成功	2017.4.20	“天舟”1 号货运飞船在文昌航天发射中心由“长征”7 号运载火箭发射升空，并完成了与“天宫”2 号的首次推进剂在轨补加试验，“天舟”1 号是中国首个货运飞船，由中国空间技术研究院(中国航天科技集团五院)研制
40	“嫦娥”4 号发射成功	2018.12.8	2018 年 12 月 8 日“嫦娥”4 号发射升空，2019 年 1 月 3 日在月球背面预选区成功着陆，成为人类历史上第一个在月球背面着陆的探测器。“嫦娥”4 号与“玉兔”2 号完成两器互拍，实现了人类历史上首次在月球背面的“两器互拍”
41	中国首个火星探测器“天问”1 号发射成功	2020.7.23	2020 年 7 月 23 日，中国的首个火星探测器“天问”1 号在海南省文昌航天发射场由“长征”5 号遥四运载火箭发射升空，2021 年 2 月到达火星附近并被火星引力捕获，2021 年 5 月 15 日，在火星乌托邦平原南部预选着陆区着陆，随后携载的“祝融”号火星车开始开展探测工作
42	“北斗”3 号正式开通运行	2020.7.31	2020 年 6 月 23 日，“北斗”3 号最后一颗全球组网卫星在西昌卫星发射中心点火升空，2020 年 7 月 31 日，“北斗”3 号全球卫星导航系统正式开通运行
43	“嫦娥”5 号发射成功	2020.11.24	“嫦娥”5 号是中国首个实施无人月面取样返回的月球探测器，2020 年 11 月 24 日，“长征”5 号遥五运载火箭搭载“嫦娥”5 号探测器发射升空。12 月 1 日，“嫦娥”5 号在月球正面预选着陆区着陆。12 月 17 日，“嫦娥”5 号返回器携带月球样品着陆地球。“嫦娥”5 号的成功取样返回，标志着中国探月工程项目胜利完成
44	“长征”8 号首飞成功	2020.12.22	“长征”8 号是一种中型中低轨道两级液体运载火箭，芯级捆绑 2 枚助推器，太阳同步轨道运载能力 3～4.5 t。2020 年 12 月 22 日，在中国文昌航天发射场的首次飞行试验取得圆满成功
45	“天和”核心舱发射升空	2021.4.29	“天和”核心舱在海南文昌航天发射场由“长征”5 号 B 运载火箭发射升空，“天和”核心舱的成功发射，标志着我国能够长时间在太空运行和工作的空间站正式进入工程实施阶段

续表

序　号	事件名称	时　间	事件内容
46	“神舟”13号发射升空	2021.10.16	2021年10月16日，搭载“神舟”13号载人飞船的“长征”2号F遥十三运载火箭，在酒泉卫星发射中心发射成功，当日航天员翟志刚、王亚平、叶光富进驻“天和”核心舱，中国空间站开启有人长期驻留时代
47	中国女航天员的首次出舱	2021.11.7	2021年11月7日，航天员翟志刚、王亚平身着中国新一代“飞天”舱外航天服，先后从“天和”核心舱节点舱成功出舱，这是中国女航天员的首次出舱活动
48	“神舟”14号发射升空	2022.6.5	2022年6月5日，搭载“神舟”14号载人飞船的“长征”2号F遥14运载火箭，在酒泉卫星发射中心发射成功；陈冬、刘洋、蔡旭哲3名航天员开启了为期6个月的飞行任务，并于2022年7月25日顺利进入“问天”实验舱，这是中国航天员首次在轨进入科学实验舱

附录5　世界十大航天发射基地

序号	名称	建设时间	地理位置	简介
1	肯尼迪航天发射中心	1962年	美国东部佛罗里达州东海岸的梅里特岛	是美国宇航局(NASA)进行载人与不载人航天器测试、准备和实施发射的最重要场所
2	美国西部航天和导弹试验中心	1964年	美国西部洛杉矶北面的西海岸	是美国最重要的军用航天发射基地，主要用于战略导弹武器试验，武器系统作战试验和发射各种军用卫星、极地卫星等，航天发射次数居全美之首
3	拜科努尔航天控制中心	1955年	哈萨克斯坦拜克努尔市西南288 km处	是苏联最大的导弹和各种航天飞行器发射场地
4	普列谢茨克航天发射基地	1957年	俄罗斯白海以南300 km的阿尔汉格尔斯克地区	主要用于发射大倾角的侦察、电子情报、导弹预警、通信、气象和雷达校准卫星，是世界上发射卫星最多的发射场，发射次数占全世界总数一半以上
5	酒泉卫星发射中心	1958年	中国甘肃省酒泉以北的戈壁滩上	是利用长征系列火箭发射大倾角、中低轨道的各种试验卫星、应用卫星和载人飞船的主要基地
6	西昌卫星发射中心	1983年	中国四川省西昌市西北的幽深峡谷中	专门用于发射地球静止卫星
7	种子岛航天中心	1974年	日本本土最南部种子岛南端	主要用于发射试验卫星和应用卫星
8	库鲁发射场	1971年	南美洲北部法属圭亚那中部的库鲁地区	是目前法国唯一的航天发射场所，也是欧空局(ESA)开展航天活动的主要场所
9	圣马科发射场(范登堡空军基地)	1967年	肯尼亚福莫萨湾海岸约5公里的海上	是世界是唯一的海上航天发射场，曾多次用美国的“侦察兵”火箭发射小型航天飞行器
10	斯里哈里科塔发射场	1977年	印度南部东海岸的斯里哈里科塔岛	是印度的导弹试验和卫星发射场

参考文献

[1] 史超礼. 航空概论[M]. 北京:国防工业出版社,1978.
[2] 过崇伟. 航空航天技术概论[M]. 北京:北京航空航天大学出版社,1992.
[3] 何庆芝. 航空航天概论[M]. 北京:北京航空航天大学出版社,1997.
[4] 昂海松, 童明波, 余雄庆. 航空航天概论. 2版. 北京:科学出版社,2015.
[5] 闻新,等. 航空航天知识与技术. 2版. 北京:国防工业出版社,2015.
[6] 符长青, 曹兵. 多旋翼无人机技术基础[M]. 北京:清华大学出版社,2017.
[7] 李红军. 航空航天概论. 2版. 北京:北京航空航天大学出版社,2011.
[8] 杨莉, 沈海军. 航空航天概论[M]. 北京:航空工业出版社,2011.
[9]《新航空概论》编写组. 新航空概论[M]. 北京:航空工业出版社,2010.
[10] 王云. 航空航天概论[M]. 北京:北京航空航天大学出版社,2009.
[11] 宋笔锋. 航空航天技术概论[M]. 北京:国防工业出版社,2006.
[12] 陈东林. 航空概论[M]. 北京:国防工业出版社,2008.
[13] 褚桂柏. 航天技术概论[M]. 北京:中国宇航出版社,2002.
[14] 刘大响, 陈光. 航空发动机——飞机的心脏[M]. 北京:航空工业出版社,2003.
[15] 杨华保. 飞机原理与构造[M]. 西安:西北工业大学出版社,2002.
[16] 中国人民解放军总装备部军事训练教材编辑工作委员会. 航天器[M]. 北京:国防工业出版社,2006.
[17] 戚发轫. 载人航天器技术[M]. 北京:国防工业出版社,2001.
[18] 朱也夫 B C,马卡伦 B C. 冲压和火箭冲压发动机原理. 北京:国防工业出版社,1975.
[19] 顾诵芬. 飞机总体设计[M]. 北京:北京航空航天大学出版社,2001.
[20] 顾诵芬. 科学技术:航空卷[M]. 济南:山东教育出版社,1998.
[21] 闵桂荣. 科学技术:航天卷[M]. 济南:山东教育出版社,1998.
[22] 罗尔斯·罗伊斯公司. 喷气发动机. 刘树声,等译[M]. 北京:国防工业出版社,1975.
[23] 中国大百科全书总编辑委员会《航空航天》编辑委员会. 中国大百科全书:航空航天[M]. 北京:中国大百科全书出版社,1985.
[24]《国防科技名词大典》航空卷编委会. 国防科技名词大典·航空[M]. 北京:航空工业出版社,兵器工业出版社,原子能出版社,2002.
[25] 姜长英. 中国航空史[M]. 北京:清华大学出版社,2000.
[26]《中国飞机》编委会. 中国飞机[M]. 北京:航空工业出版社,1997.
[27]《人类与太空》编委会. 人类与太空[M]. 北京:长虹出版公司,1999.
[28] 栾恩杰. 航天[M]. 北京:宇航出版社,1999.
[29] 文裕武,温清澄. 现代直升机应用及发展[M]. 北京:航空工业出版社,2000.
[30] 张云阁. 世界飞机手册[M]. 北京:航空工业出版社,2001.